山东泰山科技专著出版基金资助出版

秦　松　主编　○

海岸带生物
活 性 物 质

BIOACTIVE SUBSTANCES
FROM COASTAL ZONE

山东科学技术出版社

主　编　秦　松

副主编　唐志红　李文军　张宏宇　谢则平

编　者　闫鸣艳　李　杰　娄婷婷　张　莹

　　　　刘正一　李成城　刘　琪　史文军

　　　　宫智君　王明超　韩　涵　张　超

　　　　郭　琳

序言

海岸带是地球陆圈与水圈的交汇地带，也是生命演化、人类经济活动及社会发展的重要区域。海岸带生物类群多样性的形成、物质和能量的循环利用，成为生物典型的生活方式，支撑着生物多样性的不息繁衍。大量研究发现，海岸带生物生活环境的特殊性，使其在进化过程中，形成了独具特色的代谢系统、机体防御系统，产生了许多有益于人类的、特殊的活性物质。这些活性物质在医药、保健食品等领域深受科技界和医药界的重视。据不完全统计，目前全球已经开发上市的新药产品中，约有30%来自天然产物，其中有的来自海岸带生物活性物质，它们在治疗心脑血管疾病、增强免疫力、抗癌、抗感染药物中占有突出的地位；海岸带生物活性物质，在保健食品领域中的开发利用，更是广泛受到世人的关注。

近年来，全球对于海岸带生物活性物质的研究、开发和利用，已经成为海岸带生物学研究领域的热点。我国科技界，不仅在海岸带生物活性物质的理论研究上取得了骄人业绩，而且在应用方面也取得了大量成果。我国的海岸带生物活性物质资源非常丰富，研究工作者在海岸带资源中不断发现大量的新化学成分，并在药物和保健功能食品的应用上取得了许多实际成效。我国关于海岸带生物活性物质的研究报告很多，大量见诸国内专业期刊和专利文献中，也有许多发表于国际顶级杂志上。但是迄今为止，国内尚无一部全面系统论述海岸带生物活性物质的专业书籍。

以秦松为首的科研团队，针对我国海岸带生物活性物质立项研究，积数十年的基础理论与应用研究经验，顺应我国当前产业发展的迫切需求，对国内外海岸带活性物质的研究、开发与应用成果进行了梳理和凝练，编纂成《海岸带生物活性物质》专著。该书将有助于读者全面系统了解海岸带生物活性物质的研究与发展现状，对提升我国海岸带生物活性物质的科学研究和生产技术水平，促进海岸带生物资源的开发利用，具有重要的社会经济意义和学术价值。

中国工程院院士

中国水产科学研究院黄海水产研究所研究员

　　本序言为雷霁霖院士生前撰写。

　　雷霁霖（1935年5月24日—2015年12月16日） 福建省宁化县人，畲族，中国工程院院士。中国水产科学研究院黄海水产研究所研究员，中国海洋大学兼职教授、博士生导师，我国著名的海水鱼类养殖学家，工厂化育苗与养殖产业化的主要奠基人和学科带头人。1992年首先从英国引进冷温性鱼类良种——大菱鲆，自主创新突破工厂化育苗关键技术，为我国第四次海水养殖产业化浪潮的兴起和"三农"的发展做出了重要贡献，被誉为"中国大菱鲆之父"。获何梁何利基金科学与技术创新奖等多项奖励。

目　录

第一章　导论 ……………………………………………………………………… 1

　　第一节　海岸带生态系统及其特点 ……………………………………… 2

　　第二节　海岸带生物活性物质研究概况 ………………………………… 7

第二章　海岸带生物活性多糖 …………………………………………………… 16

　　第一节　海岸带植物活性多糖 …………………………………………… 17

　　第二节　海岸带动物活性多糖 …………………………………………… 72

　　第三节　海岸带微生物活性多糖 ………………………………………… 84

第三章　海岸带生物活性脂类化合物 ………………………………………… 87

　　第一节　海岸带多不饱和脂肪酸 ………………………………………… 87

　　第二节　糖脂类活性物质 ………………………………………………… 116

　　第三节　磷脂类活性物质 ………………………………………………… 137

　　第四节　海岸带来源的甾体化合物 ……………………………………… 143

第四章　海岸带生物活性蛋白、肽及氨基酸 ………………………………… 161

　　第一节　海岸带植物蛋白、肽及氨基酸 ………………………………… 161

　　第二节　海岸带动物蛋白、肽及氨基酸 ………………………………… 182

第五章　海岸带生物活性烃类、生物碱类及其他生物活性物质 ……… 242

　　第一节　生物碱类 ………………………………………………………… 242

　　第二节　大环内酯类 ……………………………………………………… 263

第三节　蒽醌类 ·· 274

第六章　海岸带生物活性物质的研究与开发利用 ·········· 281

第一节　海岸带生物活性物质的研究 ························· 281

第二节　海岸带生物活性物质的开发利用 ··················· 283

参考文献 ·· 285

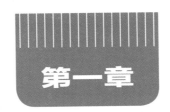

第一章

导 论

　　海岸带，亦称为水陆交界带或海陆交界带，是陆地与海洋之间的过渡地带，即陆地和海洋相互作用的地带。它是以海岸线为基准，向海陆两侧扩展，具有一定延展度的地带。

　　目前，海岸带还没有一个特别明确的定义，其在学术上还存在一些争议。1979年国务院批准的全国海岸带和海涂资源调查计划规定：海岸带陆地边界为自岸线向陆地延伸10 km，海岸带海洋边界为自岸线向海洋延伸至海水深度为15 m处的海域。1995年国际地圈生物圈计划（IGBP）对海岸带进行了新规定，其大陆侧的上限为200 m等高线，其海洋侧的下限为大陆架的边缘海域。联合国2001年6月《千年生态系统评估项目》将海岸带定义为"海洋与陆地的界面，向海洋延伸至大陆架的中间，在大陆方向包括所有受海洋因素影响的区域；具体边界为位于平均海深50 m与潮流线以上50 m之间的区域，或者自海岸向大陆延伸100 km范围内的低地，包括珊瑚礁、高潮线与低潮线之间的区域、河口、滨海水产作业区，以及水草群落"。海岸带由于其特殊的环境条件、丰富的自然资源和良好的地理位置，成为区位优势最明显、人类社会与经济活动最活跃的地带，同时它又是海岸带生物资源的储藏地（秦松等，2013）。

　　生物活性物质是指生物体内所含有的对生命现象及生理过程等具有影响的微量或少量物质，主要包括药用物质、生物信息物质、生物毒素、生物功能材料等。海岸带中的生物种类繁多，资源丰富，由于生活环境特殊，海岸带生物在进化过程中产生了独特的代谢系统和机体防御能力。海岸带生物中蕴藏着许多种类的生物活性物质，包括多糖类、蛋白、肽类、生物碱类、大环聚酯类、萜类、多烯类、不饱和脂肪酸等化合物。海岸带生物活性物质的研究及利用与国民经济发展和人类健康事业息息相关，在医药、保健食品等领域一直受到重视。在全球已经开发上市的新药中，大约30%来自天然产物，其中有些就来源于海岸带生物活性物质，如头孢类化合物合成的结构骨架，在抗癌、抗感染、提高免疫力及治疗心脑血管疾病中地位尤为突出，在保健食品领域更是受到人们的关注。近年来，海岸带生物活性物质的研究、开发及利用成为海岸带生物学领域的重要组成部分和研究热点，经过国内外研究人员的努力，在理论研究及应用开发方面都取得了许多重要的成果。

第一节　海岸带生态系统及其特点

海岸带生态系统由多种类型的生态系统复合而成，在生态学上属于过渡型生态系统。典型的海岸带生态系统包括盐沼生态系统、河口生态系统、海滨泥地生态系统、红树林生态系统、海草生态系统、珊瑚礁生态系统等。这些生态系统既保持着相对的独立性和完整性，又通过彼此之间的物质循环和能量流动而构成一个联系紧密的大系统——海岸带生态系统，它具多样性、复杂性和脆弱性的特点，特别是人类不合理的开发逐步降低了海岸带生态系统的自我恢复能力和服务功能。

一、海岸带生态系统

（一）盐沼生态系统

盐沼是季节性积水、土壤盐渍化以及地表过湿且长有盐生植物的区域，于海滨、河口等区域广泛分布。盐沼具有抵御风暴潮灾害、净化污染物、固沙促淤、为野生动植物提供适宜生境等多种重要的生态功能。

盐沼生境不利于植物生长，故植物种类少，群落结构简单；多为单层，类型也较少。在滨海盐沼中常有蟹、贝类和软体动物。在较低潮面生活的种类就有很多，最常见的有筑穴的趁机食物者招潮蟹、摄食底栖硅藻的腹足类软体动物以及生活于泥内或者泥上的双壳类软体动物。

大丰盐沼滩涂

（二）河口生态系统

入海河口是一个半封闭的沿岸水体，同海洋自由连通，在其中河水与海水交混。河水的洪枯与潮汐的涨落使得河口水流经常处于动荡之中，而河口特性影响着近海水域和河流终段。

河口生物一般都能忍受温度的剧烈变化。但是在盐度适应方面存在较大的差异，这影响它们在河口区的分布。河口生物可划分为：①狭盐性海洋种，适应生活于盐度33.0～34.5的河口区。随着外海高盐水的入侵，偶见于河口区或季节性地分布到河口。②广盐性海洋种，适于在26～34的盐度范围内生活，适应幅度较大，可分布于河口，也可在外海见到。③低盐度种类，适应生活于15～32的盐度下，如浅水海草群落、盐沼红树林、大腿伪镖水蚤、蓝蛤、偏顶蛤等甲壳动物和软体动物。④贫盐性种类，适应在5的盐度以下生活，因此仅见于河口内段，接近正常淡水环境。

由于河口是海水和淡水交汇的区域，一些上溯入河川进行生殖洄游的鱼类，如鳟、鲑、银鱼、刀鲚等，一些下行入海进行生殖洄游的动物，如日本鳗鲡、中华绒螯蟹等，以及在河口区营生殖洄游和索饵洄游的动物，如梭鲻鱼类、鲈鱼、江豚、白海豚等，它们在进入河口区之后，不管是暂时作为活动区域还是通道，都会作短暂的停留，调节身体的渗透压，以适应河川、海洋或河口的环境。

东营河口

（三）海滨泥地生态系统

海滨泥地又称"泥滩"，在淤泥质海岸的潮间带、河口、潟湖及海湾顶部等细粒物质来源丰富或波浪作用较弱的地方有诸多分布，故也称"淤泥质海滩"。相对于石质海滩的坡度，淤泥海滩的坡度要平缓很多，滩面低平而宽阔，其宽度可达到几十千米。

海滨泥地中的初级生产者种类较少。大型藻类如绿藻中的石莼、浒苔和红藻中的江蓠，它们大多生长在贝壳上。底栖硅藻多生长在泥中，并且由于经历了长时间繁殖期，常形成金黄色的一簇。在海滨泥地中占优势的动物多为能挖掘洞穴的底内动物，以沉积物和水体中的碎屑为食,大多数食物来源于河流和潮水。很少有海滨泥地动物被归类为底上动物,它们或是栖息于沉积物的表面,或是附着于固着物的表面。原生生物、线虫和其他小动物构成较小型底栖生物。一些较大的挖洞或底内动物包括多毛类动物。泥滩中,双壳类动物种类和数量很多,许多是滤食动物,它们也栖息于河口区外的泥滩或沙质海岸,如泥蚶、菲律宾蛤仔等。

在泥滩生物群落中,最重要的捕食者是鱼类和鸟类,尤其是海岸鸟类,它们多以多毛类、蛤类和螺类为食。

(四)红树林生态系统

红树林又被称为海岸森林,是海洋向陆地过渡出现的一种独特的森林生态系统,生长在海洋和陆地交界处的海滩上,是亚热带、热带滩涂特有的常绿木本植物群落。红树林具有消耗风浪能量和固滩护堤的作用。另外,红树林所在区域具有非常丰富的生物资源,红树林能过滤陆源入海污染物、防止污染,从而减少赤潮的发生。红树林湿地还具有"三高"特性,即高生产力、高归还率、高分解率,是世界上四大高生产力海洋生态系统之一,在全球生态平衡中起着不可替代的重要作用。

红树林湿地含有陆地生态体系、淡水生态体系及海洋生态体系,是一种极为特殊的生态交错带,养育着特殊的动植物群落,栖息着各种各样的生物。因此,红树林湿地既有红树植物群落物种多样性,也显示出丰富的生物多样性。红树植物有许多不同的生态幅度和生长型,各自分布在一定的空间,给生物群落中的各级消费者提供了觅食和栖息场所,同时也成为咸淡水交迭环境中生存的微生物、动植物丰富的基因库。红树林生态系统的生物量绝大多数储存在红树植物中,其他生物类群如甲壳类、多毛类、软体类等的生物量很小,硅藻等浮游低等植物的生物量更是微不足道。红树林生物量有随其林龄增加而增长的趋势。据报道,在中国红树林湿地239 km的狭长地带,繁衍生息着至少2 854种生物,红树林湿地单位面积的物种丰度是海洋平均水平的1 766倍。红树林湿地生态系统至少包括55种大型藻类、96种浮游植物、26种浮游动物、300种底栖动物、142种昆虫、10种哺乳动物、7种爬行动物。

红树林

（五）海草场生态系统

海草生长于温带和热带的海岸附近的浅海中，常在潮下带海水中形成海草场，在世界上的分布很广。目前全世界各海域的海草有12属49种，其中2属产于温带，7属见于热带，大多数种类分布于西太平洋和印度洋。中国沿海已发现8属：海龟草、二药藻、海神草、针叶藻、海菖蒲和喜盐草等6属产于广东、海南和广西三省区的热带沿海；虾形藻属和大叶藻属主要分布于山东、河北、辽宁等省温带沿海，其中日本大叶藻的产地延伸至福建、广东、广西、香港和台湾等省（市、区）沿海。

海草场为大量海洋生物提供栖息地，包括底栖动植物、浮游生物、附生生物、寄生生物和深海动植物。海草场是浅海水域食物网的重要组成部分，直接食用海草的生物包括海胆、马蹄蟹、鱼类、海马、绿海龟、儒艮等。死亡的海草场又是复杂食物链形成的基础，细菌分解海草腐殖质，为蟹类、沙虫和一些滤食性动物如海鞘和海葵类提供食物。大量腐殖质分解释放出氮、磷等营养元素，溶解于水中会被浮游生物和海草重新利用。浮游动物和浮游植物又可作为鱼类、幼虾及其他滤食性动物的食物来源。

海草场

（六）珊瑚礁生态系统

珊瑚礁是分布于热带海洋的石珊瑚及生活于其中的造礁生物、藻类、附礁生物等经历了长期生活、死亡后的骨骼堆积而成的。珊瑚礁必须在水温20℃、盐度28以上、清洁无污浊的海水中才能生存并得到发展，生活在其中的众多热带动植物群落，构成富有热带特色而又相当特殊的生态系统。我国的珊瑚礁主要分布于北回归线南的热带海岸和海洋中。散布于南海中的岛礁绝大部分由珊瑚礁构成，礁体厚达2 000 m。

珊瑚礁是资源丰富的场所，生活在其中的数千种石珊瑚、海绵、多毛类、瓣鳃类、马蹄类、宝贝（软体动物中的一个科）、海龟、甲壳动物、海胆、

珊瑚礁

海星、海参、珊瑚藻和鱼类等构成一个生物多样性极高的生物群落。珊瑚礁底栖生物以石珊瑚、角珊瑚、柳珊瑚、软珊瑚、软体动物、棘皮动物、多毛类、甲壳类和藻类为主。

二、海岸带生态系统的特点

海岸带生态系统是具有多层结构的复合系统。海岸带生态系统的结构包括两个方面，即水平结构和垂直结构。在水平方向上由多种子系统组成，这些子系统也有等级层次的不同。就类型而言，河口、滨海湿地等都是不同的海岸带生态系统。从区域的角度看，一个自然地理单元、一块湿地、一个港口都属于不同的海岸带生态系统。这些生态系统又包含着大大小小、多种多样的更次一级的子系统。在垂直方向上，海岸带生态系统的陆源部分包括从植被的冠层至土壤的母质层，水源部分在垂直方向上从海底沉积物至水面。它是地球表层岩石圈、水圈、生物圈与大气圈相互交接、物质与能量交换活跃、各种因素作用影响最为频繁、变化极为敏感的场所，是各种物理过程、化学过程、生物过程、物质与能量的交换与转换过程最活跃的地带，是人类活动的重要场所。

海岸带生态系统是一个动态开放系统，具有自身的发生、发展规律。海岸带生态系统通过外部与内部能量和物质的交换，显示出动态的演替过程，该过程包括人工演替过程和天然演替过程。

海岸带生态系统是全球具有代表性的生态脆弱带之一，因为其自身范围相对狭窄，海岸带环境的容量和资源的蕴含量是相对有限的；并且在陆—海—气耦合力的作用下，海岸带的反应性极度灵敏。

海平面上升和气候变化是海岸带生态系统的外部压力，海岸带生态系统内部的主要驱动力是人类活动，两者相互影响、相互关联、相互耦合，使海岸带生态系统脆弱性增强。

海岸带生态系统位于陆地、海洋和大气交互作用的地带，是人类活动最为集中的区域，优越的地理位置和丰富的自然资源，使海岸带成为人类经济社会活动最集中的地带。自20世纪70年代末以来，中国海岸带地区，包括渤海经济区、珠江三角洲经济区和长江三角洲经济区的海岸带，成为改革开放的前沿，在约占全国陆地13%的国土面积上，集中了大约50%的人口、55%的国民收入及全国70%以上的大城市，是中国经济活力最为充沛的黄金海岸。

中国海岸带生态系统存在明显的南北差异。我国自北向南拥有18 000 km的海岸带，横跨22个纬度，气候具有显著的南北分带性。一般而言，海南岛属于热带，长江以南地区属于亚热带，长江以北地区属于温带，而青藏高原及漠河以北的地区属于寒温带（秦松等，2013）。

第二节 海岸带生物活性物质研究概况

海岸带生物中蕴藏着许多新颖的生物活性物质，包括多糖类、蛋白、肽类、生物碱类、大环内酯类、萜类、多烯类、不饱和脂肪酸等。近年来海岸带生物活性物质的研究、开发及利用成为海岸带生物学研究的热点和重要应用领域。

一、海岸带生物活性多糖

糖类是继蛋白质、核酸之后生命科学研究领域的又一最重要的生物大分子。近年来，研究人员在海岸带生物中发现了大量结构特殊、活性独特的多糖，在医药、食品、材料科学等领域有广泛的应用。海岸带多糖资源丰富，海岸带动物、海藻和微生物是其最重要的来源。

（一）海岸带微生物多糖

海岸带微生物种类繁多，生长环境复杂多样，是海岸带物质和能量循环的主要贡献者。近年来研究者从海岸带细菌、真菌分离到结构类型十分多样的多糖，从中发现了具有抗氧化、抗肿瘤、抗病毒等生物活性多糖。海岸带微生物多糖主要来源于海岸带细菌和真菌，有葡聚糖、肽聚糖和脂多糖等多种类型。早在1983年，Boyle等就对筛选的两种潮间带细菌的胞外多糖进行了研究，发现两者均由葡萄糖、半乳糖和甘露糖构成，后者还含有丙酮酸。苏文金等（2001）对厦门海岸潮间带的多株海洋放线菌产生的胞外多糖进行了体内外免疫增强活性的研究，发现在多糖高产菌株中有3株菌的胞外多糖在体内外均具有显著的免疫增强活性，其中链霉菌（*Streptomyces* sp.2305）的胞外多糖表现出较好的非特异性、细胞及体液免疫增强活性。郭甜甜等（2015）从黄河三角洲表面盐层泥土的耐盐真菌 *Cladosporium cladosporioides* OUCMDZ-2713发酵液中分离得到胞外多糖，在体外表现出显著的抗氧化活性。

（二）海岸带海藻多糖

大型海藻主要包括大型绿藻、褐藻、红藻和蓝藻，目前发现的大型海藻有15 000余种。我国大型海藻有1 200多种，包括200多种绿藻、大约300种褐藻、600多种红藻、160多种蓝藻。

近年来，人们对来自孔石莼、礁膜、浒苔、刺松藻等绿藻的多糖研究较多。绿藻多糖多为存在于细胞间质的硫酸化的水溶性多糖，常见的有 Xyl-Ara-Gal 聚合物和 GlcA-Xyl-Rha 聚合物。通过酸和碱破坏细胞壁也可得到组分较为单一的葡聚糖、甘露聚糖和木聚糖。于广利等（2010）以刺松藻为原料，用热水、室温水以及 Na_2CO_3 溶液提取得到三种硫酸化多糖，主要由 Gal、Ara 和 Glc 单糖组成，另外还含有 Man 和 Xyl，三种多糖均表现出抗凝活性。稽国利等（2009）以爆发期的条浒苔为原料，提取得到的多糖除了含有 Rha 和 GlcA 两种单糖外，还含有少量的 IdoA。孙秋艳等（2017）采用水煮醇沉法提取浒苔多糖，生理活性实验显示，该多糖可以显著提高犬对犬冠病毒灭活疫苗的免疫作用。

蓝藻中以螺旋藻多糖的研究最多，螺旋藻多糖的组成和结构非常复杂，有些与蛋白质结合形成糖蛋白。研究表明，其组成主要包括 D- 葡萄糖、D- 甘露糖、D- 木糖、D- 半乳糖、L- 鼠李糖、葡萄糖醛酸等单糖或单糖衍生物。螺旋藻多糖分子之间多以 α- 糖苷键相连，常常带有支链结构。如 Lee 等（2001）以钝顶螺旋藻为原料，采用热水提取的方法获得一种多糖，该多糖是由 Rha、3-O- 甲基 -Rha、2，3- 二甲基 -Rha、3-O- 甲基 -Xyl 和糖醛酸组成的高分子硫酸化杂多糖。螺旋藻多糖具有许多独特的生物学活性和疗效，如调节机体免疫、抗辐射、抗氧化、降血糖、抗病毒、修复 DNA 损伤等一系列作用，这些生物活性物质对人体发挥重要的医疗保健作用，也因此使其成为目前螺旋藻的研究和应用热点之一（崔叶洁，2010）。于蕾妍等（2017）将螺旋藻多糖（PSP）与银杏叶提取物（GBE）按照不同比例复合，发现 PSP 与 GBE 按 2∶1 比例复合使用对提高小鼠的抗疲劳能力具有较好的协同增效作用。

常见的褐藻有海带、裙带菜、马尾藻、昆布和巨藻等，种类多，资源丰富。褐藻中的多糖主要有 3 种类型：褐藻糖胶（Fucoidan）、褐藻胶（Alginate）和海带淀粉（Laminaran）。褐藻糖胶是指含有褐藻糖和硫酸基的结构复杂的多糖类物质。褐藻胶是由 α-L-1，4- 古罗糖醛酸（G）和 β-D-1，4- 甘露糖醛酸（M）组成的二元线型杂多糖。褐藻淀粉主要由 β-D-Glc 组成，主链为 β（1→3）糖苷键，分枝含有 β（1→6）糖苷键。台文静等（2010）以海蕴为原料，从中分离得到两种组分：组分 NA1 为褐藻胶，M/G（甘露糖醛酸/古罗糖醛酸）为 0.34；组分 NA2 为褐藻糖胶，Fuc 的含量大于 80%。王培培等（2009）以选育的羊栖菜和野生羊栖菜为原料，研究发现野生羊栖菜褐藻糖胶中 Glc、Man 和 GlcN 含量以及褐藻胶中 G 含量均显著低于选育羊栖菜。近年来的研究显示，褐藻糖胶具有抗肿瘤、抗病毒、抗血栓、抗凝血活性等多糖的生物学功能。褐藻胶在促进生长、抗肿瘤、预防心血管疾病等药物开发以及医用生物材料的研发等方面已经有广泛的应用。褐藻淀粉具有显著的抗肿瘤和免疫调节活性。Chen 等（2017）从马尾藻中提取的多糖（SFPS）对腺癌 SPC-A-1 细胞的增殖和体内肿瘤的生长具有显著抑制作用，流式细胞术检测发现 SFPS 能够诱导 HUVECs 细胞周期阻滞和细胞凋亡。Fan 等（2017）从马尾藻（*Sargassum fusiforme*）中提取得到的多糖（SFPS）对人 HepG2 移植瘤小鼠体内肿瘤的生长有显著抑制作用，并可提高血清中 IL-1，NO，IgM 和 TNF-α 的含量，诱导 HepG2 细胞的凋亡，促进凋亡因子 Bax 的表达，下调 Bcl-2 的表达，表现出抗肿瘤和免疫调节的活性（闫忠辉等，2017）。

红藻在我国海域分布广泛，种类繁多，资源丰富。我国红藻中最常见的有紫菜、角叉菜、石花菜、蜈蚣藻和麒麟菜等，这些红藻不仅是重要的食品来源和食品添加剂，同时含有丰富的多糖类物质。红藻多糖主要有半乳聚糖、木聚糖、葡聚糖（红藻淀粉）和甘露聚糖，其中研究最多的是半乳聚糖。红藻中的半乳聚糖主要分为三种类型：卡拉胶、琼胶及兼具有卡拉胶和琼胶结构特征的半乳聚糖。卡拉胶型多糖的重复二糖单位是 $(1\rightarrow3)-\beta-D-Gal(1\rightarrow4)-3,6-$ 内醚（或无内醚化）$-\alpha-D-Gal$，琼胶型多糖的重复二糖单位是 $(1\rightarrow3)-\beta-D-Gal(1\rightarrow4)-3,6-$ 内醚（或无内醚化）$-\alpha-L-Gal$，在半乳糖的不同位置上常有硫酸基、丙酮酸、甲氧基等取代基团。如 Li 等（2012）以细齿麒麟菜为原料，获得的多糖组分 EH 和 EW，其中 EH 属于 ι-carrageenan，EW 为杂合型 $\iota/\kappa/\nu$-carrageenan 卡拉胶。Hu 等（2012）以海螺藻为原料，制备得到了 GW7 组分，主要成分为 6- 硫酸基 - 琼胶。Liu 等（2017）以紫菜为原料，提取得到硫酸多糖（PHPS），PHPS 可显著增强巨噬细胞 RAW264.7 的吞噬作用，提高白细胞肿瘤坏死因子 TNF-α，IL-6 和 IL-10 的分泌；在体内 PHPS 可促进小鼠淋巴细胞的增殖并诱导 TNF-α 和 IL-10 的产生。

（三）海岸带动物多糖

海岸带动物也是多糖的重要来源，近年来研究人员从海绵、鲍鱼、海参等多种海岸带动物中提取分离获得了不同结构类型的多糖，这些多糖在抗菌、免疫调节、抗肿瘤药物及医用生物材料的开发等方面有着非常广泛的应用。Yang 等（2013）以牡蛎 Ostrea talienwhanensis Crosse 为原料，分离得到了糖原，并采用氯磺酸—吡啶法对该多糖进行硫酸化修饰，所得产物在 C_6 位连接上了硫酸基，进一步的研究显示修饰化的多糖能促进脾淋巴细胞的增殖。Li 等（2011）以鲍鱼 Haliotis discus hannai 为原料，提取得到了硫酸化多糖 AAP，研究表明该多糖能显著延长凝血酶时间（TT）和凝血激酶时间（APTT）。Chen 等（2011）以 Isostichopus badionotus，Holothuria vagabunda，Stichopus tremulus 和 Pearsonothuria graeffei 等 4 种海参为研究对象，制备得到了 3 种 Fuc 不同硫酸化修饰的硫酸软骨素类杂多糖，结果显示 2,4- 二硫酸化修饰对抗凝血作用的影响最为显著。Liu 等（2012）以海参 Apostichopus japonicus 为原料，采用蛋白酶水解，制备了一种多糖 AJP，该多糖以 GalN 和 GlcA 为主，还含有 Man，GlcN，Glc，Gal 和 Fuc 等单糖，体外活性研究显示 AJP 具有降低血浆脂蛋白含量和抗氧化的作用。此外，人们也从贻贝、海绵等海岸带动物体中分离制备了多种活性多糖，丰富了海岸带糖资源种类。

二、蛋白及多肽类

近年来研究人员已从多种海岸带植物和动物中得到了具有不同生理活性的蛋白质。张成武等（1996）研究显示，螺旋藻中的藻蓝蛋白能显著抑制人血癌细胞株 HL60。海藻凝集素是一种酸性蛋白质，研究证实海藻凝集素能显著激活人的淋巴细胞，在体外能有效抑制小鼠白血病细胞及乳腺癌细胞增殖，可望开发为抗癌剂。张敏等（2002）考察了鲨鱼软骨制剂的体外抗肿瘤作用，结果显示鲨鱼软骨制剂能显著抑制人肝癌 SMMC 7721 细胞、人胃癌 MGC 8023 细胞以及人红白血病 K 562 细胞的增殖，对小鼠肉瘤 S 180、Lewis 肺癌有一定的治疗效果。吴萍茹等（2002）以二色桌片参的体壁为原料，制备得到了二色桌片参的糖蛋白和部分酶水解产物，两者均能显著抑制小鼠肉瘤 S 180 的生长。从牡蛎和大盘鲍中制备的糖蛋白能有效抑制裸鼠体内人结肠癌和小鼠肝癌的生长，人们还从栉孔扇贝、虾夷扇贝中制备得到糖蛋白，也有很强的抗肿瘤活性。此外，以扇贝闭壳肌为原料制备的糖蛋白也具有肿瘤抑制作用。近年来，随着海岸带生物共生现象的发现，抗菌活性蛋白及活性肽的研究也取得了一定的进展。美国国立癌症研究所（2003）以蓝藻为原料，分离到一种蛋白 CV-N，该蛋白能抵抗埃博拉病毒和人 HIV 的感染。Wilson 等（2009）从澳大利亚悉尼海港海水表层分离到 8 种高效抗菌物质，蛋白酶解后其抗菌活性消失，说明蛋白为其中的活性成分。

自 Pettit 小组（1976）首次从海兔中分离获得具有抗肿瘤活性的环肽类成分以来，环肽化合物逐渐成为海岸带天然产物最为活跃的研究领域之一。到 1996 年，研究人员从海岸带生物中已分离并鉴定了 100 多个环肽类物质。研究人员已从太平洋、印度洋等海域的海兔中筛选得到了 18 个具有抗癌活性的肽类物质，这些肽类可显著抑制小细胞肺癌、卵巢癌、黑色素瘤和前列腺癌等实体瘤的生长。Ireland 等（1980）以海鞘 *Lissoclinnum patella* 为原材料，筛选获得一种环肽 Ulithiacyclamide，该物质具有显著的抗肿瘤活性。接着研究人员又在海鞘中发现了具有抗肿瘤、抗病毒及细胞毒作用的环肽。在具有细胞毒性的肽中，大多都属于环肽，但近年来人们发现线性小肽、二肽等也具有细胞毒活性。研究人员还在海绵中发现了许多具有特定的酶抑制剂活性及抗肿瘤作用的环肽，这些环肽同时具有强烈的细胞毒活性。易杨华等（2012）以我国西沙群岛永兴岛的棕色扁海绵（*Phakelliafusca thiele*）为原材料，采用乙醇萃取的方法，得到一个新的环肽类物质，该化合物具有抗肿瘤和抗有丝分裂的作用。Salvatore 等（2003）以海绵 *Ircinia variabilis* 共生体为原材料，从中筛选到两株能独立存活的细菌，细菌培养液中有多种环二肽（DKPs）存在，这些 DKPs 功能除了具有抗菌、细胞毒活性之外，还作为信号分子在 LuxR 介导的群体感应调控中发挥着重要作用。Thiocoraline 是 Brandon 等（2004）从海洋细菌 *Micromonospora marina* 中筛选得到的一种肽类抗生素，该肽含环状巯基缩酚酸，具有抑癌活性，能够使细胞周期在 G1 期停止，在临床上具有广阔的开发前景。研究人员还从蓝藻中筛选到某些具有强烈神经毒和肝毒作用的肽类毒素，属于环肽，其中微囊藻毒素（microcystin）是由 7 种氨基酸组成的肽。王茵等（2013）研究发现紫菜多肽能显著地控制高脂血症大鼠体重的增加，同时能显著降低血清中 TC，TG，LDL-C 的含量，升高 HDL-C 的含量，使大鼠动脉粥样硬化指数降低，说明紫菜多肽具有良好的降血脂功效。Hamed 等（2015）从栉孔扇贝中提取得到的多肽能显著提高机体清除羟自由基的能力，抑制脂质过氧化和氧自由基的生成，有效抑制人体衰老。

三、多不饱和脂肪酸

一些海岸带生物含有丰富的多不饱和脂肪酸，其中 EPA 除用于治疗脑血栓和动脉硬化外，还具有增强免疫力的功效。DHA 具有抗癌、防止大脑衰退、抗衰老、降血脂等多种作用。合适剂量的 EPA、DHA 具有重要的生理活性：①抑制血小板凝集，防止血栓形成与中风，预防老年痴呆症；②降低血脂、胆固醇和血压，对心血管疾病有预防作用；③增强记忆力，提高学习效果；④对视网膜的反射能力有改善作用，对视力退化有预防作用；⑤对促癌物质——前列腺素的形成具有抑制作用；⑥具有降血糖、预防糖尿病作用。在所有的生物中，脂肪酸的一个重要功能是通过 β- 氧化合成 ATP 来提供新陈代谢所需的能量。在鱼类中，脂肪酸不仅是为繁殖提供主要能量，而且为从卵到成体的生长代谢提供能量。通常情况下，鱼油中 DHA 的含量要低于 EPA，比如，在凤尾鱼、沙丁鱼、鲱鱼的鱼油中 DHA：EPA 为 12：18，这种比例正是人体健康所需要的比例。除了金枪鱼，应该说没有其他鱼油中 DHA 的含量明显高于 EPA。ω-3HUFA 降脂效果显著，且安全高效，在药物医疗和保健食品领域有良好的开发前景。由于 DHA 在改善脂质代谢方面具有显著的效果，日本消费者事务局已经批准一些富含 DHA 的食品可作为特定保健用食品，其包装允许标注改善血液 TG 的水平（Ohama 等，2014）。

四、聚醚类

来自海岸带生物的聚醚类化合物多数是毒素，并具有强烈的生理活性。研究人员以日本海绵 *Halichondrai okadai* 为原料，从中筛选得到了大田酸，该物质对 L1210 和 P388 白血病细胞的 IC_{50} 分别为 1.7×10^{-2} μg/ml 和 1.7×10^{-3} μg/ml。后来，Uemura 等（1985）从同种海绵中分离出 Norhalichondrin-A 和 Hacichondrin-B，两种化合物对 B16 黑色肿瘤细胞有明显的抑制作用，IC_{50} 分别为 5.2 μg/kg 和 0.093 μg/kg 时，延长寿命的效率分别是24.4%和23.6%，Norhalichondrin-A和Hacichondrin-B是很有前景的抗肿瘤聚醚类物质。Yasumoto等（1985）从扇贝中筛选分离到扇贝毒素的4种同系物，该类毒素是聚醚类物质，具有新颖的碳骨架，表现出较强的细胞毒性。

五、大环内酯类

海岸带生物体内的大环内酯类物质常具有特殊的结构并表现显著的生理活性，所以受到了研究人员的广泛关注。人们在海岸带生物中发现的第一种表现出抗肿瘤作用的大环内酯类化合物是海兔毒素，其脱溴衍生物也表现出明显的抗肿瘤活性。名古屋大学山田等（1990）以黑斑海兔 *Aplysiakuradai* 为研究对象，从中筛选得到一种新型的大环内酯 Aplyronine，并确定了其化学结构，该物质对肿瘤具有显著的抑制作用。研究人员从总合草苔虫筛选得到大环内酯类化合物苔藓虫素1（bryostatins 1），该化合物能引起慢性淋巴细胞性白血病细胞系的细胞凋亡，另外它还表现出促进血小板凝聚、促进生血、免疫调节等生物活性。最近由美国FDA批准了对其进行Ⅱ期临床的试验，结果显示该化合物可与紫杉醇联用治疗晚期食道癌表现出协同作用。Hiratu等（1986）从海绵 *Halichondria okadai* 中筛选得到的大环内酯化合物 Halichondrins B，对其合成中间体进行的活性测试分析，显示其主要的药效团是结构中大环内酯环，并合成了一系列四氢呋喃和四氢吡喃类似物。从海绵 *Lissodendoryx* sp. 中分离出来的另一种大环内酯化合物 Isohomohalichondrin B，该化合物是 Halichondrins B 的同功类似物，也能诱导癌细胞凋亡。从海绵 *Hyattella* sp. 中筛选获得的大环内酯类化合物 Isolaulimalide 和 Laulimalide，两者均属于细胞毒类药物，可使细胞发生凋亡。大环内酯类化合物 Spongistatin 1 也是在海绵 *Hyrtios erecta* 中筛选得到的，体外研究显示，该化合物可显著抑制 L1210 鼠白血病细胞，并能诱导人肺癌、黑色素瘤、脑瘤和肠癌细胞的凋亡。Zhang等（2015）从棕色扁海绵中分离出的黏鞭霉属真菌 *Gliomastix* sp. ZSDS1-F7-2 中得到了5个新的大环内酯化合物 gliomasolides A~E，这5种化合物均具有14元大环内酯骨架，并缺少甲基基团。化合物 gliomasolides A 对宫颈癌 HeLa 细胞表现出一定的抑制作用。

六、萜类

萜类是异戊二烯首尾相连形成的脂质类化合物，近年来研究人员在海岸带生物中发现多种独特的、具有新型碳骨架的萜类，其中以二倍半萜、二萜和倍半萜较多。有人从钙扇藻科（Udoteaceae）的一个品种中获得7个相似的二萜，这7个二萜均表现出细胞毒性，其中最强的一种细胞毒性化合物为仙掌藻三醛。Cerwick等（1980）从网地藻科褐舌藻 *Spatoglossum schmittii* 中筛选得到一种三环二萜化合物褐舌藻醇 spatol，该化合物可显著抑制人星形瘤和黑色素瘤细胞株的细胞分裂。倍半萜 aplysistatin 是从海兔属中获得的，该化合物对 KB 细胞的增殖有抑制作用。从澳大利亚软珊瑚中筛选得到具有 D- 内酯结构的双萜内酯 Sinularin，该化合物可显著抑制 P388 和 KB 细胞株的增殖。呋喃二倍半萜 Spongionellin 是从日本海域采集的海绵中筛选获得的，该化合物对海胆卵的分裂有抑制作用。二萜类化合物 SarcodictyinsA、B 和 Eleutherobin 是分别从软珊瑚 *Sarcodictyon roseum* 和 *Eleutherobia* 中筛选得到的，体外实验表明两种化合物均能表现出抗有丝分裂的作用，对人乳腺癌细胞的抑制率可达 63.3%。从多种海参中获得一系列三萜皂苷成分——海参素，动物体外实验大多数海参素具有细胞毒性。来自 *Aplideum* sp. 的萜类化合物对 KB 细胞、L1210 细胞具有中等细胞毒活性。从海鞘 *H.roreitzi* 血液中得到的 HalocyaminesA、B 是萜类化合物，浓度为 16 μmol/L 时（范成成，2009），可在 24 h 将体外培养的神经纤维瘤细胞 N-18 完全杀死（Azwmi 等，1990）。Sun 等（2014）从江苏连云港海域的对虾中分离出一株黄曲霉（*Aspergillus flavus*） OUCMDZ-2205，其代谢产物中有 1 种新的吲哚二萜，该化合物对金黄色葡萄球菌的最小抑菌浓度（MIC）为 20.5 μmol/L。Laura 等（2009）从巴西沿海的网地藻中分离得到 2 个新的 Dolastane 型二萜，具有 Na^+K^+-ATPase 酶抑制活性。

七、生物碱类

生物碱是生物体中的一类含氮的有机化合物，它们具有和碱类似的性质，表现出旋光性和较强的生理活性。近年来，有多种生物碱在海岸带生物中被发现，这些化合物都具有特异的结构和显著的生物活性。Manzamin-A 是从海绵 *Halichona* sp. 和 *Pellina* sp. 中筛选得到的，对金黄色葡萄球菌的增殖有强烈的抑制作用，并表现出强烈的抗肿瘤活性。有人从软海绵 *Cymbastela cantharella* 中分离得到 Girolline，该化合物是一种生物碱类细胞毒素，对蛋白质的合成有抑制作用，同时能显著抑制肿瘤的生长。Laurent 等（2004）从海绵 *Peniera* 中分离出自然界罕见的新型生物碱，属于有效的抗病毒、抗肿瘤有机化合物之一。从海鞘中分离出的生物碱类化合物大多都表现出抗肿瘤和细胞毒活性，化合物 Meridine（芳香族生物碱）、Citoreliamine（吲哚生物碱）、Psedodistomins D-F（哌啶生物碱）、Ecteinasidins（简称 Et）729 和 743、Grossularine 1 和 2 都是从从海鞘中筛选得到的，Meridine 对白血病细胞 P388 显示细胞毒性；Citoreliamine 对 P388 和 L1210 培养细胞均表现出细胞毒作用；Psedodistomins D-F 具有诱导 DNA 损伤活性的作用，Et729、Et743 均表现出抗肿瘤作用，欧盟将 Et743 作为治疗组织肉瘤的专用药物。目前，该化合物还处于治疗骨肉瘤、黑色素瘤、子宫内膜癌、卵巢癌、直肠癌、乳腺癌、皮瘤和非小细胞肺癌的 II 期临床试验（康劲翔，2008）。Fernandes 等（2014）从海洋苔藓中提取得到羟吲哚生物碱 Convolutamydine 及两种类似物 ISA 003 和 ISA 147。三种生物碱对小鼠舔掌反应有显著抑制作用，并能显著抑制白细胞浸润，减少 IL-6，NO，TNF-α 和 PGE-2 的生成，抑制 iNOS 和 COX-2 的表达，说明三种生物碱具有抗炎和镇痛作用。

八、苷类

苷类，又称配糖体、甙类，是由糖或糖的衍生物（氨基糖、糖醛酸等）的半缩醛羟基与另一种非糖物质（配糖体或苷元）通过糖苷键连接而成的化合物。近年来，人们从海星、海参和海绵等海岸带生物中发现了多种具有抗肿瘤作用的苷类化合物。从海星纲动物中筛选得到的海星皂苷都属于甾体皂苷，这类化合物表现出抗炎、抗菌、抗癌等活性。研究显示，海星皂苷对小鼠 S180 肉瘤的生长有明显的抑制作用，使得 H22 肝癌腹水小鼠的生存时间延长。采用体外肿瘤细胞培养和体内抗肿瘤实验方法，对海星皂苷的体外和体内抗肿瘤作用进行了研究，结果表明海星皂苷对体外培养的小鼠肝癌 H22 细胞、S180 肉瘤细胞表现出细胞毒作用，说明海星皂苷具有抗肿瘤作用（姚如永，2006）。

九、固醇类

固醇（sterol）又称甾醇，是含有羟基的类固醇，是类固醇的一类。近年来人们从海岸带生物中筛选得到多种具有不同支链的多羟基甾醇和甾醇，有些固醇表现出显著的抗肿瘤活性。Sun 等（1991）从海绵 Petrosia weinbergi 中筛选得到两种新的硫酸盐甾醇，均对抗猫白血病毒表现出抑制作用。Pereira 等（2014）从多棘海星 Marthasterias glacialis 提取得到两种固醇化合物 Ergosta-7 和 22-dien-3-ol，能显著抑制 R AW 246.7 巨噬细胞 iNOS，INF-κB，IL-6 和 COX-2 的表达，发挥抗炎活性。Carvalho 等（2010）从台湾软珊瑚中提取得到氧化固醇，该化合物对白血病（P-388）和结肠癌（HT-29）肿瘤细胞有明显抑制作用。

十、多聚乙酰类

研究人员从海绵 Discodermia dissoluta 中分离得到一种多聚乙酰类化合物（+）-Discodermolide，能有效抑制肿瘤细胞的增殖，导致非小细胞肺癌细胞凋亡，对肿瘤细胞的增殖抑制。研究人员合成了一系列该化合物 19 位取代的氨基甲酸酯衍生物，其中化合物 31 能明显抑制乳腺癌 MCF 27 的增殖（张骁英，2002）。

十一、萜-醌混合物

混合的 terpenoidshikimates 生物源类海岸带天然产物是非常有趣的，许多此类化合物具有细胞毒性。第一个有重排的 drimane 骨架的 Avarol 为氢醌倍半萜取代物，能明显抑制小鼠 L 5178y 淋巴细胞株的生长。从日本柳珊瑚 *Euplwxaura* 中分离到一种罕见的呋喃氢醌配糖体 moritoside，是首次发现的 D– 阿卓糖的天然产物（Dun，1999）。

十二、多烯醚类

从海岸带生物巨大鞘丝藻 *Lyngbya majuscula* 中筛选得到的 Curacin A 是多烯醚类化合物，该化合物具有细胞毒作用，能阻滞细胞周期进程，从而抑制细胞的有丝分裂。研究人员以 Curacin A 为先导化合物，设计合成了一系列类似物，并对生物活性进行了筛选，结果显示，此化合物能显著抑制卵巢癌、前列腺癌和乳腺癌细胞的增殖。

十三、其他

缪辉南等（1995）从海鞘中分离出了四氢大麻酚衍生物，该化合物对 CV 1，HT 29，A 549 和 P 388 均表现较强的抑制作用。有机硫化物 Varacin A 从海鞘 *L.Vareau* 中筛选得到，该化合物具有抗肿瘤作用。从 *Aplidium* sp. 中分离得到香叶基氢醌（qexanyl hydroquinone），该化合物具有体内抗肿瘤活性。Murshid 等（2016）从红海海鞘中分离的青霉代谢产物中获得两种脑苷脂 penicillosides A 和 B，penicillosides A 显示出对白色念珠菌有显著抑制作用，抑菌圈达到 23 mm；penicillosides B 对大肠杆菌和金黄色葡萄球菌具有抑制作用，抑菌圈分别为 20 mm 和 19 mm。Liu 等（2015）从海绵中分离的真菌 *Penicillium adametzioides* AS– 53 发酵产物中得到两个新骨架二硫二酮哌嗪衍生物 peniciadametizine A 和 peniciadametizine B。两种化合物对海虾 Artemiasalina 显示出微弱的致死活性，对白菜黑斑病菌 *Alternariabrassicae* 能够选择性地表现抑制活性。

第二章

海岸带生物活性多糖

海岸带生物是化合物的宝库，多数海岸带生物能产生多糖类化合物。来源于海岸带动植物及微生物中的多糖称为海岸带生物多糖，大多数的海岸带生物多糖具有生物活性，如增强免疫调节作用、降血糖、调血脂、抗病毒、抗肿瘤、抗凝血、抗衰老、抗炎等，因此，具有开发成为保健食品、药物、生物医用材料等应用在医疗卫生领域的潜力。随着多糖研究不断出现，新的多糖和发现已知多糖的新功效，海岸带生物多糖也越来越受到重视。

按单体组成可将海岸带生物多糖分为同多糖和杂多糖。真菌多糖的一级结构主要是同多糖，主链是以 β(1→3)糖苷键连接的葡聚糖为主，另外还具有少量 β(1→4)及其他类型糖苷键，其侧链是以 β(1→6)或 β(1→3)糖苷键连接的低聚葡萄糖和 α-糖苷键连接的甘露聚糖。从褐藻类马尾藻提取的硫酸酯多糖为杂多糖，是由葡萄糖、木糖、甘露糖、半乳糖、果糖和半乳糖胺组成的，对抗单疱疹病毒 HSV1 和 HSV2 具有较好的抑制作用。硫酸化同多糖比硫酸化杂多糖具有更为显著的生物活性，如葡聚糖和岩藻聚糖等同多糖的磺酸酯比肝素等杂多糖的磺酸酯对抗人类 T 淋巴细胞、抗 HIV 病毒具有更强的抑制作用。

按所带电荷基团可将海岸带生物多糖分为酸性多糖和碱性多糖。海岸带生物多糖几乎都属于酸性多糖，到目前为止，只发现壳多糖属于碱性多糖，壳多糖显示出抑制多种微生物的活性。一般认为，壳多糖的化学结构与其抑制微生物活性有关。壳多糖分子的大小与其抑制微生物活性有紧密的关系，脱乙酰壳多糖的聚合度（DP）为8或9时，其活性明显高于其他聚合度值的壳多糖（Savard 等，2002）。虽然壳多糖具有比较稳定的结构，但要获得具有单一的或均一化学结构的壳多糖目前还存在很大的困难。因此，要想精确地反映壳多糖化学结构与其抑制微生物能力的构效关系还存在一定的困难。

按来源分，海岸带多糖可分为微生物多糖、植物多糖及动物多糖。微生物多糖主要来源于细菌和真菌，按结构可分为肽聚糖、葡聚糖和脂多糖等。它们均含有某一特有的保守结构序列，且此结构不属于高等生物体的正常组分。海藻多糖又可分为螺旋藻多糖、绿藻多糖、红藻多糖以及褐藻多糖等。螺旋藻多糖为酸性杂多糖，具有抑制癌细胞增殖、抗辐射及提高机体免疫功能等多种生理功能。绿藻多糖的种类，如孔石莼多糖、浒苔多糖及刺松藻多糖等。红藻多糖中的卡拉胶和琼胶都为半乳聚糖（或半乳糖胶），是以半乳糖为单位连接而成的，除此之外，还有木聚糖和甘露聚糖；红藻多糖中的淀粉是由葡萄糖为单位连接而成的，属于葡聚糖。褐藻也具有多种形式的多糖，褐藻糖胶是以褐藻糖为单位连接而成的硫酸化多糖；褐藻胶是一种线性聚合物，是以糖醛酸连接而成的，海带淀粉则是由葡萄糖为单位连接而成的葡聚糖；甘露醇在褐藻中的含量较多，相对分子量较低。海岸带动物中也存在活性多糖，如甲壳动物的甲壳质，鱼类、贝类中的糖胺聚糖及酸性黏多糖等。甲壳质是 N– 乙酰基葡糖胺残基结合的多糖，为固体结晶，不溶于水。甲壳质脱去乙酰基为壳聚糖，具有多种良好的生物学功能，已经以各种形式用于保健品和生物医学工程领域。

第一节　海岸带植物活性多糖

多糖是构成生物体的一类十分重要的有机化合物，是生命的物质基础。多糖的种类各异，在生物体中行使着不同的功能。因此，关于多糖的研究越来越受到研究人员的关注。海藻是海岸带植物中数量和品种最多的一类，属于低等隐花植物，主要有蓝藻、绿藻、红藻和褐藻的大型种类，另外还包括硅藻、甲藻、金藻等多门类微藻。海藻体内的生理活性物质研究已成为医药领域的热点之一。其中，海藻多糖是目前最具有前景的一类生理活性物质。近年来的研究表明，海藻多糖是由多个相同的或不同的单糖基或单糖衍生物通过糖苷键连接而成的大分子物质，具有多种生物活性及药用功能，例如增强免疫力、抗氧化、抗肿瘤、抗突变、抗辐射、抗病毒和诱导细胞分化等。

一、螺旋藻多糖

（一）概述

螺旋藻是一类古老而低等的丝状体蓝藻。蓝藻早在32亿~35亿年前就已出现在地球上，是现存地球上最早出现的光合生物。由于它们与细菌一样细胞内没有真正的细胞核，所以又称为蓝细菌。因其在显微镜下观察形态为螺旋状而得名螺旋藻。螺旋藻是蓝藻门（Cyanophyta）蓝藻纲（Cyanophyceae）段殖藻目（Hormogonales）颤藻科（Oscillatoniaceae）螺旋藻属（*Spirulina*）或节旋藻属（*Arthrospira*）的统称，主要分布于热带、亚热带的淡水或盐碱性湖泊中，目前，国内外大量养殖的主要品种有两种：极大螺旋藻（*Spirulina maxima*）（图2-1）和钝顶螺旋藻（*Spirulina platensis*）（图2-2）。藻体呈丝状螺旋形，一般呈圆柱状，蓝绿色、黄绿色或紫红色，人们能很容易将螺旋藻与其他微藻区分开来。其最适生存 pH 为 7.2 ~ 9.0，最适盐度为 20 ~ 70 g/L，适宜的培养温度为 25 ~ 40℃。

图2-1　极大螺旋藻的外部形态

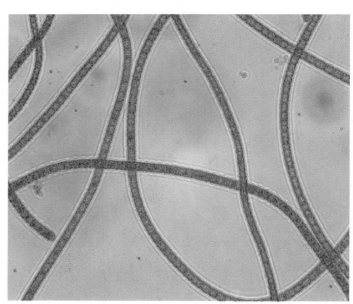

图2-2　钝顶螺旋藻的外部形态

1967年，法国的克雷曼博士在第七届国际石油会议上发表了食品藻类新类型的报告，首次全面介绍了螺旋藻的营养价值、培养方法、采收和干燥技术。同年，世界上第一家螺旋藻养殖工厂在墨西哥的 Texcoco 湖畔开始投资建设，并于1973年建成，正式投入生产。由于其开发不占用农田、能合理利用土地资源，且螺旋藻含有极为丰富的营养成分和生理活性物质，因此逐渐受到国内外有关方面的高度重视，成为许多国家努力开发利用的经济微藻之一，被 WHO 和 FAO 称为21世纪人类最佳保健品和理想的食品。非洲 Chad 湖的钝顶螺旋藻和墨西哥 Texcoco 湖的极大螺旋藻，它们的原产地均在北纬十几度，属于热带地区，其生长的最适温度为28～35℃，均属高温型藻种。

螺旋藻多糖是从螺旋藻中提取得到的一种酸性杂多糖，易溶于水，呈白色粉末状，是由葡萄糖、甘露糖、岩藻糖、木糖、鼠李糖、半乳糖及葡萄糖醛酸等成分组成的。穆文静等（2011）研究显示，螺旋藻多糖具有多种生物学活性，能减轻辐射所引起的遗传损伤，抑制癌细胞的增殖，提高机体的免疫功能等。特别值得一提的是，螺旋藻多糖是天然物质，由于它对细胞无毒，明显不同于普通的细胞毒类抗癌及抗病毒药物，在新药开发中具有非常重要的意义，这也是合成类药物所不具备的优点。因此，螺旋藻多糖的研究与开发已成为目前海岸带生物医药的重要研究领域之一（于红，2003）。

（二）提取、分离及纯化

目前国内外提取螺旋藻多糖主要采用稀碱、稀酸、热水抽提的方法，因为多数糖类物质中均含有较多的极性基团，螺旋藻多糖也不例外。螺旋藻多糖是大分子物质，这种结构特征使其易溶于稀酸、稀碱和水，但是在酸性条件下进行提取，酸性环境会使得多糖中糖苷键发生断裂。所以在提取时大多数采用不同温度的水和稀碱溶液进行提取，在所参考的文献当中也发现近些年的研究中开始综合利用其他的仪器方法来进行前处理，超声分散可以使得螺旋藻干粉在浸取过程中多糖更好地溶解，而在提取温度方面也可以利用微波加热的方法，溶液温度更加均匀，还能缩短在热水提取过程中的时间。

在进行螺旋藻多糖粗提后溶解的溶液中一般都混杂有色素、核酸、蛋白质等杂质。由于螺旋藻中蛋白质的含量较高而且要得到多糖必须选择不使多糖沉淀而使得蛋白质沉淀的试剂中进行，如5% 三氯醋酸 – 正丁醇溶液、1% 醋酸等，但由于多糖在溶液中容易降解，所以对采用的分离方法要求温度低，并且处理时间短。从螺旋藻中通过浸提法得到的螺旋藻多糖粗品要进行进一步的纯化，层析法纯化是实验室采用的主要纯化方法。主要有离子交换层析法和凝胶层析法，如 DEAE-Sephardex、DEAE- 纤维素 A–25 和 Sephadex–100层析柱等。

杜玲（2010）采用传统的水提醇沉法、三氯乙酸除蛋白法和活性炭脱色法提取并初步纯化了钝顶螺旋藻两个生态株的多糖，利用 SephadexG–100凝胶柱层析法进一步分离纯化，得到了鄂尔多斯高原碱湖钝顶螺旋藻多糖 ESP 和非洲 Chad 湖钝顶螺旋藻多糖 FSP（图2–3）。

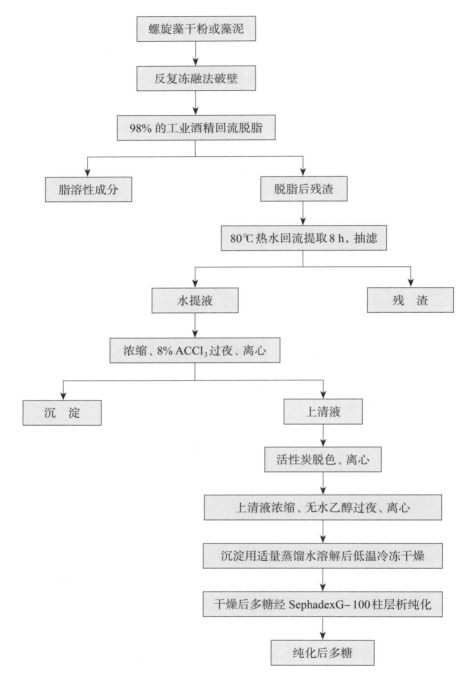

图2-3　钝顶螺旋藻多糖的提取工艺流程图（杜玲，2010）

（三）组成和结构

1. 组成

螺旋藻多糖成分复杂，对多糖的组成一般采用薄层层析、纸层析、气相层析、液相层析等方法进行研究。庞启深等采用薄层层析法进行研究,结果表明钝顶螺旋藻多糖由 D-甘露糖、D-葡萄糖、D-半乳糖和葡萄糖醛酸组成。邓时锋等(2000)采用硅胶薄层层析和气相色谱法研究,结果极大螺旋藻多糖由 D-葡萄糖、D-木糖、L-鼠李糖、D-半乳糖、D-阿拉伯糖、D-甘露糖和葡萄糖醛酸组成。章银良等(1999)采用纸层析法研究发现钝顶螺旋藻多糖由 D-葡萄糖、D-半乳糖、D-甘露糖和葡萄糖醛酸组成。孙向军等(2000)采用纸层析法研究了螺旋藻多糖的两个组分:一组分由 D-葡萄糖、D-半乳糖、D-木糖和葡萄糖醛酸组成,另一组分由 D-葡萄糖、D-甘露糖、L-鼠李糖和葡萄糖醛酸组成。张文雄等(2000)采用纸层析法研究了钝顶螺旋藻酸性杂多糖的两个组分:一组分由 D-葡萄糖、D-半乳糖、D-甘露糖和葡萄糖醛酸组成,另一组分由 D-甘露糖和葡萄糖醛酸组成。Tseng 等(1994)纸层析和柱层析分析结果表明,钝顶螺旋藻多糖由 L-阿拉伯糖、D-木糖、D-半乳糖、葡萄糖醛酸和一种未知糖组成。王辉等(1999)采用高效液相色谱分析了钝顶螺旋藻多糖的三个组分的单糖组成:结果组分一由 L-鼠李糖、D-木糖、D-葡萄糖、D-半乳糖组成,组分二由 L-鼠李糖、D-木糖、D-葡萄糖组成,组分三由 L-鼠李糖和 D-葡萄糖组成。由以上研究报道可见,螺旋藻多糖组成研究的结果各异,这可能与藻种、分离纯化方法不同以及检测方法的灵敏度和使用范围不同有关。

2. 结构

通常采用化学方法结合 IR,MS,NMR,GC-MS 等手段研究螺旋藻多糖的结构,但相关的研究报道较有限。王辉等(1999)报道,大多数多糖分子之间以 α-糖苷键相连,也有报道介绍多糖以 β-糖苷键相连。邓时锋(2000)报道,极大螺旋藻多糖经 Smith 降解后气相色谱分析,L-鼠李糖的含量为53%,其主链由 L-鼠李糖以 1→3 位键合的糖苷键组成。王仲孚等(2001)从钝顶螺旋藻干粉中分离纯化得到了 SPPA-1、SPPB-1 和 SPPC-1 部位,其中 SPPA-1 的糖链化学结构是以→4)-a-D-Glcp-(1→残基形成主链,平均每11个葡萄糖残基中含有一个分支(图2-4)。SPPB-1 含有3种糖残基和8种连接方式,该多糖的结构初步推测为→(1, 2)Rha→(1, 2, 4)Glc 及→(1, 2, 6)Man 相对含量较大,可能是形成多糖的主链部分,→(1, 2, 6)Man 及→(1, 2, 4)Glc 为主链的分支点,→1)Rha 是支链的末端。SPPC-1 的糖链化学结构是以→(1, 2)Rha→(1, 3)Rha 1 和→(1, 4)Rha 糖残基形成主链,→(1, 3, 4)Rha 残基为其分支点,→1)Glc 为支链末端,平均每5个鼠李糖残基中有一个分支(图2-5)。

$$\to 4)-\alpha-D-Glc_P-(1 \to [4)-\alpha-D-Glc_P-(1]_9 \to 4)-\alpha-D-Glc_P-(1 \to$$

$$\cap$$
$$6$$
$$\uparrow$$
$$1$$
$$\cup$$
$$\alpha-D-Glc_P$$

图 2-4 SPPA-1 的糖链化学结构

$$\to 2)-\beta-Rha_P-(1 \to 4)-\alpha-Rha_P-(1 \to [4)-\alpha-Rha_P-(1]_2 \to 3)-\alpha-Rha_P-(1 \to$$

$$\cap$$
$$3$$
$$\uparrow$$
$$1$$
$$\cup$$
$$\beta-Glc_P$$

图 2-5 SPPC-1 的糖链化学结构

曾和平等（1995）报道，钝顶螺旋藻多糖主链是由葡萄糖以（1-3）、（1-6）-α- 糖苷键连接而成的。杜玲（2010）以鄂尔多斯高原碱湖钝顶螺旋藻和非洲 Chad 湖钝顶螺旋藻为材料分别制备得到了多糖部位 ESP 和 FSP，通过 TLC，HPLC，IR，NMR 等技术方法分别对 ESP 和 FSP 的结构进行了研究。ESP 和 FSP 的分子量分别为 77 625 和 85 114。ESP 糖链的连接方式主要为 [α-Glc（1→4）-]n，还有少量的 α-Glc（1→6）-、α-Fuc（1→2）- 和 β-Xyl（1→3）-，-α-Rha 为末端糖基；构成其糖链的单糖主要是 α- 吡喃型的己糖，占比例最大的是葡萄糖，其次为鼠李糖和少量的阿拉伯糖、木糖、半乳糖、甘露糖和果糖。FSP 糖链的连接方式为 α-Glc（1→6）- 和 α-Xyl（1→2），-β-Xyl，-β-Gal 和 -α-Rha 为末端糖基；构成其糖链的主要是 α- 或 β- 型的吡喃葡萄糖，其次是鼠李糖和少量的木糖、甘露糖、半乳糖和阿拉伯糖。

（四）生理活性

大量研究显示，螺旋藻多糖具有抗肿瘤、抗病毒、抗辐射、抗衰老、增强机体免疫力、提高动物的生产性能等多种药用生物活性。

1. 螺旋藻多糖的抗辐射、抗突变作用

研究发现螺旋藻多糖具有抗辐射和化学诱变的作用，郭宝红等（1992）报道螺旋藻多糖处理可保护蚕豆根尖受 $^{60}Co-\gamma$ 的辐射损伤，减少畸变数。同时还发现，经螺旋藻多糖处理后的防护效应比处理前更为有效。使用螺旋藻多糖对受辐射的小鼠进行灌

胃，能够提高存活率并有效增加小鼠体内造血干细胞的数量，对小鼠骨髓有核细胞和
CFU-GM 集落数都有显著的增加效果，增加 CFU-Mix、BFU-E 和 CFU-MK 的集落数。
除此之外，对灌胃螺旋藻多糖的受体小鼠进行观察之后发现其造血干细胞数量有一定程
度的增加。这些都显示出螺旋藻多糖具有能够加快造血干细胞和各种造血祖细胞的增
殖与分化的功能，从而提高小鼠对于辐射的承受能力，加快促进造血系统因受辐射损伤
后的恢复功能。可以看出螺旋藻多糖不仅具有对于辐射损害的预防功能，并且还可以作
为一种功效很好的活性物质用来治疗因辐射而造成的造血系统产生的损伤。研究人员
进一步用核酸内切酶实验和放射自显影技术实验考察了螺旋藻多糖对辐射损伤的保护
机制，发现螺旋藻多糖能显著增强辐射引起的切除修复活性与程序外 DNA 合成，而且
能延缓以上两个重要修复反应的饱和度。

2. 螺旋藻多糖的降血糖作用

螺旋藻多糖对四氧嘧啶（ALX）性糖尿病动物都有显著的降血糖功效。用螺旋藻多
糖灌胃连续注射 14 d，可以明显地降低由于 ALX 所产生的糖尿病大鼠的高血糖，同等
剂量的螺旋藻多糖还能对 ALX 性糖尿病大鼠 Tc 有明显的降低作用。螺旋藻多糖还能
够显著地拮抗由于葡萄糖导致的小鼠血糖的增高，实验表明了螺旋藻多糖可能会在小鼠
肠道抑制葡萄糖的吸收。肾上腺素能增加肝糖原的分化分解，因而可以引起血糖的升高，
螺旋藻多糖能起到对抗肾上腺素血糖升高的功效，可能与其增强外周组织对葡萄糖的摄
取和利用并且抑制肝糖原的分解有关（左绍远等，2001）。

3. 促进细胞生长的功能

螺旋藻多糖具有体外促进人肝胎细胞（HuH-6KK）的快速生长的作用。实验发现野
生型的 HuH 细胞在含 20% 的小牛血清的即 RPMI 中生长不良，而在仅含 0.01% 的盐泽
螺旋藻多糖及含 20% 的小牛血清的 RPMI 中生长良好。这对大规模细胞培养生产目的
物有重要意义（Shinohara 等，1990）。

4. 增强机体的免疫功能

刘力生等（1991）采用灌胃或腹腔注射的方式，螺旋藻多糖均能使小鼠胸腺皮质厚
度明显增加，同时可以消除或减轻环磷酰胺（Cyelophosphamide，CTX）的抑制作用。螺
旋藻多糖对单核巨噬细胞系统具有一定的促进作用，使机体的自我保护能力得到增强。
向小鼠腹腔中注射一定剂量的螺旋藻多糖，能使小鼠脾脏的重量明显增加，同时还能显
著拮抗 CTX 所引起的小鼠胸腺及脾脏萎缩，而对正常小鼠胸腺的重量没有显著的影响。
此外，螺旋藻多糖还具有促进骨髓造血功能，明显提高白细胞水平、抑制癌细胞增殖的
能力。于红等（2003）报道，钝顶螺旋藻多糖在 50～200 μg/g 的剂量范围对小鼠 S180 肉

瘤有一定的抑制作用，具有明显的升高荷瘤小鼠外周血白细胞的功能，能明显增加荷瘤小鼠的脾脏指数和胸腺指数，能促进荷瘤小鼠 NK 细胞对靶细胞的细胞毒作用。左绍远等（1995）考察了螺旋藻多糖 SPP 对体外小鼠淋巴细胞转化的影响，剂量范围 2.5～3 200 μg/g，结果表明，SPP 可促进 CoAn 诱导的体外小鼠淋巴细胞转化。俞发等（2009）采用竞争性蛋白结合法观察螺旋藻多糖对小鼠脾细胞中第二信使环腺苷酸（cAMP）的影响，结果发现螺旋藻多糖可依赖性升高了小鼠脾细胞中 cAMP 的浓度，说明螺旋藻多糖免疫调节作用的重要机制之一是对脾细胞中第二信使 cAMP 浓度产生影响。

5. 抗氧化、抗衰老作用

螺旋藻多糖在抗衰老的反应机理主要集中在自由基学说上。在此前对于自由基的研究中发现，人体衰老与自由基有密不可分的关系，SOD 在人体内起到清除自由基的作用（周志刚等，2001）。对小鼠灌服一定剂量的螺旋藻多糖能使其肝、脑脂质过氧化物的含量降低，使血浆中 SOD 活性得到提高。钝顶螺旋藻多糖对 D-半乳糖所致衰老小鼠有明显的改善作用，即明显促进红细胞、肝及脑 SOD 活性，使全血及肝 GSH 含量与 GSH-Px 活性恢复正常水平，还能使小鼠心、肝脑组织 MDA 含量显著降低，同时使皮肤羟脯氨酸的含量显著回升，并能显著降低肝、脑单胺氧化酶 MAO-B 活性（左绍远等，2001）。另外，相同剂量的螺旋藻多糖还可以起到降低小鼠游泳运动后的血乳酸水平并能有效地延长运动时间，提高衰老小鼠血清中 LDH 活性（左绍远等，1995）。以上的实验结果都表明螺旋藻多糖具有明显的抗氧化、抗衰老的作用。在对 D-半乳糖的抗衰老模型的证明，螺旋藻多糖能提高小鼠脑、红细胞、肝 SOD 的活力，小鼠的各项衰老指标也得到了明显的改善，表现出较好抗衰老、抗氧化作用。

6. 抗病毒作用

Toshimitsu 等（1996）从钝顶螺旋藻多糖中分离得到一种硫酸化多糖 Ca-SP，具有抗病毒和肝素协同因子依赖的抗凝血酶活性作用，可以诱导产生血纤维蛋白溶酶原激活剂（t-SP）。螺旋藻多糖可用于干扰病毒被宿主细胞吸附的现象，并且可以达到有效地抑制病毒的复制的效果，但是却不影响病毒的转移释放；螺旋藻多糖在抑制 HSV-1 糖蛋白 RNA 的表述上也有着显著的作用。于红（2003）实验显示，螺旋藻多糖的抗病毒靶位在于抑制 HSV 型糖蛋白基因的转录、抑制了感染细胞中病毒的复制再生以及阻断了病毒吸附。螺旋藻多糖具有受剂量影响的显著的反应关系。由于病毒经常在进行羟基化反应的宿主细胞中产生外壳糖蛋白的组分，宿主糖蛋白的糖部分与这种糖成分几乎完全相同，并且会让病毒在宿主细胞中显现因而避免免疫系统的控制监视。因此螺旋藻多糖抗病毒效果主要体现在干扰病毒的糖基化这个方面。

7. 抗肿瘤作用

螺旋藻多糖对体外肿瘤细胞具有一定的抑制作用(张以芳等，2000)。该多糖在大剂量时对 S180 肉瘤、腹水型肝癌细胞 DNA 合成和白血病 L7712 细胞都有明显的抑制效用。通过研究螺旋藻多糖对 S180 肉瘤和 AH 体外癌细胞 DNA、RNA、蛋白质合成抑制动力学发现，螺旋藻多糖对这 3 种生命大分子的抑制均随作用时间的延长而增加，其中对 DNA 的抑制比 RNA 和蛋白质高。当螺旋藻多糖从培养液中去除后，两种癌细胞 DNA 的合成速率都逐步恢复。由此看来，螺旋藻多糖抑制机制主要属于代谢性抑制。螺旋藻多糖对某些体内癌细胞也有一定的抑制作用，螺旋藻多糖对荷腹水型肝癌细胞有显著的抑制作用，这种抗肿瘤效果主要是通过增强机体的免疫能力来实现的。腹腔注射螺旋藻多糖，与对照组相比，虽然多糖组没有显著影响移植性腹水肝癌小鼠存活率，但使 K 细胞毒指数升高 54.7%，而对移植性腹水肝癌小鼠存活率的影响并不显著(刘力生等，1997)。

于红等(2003)报道，钝顶螺旋藻多糖在 50~200 μg/g 的剂量范围对小鼠 S180 肉瘤有一定的抑制作用，具有明显的升高荷瘤小鼠外周血白细胞的功能，能明显增加荷瘤小鼠的脾脏指数和胸腺指数，能促进荷瘤小鼠 NK 细胞对靶细胞的细胞毒作用。

二、杜氏藻多糖

(一)概述

杜氏藻(Dunaliella)是绿藻门绿藻纲团藻目多毛藻科中的一个属。杜氏藻属有 29 个种，其中工业化培养的有盐生杜氏藻(D.salina)(图 2-6)和巴尔杜氏藻(D.bardawil)(图 2-7)2 个种。杜氏藻(D.salina)主要生长在内陆盐田、盐湖和近海水域，对盐度(2~35)、温度(-35~50℃)、pH(1~9)及日照等生长条件具有较宽的适应范围，具有生命力强、繁殖速度快、适于养殖等特点。在一定的生长条件下盐生杜氏藻可大量合成 β-胡萝卜素，其含量可达干重的 10%，目前盐生杜氏藻已成为国际市场上天然 β-胡萝

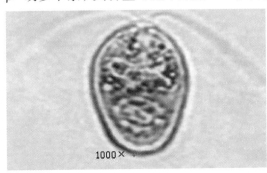

图 2-6　盐生杜氏藻(D.salina)的外部形态

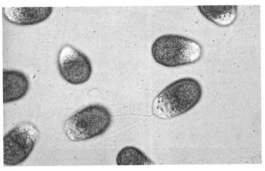

图 2-7　巴尔杜氏藻(D.bardawil)的外部形态

卜素的主要生产原料。其中从盐生杜氏藻中提取的多糖（Polysaccharide from *Dunaliella salina*，PDS）具有抗肿瘤、抗菌、抗病毒、抗辐射、免疫调节等多种生物活性。因此，近年来有关盐藻多糖的研究与开发日益受到关注，并取得一些进展。

（二）提取、分离、化学组成和结构分析

赵永芳等（1993）以提取 β– 胡萝卜素后的盐生杜氏藻藻渣为原料，用 0.2% Na_2CO_3 溶液抽提，得到盐藻多糖粗品（得率约 7%）；多糖粗品用 Sepharose–4B 层析纯化，NaCl 溶液洗脱得到 1 个主级分和 2 个次级分；多糖粗品用 DEAE–SephadexA–25 层析柱分离时，NaCl 溶液梯度洗脱得到两个级分，由于洗脱得到的各级分含糖量和蛋白质量是平行同步的，而且琼脂糖电泳后的谱带既可用糖的染色剂（阿尔山蓝），也可用蛋白染色剂（考马斯亮蓝）染色，因此，认为所得的各多糖级分均为蛋白聚糖。对于上述粗多糖，研究人员采用咔唑法测出糖醛酸的含量为 20%；水解后用玫瑰红酸二钾盐反应测得硫酸基的含量不到 10%；用凯氏定氮法测出蛋白质的含量超过 15%。

郑尚珍等（1995）也是以提取出 β– 胡萝卜素后的杜氏藻渣为原料，用 0.2%Na_2CO_3 溶液提取得到粗多糖，Sevag 法除蛋白后，用 DEAE– 纤维素和 SephadexG–100 柱层析纯化得到一个多糖级分，纸色谱和薄层色谱分析显示其主要成分为葡萄糖，另外还含有少量甘露糖、半乳糖、木糖和鼠李糖；甲基化分析和 GC/MS 检测结果显示，该多糖级分的主链为 1，4– 糖苷键连接的葡聚糖，3 位上有分支，在支链上存在少量的其他单糖；红外光谱分析显示其糖苷键的构型主要为 α– 型。

丁新等（1995）以杜氏藻粉为原料，采用 98℃稀碱液提取得到粗多糖 D，将粗多糖用 DEAE–SephadexG–25 柱层析进行分离，以 NaCl 溶液梯度洗脱得到两个级分 A 和 B，再将 A、B 分别采用 SephadexG–25 柱层析分离，用酸性缓冲液洗脱，分别得到 D1，D2，D3 和 D4 共 4 个级分；分别经苯酚 – 硫酸法、Lowry 法、$BaCl_2$– 明胶法及咔唑 – 硫酸法测得这 4 个多糖级分的总糖、蛋白质、硫酸基及糖醛酸的含量；同时毛细管气相色谱法测定各级分的组成，结果显示各级分均含有不同比例的葡萄糖、甘露糖、半乳糖、阿拉伯糖、岩藻糖、木糖、山梨糖、鼠李糖及半乳酸醛酸和葡萄糖醛酸。根据所测定的结果，推测 4 个杜氏藻多糖级分均为糖蛋白。

薛巧如等（2003）以提取 β– 胡萝卜素及醇溶性脂质后盐生杜氏藻渣为原料，采用热碱水浸提后，DEAE–52 层析得到一个含糖醛酸的硫酸化杂多糖与一个硫酸化葡聚糖，气相色谱法分析上述杂多糖的单糖组成，结果为 Rha：Man：Glu：Gal=12.2：9.5：41.6：31.7（摩尔比）。谢强胜等（2005）采用与薛巧如类似的制备方法获

得1个硫酸化多糖，同时用 TLC、GC、HPLC、IR 及高碘酸氧化、Smith 降解等方法对该多糖级分结构进行分析，结果显示该多糖主要成分为葡萄糖，糖苷键主要有1，4-，1，3- 和1，2- 三种。

戴军（2007）用提取出 β- 胡萝卜素等弱极性小分子物质后的杜氏藻渣为原料，在碱性条件下热水浸提，再以等电点法去除蛋白，然后醇沉、离心并干燥得到粗多糖。杜氏盐藻多糖提取的最佳工艺条件为：提取温度81℃，提取液 pH 8.80，提取时间210 min；液料比为16：1（v/w）时，杜氏盐藻多糖的得率达到8.77%。将杜氏盐藻粗多糖经 DEAE Sepharose Fast Flow 柱层析分离得到 PD 1，PD 2，PD 3 及 PD 4 等4个级分，PD 4 又通过 Sepharose CL 6B 柱层析分离得到 PD 4a 和 PD 4b 两个级分。分析结果显示，PD 1 是硫酸化葡聚糖（硫酸基含量为6.93%），分子量为154.8万；PD 2 和 PD 3 分子量分别为3.3万和6.7万，两者均属于葡聚糖，PD 3 且含有少量肽链。PD 4a 分子量为42.4万，是含有硫酸基（含量为8.36%）、糖醛酸及少量肽链的杂多糖；PD 4b 含有少量糖醛酸、肽链及核酸的多糖复合物，其中以共价结合的核酸含量为49.26%，分子量为42.4万。PD 4a 和 PD 4b 均是由 Rha，Man，Rib，GlcUA，GalUA，Gal，Glc，Xgl 等10种单糖组成的，5个多糖级分的糖残基异头碳均为 α 构型。核磁共振分析和甲基化分析结果表明，PD 1 主链结构是由 D- 葡萄糖通过 α（1→4）糖苷键构成的葡聚糖，在支链上有约5%的葡萄糖残基，在部分葡萄糖6位上有硫酸基取代。PD 4a 主链结构主要是由半乳糖通过 α（1→4）糖苷键，在主链 Gal 的2或3位有多种类型的分支，分别由 Gal，Rha，Xyl，Ara 构成非还原末端。其中一种含量较高的分支是由 Ara 取代于1，4- 连接的主链半乳糖的3-O 上，硫酸基主要取代于主链的 Gal 的 C2 位。支链中含有2-Gal、3-Gal、3，6-Gal、4-Glc、2-Rha 等多种连接方式的糖基。

（三）生理活性

1. 抗肿瘤作用

丁新等（1995）以杜氏藻为原料，采用稀碱法提取，获得粗多糖，该粗多糖在200～2 000 μg/ml 时可明显抑制 S 180 瘤株细胞的增殖，抑制率为60%以上，且无急性毒性。体外试验表明，该粗多糖对小鼠脾脏淋巴细胞转化率有显著提高作用。

2. 抗病毒作用

Fabregas 等（1999）用杜氏藻（*D.tertiolecta*）等10种微藻的水提物进行体外抗病毒试验，结果表明，该水提物对败血症病毒（VHSV）的复制有显著抑制作用，能一定程度地抑制非洲猪热病毒（ASFV）的复制。根据高分子硫酸化葡聚糖试样（50万）及富含硫酸化多糖的其他微藻水提取物均有同样活性，Fabregas 等认为杜氏藻 *D.tertiolecta* 中起抑制病毒作用的成分可能主要为硫酸化多糖，且分子量大致数十万（因为实验表明 10 万和 5 000 的硫酸化葡聚糖均没有活性）。戴军（2007）采用体外抗病毒活性的试验证实，杜氏藻中硫酸化多糖 PD4a 具有显著的抗流感病毒活性。PD4a 的相对分子量为 42.4 万，与 Fabregas 关于杜氏藻（*D.tertiolecta*）中抗病毒的活性成分可能是相对分子量为 50 万左右的硫酸化多糖的推测相吻合。药物抑制流感病毒实验利用细胞毒性的实验结果，将 PD4b 和 PD4a 在无细胞毒浓度范围内稀释成 5 个药物浓度，采用 CPE 法测定它们的体外抗流感病毒活性。实验结果表明，PD4b 无抗病毒活性，而含硫酸酯的多糖 PD4a 具有抗病毒活性，0.006 3 mg/ml 即能很好地抑制甲型流感病毒引起的细胞病变（图2-8）。

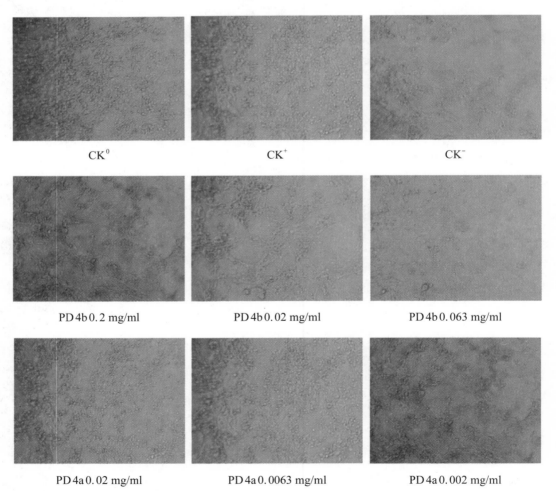

图2-8　杜氏藻（*D.tertiolecta*）藻多糖抑制流感病毒的显微镜照片

3. 抑菌和抗炎作用

尹鸿萍（2006）对谢强胜等（2005）提取的盐生杜氏藻多糖进行了小鼠体内抑菌和抗炎作用研究，结果显示该多糖具有一定的体内抑菌和抗炎活性。

4. 免疫调节作用

赵永芳等（1993）首次以盐藻为原料，采用稀碱法提取，获得粗多糖，对其进行小白鼠的抗体吞噬指数和生成试验测定，结果表明，该粗多糖具有显著的体液免疫活性和增强巨噬细胞功能。郑维发等（2003）试验了盐生杜氏藻水提取物（WEDS）对小鼠细胞免疫功能的影响，结果表明，剂量为100 mg/(kg·d)，200 mg/(kg·d)和300 mg/(kg·d)的 WEDS 对 Cy（环磷酰胺）诱导的小鼠免疫功能的增强和减弱均有显著的下调和提升作用；浓度为125～500 µg/ml 的 WEDS 对腹腔巨噬细胞分泌 IL-1 有显著的促进作用，超出上述范围之外浓度的 WEDS 对腹腔巨噬细胞分泌 IL-1 的促进作用显著减弱；浓度为62.5 µg/ml 的 WEDS 对体外 T 淋巴细胞增殖有显著的促进作用。剂量为100 mg/(kg·d)，200 mg/(kg·d)和300 mg/(kg·d)的 WEDS 能显著促进 ConA 诱导的小鼠 T 淋巴细胞增殖、IL-2 的分泌，其中200 mg/(kg·d)的促进作用最为显著。由此得出结论：WEDS 对小鼠的细胞免疫功能具有双向调节作用。

三、小球藻多糖

（一）概述

小球藻属于绿藻门（Chlorophyta）绿球藻目（Chlorococcales）卵囊藻科（Oocysteceae）小球藻属（*Chlorella*），是一种广泛分布的海岸带微藻。现世界上有十几种，加上变种有上百种。我国常见的种类有蛋白核小球藻（*Chlorella pyrenoidosa*）、普通小球藻（*C.vulgarls*）和椭圆小球藻（*C.ellipsoidea*）（图2-9～图2-11）。小球藻在自然界分布广泛，生物量大，能利用光能自养，也能在异养条件下利用有机碳源进行生长、繁殖。小球藻体内含有丰富的生物活性物质，如不饱和脂肪酸、色素、蛋白质、多糖等。近年来的研究证实，小球藻多糖具有增强免疫、防治消化性溃疡、抗肿瘤、抗辐射、抗氧化等方面的生理活性，已成为人们研究的重点。

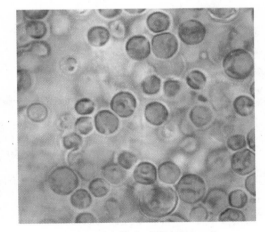

图2-9　蛋白核小球藻（*Chlorella pyrenoidosa*）的外部形态

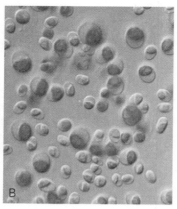
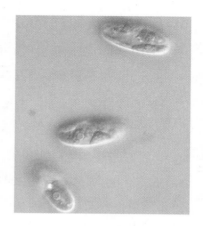

图2-10 普通小球藻（*C.vulgarls*）的外部形态

图2-11 椭圆小球藻
（*C.ellipsoidea*）的外部形态

（二）提取

传统的提取多糖的方法主要有热水浸提法、碱提法和酸提法。在传统的高温、碱性或酸性提取条件下，有可能引起多糖降解，同时会使所得粗多糖颜色变深。小球藻多糖的提取过程一般包括四个步骤：破碎、浸提、分离以及纯化。对小球藻进行破碎可以更有效地将细胞壁和胞内的多糖提取出来。目前对细胞的破碎处理多采用酶解法和物理方法。其中物理方法主要为冻融法、超声波辅助提取法、微波辅助提取法以及高压脉冲法。吴曼（2004）采用超声波方法提取多糖，并优化了超声条件、提取介质和洗脱条件进行；李亚清（2006）以海水小球藻作为原料，采用冻融方法提取多糖。在实际的实验操作中，为了达到更高的提取率，往往是两种或更多个方法相结合，而不是仅仅采用某一种提取方法。徐韬钧（2010）利用碱提法结合超声波破碎得到小球藻多糖。魏文志（2012）等将超声波与冻融法结合，并优化了相关的影响因素，超声波作用时间6 min，冻融－超声2次和超声波功率600 W，粗多糖得率达到5.92%。

（三）分离和纯化

小球藻粗多糖的精制需要经过多步骤的除杂、纯化，包括脱除色素、沉淀蛋白质等。盛建春（2007）选用超滤、DEAE C－52及Sephadex G－100柱色谱从粗多糖中进行纯化，得到两个主要组分。刘艳（2001）采用Sephadex G－75凝胶柱对粗多糖进行分离，醋酸纤维素膜电泳实验证实，得到具有不同分子量的两种多糖。

（四）小球藻多糖的生物活性

1. 抗肿瘤活性

小球藻多糖具有多种生物活性，其抗肿瘤活性已经成为人们关注的热点。徐韬钧

（2010）采用体外抗肿瘤实验，用免疫细胞化学、MTT、双苯并咪唑染色等方法分析了不同浓度的小球藻多糖对肝癌细胞的作用，结果显示，一定浓度的小球藻多糖能显著抑制肝癌细胞 SMCC-7721 的增殖。除此之外，小球藻多糖还对艾氏腹水癌白血病 L-120、Meth A 肿瘤以及腹水肝癌 AH44、AH41c 显示了抗肿瘤活性。盛建春（2007）采用体外抗肿瘤实验，用 MTT 法分析了两个纯化小球藻多糖组分的活性，结果证实两种多糖均对肿瘤细胞具有毒性。作为传统的抗癌药物，5- 氟尿嘧啶（5-Fu）在发挥功效的同时也会破坏人体的正常免疫功能。从小球藻中提取的多糖不仅具有很高的抗肿瘤活性，而且天然无毒性，有可能开发成为一种新型的抗癌药物。

2. 抗菌活性

刘四光（2007）以小球藻作为材料，从中提取得到两个多糖组分，对其开展了抑菌实验，结果显示，两个多糖组分对不同的海洋细菌都有抑制作用，且有一定针对性。陈晓清（2005）利用纸片法对小球藻粗多糖开展了抑制真菌和细菌研究，结果显示，在供试的 7 种真菌中，小球藻粗多糖能显著地抑制其中 6 种真菌（包括 3 种植物病原菌）。小球藻粗多糖能抑制大部分供试细菌，表现出一定的广谱性。

3. 免疫活性

王凌（2012）观察了小球藻多糖对小鼠体外免疫细胞功能的影响，结果显示小球藻多糖可以促进腹腔巨噬细胞及脾淋巴细胞的增殖。施瑛（2005）采用动物试验对蛋白核小球藻多糖的调节免疫力功能进行了评价，结果显示其对细胞免疫、体液免疫和巨噬细胞吞噬作用均有一定的促进作用。

4. 其他生物活性

小球藻多糖有一定降血糖作用。人体中碳水化合物转化的关键酶之一是 α- 淀粉酶，这类酶的活性对于人体对淀粉等碳水化合物的吸收起到关键作用（2013）。相关的研究表明，作为 α- 淀粉酶抑制剂，小球藻多糖能够抑制食物中淀粉和其他碳水化合物的水解。

四、褐藻糖胶

（一）概述

褐藻糖胶（Fucoidan），又称岩藻聚糖或含岩藻糖的硫酸多糖（fucose-containing sulfated polysaccharides），主要来自海带（*Laminaria japonica*）、羊栖菜（*Hizikia fusifarme*）、裙带菜（*Undaria pinnatifida*）、巨藻［*Macrocystis pyrifera*（L.）Ag］、墨角藻（*Fucales*）等海藻（图 2-12 ~ 图 2-16）。

图2-12 海带（*Laminaria japonica*）的外部形态

图2-13 羊栖菜（*Hizikia fusifarme*）的外部形态

图2-14 裙带菜（*Undaria pinnatifida*）的外部形态

图2-15 巨藻〔*Macrocystis pyrifera*（L.）Ag〕的外部形态

图2-16 墨角藻（*Fucus vesiculosul* L.）的外部形态

褐藻糖胶是一种杂多糖，除含有岩藻糖和硫酸基外，还含有半乳糖、木糖、甘露糖和糖醛酸等。不同生长季节的海带褐藻糖胶的含量也有所不同，7~12月含量较高，3~4月含量较低。另外，褐藻糖胶的含量与海藻的部位有着密切的联系，海带叶片中褐藻糖胶的含量，从尖部到基部逐渐降低，从1.34%降至0.14%，而中间又比边缘低。褐藻糖胶的含量在不同种属的海带也有所不同，褐藻糖胶的含量在海带中一般为0.3%~1.5%。已有文献报道，从海带中获得的褐藻糖胶具有较好的抗肿瘤和解毒重金属作用，其在抗凝血以及降血脂方面的功效也有所发现，其对HIV等的治疗也表现出一定的作用，对慢性的肾功能衰竭辅助治疗也起到令人意想不到的效果（王婷婷，2015）。褐藻糖胶的这些功能已引起科研工作者的兴趣，目前已成为海岸带药物研究的重点之一。

我国科研人员对褐藻糖胶的研究始于20世纪80年代。韩华等（2006）对羊栖菜、海带以及紫菜3种褐藻中的硫酸化多糖进行了分离提取，并检测了其体外抗氧化活性，结果显示不同溶剂提取得到的硫酸化多糖抗氧化作用也存在明显的不同，而水提的羊栖菜多糖（褐藻糖胶）表现出更为显著的抗氧化活性。褐藻糖胶在慢性肾病及肾衰的治疗中表现出较好的效果，具有降低慢性肾衰患者的血肌酐、尿素氮的作用，从而使肾功能得到改善，使病情的进展得到延缓。张全斌等（2004）采用低温损伤和肾切除引起的肾功能衰竭模型观察了褐藻糖胶对慢性肾功能衰竭（CRF）的影响，结果显示当剂量为100 mg/kg、200 mg/kg时，灌胃褐藻糖胶均能使尿素氮和血清肌酐的水平显著降低，从而可以保护两种模型小鼠的肾。研究还发现褐藻糖胶可以显著清除超氧阴离子，其IC_{50}为20.3 μg/ml，但对DPPH有机自由基和羟自由基的清除作用相对较弱。另外很多研究证实，来自羊栖菜、海带中的褐藻糖胶表现出抗凝血作用。赵雪等（2011）以海带为原料，采用阴离子交换以及自由基降解的方法制备得到不同硫酸基含量与分子量的褐藻糖胶组分，通过凝血酶原时间、凝血酶时间、活化部分凝血时间以及血浆复钙时间等为指标，测定了褐藻糖胶的抗凝血活性的构效关系，发现高分子量和高硫酸基含量的褐藻糖胶具有较好的抗凝血活性，且分子量对抗凝血活性的影响较大。另外褐藻糖胶的体内抗肿瘤以及免疫调剂活性也有所报道。陈静（2006）采用超声波破碎法对马尾藻中的褐藻糖胶进行了分离提取纯化，并研究了其对S180及H22体外及小鼠体内的影响进行了评价。

有关褐藻糖胶的研究在国外开始较早，早在1913年，Kylin首次以掌状海带作为原料，提取得到了主要以岩藻糖硫酸酯作为主要组成成分的多糖，另外还含有少量的木糖、甘露糖、半乳糖等其他单糖，并将其称为Fucoidan（褐藻糖胶）。1957年，Springer等报道以墨角藻为原料，分离得到褐藻糖胶，活性实验证实该多糖具有抗凝血作用。以后研究人员又陆续从另外几种褐藻中提取得到了褐藻糖胶，这些多糖均表现出抗肿瘤、抗血栓作用。Iizima-Mizui等（1988）以褐藻中的马尾藻为原料，提取得到的褐藻糖胶表现出明显的抗肿瘤作用。褐藻糖胶可以诱导细胞凋亡，是通过激活人乳腺癌细胞 MCF-7 的 Caspase-8（半胱天冬酶）来实现的（Yamasaki 等，2012）。Alsac 等（2012）报道褐藻糖胶可以干扰牙龈卟啉单胞菌引起的动脉瘤的扩散，多糖组大鼠肿瘤直径明显小于对照组。进一步的研究显示，这种干扰是通过降低中性粒细胞活性来实现的。Yamasaki（2012）等人报道褐藻糖胶能够作用于细胞表面，通过抑制 β1-整合素基因的表达使肿瘤细胞的生长得到抑制，褐藻糖胶引导的细胞凋亡活动是由于 β1-整合素是通过抑制 Caspase-8 来实现的。尽管传统的抗肿瘤药物像环磷酰胺、5-氟尿嘧啶等对肿瘤细胞有较为明显的抑制作用，但是这类药物在杀死肿瘤细胞的同时也会对受药机体免疫系统造成损伤，使得众多癌症患者在成功抑制了肿瘤细胞扩散与生长的同时，受到了各种药物带来的副作用。几年来有报道褐藻糖胶对机体是一种很好的免疫调节剂，Jeong 等（2012）报道褐藻糖胶对 5-氟尿嘧啶诱导的细胞损伤的作用，通过流式细胞仪的分析显示，褐藻糖胶能一定程度地保护细胞。Ale（2011）报道褐藻糖胶可以直接作用于黑色素瘤细胞与肺癌肿瘤细胞，抑制其生长，这种抑制作用在小鼠体内及体外都能够。Souza（2007）采用体外抗氧化实验考察了提取自墨角藻 Fucus vesiculosus 褐藻糖胶组分、食品工业中常用到的 λ-卡拉胶、κ-卡拉胶、ι-卡拉胶以及扇藻中两个脱氧半乳聚糖组分抗氧化效果，这 6 种硫酸化的多糖均表现出清除羟自由基的作用，褐藻糖胶则表现出比其他组分更为显著的效果，λ-卡拉胶、κ-卡拉胶、ι-卡拉胶对羟自由基的 IC_{50} 分别为 0.046、0.332 和 0.112 mg/ml，褐藻糖胶的 IC_{50} 为 0.058 mg/ml。

（二）提取

目前海带中褐藻糖胶的提取方法主要有水提取法、酶提取法、超声波法、酸提取法以及季铵盐法等各种提取方法，有时也根据所采用原料的不同或者多糖理化性质、结构的差异联合采用多种提取方法。

1. 水提取法

褐藻糖胶是一种带有硫酸基团的水溶性多糖，在提取过程中主要溶剂为水，因此可采用水冷提或热浸的方法得到其水溶液。水提取法既可以在恒温水浴中进行，也可以在室温下进行，还可先在室温下提取，再采用加热的方法。然而考虑到多糖是一种具有生理活性的大分子物质，在采用高温时有可能引起分子链或分子结构的破坏，因此一般情况下提取温度不能超过 70℃。

Tatiana 等（1999）将新鲜褐藻分别用乙醇、丙酮和氯仿依次处理，在此过程中大多数脂类分子被除掉，再经脱盐和干燥得到干藻粉。接着将 4~5 L 蒸馏水加入 200 g 干藻粉中，在 60~70℃水浴环境中进行抽提，提取液上 Polychrome-1 型疏水树脂柱（7 cm ×

70 cm），随后依次用蒸馏水、5%乙醇和15%乙醇进行洗脱，分别收集得到 FA，FL，L 三个组分，向 FA 组分中慢慢加入40%组分体积的冰醋酸沉淀即为褐藻胶，在上清液中加入乙醇至80%体积浓度，沉淀即为褐藻糖胶。Kimiko 等（1966）以坛状鹿角菜为原料提取褐藻糖胶。先向200 g 干藻粉中加入11倍体积的85%甲醇回流2 h，并重复4次，在此处理过程中一些低分子量的物质（如色素、甘露醇等）就可以被除去，干燥后得到的脱脂干粉的重量为80 g，氮元素的含量由处理前的1.3%降至0.3%。加1~3 L水于100 g 脱脂干粉中沸水提取2.5 h，离心所得沉淀再用水提取，取上清液，该操作过程重复4次并将上清液合并。所得上清液经真空干燥后溶于蒸馏水，离心将不溶物除去，接着在上清液中加入2倍体积乙醇得到沉淀，并用乙醇和乙醚依次浸洗，真空干燥得褐藻糖胶粗品34 g，其岩藻糖含量为14.3%。赖晓芳等（2006）采用水提取法从裙带菜中制备褐藻糖胶，用乙醇分步沉淀法进行了初步纯化，并采用 Sevag 法去除了多糖中的蛋白质，结果显示提取褐藻糖胶的最佳提取时间为8 h，最适宜温度为80℃，在优化提取条件下，其得率可达11.62%。

2. 酶提取法

酶提取法是一种新型的较为温和的提取多糖的方法，对于多糖的结构不会造成破坏，可高效地获得生物活性多糖，也可扩大规模用于工业化生产。和热水提取法相比，酶提取法能使多糖的提取率显著地提高，另外蛋白酶在多糖提取中提高多糖得率和脱除蛋白效果方面要好于 Sevag 法和酸法。崔艳丽等（2009）以野生裙带菜为原料，采用复合酶法提取褐藻糖胶，并对提取优化了酶解条件，结果显示，在优化条件（酶解温度为30℃，酶用量为1%，酶解时间为1.5 h，pH 为3.5）下，褐藻糖胶提取率达到13.9%，多糖和硫酸根的含量分别为30.24%和21.25%。

3. 酸提取法

褐藻中的多糖除含有褐藻糖胶外，还有褐藻胶（即海藻酸钠）及少量褐藻淀粉。酸提取法就是利用在较低的 pH 下褐藻胶难以溶解的性质，来得到褐藻糖胶。在稀盐酸溶液中由于大部分的褐藻胶未溶解，而褐藻糖胶处于溶解状态，因此可将褐藻糖胶提取出来，采用此法能得到较高纯度的褐藻糖胶。但是在酸性环境下褐藻糖胶容易发生部分降解，从而使分子结构遭到破坏，所以采用该法提取时间不宜太长，以尽可能保持其分子的天然状态。Neill 等（1954）以墨角藻（F.vesiculosus）为原料，采用稀酸提取得到褐藻糖胶，其操作过程如下：加2 L 稀 HCl 溶液（0.17 mol/L，pH 2.2）于200 g 干藻粉中，于65℃下反复抽提3次，每次抽提前需将 pH 调到2.2，每次处理1 h，合并提取液后离心，取上清液并用碱调至中性，用旋转蒸发仪减压蒸干，溶于蒸馏水中并将不溶物去除，加乙醇至30%浓度，离心取上清液，上清液加乙醇60%浓度，离心后沉淀经干燥即为褐藻糖胶粗品。樊文乐以脱脂海带为原料，分别采用水浸提法和酸提取法提取褐藻糖胶，并对提取工艺进行了优化，两种方法粗多糖提取率分别是9.29%和8.10%。作者进一步从黏度、产率、红外光谱图和抗氧化性等多方面对两种方法提取的褐藻糖胶进行了比较，两种方法各有优劣：水提取法产率较低、需要料液比大，且提取液中含有的褐藻胶较多，不利于进一步的纯化，但水提取法得到的产品表现出较强的抗氧化活性，并较好地保持了原有的分子状态；酸提取法多糖得率较高，但褐藻糖胶会发生水解，从而使原有的大分子结构被破坏。

4.超声波提取法

超声波穿透能力强，方向性好，利用超声波振动传递的能量，可改变物质的组织结构、状态、功能或加速这些改变的过程。超声的空化效应使得超声波能缩短提取时间，提高多糖的得率，降低提取液黏度（唐志红等，2013）。贲永光等（2010）以海带为原料，优化了褐藻糖胶的超声波提取工艺。结果显示，影响超声波提取的先后顺序依次为超声时间、固液比、提取时间和超声功率，在优化条件（超声功率为32 W，超声时间30 min，提取温度为40℃，固液比1∶30）下褐藻糖胶提取率达到19.89 mg/g。周军明等（2006）采用超声波辅助热水浸提法提取褐藻糖胶，同时优化了褐藻糖胶的超声波提取工艺，在超声功率800 W条件下超声60 min，加蒸馏水于固体残渣中90℃提取4 h，离心后将上清液合并，接着对提取液采用乙醇分级沉淀处理，去除20%组分，得60%多糖组分即为褐藻糖胶粗品。此过程中采用超声波细胞破碎仪，条件设置为保护温度80℃，间隔时间2 s，超声时间5 s。在此优化条件下，褐藻糖胶和硫酸根的含量分别为36.97%和22.49%。

5.其他提取方法

提取褐藻糖胶的方法除了上述水浸提法，酶提取法、稀酸提取法、超声波提取法外，还有微波辅助提取法、稀碱液提取法等多种提取方法（马伟伟，2013）。另外，根据实际需要，还可选用不同提取方法进行组合来提取褐藻糖胶。

（三）分离和纯化

多糖是一种活性大分子物质，分子结构组成比较复杂，从褐藻中直接提取得到的粗褐藻糖胶，通常还含有水溶性褐藻胶盐、蛋白质、无机盐、褐藻淀粉和色素等一些杂质，可通过透析或超滤除去小分子物质，Sevage法脱去蛋白，乙醇或者$CaCl_2$沉淀法除去褐藻胶（马伟伟，2013）。一般酸提取法粗多糖适于选择乙醇和$CaCl_2$分级沉淀法，水提取法粗多糖宜选用$CaCl_2$沉淀法进行纯化。除杂后的褐藻糖胶组成成分依然复杂，无论是在电泳还是色谱柱上都呈现不均一状态，不同分子结构和不同分子量的褐藻糖胶的生物活性也不同，若要深入研究结构与活性间的构效关系，必须对褐藻糖胶进行分级纯化，得到褐藻糖胶的单一组分。褐藻糖胶分级纯化方法有很多，常用的方法有乙醇分步沉淀法、季铵盐沉淀法、柱层析法等（李波等，2003）。

1. 季铵盐沉淀法

季铵盐沉淀法是利用阳离子表面活性剂能够与高分子电解质反应生成沉淀的性质，来使褐藻糖胶以共沉淀的形式分离出来，生成的沉淀可溶于高浓度的 NaCl 溶液中，再在上清液中加入一定量的乙醇将褐藻糖胶沉淀出来，通过离心干燥就可得到褐藻糖胶粗品（刘海光，2007）。季铵盐沉淀法制备的褐藻糖胶纯度较高，但回收率较低且操作步骤较为繁琐。Takashi（1989）采用热水浸提法得到褐藻多糖提取物，将其配成 1% 水溶液后，加入 3% 的十六烷基氯化吡啶，离心后取沉淀，将沉淀溶于氯化钙（4 mol/L）中，37℃ 下静置 20 h，乙醇沉淀，冷冻干燥后得褐藻糖胶。伍志春等（1999）以鼠尾藻为原料，采用季铵盐沉淀法得到褐藻糖胶。该方法与乙醇沉淀法进行比较，结果显示季铵盐沉淀法与乙醇沉淀法所得多糖岩藻糖的含量分别为 43.1% 和 20.4%，说明季铵盐沉淀法所得褐藻糖胶纯度相对较高。

2. 乙醇分步沉淀法

通过酸提取法、水提取法等方法在褐藻提取得到的多糖粗提液，都不同程度地含有一些其他的多糖组分，包括褐藻胶、褐藻淀粉等。褐藻淀粉可溶于较高浓度的乙醇（体积分数大于60%），低浓度乙醇（体积分数为20%～30%）会使褐藻胶沉淀下来，采用乙醇分步沉淀法处理褐藻糖胶粗品，就可以增大硫酸多糖的纯度，去除去杂多糖组分（马伟伟，2013）。Black 等（1952）先用 20% 乙醇处理褐藻糖胶粗品，褐藻胶组分沉淀出来，再加乙醇体积分数为 60% 时会得到褐藻糖胶沉淀，接着用乙醇对沉淀进行重沉淀。加乙醇至体积分数为 30%，若没有沉淀析出，继续加乙醇至体积分数为 70%，褐藻糖胶则会呈半胶状，加入 10% 的 NaCl 溶液 1 ml 后，半胶状多糖会迅速絮凝，离心得沉淀，并用乙醇及乙醚浸洗，真空干燥后得到沙状颜色的褐藻糖胶粉末。Kimiko 等（1966）将水提取法及酸提取法得到的粗褐藻糖胶溶于水后，加乙醇至乙醇体积分数达到 20%，此时大部分的色素及褐藻胶被除去了，向上清液中加入乙醇至乙醇体积分数为 50%，得到的沉淀即为褐藻糖胶，结果表明，其岩藻糖的含量在 42% 左右。当乙醇的浓度增大，超过 65% 时，就会有少量的海带淀粉从清液中析出。Anno 等（1991）将褐藻糖胶粗品溶入藻馏水中，加入乙醇使其体积分数达到 30%，除去沉淀物，沉淀用无水乙醇、乙醚进行清洗，干燥得到较纯的褐藻糖胶。

3. 柱层析法

褐藻糖胶纯化经常使用的离子交换柱层析有DEAE-纤维素，DEAE-Sepharose CL-6B，Q-Sepharose F.F.，DEAE-Sepharose F.F.和DEAE-52，DEAE-Bio Gel Agarose 等。常用的凝胶柱层析有Sepharose CL-6B，Sephadex G-200，Sephacry lS-200HR 等。将鼠尾藻褐藻糖胶经DEAE-52阴离子纤维素交换层析分级可得到5个硫酸根含量不同的组分，将其中含有硫酸根的组分分别经Sephadex G-200凝胶柱层析分级纯化可得6个分子量不同的组分。Li等（2005）用DEAE-Sepharose CL-6B对羊栖菜褐藻糖胶进行分级，用不同浓度的NaCl进行梯度洗脱，得到三个组分，其中得率最高的组分用Sepharose CL-6B进行进一步分级，又得到三个组分（图2-17），琼脂糖凝胶电泳显示这些组分都只有一条带，为单一组分。王华祖（2004）以羊栖菜为原料，水为溶剂粗提褐藻糖胶，分别采用DEAE-Cellulose 32阴离子交换层板、DEAE-Cellulose 52阴离子交换层析、DEAE-Sepliarose Fast Flow阴离子交换层析、DEAE-Sepharose Fast Flow阴离子交换层析、Sephadex G-100凝胶过滤层析进行纯化比对试验。

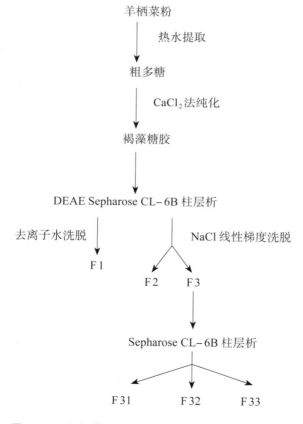

图2-17 羊栖菜褐藻糖胶的提取纯化（Li 等，2005）

（三）理化性质研究

1. 物理性质

褐藻糖胶的物理性质主要包括物质性状、特性黏度以及多糖含量等指标。在自然状态下，褐藻糖胶呈现黏稠状液体，看似糖胶，干燥后呈白色（或淡黄色）粉末状（或絮状）（图2-18）。大分子的特性黏度与相对分子质量之间存在密切的联系，在一定条件下，相对分子质量越大，特性黏度就越大，因此，特性黏度的大小可反映大分子相对分子质量的高低。研究人员比较了酸提取法和水提取法所得到的褐藻糖胶的黏度，发现酸提取法提取而得的褐藻糖胶的特性黏度明显小于水提取法提取的褐藻糖胶的特性黏度，这说明褐藻糖胶在用酸提取过程中确实发生了水解，由于分子变小，因此黏度降低（马伟伟，2013）。

图2-18　褐藻糖胶的外观

2. 分子量测定

未经分级纯化的多糖相对分子质量分布较广，可以通过测定其平均分子量来了解多糖分子的分子特性。测定分子量的方法有多种，包括高效液相色谱法、凝胶色谱法、藻气压渗透法、相对黏度法、端基法、光散射法、凝胶电泳法、超离心法和分子筛色谱法等。目前较为常用的是高效液相色谱法、凝胶电泳法等。赖晓芳（2006）以已知相对分子质量的 Pillulan 多糖做标样，采用 Sepharose-4B 琼脂糖凝胶法，用 0.1 mol/L NaCl 溶液洗脱测定了裙带菜中两个褐藻糖胶的相对分子量分别为 550 808 和 38 335。宁亚净（2014）通过高效凝胶渗透色谱法，使用 TSK-gel G-5000PWXL 柱测定羊栖菜中两个纯化的褐藻糖胶组分的平均分子量，两组分的数均分子量分别为 1.7 万和 2.4 万，平均分子量分别为 3.9 万和 5.0 万。

3. 硫酸基及糖醛酸的含量测定

氯化钡－明胶比浊法是一种常用的测定硫酸根含量的方法，间羟联苯法、咔唑－硫酸法常用于测定糖醛酸含量。丛建波等（2003）采用氯化钡－明胶比浊法对褐藻糖胶硫酸根含量的测定进行分析，反应产物最大光吸收波长为360 nm，对同一样品在不同时间的稳定性进行分析并对重复性进行检验，这种方法灵敏度较高且较为准确。许会生等通过绘制葡萄糖和葡萄糖醛酸的标准曲线以及其相互干扰曲线，得出标准方程，从而可确定中性糖的含量以及糖醛酸含量，这种方法专属性高、准确性强，同时还可以避免不必要的干扰。

（四）组成和结构的研究

由于褐藻糖胶同时含有亲水性高的硫酸基和疏水性好的甲基等具有相反性质的化学基团，很容易吸着海藻中含有的各种成分，因此是一种难以精制的物质，而且与其他多糖相比其对酸和碱都很不稳定，不同材料或者不同方法提取的褐藻糖胶在组成和结构上也各不相同。

褐藻糖胶是一种高度不均一的硫酸酯杂多糖，组成和结构十分复杂，Pereival 等在1950年从 *Himanthal lalorea*（Lamaeus）中分离的褐藻糖胶含有半乳糖、木糖、岩藻糖和糖醛酸。Larsen 等在1970年从泡叶藻分离到的产物中含有 D－甘露糖、D－甘露糖醛酸、L－古罗糖醛酸、D－葡萄糖醛酸。Nishide 等（1994）分析了21种日本产褐藻中褐藻糖胶的单糖及糖醛酸组分，结果显示所有褐藻糖胶的单糖组分均以 L－岩藻糖为主，且都含有鼠李糖、半乳糖、甘露糖、葡萄糖和木糖，少数含有阿拉伯糖，糖醛酸以甘露糖醛酸或葡萄糖醛酸为主，有的还含有半乳糖醛酸（表2-1）。Nishinoll 等（1994）对美国 Sigma 公司以墨角藻中为原料制备的商品褐藻糖胶进行分析，结果显示，该商品中含有约0.4%氨基葡萄糖。Li 等（2005）提取了羊角菜褐藻糖胶，该多糖主要由岩藻糖、硫酸根和糖醛酸组成，中性单糖主要有岩藻糖、甘露糖和半乳糖，还有少量的木糖、葡萄糖、鼠李糖和阿拉伯糖。张晶晶等（2009）用 PMP 柱前衍生 HPLC 的方法测定了不同褐藻中的褐藻糖胶的单糖组成，单糖组成为岩藻糖、半乳糖、甘露糖、鼠李糖、葡萄糖、木糖和葡萄糖醛酸。

表2-1　　　　　　　　　几种褐藻糖胶单糖组成的比较（Nishide，1994）

褐藻种类	中性单糖的比例（%）*						
	Rha	Fuc	Ara	Xyl	Man	Glc	Gal
Cladosiphon okamuranus Tokida	1	92	－	2	2	2	1
Ecklonia cava Kjellman	2	53	－	5	21	10	9
Eisenia arborea Areschoug	1	75	－	3	9	2	10

（续表）

褐藻种类	中性单糖的比例（%）*						
	Rha	Fuc	Ara	Xyl	Man	Glc	Gal
E. bicyclis（Kjellman）Setchell	2	35	–	4	27	24	8
Hizikia fusformis（Harvey）Okamura	16	33	–	2	11	15	23
Ishige okamurae Yendo	8	59	1	10	9	2	11
I.sinicola（Setchell etGardner）Chihara	2	83	–	5	7	–	3
Kjellmaniella crassifolia Miyabe	–	79	–	1	13	–	7
Laminaria angustata Kjellman	2	48	–	3	12	8	27
L.japonica Areschoug	2	65	–	1	8	1	23
L.ochotensis Miyabe	2	80	1	1	7	1	8
L.religiosa Miyabe	2	58	-	3	20	5	12
Myelophycus simplex（Harvey）Papenfuss	5	39	2	13	11	10	20
Padina arborescens Holmes	11	42	1	10	14	8	14
Sargassum hemiphyllum（Tumer）C.Agardh	8	55	–	5	10	4	18
S.horneri（Turner）C.Agardh	2	86	–	2	3	1	6
S.miyabei Yendo	2	64	–	4	6	2	22
S.patens C.Agardh	13	31	–	4	17	11	24
S.ringgoldianum Harvey	1	60	–	2	16	2	18
S.sagamianum Yendo	5	44	–	4	13	4	30
S.thunbergii（Mertens et Roth）Kuntze	14	33	2	8	10	12	20

注：① Fuc. 岩藻糖，Gal. 半乳糖，Man. 甘露糖，Rha. 鼠李糖，Xyl. 木糖，Ara. 阿拉伯糖，Glc. 葡萄糖。
② * 按照气液色谱谱图计算，峰的总面积记为100%。

褐藻糖胶自被发现以来，至今已有约100年的时间，但只有50%的化学结构被确认。在褐藻糖胶中，L–岩藻糖通过α–（1，2）及α–（1，3）或X–（1，4）连接构成主链，在C2或C4位上结有复杂的硫酸基团，平均每两个岩藻糖基带有1个硫酸基。Kylin（1913）首次将褐藻糖胶从褐藻中分离出来，但由于当时实验条件有限，直至1950年，Percival和Ross才提出了关于褐藻糖胶（来源于墨角藻 *Fucus vesiculosus*）的结构：主要以岩藻糖为主，糖苷键主要为α（1→2）糖苷键，硫酸基取代位置为岩藻糖的C4位且每5个单元有一个硫酸化的岩藻糖支链。虽然很多不同来源的褐藻糖胶被用于生物活性的测定，但是这一结构在接下来的40多年中，依然作为唯一可用的褐藻糖胶的结构模型。Nishino 和 Nagumo（1991）报道了来源于褐藻 *Ecklonia kurome* 中的褐藻糖胶的结构，由于多糖的核磁谱图相对复杂，不能直接对结构进行阐述，因此他们推测褐藻糖胶的平均结构为：多糖以 α(1→3)岩藻糖为主链，硫酸基取代在岩藻糖的 C4 位，但是并不排除在 C2 位存在其他的硫酸基或支链。褐藻糖胶不同结构的出现，使 Patankar（1993）对来源于褐藻 *F. Vesiculosus* 中的褐藻糖胶（当时唯一的一种商业化产品）的结构进行再一次表征。Patankar（1993）借助于 GC/MS 甲基作用数据，对 Conchie 于 1950 年代提出的褐藻糖胶结构模型进行了修正。多糖仍然以岩藻糖为主，但是糖苷键主要以 α(1→3)糖苷键为主，将核心区域岩藻糖连接硫酸基团聚合体的位置由最初的 α-(1→3)替换为 C4（图 2-19 ~ 图 2-28）。

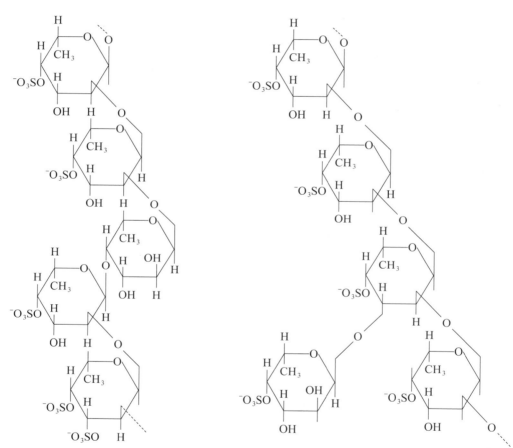

图 2-19 Conchier 提出的墨角藻褐藻糖胶结构式

图 2-20 Patankar 提出的墨角藻褐藻糖胶结构式

$$
\begin{array}{ccc}
SO_3^- & & SO_3^- \\
\downarrow & & \downarrow \\
2 & & 2
\end{array}
$$

$$\rightarrow 3)-\alpha-L-Fucp-(1\rightarrow 4)-\alpha-L-Fucp-(1\rightarrow$$

$$
\begin{array}{c}
4 \\
\uparrow \\
SO_3^-
\end{array}
$$

图 2-21 Bilan 提出的枯墨角藻(*Fucus evanescens* C.Ag)褐藻糖胶结构模型

$$
\begin{array}{ccc}
SO_3^- & & SO_3^- \\
\downarrow & & \downarrow \\
2 & & 2
\end{array}
$$

$$\rightarrow 4)-\alpha-L-Fucp-(1\rightarrow 3)-\alpha-L-Fucp-(1\rightarrow$$

$$
\begin{array}{c}
4 \\
\uparrow \\
SO_3^-
\end{array}
$$

图 2-22 两列墨角藻(*Fucus distichus* L.)褐藻糖胶结构模型

$$
\begin{array}{c}
R_1 \\
\downarrow \\
2
\end{array}
$$

$$\rightarrow 3)-\alpha-L-Fucp-(1\rightarrow 4)-\alpha-L-Fucp(2SO_3)-(1\rightarrow$$

$$
\begin{array}{c}
4 \\
\uparrow \\
R_2
\end{array}
$$

（a）（about 50%）：$R_1=SO_3^-$，$R_2=H$.　（b）（about 50%）：$R_1=H$，$R_2=\alpha-L-Fucp(1\rightarrow 4)-\alpha-L-Fucp(2SO_3)-$
$(1\rightarrow 3)-\alpha-L-Fucp(2SO_3)-(1\rightarrow$，

图 2-23 齿缘墨角藻(*Fucus serratus* L.)褐藻糖胶结构模型

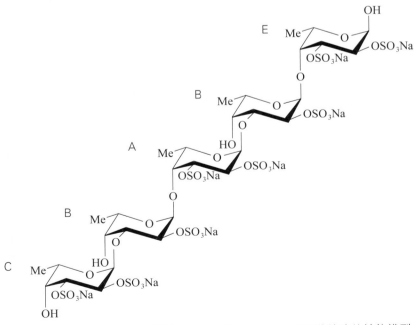

图 2-24 Checolot 等关于泡叶藻(*Ascophyllium nodosum*)褐藻糖胶的结构模型

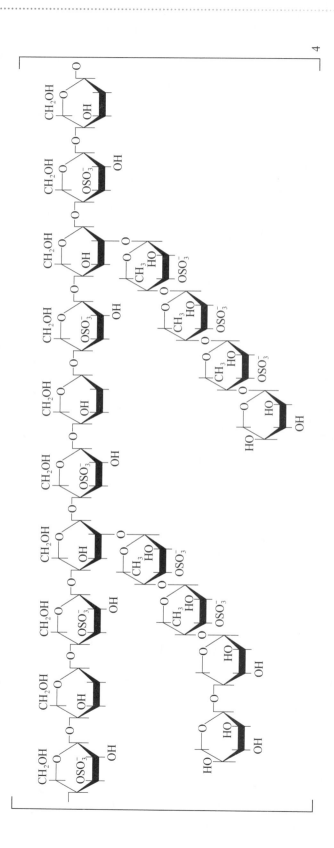

图2-25 施氏褐舌藻（*Spatoglossum Schroederi*）褐藻胶的结构模型

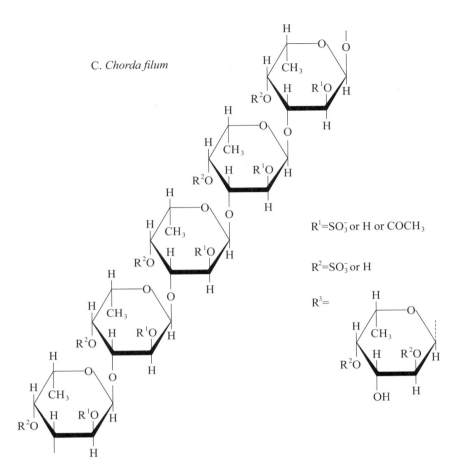

C. *Chorda filum*

$R^1 = SO_3^-$ or H or $COCH_3$

$R^2 = SO_3^-$ or H

$R^3 =$

图2-26　绳藻（*Chorda filum*）褐藻糖胶的结构模型

$$\left[\rightarrow 3)-\alpha-L-Fucp-(1\rightarrow 3)-\alpha-L-Fucp-(1\rightarrow 3)-\alpha-L-Fucp-(1\rightarrow 3)-\alpha-L-Fucp-(1\rightarrow \right]_n$$

$$\begin{array}{c} 4 \\ \uparrow \\ R \end{array}$$

R=α-L-Fucp-(1→4)-α-L-Fucp-(1→(50%[a]) or

α-D-Galp-(1→4)-α-D-Galp-(1→(50%[a]).

图2-27　羊栖菜（*Hizikia fusifarme*）组分的结构模型

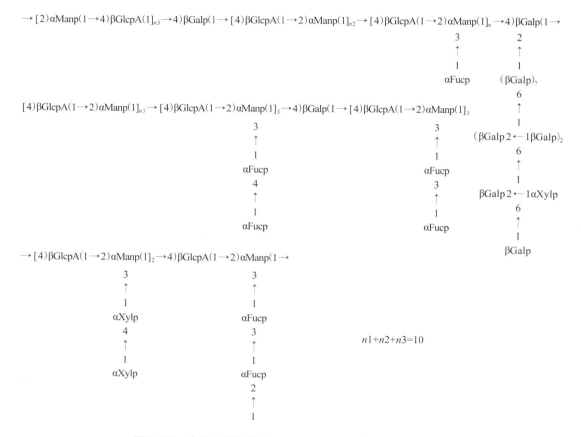

图2-28　李波的羊栖菜〔*Hizikia fusifarme*〕组分的结构模型

之后，关于褐藻糖胶的结构的研究报道也开始慢慢增多。1999年，Chizhov 等报道了一种从褐藻 *Chorda filum* 中提取的褐藻糖胶（硫酸化岩藻聚糖），主链为3-连接 α-L-岩藻糖残基，含有大量的 α（1→2）-连接的岩藻糖残基支链，硫酸化位置主要以 C4 位为主，含有少量的 C2 位硫酸基且 C2 位有乙酰基取代。Nagaoka 等（1999）以褐藻 *Cladosiphon okamuranus* 为原料制备出褐藻糖胶，主链也为以 α（1→3）糖苷键连接的 α-L-岩藻糖，硫酸化位置以 C4 位为主，含有 C2 乙酰化，但是支链为葡萄糖醛酸残基通过 α（1→2）糖苷键连接。除了主链为3-连接 α-L-岩藻糖残基的硫酸化岩藻聚糖之外，研究人员还发现在 *Ascophyllum nodosum*，*Fucus distihus*，*Fucus evanescens* 等褐藻中存在主链 α（1→3）糖苷键连接 α-L-岩藻糖残基和 α（1→4）糖苷键连接 α-L-岩藻糖残基交替的硫酸化岩藻聚糖。李波（2005）以羊栖菜为原料，对水提法所得褐藻糖胶粗提物进行了分级纯化和理化性质的研究，粗提物经 DEAE Sephoarse CL-6B 柱层析得 F_1、F_2 和 F_3 三个级分，F_3 又经 Sepharose CL-6B 柱层析得 F_{31}，F_{32} 和 F_{33} 三个级分，凝胶过滤层析及琼脂糖凝胶电泳显示 F_{31}，F_{32} 和 F_{33} 为均一组分。他应用高碘酸氧化、Smith 降解、部分酸水解、脱硫、羧基还原、气相色谱、甲基化分析、气 – 质联用以及核磁共振等方法研究了褐藻糖胶 F_{32} 级分的结构，结果显示，F_{32} 的主链是由 →2)-a-D-Man(1→ 和 →4)-p-D-GlcA(1→ 交替连接构成的，并夹杂有少量的 →4)-p-D-Gal(1→，分支点位于 →2)Man(1→ 的 3 位、→4)Gal(1→ 的 2 位和 →6)Gal(1→ 的 2 位。约 2/3 的 Fuc 位于非还原末端，其余的 Fuc 存在 1，4、1，3 和 1，2 的糖苷键；约 2/3 的 Xyl 位于非还原末端，其余的 Xyl 以 1，4 糖苷键的形式存在；Man 主要以 1，2 糖苷键存在，且其中有 2/3 的 Man 在 3 位存在分支；Gal 主要以 1，6 糖苷键存在。糖残基的构型为 a-D-Manp，a-L-Fucp，a-D-Xylp，p-D-Galp 和 p-D-GlcAp。F_{32} 中硫酸基的位置为：Man 主要在 →2，3)Man(1→ 的 6 位；→2)Man(1→ 的 4 位和 6 位；Gal 主要在 →6)Gal(1→ 的 3 位；Fuc 的 2、3、4 位均存在，且有些 Fuc 同时存在 2 个硫酸基；GlcA 和 Xyl 上没有硫酸基。F_{32} 中含有 1.2% 的蛋白质，糖链与肽链主要是通过还原端糖基与苏氨酸形成 O– 糖苷键的连接，少量的与丝氨酸连接。Bilan 等（2010）报道了一种从 *Saccharina latissima* 中的褐藻糖胶的结构，存在三种结构单元：①主链是硫酸化岩藻聚糖以 α（1→3）糖苷键连接，硫酸化位置为 C4 或 C2 位，支链为 C2 位的硫酸化岩藻糖残基；②主链为以 6– 连接 β–D– 半乳糖的岩藻半乳聚糖，支链主要为 C4 位的岩藻糖和半乳糖残基；③主链为以 4– 连接 β–D– 葡萄糖醛酸残基和 2– 连接 α–D– 甘露糖残基的岩藻甘露葡萄糖醛酸聚糖，支链主要为 C3 位的岩藻糖残基；④主链为以 3– 连接 β–D– 葡萄糖醛酸残基的岩藻葡萄糖醛酸聚糖，支链为 C4 位的岩藻糖残基。

（五）生理活性

近几十年对褐藻糖胶的研究已经成为开发天然海岸带药物的主攻方向和热点，褐藻糖胶的多种生物活性如免疫调节、抗肿瘤、抗凝血、抗病毒、抗炎症、降血脂以及抗氧化等都有文章相继报道，对其药效机理目前还不是很清楚，但其良好的生物活性以及天然无毒副作用的性质使其拥有广阔的药用价值与开发前景。

1. 肾脏保护作用

褐藻糖胶对慢性肾衰竭大鼠肾小管上皮 – 间充质细胞转化具有抑制作用，该作用与肾组织转化生长因子 –β1（TGF–β1）、单核细胞趋化蛋白 1（MCP–1）及血小板反应蛋白 1（TSP–1）的表达下调和血管内皮生长因子（VEGF）表达上调有关，提示褐藻糖胶治疗可以减少腺嘌呤致肾衰竭大鼠的尿蛋白排泄，减轻肾间质纤维化，这可能部分解释褐藻糖胶的肾保护作用机制。经褐藻糖胶治疗 20 ~ 30 d 时，血肌酐和尿素氮明显下降并随剂量增加、作用增强；同时可减少蛋白尿，对破坏的肾组织细胞有修复作用，减轻肾组织的病理损害，改善肾功能。以褐藻糖胶为主要成分的海昆肾喜胶囊对肾脏保护作用机制尚不清楚，可能与抑制肾脏内 TGF-β 的表达，并能减少肾脏细胞内基质Ⅳ型胶原和纤维蛋白合成，减少 TGF-β、血浆酶原激活酶（IPAI-I）mRNA 的表达有关（图2-29）。在给予褐藻糖胶后，缺血再灌注损伤鼠的肾血流显著提高，因此褐藻糖胶有肾保护活性。但也有研究表明，褐藻糖胶对缺血性肾损伤没有保护作用，甚至有肾毒性，结果的差异可能与动物模型的选择或药物剂量等因素有关。李杨等（2008）研究报道褐藻糖胶能够增加体重，降低糖尿病大鼠的蛋白尿，降低 Scr 和 BUN，调节脂质代谢紊乱，可能通过抑制 VEGF 蛋白的过度表达，进而减慢糖尿病肾病的进程。褐藻糖胶除具有类似肝素的作用如抗血小板聚集、降低血脂、改善血液流变学等外，还通过重建受伤的肾小球基底膜负电荷屏障，防止系膜基质扩张和基底膜增生，进而减少尿蛋白量，保护肾功能。

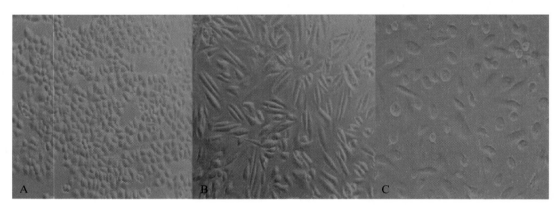

图2-29　褐藻糖胶对 TGF-β 诱导细胞转化形态的影响

A. 对照组细胞呈铺路石状，细胞之间具有黏附性　B. 诱导组细胞之间黏附性差，细胞形态呈梭形

C. 药物组细胞以上皮样细胞为主，散在梭形细胞（×400）

2. 神经保护作用

Jhamandas 等（2005）报道褐藻糖胶可以阻止基底前脑神经元的全细胞电流的 β- 淀粉样蛋白（Aβ）的诱导以及对 Aβ 诱导的神经毒性起到神经保护的作用。从海带中提取的褐藻糖胶对1- 甲基 -4- 苯基 -1，2，3，6- 四氢吡啶（MPTP）诱导的小鼠 PD 模型具有显著的神经保护作用，可使 PD 小鼠的行为异常得到显著改善。罗鼎真等（2009）研究发现褐藻糖胶能减轻 MPP+ 引起的细胞损伤，对线粒体损伤引起的神经系统病变有一定的保护作用。另外褐藻糖胶可通过激活磷脂酰肌醇途径对过氧化氢诱导 PC 12 细胞凋亡起到保护作用。李珊珊（2014）研究证实褐藻糖胶通过提高 Nrf2 的表达缩小脑梗死体积，对脑缺血再灌注损伤大鼠起到神经保护作用（图2-30）。

假手术组

大脑中动脉栓塞组

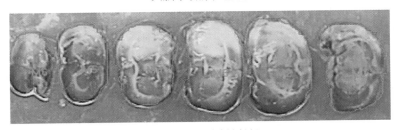

褐藻多糖硫酸酯低剂量组

图2-30　褐藻糖胶对脑缺血再灌注损伤大鼠脑梗死体积的影响

3. 抗肿瘤与免疫调节活性

褐藻提取液的抗肿瘤作用早在几百年前就已发现和利用，早期在我国民间，人们以石花菜、海蒿子、马尾藻等煎服用于治疗子宫癌和乳腺癌。食用海带居日本首位的冲绳县，癌症死亡率一直据日本最低位。褐藻糖胶是天然的和肝素类似的物质，研究表明具有抗肿瘤、能提高机体免疫力等作用。褐藻糖胶除了能通过提高机体免疫功能来抑制肿瘤细胞的生长扩散外，也可直接抑制肿瘤细胞的生长。张桂香（2001）以海带下脚料为原料，提取纯化得到褐藻糖胶，并观察了其对小鼠 S180 体内抗肿瘤与免疫调节作用，结果显示，褐藻糖胶具有较好的抗肿瘤作用，对实体瘤的抑制率可达30%以上。褐藻糖胶可促进巨噬细胞的增殖，并可增强其吞噬能力，激活其吞噬指数，而经过活化的吞噬细胞可以分泌促使细胞凋亡的细胞因子，从而表现出抗肿瘤活性。杨柳（2012）发现褐藻糖胶可以通过诱导 Hela 细胞发生凋亡，来抑制细胞的生长。Ye 等（2008）通过 CO_2 超临界萃取从马尾藻、海蒿子中提取得到褐藻多糖硫酸酯，通过分级纯化得到三个多糖组分，并对三个组分的抗氧化和抗肿瘤活性进行了测定。结果显示，三个多糖组分 HepG2、A549 和 MGC-803 对三种肿瘤细胞具有很强的抑制作用，硫酸基含量最高的 SP-2 具有最高的肿瘤细胞抑制活性，同时实验还发现，较低分子量的多糖组分具有较高的抗肿瘤活性。张春辉等（2008）通过 MTT 法检测细胞，Hoechst 染色、琼脂糖凝胶电泳法检测细胞凋亡情况，以及用 RT-PCR 和 Western 检测癌细胞 *bcl-2* 与 *bax* mRNA 及其蛋白表达，研究了从海带中提取得到的褐藻糖胶对人乳腺癌细胞 MCF-7 体外增殖与凋亡的影响。结果显示，各浓度的褐藻糖胶的溶液均能够抑制人乳腺癌细胞 MCF-7 的增殖，效果极显著（$P<0.01$），且效果与多糖的浓度成正相关，褐藻糖胶可以明显加速 MCF-7 的凋亡，并表现出细胞凋亡的 DNA 梯形条带。在褐藻糖胶存在的情况下，癌细胞中 *bcl-2* 基因 mRNA 及蛋白表达明显减少，*bax* 基因的表达则增加，这说明褐藻糖胶的作用机理可能与其对基因表达有关系。Park 等（2014）研究发现，一定剂量的褐藻糖胶能引起膀胱癌 EJ 细胞的凋亡，并且表现出剂量效应（图2-31）。

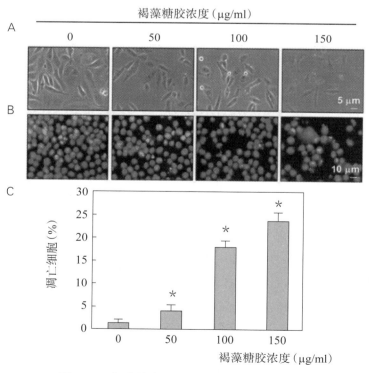

图2-31　褐藻糖胶对膀胱癌 EJ 细胞的凋亡作用

肿瘤发展依赖于肿瘤新血管生成。肿瘤生长和转移的前提条件就是血管生成，因此有效地阻断血管生成的步骤，即可抑制肿瘤新生血管的生成，从而抑制肿瘤的生长。Koyanagi 等（2003）报道未经硫酸化修饰（NF）和经硫酸化修饰（OSF）的褐藻糖胶对人脐静脉内皮细胞的有丝分裂和血管上 VEGF–165（血管内皮生长因子165）的趋化现象均有抑制作用，其中硫酸化修饰的褐藻糖胶比未修饰的多糖具有更加明显的抑制作用。在小鼠体内，硫酸化修饰的褐藻糖胶能明显抑制 S180 小鼠瘤细胞周围的新血管的生成，多糖的这种抑制作用在 Lewis 肺癌细胞以及 B16 黑色素瘤细胞小鼠中也能观察到。研究同时也发现，硫酸基含量对肿瘤的抑制作用也有明显的影响。褐藻糖胶对人脐静脉血管内皮细胞增殖、迁移、管腔形成、新生血管网、大鼠动脉环模型均有抑制作用；褐藻糖胶下调人脐静脉血管内皮细胞 VEGF–A 蛋白水平和 mRNA。褐藻糖胶对新生血管网有抑制作用（图2–32）：400 μg/ml 褐藻糖胶作用内皮细胞网状结构24 h 和48 h 后没有显著变化，而对照组随着时间的延长，细胞增殖分化较快，形成了较多的网状结构，在48 h 时细胞长势很快，平铺整个视野。由此可见，褐藻糖胶对新生血管网有抑制作用，但其抑制作用主要表现在抑制新生血管网的增殖、分化，形成新的血管网，而不是破坏新生血管网。

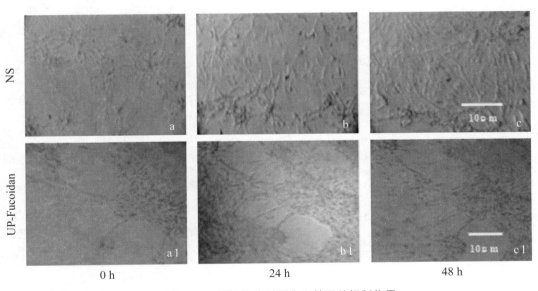

图2–32　褐藻糖胶对新生血管网的抑制作用

4. 抗氧化、延缓衰老的作用

Zhao 等（2005）报道了海带褐藻糖胶对 Cu^{2+} 诱导的 LDL 氧化过程的抑制作用及两种自由基的清除作用，其中低分子量的两个多糖组分能极显著地抑制 Cu^{2+} 诱导的 LDL 氧化过程，大分子量的多糖组分抑制效果不明显。Costa 等（2011）以马尾藻 *Sargassum filipendula* 为原料，得到5种褐藻糖胶组分，并对其抗氧化性能进行了测定，褐藻糖胶组分 SF-1.0v 可达到抗坏血酸总抗氧化能力的90.7%，而其还原力与维生素C具有相当的能力。Cheng 等（2010）模拟微胃环境对海带中提取得到的褐藻糖胶组分进行了抗氧化活性研究，发现多糖组分不仅能一定程度地清除羟自由基及超氧阴离子，而且其还原能力及亚硝酸盐清除能力也非常显著。王琪琳等（2004）将从海带中提取并降解得到的3种成分的低相对分子质量褐藻糖胶进行抗氧化实验表明，3种组分都具有显著的消除自由基的作用。董平等（2006）用 H_2O_2 对褐藻糖胶进行降解，发现降解的褐藻糖胶对超氧阴离子自由基具有显著的清除作用，而且硫酸根含量低的产物抗氧化活性好。自由基的产生可以导致机体衰老，并且可以诱导多种疾病的产生，褐藻糖胶可以显著清除脑组织中过多的氧自由基，从而降低脂质过氧化损伤的程度，减弱和阻止在常压缺氧状态下，小鼠脑组织中脂质氧化反应，从而具有抗衰老的作用。杨成君（2010）研究认为，褐藻糖胶能提高老龄小鼠 GR、GSH 活力，降低自由基导致的脂质过氧化。GR 与其他抗氧化酶一起协同特异催化 GSH 对 H_2O_2 的还原反应，保护细胞膜结构与功能的完整，延缓衰老。陆艳娟等报道褐藻糖胶对老龄小鼠抗氧化酶的作用。研究显示，褐藻糖胶能够提高心、肾、脑的超氧化物歧化酶（SOD）、过氧化物酶（POD）、谷胱甘肽过氧化物酶（GSH-px）的活性，降低脂褐素（LPF）、丙二醛（MDA）的含量，与对照组相比差异显著。

5. 降血压、降血脂等活性

日本学者经过长期研究发现，海带褐藻糖胶含有大量岩藻糖、糖醛酸、甘露糖等单位，能够明显降低甘油三酯和血清胆固醇的含量，并且对于肝、肾没有功能损害等毒副作用。硫酸多糖能够使血浆中的胆固醇含量降低13%～17%，能够使高密度脂蛋白含量升高16%，低密度脂蛋白减少20%～25%，还可以减少动脉粥样化指数，降低血浆中的脂质过氧化物浓度。此外，褐藻糖胶是一种类唾液酸物质，它可以通过增加细胞表面负电荷，使血液中胆固醇沉积，达到降低血清胆固醇的效果，并可促进脂肪的代谢。在褐藻糖胶对饮食性高脂血症的大鼠影响研究结果显示，给褐藻糖胶的实验组的三酰甘油（TG）、胆固醇（TC）、低密度脂蛋白胆固醇（LDL-C）均显著降低，HDL-C 显著升高。海带褐藻糖胶降解成为低相对分子质量的褐藻糖胶后，能使高脂血症大鼠血清中 TG（$P<0.05$）和 TC（$P<0.01$）含量显著降低，并提高 HDL-C 含量（$P<0.05$）。血液中 TC 增加，沉积在血管壁上，能导致血管张力反射的异常以及血管内膜损伤，最终引发动脉粥样硬化、冠心病等心血管疾病；相反，HDL 能限制动脉 TC 的沉积，是有效的抗动脉粥样硬化的脂蛋白，HDL-C 水平与冠心病发病率成负相关。

6. 抗凝血、预防血栓形成的作用

褐藻糖胶结构和肝素具有相似性，抗凝血作用是其一个突出的特点。褐藻糖胶的抗

凝血活性较肝素有其独特优点，在较低浓度范围内，肝素显示出较好的抗凝血活性，褐藻糖胶的作用则较平缓，可避免类似肝素引起的出血等副作用。褐藻糖胶具有明显的抗凝血和促纤溶等生物学活性，且有剂量依赖性。由于天然提取的褐藻糖胶相对分子质量较大，不易被人体吸收，因此其抗凝血效果不及肝素显著（马伟伟，2013）。研究表明，褐藻糖胶的抗凝血效果与摄入方式有很大的关系，比如用腹腔注射的效果要优于静脉注射。Springer 等（1957）首次报道从岩藻（*Fucus vesieuzosus*）中提取的褐藻糖胶具有抗凝血作用，此后大量的报道证实多种褐藻中的褐藻糖胶具有显著的抗血栓和抗凝血作用。Bernard 等（1990）在墨角藻中制备的一种褐藻糖胶表现出抗凝血作用，但其效果低于肝素，仅为同剂量肝素抗凝血效果的15% ~ 18%。Colliec 等（1991）报道从沟鹿角藻提取的大分子量（32万）褐藻糖胶和小分子量（3 000，酸水解得到）褐藻糖胶均显示出抗凝血活性。而且大分子的组分效果更好，对 APTT 和 TT 的作用分别为肝素的34.7% 和23.7%。大量的研究表明，FPS 具有抗血栓形成和溶解血栓的双重作用，在溶栓的同时能防止新的血栓形成，目前临床应用的抗凝血剂肝素并不具备这样的特点。Millet 等（1999）对从钩角藻中提取的大分子褐藻糖胶进行酸水解，得到了低分子量的褐藻糖胶（8 000），此组分通过对家兔皮下给药，显示很强的抗血栓形成活性，这种活性在注射后1 ~ 4 h 之间抑制活性很稳定（约为注射时的70%），在8 h 后效果消失。Sandrine 等（1995）从泡叶藻中提取到一种具有明显抗血栓的褐藻糖胶组分，在家兔体内实验发现，当注射的褐藻糖胶达到与肝素相同抗凝效果时，褐藻糖胶作用持续时间比肝素长。褐藻糖胶具有明显的抗血栓作用，它能够抑制血栓的形成，还能增强 t-PA 激活纤溶酶原，从而具有抗血栓形成和溶解血栓的双重作用，目前临床应用的抗凝剂和溶栓剂都不具备这样的特点。褐藻糖胶这种双重作用在溶栓过程中防止新的血栓形成，尤其在辅助 t-PA 进行溶栓治疗中将有明显的效果。褐藻糖胶对内源性和外源性凝血途径均具有良好的抑制作用，连续给药后可降低血浆纤维蛋白原的含量，抑制静脉血栓的形成。

7. 抗辐射作用

褐藻糖胶能使受辐射大鼠脾淋巴细胞的死亡率显著减少，并可一定程度地保护由辐射所引起的免疫系统损伤。陈乾等（2014）报道褐藻糖胶对^{60}Co-γ 射线诱发的淋巴细胞微核的产生有明显抑制作用。对小鼠腹腔注射褐藻糖胶后，用^{60}Co-γ 射线能够照射，发现褐藻糖胶对 γ 射线辐射引起的小鼠脾损伤有显著的抑制作用（图2-33），表现在褐藻糖胶可逆转照射引起的外周血 WBC、造血干细胞、骨髓有核细胞数数量的减少及脾脏指数下降。

(a)   (b)   (c)

图2-33　褐藻糖胶对 γ 射线诱发的小鼠脾损伤的抑制作用（陈乾等，2014）

(a)正常对照组小鼠脾脏　(b)辐射对照组小鼠脾脏　(c)褐藻糖胶100 mg 给药对照组

8. 抗病毒作用

Elizondo-Gonzalez 等（2012）报道以褐藻 C.okamuranus 提取得到褐藻糖胶，并研究了其对早期感染鸡新城疫病毒和鸡新城疫病毒（NDV）La Sota 细胞株的影响，并将其与野生 NDV 病毒的感染进行了比较，结果显示，褐藻糖胶可以将感染率降低48%，并且可抑制病毒 HN 蛋白的表达。朱文等（2006）报道以褐藻展枝马尾藻（*Sargassum patens*）原料，制备得到褐藻糖胶，采用 MTT 测定、细胞治病效应空斑形成抑制试验以及对其细胞毒性研究抗病毒活性，结果显示该多糖能很好地抑制呼吸道合胞病毒，EC_{50} 值为1.1，但不能抑制副流感病毒以及流感病毒 A 和 B。

9. 降血糖活性

海带褐藻糖胶有显著的降血糖作用，其作用具有剂量性、时效性，且高剂量组与标准药物对照组的降血糖效果在统计学上无显著差异。昆布褐藻糖胶高血糖大鼠的糖耐量有明显改善，但对血清胰岛素水平没有明显的影响。孙炜等（2004）将昆布褐藻糖胶按不同剂量连续灌胃大鼠3周后，测定糖耐量、空腹血糖、血脂等指标，发现昆布褐藻糖胶对正常大鼠血糖没有影响，但可使实验性糖尿病大鼠的血脂及血糖明显降低，糖耐量得到提高。同时，昆布褐藻糖胶能使糖尿病小鼠尿素氮和血糖明显降低，使糖尿病小鼠的血清胰岛素和血清钙含量增加，对四氢嘧啶所致的胰岛损伤具有明显的恢复作用。

10. 胃黏膜保护作用

冈村枝管藻（*Cladosiphon okamuranus*）褐藻糖胶能抑制幽门螺杆菌对猪胃黏蛋白的黏附，在0.05%和0.5%的褐藻糖胶浓度下（饮水中）幽门螺杆菌诱导的胃炎及幽门螺杆菌感染的动物的患病数显著减少（Shibata 等，2000）。

11. 抗缺血作用

给鼠静脉注射低分子量褐藻糖胶显著地改善鼠残端肌肉血流，其原因是低分子量褐藻糖胶通过加强 FGF-2 的活性，加速缺血肢体鼠模型的血管形成（Luyt 等，2003）。缺血肺的再灌注时伴随着肺血管阻力提高、肺泡灌注减少及炎症反应。研究提示在兔缺血肺再灌注时，褐藻糖胶能抑制血小板和内皮的相互作用，能提高肺泡的血流，抑制血管直径的减少（Ardrew 等，2004）。

12. 对基质金属蛋白酶（MMPs）的影响

MMPs 降解细胞外基质，参与许多病理生理过程（章义利等，2008）。在褐藻糖胶存在的情况下，培养的皮肤纤维母细胞产生自由形式的 MMPs 组织型抑制剂（TIMP-1），MMP-2 和 MMP-3 下降，MMP-2 和 TIMP-1 或 MMP-3 和 TIMP-1 复合物的形成增加（Senni 等，2006）。TIMPs 和 MMPs 之间的相互结合力的强弱主要依赖于硫酸化多糖的电荷密度和 3D 结构。褐藻糖胶能减少培养液中 MMP-3 酶原（IL-1B 诱导产生的）的释放，这可能是由于褐藻糖胶通过打乱细胞表面的硫酸肝素蛋白聚糖和纤维连接素之间的相互作用，从而抑制了 IL-1B 的信号，因此可抑制 MMP-3 的表达（Senni 等，2006）。

13. 抗血管成形术后的再狭窄作用

目前经皮冠脉腔内成形术后再狭窄率为 30%，其主要原因是动脉中膜平滑肌细胞（VSMC）向内膜移行和过度增殖，因此寻找并筛选抑制 VSMC 增殖的有效药物成为研究再狭窄甚至动脉硬化形成的重要方法（章义利等，2008）。研究人员观察兔髂动脉血管成形术后，局部注射低分子量褐藻糖胶，多糖主要结合于损伤的血管部分，在没有血管成形术的部分则结合较低，第 14 天组织形态学分析表明低分子量褐藻糖胶减少内膜增生达 59%，减少管腔交叉切面面积狭窄达 58%，血样本显示没有因为低分子量褐藻糖胶的应用而表现出抗凝血活性（Deux 等，2002）。除了抗动脉中膜平滑肌细胞增殖效应是低分子量褐藻糖胶抑制内膜增生外，另外，低分子量褐藻糖胶被细胞和器官迅速摄取后，其被摄取的速度会缓慢下降（Deux 等，2002）。肌肉内给药后，延长的高血浆浓度可能也有助于 LMW 褐藻糖胶分子和因血管成形术后与血液成分有接触的血管平滑肌细胞上的膜受体相互作用。已知单核细胞和炎症细胞因子的激活以及黏附在支架内是再狭窄中重要的因素，褐藻糖胶可以在体内减少白细胞的迁移和中性粒细胞的黏附，抑制炎症化学因子 / 细胞因子的释放，从而使内膜增生得到抑制（Deux 等，2002）。高分子量和低分子量褐藻糖胶具有减少血小板聚集和抗血栓形成的活性，高分子量褐藻糖胶可以使干 / 祖细胞的动员得到提升。因为循环祖细胞和损伤动脉的再内皮化有关，低分子量褐藻糖胶对它的动员可导致内皮增生的减少（Deux 等，2002）。

14. 对平滑肌增殖的影响

Patel 等（2002）研究表明，褐藻糖胶在体内和体外均抑制动脉平滑肌细胞（VSMC）的增殖。有研究表明，肝素和褐藻糖胶对平滑肌细胞表面的肝素受体具有相似的亲和力，但它们执行的功能是完全不同的（Patel 等，2002）。褐藻糖胶能显著抑制胎牛血清中凝血酶敏感素 –1、血小板衍生生长因子 BB（PDGF–BB）以及刺激 DNA 的合成，肝素对 PDGF–BB 诱导的 DNA 合成没有明显的影响。表明两者有不同的机制介导了这些活动，褐藻糖胶对肝素耐受动脉平滑肌细胞的效应及有力的抗促丝分裂作用，表明它具有潜在的治疗作用。

研究显示（Deux 等，2002），低分子量褐藻糖胶对培养的血管平滑肌细胞有高度的亲和力并集中在核周的胞饮囊泡内，表明褐藻糖胶的抗鼠血管平滑肌细胞的增殖效应是由它的结合膜位点介导，可能相似于介导肝素入胞作用。褐藻糖胶的核周聚集同时也表明它是通过细胞内信号途径抗增殖的，已经证实褐藻糖胶能减少生长因子诱导的丝裂原激活蛋白激酶的激活，阻止磷酸化的丝裂原激活蛋白激酶的核转位，从而抑制血管平滑肌细胞的增殖。McCaffrey（1994）等认为高分子量（HMW）褐藻糖胶对鼠和牛动脉培养的 SMCs 的抗增殖活性，和其保护转化生长因子 B1 免受纤维蛋白酶和胰蛋白酶的水解有关。

15. 对血管形成的影响

在利用培养人脐静脉内皮细胞（HUVEC）研究血管结构形成的研究中，结果显示纤维母细胞生长因子（FGF）在血管形成和人脐静脉内皮细胞的迁移中起一定的作用。Koyarag 等（2003）研究认为，过硫酸化褐藻糖胶对碱性纤维母细胞生长因子（bFGF）诱导的人脐静脉内皮细胞迁移及血管形成有显著的抑制作用，进一步研究表明，过硫酸化褐藻糖胶能促进 bFGF 结合细胞表面上具有酪氨酸激酶活性并对硫酸肝素分子有高度亲和力的受体并使其自动磷酸化，结果提升 PAI–1 的释放，阻止伴随基质蛋白水解的细胞迁移的血管形成中起着关键作用。过硫酸化或天然的褐藻糖胶通过阻止血管内皮生长因子 165（VEGF 165）对人脐静脉内皮细胞（HU–VEC）表面受体的结合，对化学趋化和促有丝分裂作用有显著抑制作用，但过硫酸化褐藻糖胶比天然的褐藻糖胶具有更为显著的抑制效应，提示硫酸基团数目在褐藻糖胶分子中起着关键作用（Fisher 等，2004）。过硫酸化褐藻糖胶可明显抑制植入鼠体内的肉瘤 180 细胞诱导的新血管形成，表明增加分子硫酸基团的数目，有助于更有效地组织血管形成（章义利等，2008）。

16. 抗炎症反应

褐藻糖胶对由肿瘤坏死因子 –α（TNF–α）和脂多糖（LPS）刺激巨噬细胞表达的一氧

化氮合酶（iNOS）具有抑制作用，因此能抑制一氧化氮（NO）释放，这可能是褐藻糖胶能进入到细胞核，对某些转录因子（如 AP-1）的激活产生一定的影响，另外还可能涉及 NF-KB 和 p38 MAPK 两个独立的途径，而发挥其抗炎症及调节一氧化氮表达效应（Yang 等，2006）。褐藻糖胶可作为巨噬细胞清道夫受体1（MSR1）的配体，能依赖其入胞机制被摄取巨噬细胞中。研究显示褐藻糖胶刺激 NO 产生的主要途径清道夫受体 A（SR-A）。用褐藻糖胶（10 mg/kg）预处理降低了刀豆素 A（Con-A）注射后鼠的肝损伤程度，这种保护效应是诱导肝组织和血浆中 IL-10 的产生实现的，而没有使白细胞的聚集阻止。来源于奥氏海藻（*Cladosiphon okamuranus* Tokida）和厚叶解曼藻（*Kjellmaniella crassifolia*）的褐藻糖胶能抑制鼠结肠上皮细胞株 CMT-93 中产生 IL-6，并伴随着下调 NF-JB 核转位。用褐藻糖胶（来源于枝管藻 *Cladosiphon*）处理，结肠炎鼠的髓质过氧化物酶（MPO）活性和疾病活性指数下降，结肠固有层的细胞因子 IL-6、IFN-K 的合成下降，转化生长因子 B 和 IL-10 上升。用枝管藻 *Cladosiphon* 褐藻糖胶喂养 Balb/c 结肠炎鼠，结肠上皮细胞表达的 IL-6mRNA 要低于正常饮食小鼠（Matsumoto 等，2004）。在炎症反应中补体激活途径具有重要的作用。褐藻糖胶可抑制补体激活的经典和旁路途径，通过与胶原样区的赖氨酸残基相互作用结合 C1q，接着阻止 C1s（2）-C1r（2）亚单位（完全活性 C_1 所必需）之间的结合；C_4 蛋白包含 C1s 劈开时就可外露的分子内硫脂键。这个硫脂键介导目的中性粒细胞表面和 C_4b 的共价黏附，褐藻糖胶可以结合在易受中性粒细胞氢氧基团攻击的硫酸脂键周围，从而使 C_4 分子不能有效地和中性粒细胞表面结合，这样褐藻糖胶就抑制了补体的激活及随后的炎症反应（章义利等，2008）。

17. 对慢性电离辐射致雄性大鼠生殖功能损伤的干预作用

研究表明，在慢性电离辐射致大鼠睾丸损伤后，LJP 减少了在 14 d 恢复期间的睾丸细胞凋亡量，其机制同海带多糖有效调控受损睾丸细胞内的 Ca^{2+} 浓度有关；有研究表明，Ca^{2+} 浓度升高可激活钙依赖蛋白酶，促使胞内许多重要酶降解，也促使了细胞骨架成分的降解，加快了胞内黄嘌呤脱氢酶向参与氧自由基合成的黄嘌呤氧化酶的转变；浓度升高还可激活钙依赖性核酸内切酶，引起 DNA 水解，阻断胞内依靠转录而进行的潜在修复过程。所以提示海带多糖的干预阻止了受损睾丸细胞内的 Ca^{2+} 浓度升高，防止了黄嘌呤氧化酶的增多，减少了胞内氧自由基的合成，避免了辐射对睾丸细胞的脂质过氧化损伤；同时降低了核酸内切酶的活性，提高了 DNA 的修复。海带多糖对受损睾丸细胞内 Ca^{2+} 浓度的有效调控，还防止了线粒体内膜腺苷酸转运蛋白（adenille nucleotidetransfocato，ANT）构象发生改变，进而阻止了线粒体通透性转换孔（permeabilitytransitionpore，pTp）的持续开放，避免了线粒体内膜两侧离子梯度消失，呼吸链和氧化磷酸化脱偶联，线粒体基质渗透压升高，内膜肿胀而造成的线粒体崩解；进而减缓了线粒体膜间隙的细胞色素 C 细胞凋亡诱导因子（apoptosis indued factor，AIF）和 Caspase 蛋白酶原等的释放，最终减少了通过凋亡级链反应引发的睾丸细胞凋亡数量（刘军，2010）。

18. 抗动脉粥样硬化活性

研究发现（张秀坤，2009），口服褐藻糖胶可以对内皮细胞有保护作用，阻止动脉粥样硬化病变的形成和发展。模型组大鼠在实验结束时肝脏光镜下观察肝细胞排列紊乱，脂肪空泡明显增多，有的胞核被挤至一侧；高剂量组褐藻糖胶大鼠肝脏的脂肪性变有所减轻，提示高脂膳食可导致肝脏脂肪变性及 AS 形成，一定量的褐藻糖胶具有减轻脂肪肝的作用（图2-34）。

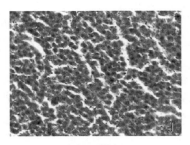

（a）正常组

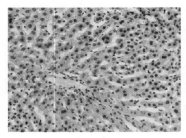

（b）模型组

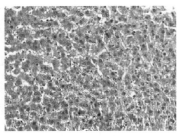

（c）F1低剂量组

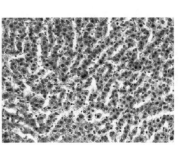

（d）F1高剂量组

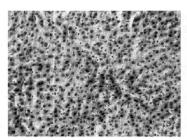

（e）F1a低剂量组

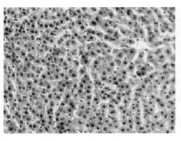

（f）F1a高剂量组

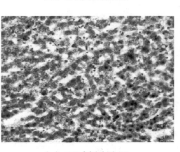

（g）F2低剂量组

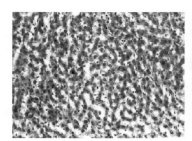

（h）F2高剂量组

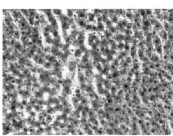

（i）F2a低剂量组

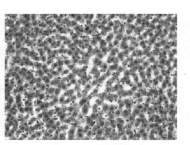

（g）F2a高剂量组

图2-34　口服 PSS 对内皮细胞有保护作用（张秀坤，2009）

（六）褐藻糖胶的构效关系研究

褐藻糖胶由于其广泛的活性而深受关注，又由于其结构的复杂多样性以及相应分析技术的落后，十分明确的褐藻糖胶的构效关系仍然没有建立起来。

1. 分子量对活性的影响

Shimizu（1999）等通过测试口服不同分子量的褐藻糖胶的活性发现，与低分子量褐藻糖胶相比，口服高分子量的褐藻糖胶可以增加脾脏细胞CD8的表达和CD11b细胞的数量，同时使CD4/CD8的比例逐渐下降。Azofeifa 等（2008）发现褐藻糖胶在有响尾蛇毒液的条件下，可以抑制肌肉磷脂酶A2。因此，他们研究低分子量的褐藻糖胶和粗褐藻糖胶，结果发现高分子量的褐藻糖胶在体内具有治疗蛇毒的作用，然而低分子量的褐藻糖胶没有活性，尽管两者在体外具有相同的活性。上述文献报道了高低分子量的褐藻糖胶的活性差异，而 Park 等（2014）的研究成果更有意思，他们测定了高、中、低分子量的褐藻糖胶在关节炎模型中的活性，结果显示高和低分子量的褐藻糖胶的结果明显相反（高分子量组分具有活化炎症的过程，低分子量组分则为抑制关节炎的作用）。Nakazato 等（2010）在测定口服褐藻糖胶（粗褐藻糖胶和高分子量的褐藻糖胶）在肝中的浓度时，发现口服高分子量的褐藻糖胶具有抑制肝纤维化的活性，且口服高分子量的褐藻糖胶的活性远远高于未分级的粗褐藻糖胶的活性。

2. 硫酸化位置和硫酸化程度对活性的影响

褐藻糖胶抗凝血活性不仅与分子量有关，而且还与硫酸化程度和方式有一定联系。Ferial 等（2000）报道低分子量的硫酸化褐藻糖胶（硫酸根含量不同）的抗恶性细胞增生活性和抗凝血活性都与硫酸化程度有关。他们发现抗凝血活性和抑制细胞增生的活性都与硫酸化程度有关，硫酸根含量降低，两者活性都降低，但是以不同的方式降低，一些低分子量的硫酸化褐藻糖胶虽然没有抗凝血活性，但仍对恶性细胞增生起抑制作用。Mariana 等（2005）报道了2-O-硫酸化岩藻糖的存在可一定程度地降低抗凝血活性，推测抗凝血活性不仅是由于多糖的电荷和硫酸化程度，而主要与多糖和凝血因子及靶标蛋白的立体选择性有关。Takeshi 等（2007）对比了粗褐藻糖胶（硫酸根含量13.5%）和过硫酸化褐藻糖胶（硫酸根含量32.8%）的抗恶性细胞增生的活性。粗褐藻糖胶的硫酸化方式主要为C4位，而过硫酸化褐藻糖胶有C2和C4双硫酸化、C2和C4位硫酸化三种方式；过硫酸化褐藻糖胶活性较强，且呈浓度依赖型而粗褐藻糖胶活性较弱。Karmakar 等（2009）也发现了进一步的硫酸化可以大大地增加体外抗单纯疱疹病毒的活性。

3. 结构复杂性对活性的影响

Pereira等(2002)报道了硫酸化3-连接的半乳聚糖能通过肝素辅助因子Ⅱ或抗凝血酶，从而作为潜在的凝血酶抑制剂，但是作为结构相似的2硫酸化3-连接的岩藻聚糖并没有这一活性，同时发现硫酸化半乳聚糖分子量的微小变化，会大大地降低抗凝血酶活性，这一结果说明单糖的种类也会影响其活性。早在1999年，Pereira等人对来源于三种不同褐藻的硫酸化岩藻聚糖（褐藻糖胶）和重复的有规律的硫酸化岩藻聚糖（来源于无脊椎动物）抗凝血活性进行了比较，发现不同的结构特征不仅决定其抗凝血能力，而且对其发挥活性的机制有重要的影响，褐藻糖胶的支链对其活性也有重要的影响，葡萄糖醛酸支链的存在会使抗凝血活性降低，但抗病毒活性却与葡萄糖醛酸支链密切相关。

（七）褐藻糖胶应用与开发现状

褐藻糖胶在抗凝血、抗肿瘤、抗HIV、抗血栓、提高免疫力、降血脂等方面具有独特的功效，是陆地植物成分所无法比拟的，因此褐藻糖胶已成为当今天然药物主攻的重点之一。而且褐藻糖胶来源丰富，成本低廉，在美国、日本作为预防和治疗血栓及癌症疾病的药已进入市场。挪威和德国也开展了褐藻糖胶在抑制白细胞生长及抗HIV方面的研究。我国是世界上海带栽培量最大的国家，为褐藻糖胶的开发提供了丰富的资源。但是褐藻的种类和提取方法的不同，造成褐藻糖胶的化学性质和活性差别很大，褐藻糖胶的化学性质，尤其是分子量、硫酸根含量和岩藻糖含量对它的活性影响很大。目前关于海带、泡叶藻、墨角藻、羊栖菜、昆布、钩鹿角藻、微劳马尾藻、鼠尾藻等海藻中提取的褐藻糖胶的结构和活性已经有了很多的研究报道，但是对低分子量褐藻糖胶的研究还少。

近几年，褐藻糖胶的开发利用也开始日益得到国内外医药企业的重视，提取植物来源包括海带、裙带菜、墨角藻等大型褐藻类物质。最主要的来源是海带，其次是裙带菜。目前主要供应的褐藻糖胶产品规格50%、85%等，国内销售这两个产品的企业主要集中在宁波、北京及陕西三地。不同货源价格也相差甚大，产品质量良莠不齐。另一方面，现今行业内对这些产品也缺少统一的质量检测及评定标准，致使假劣货横行。根据最新的市场调研，目前国内市场能供应合格产品的公司不超过3家，国际市场也不超过8家，其中日本是走在最前列的。一般而言，褐藻糖胶50%、85%规格价格也分别在每千克200美元及280美元，经济价值相当可观。

五、褐藻胶

(一)褐藻胶的来源与结构

褐藻胶(alginate, alginic acid)又被称为褐藻酸、海藻胶等,是一种酸性杂多糖。主要来源于如海带(*Laminaria yajwwca*)、马尾藻(*Sargassum*)、巨藻(*Macrocystis pyrifera*)、掌状海带(*Lamimria digitata*)、巨大昆布(*Ecklonia maxima*)和瘤状囊叶藻(*Ascophyllum nodosum*)等海产褐藻的细胞壁中,占海带干重的30%~40%,多以镁盐和钙盐形式存在。另外,一些陆地或海岸带微生物也可以合成褐藻胶,目前研究发现假单胞菌属(*Pseudomonas*)和固氮菌属(*Azotobacter*)两个属的细菌能够合成褐藻胶。

褐藻胶是由 a-L-古罗糖醛酸(α-L-guluronate, G)与 β-D-甘露糖醛酸(β-D-mannuronate, M)两种单体构成(图2-35),通过1,4糖苷键连接而成的线性多糖。褐藻胶所含糖苷键可能有4种构型,分别为双直立键(diaxial, GG)、双平伏键(diequatorial, MM)、直立—平伏键(axial-equatorial)以及平伏—直立键(equatorial-axial, MG),双直立键使得围绕糖苷键的旋转受到阻碍,可能这就造成了褐藻胶链的伸展性和刚性。研究显示褐藻胶分子中存在的序列模式有三种情况,分别为聚古罗糖醛酸片段(Poly-guluronate, PG)、聚甘露糖醛酸片段(Poly-mannuromte, PM)和甘露糖醛酸-古罗糖醛酸杂合片段(MG blocks PMG)(见图2-35)。

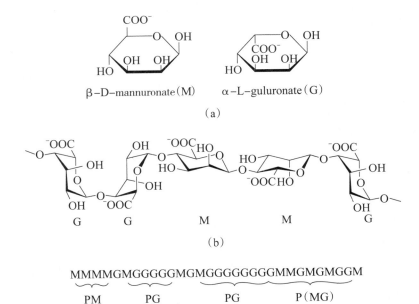

图2-35　褐藻胶结构示意图

(a)monomer of M or G.　(b)alginate conformation.　(c)blocks of PM, PG and PMG.

不同来源的褐藻胶在组分和结构上也有很大的不同（表2-2）。即使是在同一藻体内处于不同组织的褐藻胶，其结构和组分也存在一些差异，组织的机械强度和柔韧性与该部分 M/G 的比例密切相关。例如，在 *Laminaria hypeiborea* 中有较大机械强度的根部和叶柄含大量古罗糖醛酸，其中在老叶柄外表皮中分离得到褐藻胶中古罗糖醛酸占绝对优势。具柔软质地的叶片中则古罗糖醛酸组分含量较少，甘露糖醛酸组分含量很高。另外，在瘤状囊叶藻子实体和细菌中可以分离到的褐藻胶几乎完全为甘露糖醛酸组成。来源于细菌的褐藻胶在 C2 和 / 或 C3 位置处有 O- 乙酰化修饰，这与来源于褐藻的褐藻胶在分子水平有重要的不同（Skjak-Braek 等，1986）。

表2-2　　　　　　不同藻类褐藻胶组成和序列参数（Smidsrod and Draget，1996）

Organism	F_G	F_M	F_{GG}	F_{MM}	$F_{GM,MG}$
Laminaria japonica	0.35	0.65	0.18	0.48	0.17
Laminaria digitata	0.41	0.59	0.25	0.43	0.16
Laminaria hyperborean，lanima	0.55	0.45	0.38	0.28	0.17
Laminaria hyperborean，petiole	0.68	0.32	0.56	0.20	0.12
Laminaria hyperborean，exoderma	0.75	0.25	0.66	0.16	0.09
Lessonia nigescens	0.38	0.62	0.19	0.43	0.19
Ecklonia maxima	0.45	0.55	0.22	0.32	0.32
Macrocystis pyrifera	0.39	0.61	0.16	0.38	0.23
Durvillea Antarctica	0.29	0.71	0.15	0.57	0.14
Ascophyllum nodosum，sporophore	0.10	0.90	0.04	0.84	0.06
Ascophyllum nodosum，aging tissue	0.36	0.64	0.16	0.44	0.20

（二）褐藻胶的性质

纯的褐藻胶为棕黄色到白色粉末、颗粒或纤维。纯的褐藻胶能与磷酸盐、多糖、淀粉、甘油、蛋白质类共溶，但在水中几乎不溶，也不溶于四氯化碳、乙醇等有机溶剂。大分子的褐藻胶盐在水中是可以溶解的，但在高浓度无机盐存在时能够出现盐析作用，褐藻胶盐会析出并断裂。其中含较高非均聚 MG 模块的褐藻胶不易沉淀析出，而含有较多均聚模块（PM 或 PG）的褐藻胶盐在盐溶液中更易析出。另外，褐藻胶盐的溶解度也受到溶液 pH 的影响，这是因为溶液 pH 影响了糖醛酸残基所带的静电荷。褐藻胶的降解也与 pH 密切相关，褐藻胶盐在 pH 接近中性时的降解最少，降解速率在 pH 小于5或大于10时明显加快。一般来说，在60℃以下褐藻胶比较稳定，但温度的升高会导致褐藻胶发生解聚作用。褐藻胶可与多价阳离子相结合形成凝胶,提高褐藻胶中古罗糖醛酸含量,能够显著增强某些金属离子(如Mg^{2+},Ca^{2+})与褐藻胶之间选择性的结合(Siewetal,2005)(图2-36)。

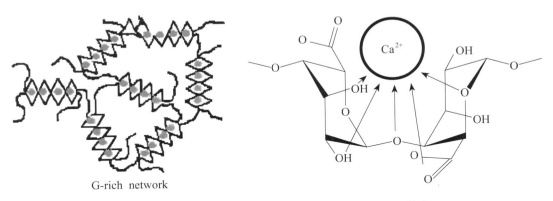

图2-36 聚古罗糖醛酸与钙离子形成卵盒(egg-box)构象

由于古罗糖醛酸聚合模块结合二价阳离子相对容易一些,所以古罗糖醛酸含量高的褐藻胶形成的胶体刚性更强,具有更好的机械性能(图2-37),在实际应用中有更好的用途(Mooney,2012)。

图2-37 不同成分的褐藻胶与钙离子形成的胶体刚性对比(Mooney,2012)

(三)褐藻胶的降解

寡糖除了具有安全无毒、稳定性高及溶解性强等特性外,还具有重要的生物学活性。除抗病毒、抗肿瘤作用外,寡糖类物质还有抗炎、解毒和整肠、降血脂、降血糖、抗凝血、免疫调节、抗菌、抗AIDS等作用(窦勇,2009)。海岸带生物寡糖是一种可溶性纤维,可以在肠道内充分水化,引起凝胶过滤系统形成。因此,改变或延缓营养物质的消化吸收,碳水化合物的摄入量减少,所以可制成降糖素,对肥胖症、高脂血症和糖尿病起到消饥代食、减肥和降血糖的作用,并能对老年习惯性便秘有一定的治疗作用

（宓敏，2007）。褐藻胶是天然高分子化合物，其降解产物——褐藻胶寡糖在现实中应用已经得到。近年来，由于寡糖功能性质和生理活性不断被揭示，且由于价格低廉，褐藻胶日益受到重视，已成为人们关注的热点。

褐藻胶降解方法有物理降解法、酶解法和化学降解法等方法。目前普遍采用的是稀酸水解法，但是这种方法需要高温、高压，降解条件难以控制，操作较复杂；由于是非特异性降解，分子量分布广，产量低，产物不好控制，有时得到大量单糖；并且制备过程中因为化学变化，产物可能有毒性，但简便易行，适于工业化生产。酶法降解褐藻胶条件温和，酶有着催化效率高、专一性强、得率高达100%等特点，因而酶降解应是一种优先选择的降解方法。酶降解褐藻胶更容易制备寡糖，这种降解不仅提供序列信息，而且能提示异头构型的产褐藻胶酶菌株的筛选、发酵条件优化和酶学性质研究信息，因此褐藻胶酶的研究近年来受到重视。故有待于以酶降解法取代酸水解法，从而使褐藻胶盐多糖酶解产物——褐藻胶寡糖在工业、农业、医药等领域发挥更大的作用，实现其更广阔的应用价值。

（四）褐藻胶及其寡糖的生物活性

褐藻胶分子所特有的结构是聚古罗糖醛酸和聚甘露糖醛酸片段，在自然界尚未发现单独存在的此类分子，这类化合物具有非常特别的性质。近年来的研究显示褐藻胶寡糖有免疫调节、抑制肿瘤、促进生长等生物活性，可将其开发成具有特殊疗效的药物，有重要的研究和利用价值。

1. 免疫调节活性

具有特定分子量的褐藻胶寡糖能刺激如巨噬细胞、B淋巴细胞、T淋巴细胞等各种免疫活性细胞的分化、成熟、繁殖等，能够恢复和加强机体的免疫系统，通过免疫调节作用，褐藻胶寡糖能发挥多种生理活性（Otterlei 等，1991）。他们研究表明，褐藻胶及其降解产生的寡糖可以诱发人单核细胞大量产生某些免疫因子，如 TNF 2a、白介素 IL 26 和 IL 21P 等，在抗菌、抗病毒中起着重要作用。其中，主要的激发因素是 M 组分，M 含量的高低与巨噬细胞作用的强弱有密切关系。褐藻胶寡糖还可作为小鼠 B 淋巴细胞的有丝分裂原，促进小鼠 B 细胞的增殖，能刺激淋巴细胞转化，增强小鼠的腹腔巨噬细胞的吞噬能力与体液免疫功能。

2. 促进生长作用

近年来有关褐藻胶寡糖生物作用的研究热点之一是其对植物的促生长作用（Wong 等，2000）。无论是利用经过酶解褐藻胶得到的寡糖，还是通过射线照射降解得到的寡糖，具有特定分子量的褐藻胶寡糖都能够促进某些植物的生长。例如，褐藻胶寡糖混合物（相对分子量小于1万）具有明显促进水稻和花生生长的作用（Quoc等，2000）。二至八糖的褐藻胶寡糖处理过的莴苣根生长长度2倍于空白组（Iwasaki 和 Matsubara，2000）。在植物体内褐藻胶寡糖也是重要的信号分子（Kawadaeta，1997），除了能够促进植物的生长作用外，还能够提高植物对病虫害的抵抗力。

3. 抗肿瘤

研究显示褐藻胶寡糖有良好的抗肿瘤活性。这种活性不是通过细胞毒性来实现的，而是通过激活和促进非特异性免疫或特异性免疫系统，例如褐藻胶寡糖能够激活巨噬细胞，激活后的巨噬细胞表现出细胞毒素作用，进而杀死肿瘤细胞从而起到抑制肿瘤的作用。经酶解褐藻胶后得到的 M/G 寡糖片段处理人单核细胞后会产生细胞毒素，能够使人白血病 U 2937 细胞生长受到抑制（Ivamoro 等，2002）。由于褐藻胶寡糖对正常细胞不会造成损伤，因此没有细胞毒性，这与当前普遍使用的药物有很大的不同，即褐藻胶寡糖能够提高机体对肿瘤细胞的抑制作用，是通过提高免疫系统的功能来实现的，因此在抗肿瘤药物开发方面具有良好的前景。

4. 抗凝血

近年来的研究显示，将大分子类肝素硫酸多糖转变为低分子量寡糖时，副作用大大降低，但仍然保持其生物活性。静脉注射一种低分子量硫酸寡糖类药物——新型抗脑缺血海洋候选药物989，能够抑制对静脉和动脉血栓的形成，对由花生四烯酸和胶原诱导的大鼠血小板聚集有明显的抑制作用，能使激光致小鼠肠系膜微血栓出现时间显著地延迟，并可使花生四烯酸引起的小鼠肺栓塞的死亡率降低（辛现良等，2001）。褐藻胶寡糖无毒副作用，同时有良好的抗凝作用，而且有可能大规模的人工合成，为寡糖抗凝血药物开发开辟了一条新思路。

5. 抗自由基氧化

褐藻胶寡糖不仅能使脂质过氧化物的含量显著降低，而且能够清除活性氧自由基，提高超氧化物歧化酶和过氧化物酶的活性，表现出一定的抗氧化作用。孙丽萍等（2005）报道褐藻胶寡糖 A 1、A 2 和 A 3 对羟自由基、超氧阴离子自由基和次氯酸等自由基的清除作用，结果显示三种褐藻胶寡糖均有较好的清除自由基的作用，而且随糖浓度的增加清除活性而增强，其清除自由基的能力也与寡糖分子量大小密切相关。

六、琼胶

（一）概述

琼胶主要来源于石花菜、鸡毛菜、江蓠等红藻中的杂多糖。琼胶主要由琼胶酯

（agaropectin）和琼脂糖（agarose）两种成分组成。琼胶酯又称硫琼胶，为非凝胶部分，是带有硫酸酯（盐）、葡萄糖醛酸和丙酮醛酸的复杂酸性的杂多糖，硫酸基位于 α-L- 半乳糖的 C6 上，和琼胶糖相比，琼胶酯在水中更容易溶解。琼脂糖是由 3，6- 内醚 -L- 半乳糖和 D- 半乳糖为成分构成的中性多糖，属于非离子型多糖，以 1，4 糖苷键连接的 α-3，6- 内醚 -L- 半乳糖和 1，3 糖苷键连接的 β-D- 半乳糖交替连接起来的形成直链结构（图 2-38），能够形成凝胶，所形成的凝胶具有高融化温度、低凝固温度、无色透明及高凝胶强度等特点。

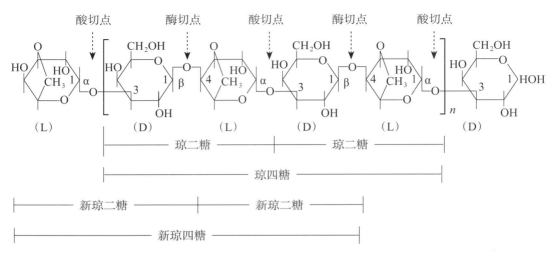

图 2-38 琼脂糖的结构

（二）理化性质

1. 物理性质检测

在室温下琼胶基本不溶于水和无机、有机溶剂，但可缓慢溶于热水；虽然在冷水中不溶解，但吸水后能够膨胀。当有电解质存在时，在琼胶溶液中加入 3 ~ 4 倍量丙酮、异丙醇或乙醇时，琼胶可脱水成絮状析出；在琼胶溶液中加入近饱和的硫酸铵、硫酸镁或硫酸钠，可盐析析出。

由于琼胶分子的结构、分子量和纯度存在不同，所生成凝胶表现出不同的弹性强度。琼胶的一个重要参数是凝胶强度，一般情况下，1.5% 琼胶溶液可凝固成具有弹性且强度高的冻胶。

2. 组成和结构的研究

为确定琼胶的化学结构，研究人员开展了大量的研究工作。利用稀酸水解琼胶，有 D- 半乳糖生成，含量约占 40%，说明琼胶主要由半乳聚糖组成。琼胶的组成中除了半乳糖外，还含有硫酸基、甲氧基、丙酮酸等。至今，琼胶主要化学成分和结构已清楚，为其在食品、医药、生物技术等领域的广泛应用奠定了基础。

（三）生理活性

琼胶主要来源于各种红藻中，在医药、卫生及食品等方面有着广泛用途，但由于琼胶水溶性低、黏度高，不易被吸收，使其应用受到极大限制。琼胶寡糖（agaro oligosaccharide，AOS），即琼胶多糖经水解后产生聚合度为2～10的低聚糖（琼胶低聚糖），主要的重复单位为琼胶二糖，易溶于水，有利于人体吸收，使其应用价值大大提高。琼胶低聚糖不仅具有一般功能性低聚糖所具有的特性，而且还有许多寡糖无法替代的生理活性，如较强的抗老化、抗龋齿、抗氧化、抗炎及抗癌等活性，是一种极具开发潜力的低聚糖（王鸿等，2008）。

1. 抗菌及抗病毒活性

一定聚合度的琼胶寡糖对腮腺炎病毒、脑膜炎 B 型及流感病毒均有抑制作用（缪伏荣等，2007）。一种大分子质量琼胶类硫酸半乳低聚糖可选择性地抑制单纯疱疹病毒（Ⅰ型和Ⅱ型），这可能是因为此类寡糖干扰了病毒对宿主细胞的最初附着。琼胶寡糖具有较强的抑菌作用，当浓度为3.11%时，可使菌落的产生有效地减少，所以可作为天然防腐剂。由琼胶二糖等作为主要成分制成的防腐剂，可用于饮料和食品的保鲜，有效防止其色变、腐败及氧化等；对各种食品，包括易变质食品和加工食品，还有留香作用。

2. 增殖肠道益生菌作用

琼胶寡糖对肠道菌群生长表现出益生元效应。体外实验发现琼胶寡糖对消化道酶的消化作用有耐受作用，几乎所有的新琼胶寡糖经上消化道酶作用24 h后，不受淀粉分解酶的影响，说明它可以完整到达大肠，不能被宿主胃肠道消化或吸收（郭晓凤，2014），同时发现能对培养基上厌氧生长的双歧杆菌和乳酸杆菌的增殖具有明显促进作用，促增殖作用起效快，大大缩短了益生菌的生长适应期。

3. 抗肿瘤和免疫增强作用

不同聚合度的琼胶寡糖，其生理活性具有较明显的差异。在2～4之间聚合度的低聚糖可使肿瘤坏死因子 TNF-α 和前列腺素 PGE2 的产生受到抑制，从而对癌细胞表现出抑制作用。琼胶二糖具有抑制膀胱癌、肝癌和胃癌等肿瘤细胞作用。通过酶解法制备得到水溶性琼胶寡糖 WSAP 3 在体外对 S 180 细胞周期无抑制作用，也不能诱导细胞的凋亡；然而体内实验研究中可显著抑制肿瘤，抑制率可达48.7%。琼胶寡糖对血管形成具有明显的抑制作用，且该作用主要是通过促进脐静脉内皮细胞凋亡并阻滞细胞周期于 S 期产生的。

4. 抗氧化作用

多余的自由基会损伤机体,许多疾病,如血栓、动脉粥样硬化、白内障以及老年性痴呆、帕金森综合征、类风湿性关节炎、糖尿病并发症等,都与不能及时清除的自由基有关。体外研究证实,不同聚合度 c(DP 分别为 2,4,6,8,10)对自由基有较好的清除作用。当琼胶寡糖(高、中分子琼胶寡糖混合物)浓度为 400 mg/kg 时,心脏和肝脏内的丙二醛(MDA)活力分别降低了 21% 和 44%,血清中的谷丙转氨酶(ALT)活力降低了 22.16%,血清和肝脏中的谷胱甘肽过氧化物酶(GSH-Px)和超氧化物歧化酶(SOD)活力都达到了最高水平。生物体内过量的 NO 起着强氧化作用,会造成基因和细胞的损伤。琼胶寡糖可以使诱导型合成酶 iNOS 的表达得到抑制而避免 NO 的过量产生,从而消除过量 NO 引起的损伤,避免相关疾病的发生。

5. 其他活性

以琼胶寡糖作为添加剂的化妆品具有很好的调理头发的作用。新琼胶二糖(低分子质量、中性)具有良好的美白、吸湿的双重功效。通过酶解法制备得到不同聚合度的 A、B 系列琼胶寡糖,在低、中、高不同湿度环境下,两者表现出一定的保湿作用,并有良好的吸湿性,且糖链聚合度的大小与其吸湿保湿功能密切相关,高聚合度的寡糖吸湿保湿性要弱于低聚合度寡糖,两者对细胞均无明显的毒副作用,是一种很有开发价值的化妆品天然原料。

七、大型绿藻多糖

(一)概述

绿藻是海藻中种类最为丰富的一类,具有很高的经济价值。小球藻、扁藻等可作为饲料、食品或者提取脂肪、蛋白质、核黄素和叶绿素等多种物质。沿海常见的绿藻有浒苔、石莼、礁膜等,历来是沿海人民的食用海藻(图2-39~图2-41)。多糖是绿藻中的主要成分,具有抗肿瘤、免疫调节、抗氧化、降血脂、抗凝血、抗病毒等多种生物活性。绿藻中的多糖是很好的药用和食用资源,具有广阔的利用和开发前景。本节主要介绍大型绿藻多糖的研究情况。

图2-39　石莼(*Ulva lactuca*)的外部形态

图2-40　浒苔(*Enteromorpha prolifera*)的外部形态　　图2-41　礁膜(*Monostroma nitidum*)的外部形态

(二)绿藻多糖的结构研究

水溶性硫酸多糖是绿藻多糖的主要组分,绿藻中水溶性的硫酸多糖主要位于细胞间质内,当然在细胞壁中亦有少量存在。不同种类的绿藻所含的多糖糖苷键类型、单糖组成及摩尔比例等多方面都会有所差异。即使是同一种属的绿藻,也会随采集时间、采集地点、提取方法等方面的差别而有不同。研究显示,水溶性硫酸多糖一般可分为葡萄糖醛酸–木糖–鼠李糖聚合物和木糖–阿拉伯糖–半乳糖聚合物两类(嵇国利,2010)。

1.葡萄糖醛酸–木糖–鼠李糖聚合物

葡萄糖醛酸–木糖–鼠李糖聚合物主要存在于浒苔、礁膜、石莼、顶管藻等绿藻中,这类聚合物主要是由木糖、鼠李糖、葡萄糖醛酸等组成的(房芳,2008),从扁浒苔 *Enteromorpha compressa* 中提取得到的杂多糖主要由(1→4)-Xylp,(1→4)GlcA,GlcA (1→(1→2,4)-Rhap 和(1→4)-Rhap 组成,硫酸基团主要位于1,4-连接木糖的 C2位以及1,4-连接鼠李糖的C3位。从石莼 *Ulva pertusa* 中得到的具有免疫活性多糖 F_2,对多糖F_2进行结构分析表明,该多糖主要由β-(1→4)-D-GlcA,α-(1→4)-L-Rhap,β-(1→4)-D-Xyl 和β-(1→2)-L-Rhap 组成,鼠李糖的O2位处于分支点。硫酸根主要位于葡萄糖醛酸的O3位。礁膜 *Monostroma latissimum* 多糖主要由1，2-和1，3-连接的鼠李糖组成，硫酸根主要位于1，2-连接的鼠李糖C4或C3位。

2. 木糖 - 阿拉伯糖 - 半乳糖聚合物

木糖 - 阿拉伯糖 - 半乳糖聚合物主要存在于松藻、蕨藻、刚毛藻等绿藻中，这类聚合物的主要单糖是半乳糖和阿拉伯糖，并且硫酸化程度相对较高（张会娟，2007）。从蕨藻 *Caulerpa racemosa* 中提取制备得到酸性杂多糖，该多糖具有分支，主要由1，3-半乳糖，1，4-木糖，1，3，4-和1，4-阿拉伯糖组成，硫酸根位于1，3-连接半乳糖的C6位和1，4-阿拉伯糖的C3位（Chosh等，2004）。松藻 *Codium yezoense* 中的水提多糖主要有D-半乳糖、丙酮酸和硫酸基，三者的摩尔比为4∶1∶2。该多糖的线性主链为→3）-β-D-Galp-（1→，其中主链中大约有40%在C6位有分支，分支主要是1，3-和1，6-连接的半乳糖，也可能有些是寡糖残基。硫酸基团的多数位于C4位，少量是位于C6位；丙酮酸位于非还原末端半乳糖残基的O3和O4位，形成五元环酮（Bilan等，2007）。

（三）绿藻多糖生物活性研究

水溶性硫酸多糖是绿藻中主要的多糖，大量研究表明，这些水溶性的硫酸多糖具有多种生物学作用，主要包括免疫调节、抗肿瘤、抗凝血、降血脂、抗病毒、防辐射、抗氧化等（林聪，2014）。

1. 抗凝血活性

多种绿藻多糖表现出抗凝血活性。常见的石莼属、松藻属、礁膜属多糖均具有良好的抗凝血活性。从刺松藻 *Codium fragile*（来源于韩国济州岛）中提取得到的多糖分子量均大约3万，可使APTT时间显著延长。Hayakawa等（2000）从8种绿藻中提取得到8种多糖，这8种多糖均表现出显著的抗凝血作用，它们可通过依赖肝素的辅助因子Ⅱ途径实现对凝血酶的抑制，其抑制作用要强于硫酸皮肤素和肝素。Matsubara等（2001）从 *Codium cylindricum* 中提取到一种高度硫酸化的半乳聚糖，其抗凝血活性与肝素类似但比肝素稍低。

2. 免疫调节活性

研究显示多种绿藻多糖具有免疫调节作用。体外实验表明，浒苔硫酸多糖能够在不改变IL-5和IL-4分泌的情况下，显著增多IL-2和FN-γI的分泌物，促进Con-A诱导的脾细胞增殖，促进信使RNA表达产生多种细胞因子，使巨噬细胞激活合成NO。采用冷水法从刺松藻中提取得到的硫酸多糖能与多种细胞活素协同作用，使机体免疫能力得到增强（齐晓辉，2012）。

3. 抗病毒活性

现已发现绿藻硫酸多糖对多种病毒具有抑制作用。Cassolato 等（2008）从石莼属 *Gayralia oxysperma* 中提取的 3 种水溶性硫酸鼠李杂聚糖多糖，均表现出很强的抑制单纯疱疹病毒作用，且抗 HSV-1 和 HSV-2 活性要比肝素强。3 种多糖表现出的强抗病毒活性与它们的结构特征密切相关，即硫酸根含量、分子量以及存在于鼠李糖的 C5 位的疏水性甲基基团。Chosh 等（2004）采用热水法从 *Caulerpa racemosa* 中提取的多糖 HWE 可有效抑制两种类型的疱疹病毒 HSV1 和 HSV2，该多糖在接近 IC_{50} 值时并未表现出抗凝作用。礁膜 *Monostroma nitidum* 中的硫酸鼠李聚糖表现较强的抗 HSV2 作用，抗病毒机制主要与使病毒对宿主细胞的吸附和入侵受到抑制有关（Lee 等，2010）。

4. 降血脂活性

一些绿藻中含有的硫酸化多糖可降低血浆中胆固醇的含量。研究显示，石莼多糖可使外源性高脂血症小鼠的甘油三酯和胆固醇明显降低。采用热水提取法从石莼 *Ulva pertusa* 中得到的粗多糖，将粗多糖降解，获得了两个低分子量多糖组分。对粗多糖及两个低分子量多糖组分进行抗高血脂活性实验，结果显示这 3 种多糖可明显降低血清中低密度脂蛋白胆固醇和总胆固醇的含量（Yu 等，2003）。

5. 抗氧化活性

绿藻多糖是一类天然抗氧化剂，对活性氧自由基有显著的清除作用。Li 等（2013）从浒苔 *Enteromorpha prolifera* 中采用用热水提取法提取多糖，并通过微波辅助酸水解法获得具有不同分子量的多糖，所有多糖样品在低浓度时即可显著清除超氧化物自由基，且低分子量多糖的抑制作用要弱于高分子量多糖；低分子量多糖可更显著地抑制羟基自由基；在浓度为 5 mg/ml 时分子量为 3 100 的多糖组分离子螯合的能力为 77.3%，显著高于未降解多糖。Wang 等（2013）研究显示，浒苔 *Enteromorpha linza* 多糖对 DPPH 自由基和超氧化物自由基有显著清除作用，并且那些具有合适分子量大小和硫酸根含量较高的多糖表现出更强的抗氧化作用。Tang 等（2013）报道浒苔多糖 EPF2 不仅降低高脂血症小鼠体内脂质过氧化产物丙二醛（MDA）的含量，而且可提高内源性抗氧化酶的活性。

6. 抗肿瘤活性

绿藻中的一些硫酸化多糖表现出明显的抗肿瘤作用（Sheng 等，2007），多糖组分 CPPS Ia 和 CPPS IIa 是从小球藻中分离纯化得到的，两种多糖组分均能显著抑制肿瘤细胞 A549 的增殖，且表现出剂量依赖性。CPPS Ia 和 CPPS IIa 在浓度为 1 000 μg/ml 时，对细胞 A549 的抑制率分别为 68.7% 和 49.5%。Ji 等（2008）以 *Caulerpa racemosa* 为原料，采用中性蛋白酶和热水联合提取法提取得到粗多糖 CRP，将其进一步纯化得到两种多糖组分：CRPF 1和CRPF 2，粗多糖CRP在较低剂量（0.05～0.20 mg/ml）时对K 562细胞的抑制作用要强于纯化组分CRPF 1和CRPF 2，而且发挥更长的作用时间（72 h）。Jiao等（2009）采用碱提取法从肠浒苔 *Enteromorpha intestinalis* 提取得到的多糖表现出显著的抗肿瘤活性，推测与其具有较强的免疫刺激活性有关。

可以看出，绿藻多糖具有多种生物活性，且毒副作用较低，在医药、功能食品等多个领域具有广阔的开发前景。

第二节　海岸带动物活性多糖

近年来国内外研究人员已从多种海岸带动物中筛选得到活性多糖成分，如多孔动物海绵、软体动物海兔、鲍鱼、文蛤、扇贝等中的糖胺聚糖或糖蛋白，棘皮动物海星、海参中的硫酸化的多糖，甲壳类动物的几丁质，软骨鱼中的硫酸软骨素等。以往对海岸带动物活性物质的药理学研究多侧重于氨基酸、蛋白质方面，近十几年才开始对其中的多糖组分进行研究。

一、贝类动物活性多糖

海岸带贝类多糖是存在于海岸带贝类体内的一种生物活性物质，它的主要成分是酸性黏多糖，基本单元主要由葡萄糖、半乳糖、葡萄糖醛酸、氨基葡萄糖4种成分组成（周铭东等，1998），具有抗病毒、抗肿瘤、能调节细胞的生长与衰老及增强机体的免疫功能等生理功能。目前，一些疑难病症如放射性疾病、艾滋病、癌症及各种免疫性疾病不断增长，而有效药物的缺乏是人类面临的一个重要问题，鉴于海岸带贝类多糖具有的多种生物活性，增加了人们对海岸带贝类多糖的期望和信心。我国海岸带贝类资源丰富，海岸带贝类多糖的研究前景广阔（廖芙蓉，2012）。

（一）蛤蜊多糖

1. 来源

蛤蜊又叫蛤，有青蛤、文蛤、菲律宾蛤仔、四角蛤喇等诸多品种，为我国主要的水产贝类，在海岸带水产业中具有重要地位。蛤肉质鲜美，营养丰富，富含蛋白质、氨基酸、脂类、糖类、矿物质元素。传统医学证实，蛤软体组织水浸提物对发炎、哮喘、口腔溃疡等病症疗效较佳。近年来研究人员以青蛤、文蛤、菲律宾蛤仔、四角蛤蜊（图2-42～图2-45）等为原料，对其中所含的多糖进行提取制备、分离纯化，并对多糖的化学组成、结构特征、生理活性等方面进行分析与研究。

图2-42　青蛤的外部形态

图2-43　文蛤的外部形态

图2-44　菲律宾蛤仔的外部形态

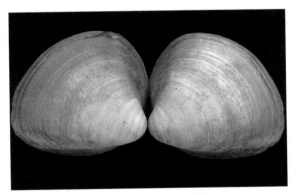

图2-45　四角蛤蜊的外部形态

2. 提取、分离及纯化

蛤蜊多糖的提取大多采用热水浸提、水解或超声的方法，蛋白质的去除常采用Sevag法，分离纯化一般采用吸附、超滤、层析的方法。如在制备青蛤多糖时，研究人员采用水提醇沉、Sevag脱蛋白工艺提取，在优化条件下多糖的提取率达$15.52\% \pm 1.26\%$。然后根据组分所带电量、分子量不同原理，采用离子交换层析（DEAE-纤维素）和凝胶柱层析（SephadexG-100）相结合的方法，将青蛤多糖进行分离纯化，获得均一的多糖组分CSPS-1，CSPS-2，CSPS-3（蒋长兴，2008）。

3. 组成和结构

化学组成分析表明，青蛤多糖CrudeCSPS，CSPS-1，CSPS-2，CSPS-3总糖的含量分别是83.81%，98.75%，95.58%，84.71%；硫酸根的含量分别是0.92%，1.22%，

2.08%，3.58%；糖醛酸的含量分别是1.58%，0.16%，0.96%，2.13%；Crude CSPS，CSPS-3蛋白质的含量分别是3.08%，6.34%。Crude CSPS 由葡萄糖、半乳糖、岩藻糖和鼠李糖组成，摩尔百分比依次是42.78%，33.89%，12.45%，10.88%。CSPS-1由葡萄糖和木糖组成，摩尔百分比依次是95.08%，4.92%。CSPS-2由葡萄糖组成。CSPS-3由半乳糖、葡萄糖、甘露糖、岩藻糖和鼠李糖组成，摩尔百分比依次是37.36%，21.57%，17.15%，12.44%，11.48%。HPLC 分析结果表明，CSPS-1，CSPS-2和CSPS-3的平均分子量依次是68 600，80 600，100 600。FT-IR 分析表明，CSPS-1，CSPS-2和CSPS-3具有多糖的特征吸收峰，存在a构型；NMR 进一步证实，CSPS-1，CSPS-2和CSPS-3均为a型吡喃糖。甲基化反应、Smith 降解、高碘酸氧化、GC-MS 分析表明，CSPS-1主链由(1→4)-葡萄糖组成，支链为(1→6)-葡萄糖；CSPS-2主链由(1→3)-葡萄糖、(1→4)-葡萄糖组成，支链为(1→2)-葡萄糖、(1→6)-葡萄糖；CSPS-3主链为(1→3)-葡萄糖、(1→3)-半乳糖，支链为(1→6)-葡萄糖（蒋长兴，2008）。

文蛤糖肽的分子量为9 655，具有糖肽的特征吸收，等电点接近中性；富含丙氨酸、甘氨酸、蛋氨酸、缬氨酸、亮氨酸、异亮氨酸，糖链部分是由单一的葡萄糖组成的（张铂等，2006）。菲律宾蛤仔糖胺聚糖的主链部分主要由 Glc，Gal，Gals 构成，三者为不连续排列；侧链及主链末端主要由 Gal，Glc，Gals，GalA 以1→4、1→4，6、1→2、1→2，6键构成。另外还存在大量的1→3、1→2，3、1→2，4、1→3，4、1→3，6、1→2，3，4等键型（王瑞芳，2009）。

4. 生理活性

有关贝类多糖生理活性的研究报道较多，主要集中在抗肿瘤、抗氧化、增强免疫力等方面。

（1）抗肿瘤：研究显示，青蛤多糖对前列腺癌细胞 DU-145 具有显著的抑制作用，半数抑制率为4.58 mg/ml（胡聪聪等，2010）。菲律宾蛤仔糖胺聚糖可以抑制体外培养的人肝癌 Bel7402 细胞的生长，能显著抑制移植性 S180 肉瘤的生长。菲律宾蛤仔糖胺聚糖的抗肿瘤活性与其免疫能力增强有关，该多糖可显著影响小鼠脾淋巴细胞吞噬中性红细胞以及腹腔巨噬细胞的增殖（王娅楠等，2007）。文蛤糖蛋白对人肺癌（A549）、卵巢癌（HO-8910）、宫颈癌（Hela）、鼻咽癌（KB）、肝癌（SMMC-7721）细胞的生长均有较强的抑制作用，对鼠源性癌细胞株（B16）抑制性最强，并呈一定的量效关系。此外，文蛤糖蛋白对正常脾淋巴细胞无抑制作用。因此，文蛤糖蛋白在不影响正常体细胞生长的情况下，可针对性地对肿瘤细胞进行杀伤。文蛤糖蛋白在低剂量（9.5 μg/ml）时抑制率约为50%，显示出较好的抑制肿瘤细胞生长与转移作用。另外，文蛤糖蛋白可抑制艾氏腹水瘤、S180 肉瘤、Heps 肉瘤的生长。6.0 mg/kg 剂量时，对 S180 抑瘤率为 68.50%，对 Heps 抑瘤率为 66.43%。肿瘤组织切片显示，文蛤糖蛋白对肿瘤细胞核分裂起抑制作用，对肿瘤细胞的凋亡有明显的诱导作用；文蛤糖蛋白是通过对抗凋亡基因和促进细胞凋亡基因的表达产生影响来诱导细胞凋亡的（吴杰连，2006）。

（2）抗氧化：体外实验中，青蛤多糖表现出显著的超氧自由基清除能力、羟自由基清除能力、还原力、脂质过氧化抑制活性、金属离子螯合能力，表明青蛤多糖具有抗氧化活性。菲律宾蛤仔、波纹巴非蛤多糖对羟自由基、超氧自由基具有显著的清除作用（范秀萍等，2008）。以 CCl_4 诱导的肝损伤模型小鼠进行评价青蛤多糖的体内抗氧化活性，青蛤多糖能够显著提高小鼠血清超氧化物歧化酶（SOD）、谷胱甘肽过氧化物酶（GSH-Px）活性，提高丙氨酸氨基转移酶（ALT）、天冬氨酸氨基转移酶（AST）活性（$P < 0.05$），降低小鼠肝 MDA 水平（$P < 0.05$）。表明青蛤多糖对 CCl_4 诱导的肝损伤小鼠具有一定的保护作用。青蛤多糖的护肝效果可能与青蛤多糖提高小鼠自身抗氧化能力以及抑制脂质过氧化有关（蒋长兴，2008）。文蛤糖蛋白可以特异性增强小鼠肝脏内 GSH-Px、SOD 活性，减少肝脏 MDA 水平，具有显著的抗氧化效果（吴杰连，2006）。用 D- 半乳糖所致衰老模型小鼠作为实验对象开展体内抗氧化试验，灌胃波纹巴非蛤多糖的纯化组分，发现该组分对小鼠体重增长无影响；中、高剂量组血清的 SOD 和 CAT 含量显著高于模型组（$P < 0.01$），高剂量组小鼠血清、肝和脑组织的 SOD、GSH-Px、CAT 含量均显著高于模型组；给药组小鼠的 MDA 含量显著低于模型组。PUG-1 可以剂量依赖性地提高衰老小鼠体内抗氧化能力（董晓静，2010）。

（3）提高免疫力：研究发现，文蛤多糖能使脾脏、胸腺重量增加，白细胞吞噬能力增强，可使免疫抑制状态下巨噬细胞的吞噬功能、小鼠外周血白细胞数以及脾脏重量显著增加，明显促进特异性抗体的恢复，可明显上调受环磷酰胺抑制的迟发型超敏反应（DTH），同时对受环磷酰胺所致过高的 DTH 反应具有一定的下调作用；并且证实文蛤多糖是文蛤提取物免疫作用的主要成分，具有双向免疫调节作用（何雅军，1994）。菲律宾蛤仔蛋白聚糖能显著增加荷瘤小鼠脾指数，促进荷瘤小鼠脾淋巴细胞转化，呈一定的量效关系且无毒副作用；能增强小鼠腹腔巨噬细胞吞噬中性红细胞作用和脾淋巴细胞的增殖；还可显著提高小鼠碳粒廓清指数、小鼠血清溶血素含量，增强小鼠迟发型变态反应能力，对免疫抑制小鼠的免疫功能具有一定修复作用（范秀萍等，2008；张莉等，2007）。

（4）降血糖作用：四角蛤蜊醇沉粗多糖能降低肾上腺素高血糖模型动物的血糖，能显著改善正常及糖尿病小鼠的口服糖耐量水平，抑制由 L-Q- 丙氨酸糖异生引起的血糖升高，同时对正常小鼠空腹血糖和脏器系数无明显影响（常念，2009）。

（5）肝损伤的保护作用：中国蛤蜊水提物能显著降低 CCl_4 所致急性肝损伤小鼠的血清谷丙转氨酶（ALT）的水平，升高 A/G，且与剂量呈正相关，但对肝指数无明显影响。通过制备肝脏石蜡切片，光镜下观察发现中国蛤蜊水提物各剂量组肝组织损伤程度明显减轻。说明中国蛤蜊水提物对 CCl_4 所致的小鼠急性肝损伤有明显的保护作用（史倩，2013）。

（6）降血脂作用：采用高脂饮食建立小鼠高脂模型考察波纹巴非蛤多糖的降血脂作用，发现低、中、高三个剂量组均能显著降低高脂模型小鼠的 TC、TG、LDL-c 水平与LDL-c/HDL-c，中高剂量组能提高 HDL-c 水平，提示波纹巴非蛤多糖 PUG-1 对高脂模型小鼠具有较好的降低血脂与预防动脉粥样硬化作用（范秀萍，2014）。

5. 蛤蜊多糖的构效关系研究

采用氯磺酸吡啶法对青蛤多糖纯化组分 CSPS-1 进行硫酸酯化，并采用 MTT 法研究不同条件下制备的硫酸酯化 CSPS-1 对人胃癌细胞 BGC-823 的增殖的影响，发现不同总糖含量或硫酸化程度的多糖样品可不同程度地影响人胃癌细胞 BGC-823 的增殖。总糖含量越高的硫酸酯化多糖样品，其抑制人胃癌细胞 BGC-823 的增殖的效果越强。

（二）扇贝多糖

1. 来源

扇贝在我国沿海分布广泛，以前多靠捕捞天然资源，随着对扇贝的需求量日益增多，自然采捕的数量已不能满足需要，20世纪80年代以来我国开始采用人工养殖扇贝方式。目前我国养殖的扇贝主要品种包括栉孔扇贝、虾夷扇贝以及海湾扇贝（图2-46~图2-48）。研究人员已从各种扇贝中分离提取出了糖胺聚糖、糖蛋白等多糖类物质。

图2-46　栉孔扇贝的外部形态

图2-47　虾夷扇贝的外部形态

图2-48　海湾扇贝的外部形态

2. 提取、分离及纯化

以扇贝加工下脚料扇贝边为原料，采用乙醇沉淀、蛋白酶水解等方法工艺，提取得到酸性黏多糖，然后用乙醇、十六烷基三甲溴化铵（CTAB）进行分离分级，得到多糖组分，其高效液相色谱与琼脂糖凝胶电泳均显示单一条带，表明所得组分为单一多糖组分。闫雪等采用蛋白酶水解提取法制备虾夷扇贝内脏粗多糖，采用蛋白酶–Sevag 法脱除粗多糖中的蛋白质。闫雪等将虾夷扇贝内脏粗多糖经 DEAE– 纤维素阴离子交换层析、Sephacry 1S–200 凝胶过滤层析分离纯化得到多糖组分 svP–12。在新鲜扇贝肉糖原的提取工艺中，曹倩倩等采用蛋白酶法进行提取，并以蛋白酶–Sevag 法、冻融法脱除蛋白质获得扇贝糖原（SMG）。经测定，SMG 的产率为 13.78%。

3. 组成和结构

扇贝糖原（SMG）总糖含量是 91.91%，蛋白质的含量是 1.08%，单糖组成仅为葡萄糖。虾夷扇贝内脏多糖总糖含量是 72.05%，蛋白质的含量是 2.74%，氨基己糖的含量是 8.46%，硫酸根的含量是 12.57%，单糖组成为葡萄糖、半乳糖、甘露糖、木糖、阿拉伯糖、岩藻糖、鼠李糖，摩尔比约为 1.00∶4.90∶5.60∶4.05∶1.48∶2.54∶1.65。宋苏阳等对虾夷扇贝性腺糖蛋白（SGG）成分进行分析，结果表明，SGG 的多糖含量、氨基己糖含量、蛋白含量、糖醛酸含量、硫酸根含量分别为 8.26%，6.15%%，73.99，1.78%，3.60%。

4. 生理活性

（1）抗肿瘤：从华贵栉孔扇贝全脏器中提取得到的糖胺聚糖粗品可显著抑制 Hela 肿瘤细胞的生长。扇贝糖蛋白对小鼠 S180 肉瘤具有明显的抑制作用，抑瘤率超过 45%，其抗肿瘤作用可能与分子中糖链结构有关。翡翠贻贝糖胺聚糖剂量为 80 mg/kg 时，对昆明小鼠移植性肿瘤 S180 的抑瘤率可达 52.4%。不同剂量的扇贝裙边糖胺聚糖可使 S180 肉瘤小鼠的存活寿命显著延长，使小鼠 S180 实体瘤的生长受到抑制，抑制环磷酰胺所导致的白细胞数量减少，其抗肿瘤作用可能与其增强细胞免疫力和提高机体的抗氧化能力有关。

（2）抗氧化：扇贝裙边糖胺聚糖对低浓度 HZOZ 引起的内皮细胞增殖活性抑制可有效缓解，并能够提高受损内皮细胞内 SOD、GSH–Px、NOS 活性及 TAOC 含量；显著降低 LDH 的释放和 MDA 的生成，使内皮依赖性舒张因子 NO、PGFI 等舒血管物质含量显著提高，导致 TXBZ、ET 等缩血管物质的分泌显著降低。扇贝裙边糖胺聚糖对 HZOZ 所造成的血管内皮细胞的氧化损伤具有明显的保护作用。扇贝性腺糖蛋白（SGG）具有较强的体外抗氧化活性，其清除 DPPH、清除羟自由基、金属离子螯合能力的 IC_{50} 分别为 19.31 mg/ml, 24.85 mg/ml, 1.49 mg/ml。贻贝多糖能够使肝脏、血中 SOD、GSH-Px 水平显著提高，降低 MDA 含量，显示出一定的抗氧化作用。

（3）提高免疫力：扇贝裙边糖胺聚糖在不同剂量（15 mg/kg，30 mg/kg，60 mg/kg）时均可使荷瘤小鼠腹腔巨噬细胞的杀伤活性与吞噬活性显著增强，促进 NK 细胞活性和脾淋巴细胞转化增殖，使小鼠的免疫功能提高。栉孔扇贝糖蛋白能显著抑制瘤重，并能提高小鼠 NK 细胞的活性和腹腔巨噬细胞的吞噬率，增加小鼠免疫器官的重量。

（4）抗病毒作用：在体外，扇贝裙边糖胺聚糖（SS-GAG）各浓度（100 mg/ml，50 mg/ml，25 mg/ml）均能对 HSV-I 感染的非洲猴肾细胞进行有效保护，抑制 HSV-I 病毒的复制，使 HSV-I 病毒诱导的细胞病变效应减弱，阻断 HSV-I 病毒对细胞的入侵。SS-GAG 抗病毒作用与给药时间存在一定的关系，持续给药 24~72 h 内 SS-GAG 能有效地保护非洲猴肾细胞，使细胞活性增强；随着用药时间的延长，抗病毒作用增强。在体内抗 HSV-I 的实验中，同对照组相比，各浓度 SS-GAG（10 mg/kg，20 mg/kg，40 mg/kg）可使 HSV-I 感染小鼠的平均存活时间有效延长，使小鼠的死亡率降低；能使 HSV-I 感染小鼠各组织器官的病理伤害得到有效缓解。扇贝裙边糖胺聚糖体内抗 HSV-I 作用可能与其抑制病毒复制、阻断病毒侵入细胞以及增强机体免疫功能有关。

二、甲壳素及其衍生物

甲壳素（Chitin），又被称为几丁质、甲壳质、壳多糖等（图2-49）。甲壳素在自然界中广泛存在于昆虫壳、虾壳、螃蟹壳、软体动物的骨骼和某些藻类等的骨骼中。其中，目前量最大并且也是最容易获取的甲壳素资源是节肢动物的蟹、虾外壳。在自然界中甲壳素往往不是单独存在，而是和其他物质结合形成复合物。甲壳素有 α-，β- 和 γ- 三种构型形式。其中，α- 构型

图2-49　甲壳素制品的外部形态

的甲壳素主要存在于高硬度部位，常与矿物质沉积在一起；β- 和 γ- 构型甲壳素主要存在于柔软而结实的部位，常与胶原蛋白相联结；乌贼体内同时存在 α-，β- 和 γ- 三种构型的甲壳素。甲壳素作为一种天然的高分子多糖，是由 2- 乙酰氨基 -2- 脱氧 -D- 葡萄糖经 β-1,4糖苷键连接而成，分子式是 $(C_8H_{15}NO_6)_n$。经过选择生物酶类、酸类等降解条件，能够制备获得不同分子量的甲壳寡糖、N- 乙酰氨基葡萄糖和氨基葡萄糖

单糖。制备得到的小分子量的寡糖和糖能溶于水，在生物整体水平和细胞水平上可表现出多种生物学活性。

壳聚糖（Chitosan，CS），又可译为甲壳胺、几丁聚糖等，是由甲壳素多糖经浓碱处理脱乙酰基制得的一种天然聚阳离子生物多糖，经酸或酶水解作用可制得壳寡糖，分子量在2 000左右。壳聚糖具有良好的水溶性，同样具有多种生物活性。壳聚糖可溶于某些有机酸或无机酸介质中，具有良好的可溶性、成胶性、成膜性等，已在食品、医药、环保、畜牧水产、生态农业、日用化工、生物医用材料等领域得到广泛的应用。壳聚糖、甲壳素的化学修饰改性是拓展该类多糖生物活性和应用范围的重要方面。其衍生物产物受外来的引入基团的影响，可显示出一些不同于甲壳素和壳聚糖的优良特性和生物活性，自然界中数量最多的天然含氮有机化合物和第二大有机自然资源的甲壳素 / 壳聚糖，因其自身具有可再生性、手征性与立体结构、多功能反应性、可完全分解性、生理适应性与亲水性等优良性能，使得甲壳素、壳聚糖的研究与应用受到国际的广泛关注，引起了医药、食品、医学、生物学、化学及化工、化纤、化妆品、印染、造纸等不同领域的广大研究人员与技术人员的兴趣。本书主要介绍甲壳低聚糖类表面活性剂的制备及其性能研究。

（一）甲壳素 / 壳聚糖的制备

在理论上含有甲壳素的生物资源都可用来生产甲壳素 / 壳聚糖，但从原料来源、生产成本、操作难易程度等多方面考虑，现有甲壳素的生产企业多以蟹壳和虾壳作为生产原料。虾壳中甲壳素的含量为20%～25%，蟹壳中的含量在15%～20%之间，龙虾壳中含20%左右。以虾蟹壳为原料制备甲壳素的主要操作包括脱矿物质（约40%，主要是碳酸钙和磷酸钙）和除去蛋白质及少量脂肪。由于所用生物制剂、化学药品及加工工序的不同，所以各有其特点。例如，Horowitz 等（1957）利用10%NaOH 溶液脱蛋白质，用90% 的浓甲酸脱钙。Foster 等（2004）采用 EDTA 来处理蟹壳，既脱除了蛋白质和无机盐，又会产生脱乙酰化，因此可同时制得壳聚糖和甲壳素。Hackman（1954）是以虾壳做原料，以 2 mol/L 盐酸脱钙、以 1 mol/L 氢氧化钠除蛋白，最终所得产物中不含无机盐，脱钙彻底。

甲壳素的脱乙酰化反应不在强酸性条件下进行。目前，碱法脱乙酰基主要有两种方法：其一是碱熔法，即是将甲壳素与固碱共熔。Broussignac（1968）将研细的固体氢氧化钾溶于混合溶剂95% 乙醇 – 乙二醇（重量比为1：1）中再与甲壳素作用，可使产物游离氨基含量约达83%。Kenne 和 Lindberg（1979）除了使用 NaOH 外，还向反应体系中加入二甲亚砜及苯硫酚，获得了完全脱乙酰基的产物。将水合肼和稀 NaOH 溶液（10%）

按1:1的比例混合，也可有效地脱去甲壳素的乙酰基，脱乙酰度可达90%～97%。此外，通过强化物理、机械措施也可促进甲壳素的脱乙酰化反应。譬如，采用微波处理就既可缩短碱液法脱乙酰基的反应时间，又能够减少碱的用量。除上述碱法脱除乙酰基外，还有不用烧碱的甲壳素脱乙酰基法。如用苯硫酚钠和甲亚硫酰甲醇的二甲亚砜溶液处理甲壳素，可得到定量的完全脱去了乙酰基的壳聚糖。利用甲壳素脱乙酰酶也可以脱除甲壳素的乙酰基，制得壳聚糖。当前，我国生产甲壳素/壳聚糖的典型工艺流程如图2-50。

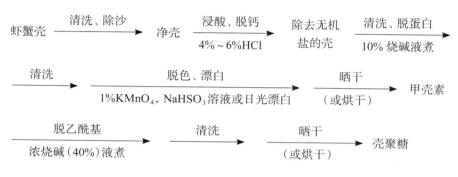

图2-50　我国生产甲壳素/壳聚糖的典型工艺流程

近年来，一个值得关注的研究方向是富含甲壳素资源的高值化综合利用问题。譬如，在提取甲壳素的同时，还可利用原料中丰富的钙质制备活性碳酸钙微细粒子、功能活性生物钙等；利用蛋白质副产物进一步加工成微量营养元素添加剂（即海岸带功能蛋白微量元素螯合体），此举不仅能够丰富饲料工业助剂的内容，而且也可为元素医学开辟出新的资源天地。此外，采取合理的工艺及技术措施，还可获得虾脑素、蟹黄素、虾红素、虾脑磷脂、β–胡萝卜素等系列产品。总之，只有解决好富含甲壳素资源的综合利用问题，才能达到真正的变废为宝。

（二）甲壳素/壳聚糖的理化性质

1. 溶解性

甲壳素结构单元中含有很多羟基，存在强烈的分子内或分子间氢键相互作用。除二氯化锂/甲基乙酰胺、六氟丙酮–二氯乙烷–三氯乙酸混合溶剂外，一般不溶于水、稀碱、稀酸及乙醚中。由于壳聚糖结构单元中的 $-NH_2$ 基团容易和酸反应形成盐，所以壳聚糖能溶解于稀酸（浓度小于10%）水溶液。

2. 壳聚糖的去乙酰化程度

脱乙酰度（degree of deacetylation，DD）是脱去乙酰基的葡萄糖胺残基数占总的葡萄糖胺残基数的比例。脱乙酰度对壳聚糖的黏度、溶解性能、絮凝性能及离子交换能力等都有较大的影响。在甲壳素结构中，绝大多数结构单元为乙酰化结构单元。壳聚糖是甲壳素部分或全部 N– 去乙酰化形成的衍生物，通常乙酰化程度小于 0.35。

3. 甲壳素 / 壳聚糖的化学结构

甲壳素是一种由 N– 乙酰 –2– 氨基 –D– 葡萄糖结构单元通过 β（1→4）糖苷键连接而成的生物大分子多糖。甲壳素脱去乙酰基的产物形成的产物为壳聚糖。如图 2–51 所示，甲壳素与壳聚糖的结构单元区别在于 2 位具有不同的取代基，即甲壳素的 2 位为乙酰氨基（–NHCOCH$_3$），壳聚糖的 2 位则为氨基（–NH$_2$）。

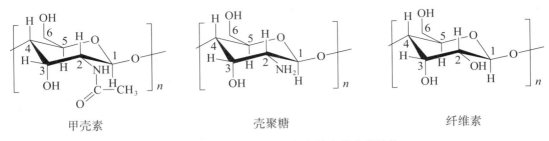

图 2–51　壳聚糖、甲壳素与纤维素的化学结构

（三）甲壳素、壳聚糖及其衍生物的生理活性

1. 免疫调节作用

甲壳素、壳聚糖及其衍生物均具有提高机体免疫力的作用，可显著促进成纤维细胞、巨噬细胞的增殖，刺激抗体免疫、细胞免疫、补体系统，且可有效杀死病原菌。传统的碳水化合物不能活化 T 细胞，也不能刺激机体产生免疫记忆。两性离子多糖不仅能刺激 T 细胞的表达，而且能通过产生抗炎症因子或炎症反应因子调节机体的免疫反应。羧甲基壳聚糖和羧甲基甲壳素表现处于两性离子状态，使其成为有效的免疫促进剂。东市朗等（1991）发现甲壳质及其各种衍生物能使巨噬细胞活化。张澄波等（1992）研究指出，壳多糖能诱导局部巨噬细胞增生，增强单核巨噬细胞和 NK 细胞活性的功能，从而提高机体免疫力。

2. 抗菌活性

壳聚糖具有抗真菌活性并且能抑制多种细菌的生长，特别对丝状菌和真菌类有独特的效果（Allan 等，1979），提出壳聚糖具有广谱抗菌作用。伊滕由雄报道了壳聚糖对各类真菌和细菌的完全抑制的最小阻止浓度（MIC 值），在细菌中包括黄色葡萄球菌、大肠杆菌为 20 pg/ml，溃疡菌为 10 pg/ml；在真菌中包括灰色霉菌为 10 pg/ml，软腐菌和黑腐菌均是 500 pg/ml；斑点菌为 10 pg/ml，一个典型的植物病原真菌镰刀菌的 MIC 值也仅为 100 pg/ml，说明壳聚糖具有很高的抗菌活性。由于在碱性条件下壳聚糖溶解性不好，所以限制了其应用。Kim 等将不同长度的烷基接在了壳聚糖氨基上，得到了一系列的壳聚糖季铵盐衍生物。由于在碱性和酸性条件下壳聚糖的衍生物都是可溶的，所以应用更为广泛。

3. 降血糖作用

任林等（2001）将用 STZ 诱导的模型小鼠分为糖尿病治疗组和糖尿病对照组，分别灌胃甲壳低聚糖 60 mg/(kg·d) 和等体积的蒸馏水，连续处理 21 d 后检测两组小鼠血糖的变化，观察甲壳低聚糖对链脲佐菌素（STZ）糖尿病小鼠血糖的影响，结果显示糖尿病治疗组小鼠的血糖降低。说明甲壳低聚糖具有降低 STZ 糖尿病小鼠血糖的功能。乔新惠等（2003）将非肥胖性糖尿病（NOD）小鼠分成高血糖组（I）和低血糖组（Ⅱ），对 I、Ⅱ 又分别随机分成对照组 I-1、Ⅱ-1 和治疗组 I-2、Ⅱ-2，治疗组用 3%- 甲壳低聚糖作饮用水，对照组用冷开水作饮用水，连续 15 周，定期测定各组血糖值，观察甲壳低聚糖对 NOD 小鼠降血糖作用。结果显示，治疗组 I-2 有 58% 显著降血糖作用，42% 降血糖有效，血糖得到较长时间控制，寿命延长，治疗组 Ⅱ-2 血糖没有明显升高。对照组 Ⅱ-1 陆续出现高血糖，对照组 I-1 寿命很短。说明甲壳低聚糖对 NOD 小鼠高血糖有控制血糖和治疗作用，能延长 NOD 小鼠生存期。

4. 治疗糖尿病的作用

乔新惠等（2003）将 12 周龄 NOD 小鼠随机分成糖尿病治疗组和糖尿病对照组，治疗组用 4% 甲壳低聚糖作饮用水，对照组用冷开水作饮用水，连续 15 周，定期测血糖值。期间对治疗显效组随机让 8 只鼠饮用一定时间低聚糖后，改饮冷开水，定期测定血糖，观察反弹现象。结果治疗组 65% 有显著的降血糖作用，35% 降血糖有一定效果；显效组 NOD 小鼠如停饮甲壳低聚糖，血糖反弹上升；对照组 NOD 小鼠陆续死亡。提示甲壳低聚糖对糖尿病 NOD 小鼠有治疗和延长生存期作用。乔新惠等（2003）又通过胰导管逆行灌注胶原酶静止消化 NOD 小鼠胰腺及不连续密度梯度 Fiocn 波纯化胰岛细胞，并用转板以及碘乙改处理的方法除去其中的成纤维细胞，得到比较纯的胰岛细胞。以此为材料，将细胞分为干预组及对照组，干预组在细胞培养液中加入 3% 甲壳低聚糖，对照组在细胞培养液中加入生理盐水，分别检测细胞增殖情况和急性胰岛细胞释放胰岛素实验，以探讨甲壳低聚糖对 NOD 小鼠胰岛 p- 细胞生长增殖和释放胰岛素的影响。结果表明，干预组细胞增殖优于对照组（$P < 0.05$），急性胰岛素释放则两组相比较差异无显著性，证实甲壳低聚糖能够促进胰岛 p- 细胞的增殖。

5. 植物生长调节作用

在植物中甲壳低聚糖能够作为诱导物激活甲壳素酶，活性单位最小的为七聚或六聚葡萄糖。Roby 等（1987）报道几丁质酶可迅速诱导反应，用低聚糖处理 6 h 后开始出现，12～24 h 内可达到最大值。另外，甲壳低聚糖对整个植株和植物组织局部均可产生诱导作用。甲壳素酶可将无脊椎动物外骨骼中或病原体细胞壁或感染的真菌的甲壳素解聚降解成为至少为 4 个 B-N-乙酰氨基葡萄糖残基或脱乙酰化残基形成的寡糖，这些寡糖片段能够诱发产生植物防御素，因此起到了自我防御的作用。特别值得一提的是，较高聚合度的寡糖能够起到阻碍病原菌生长繁殖的作用。Yamada 等（1993）报道，在很低的浓度（10^{-9}～10^{-6} mol/L）时，聚合度 6 个以上的 N-乙酰甲壳低聚糖可以诱导产生羚羊防御素 A、B、D 和 MomilacotneA、B。聚合度 3 个以下的脱乙酰甲壳低聚糖和 N-乙酰甲壳低聚糖几乎没有表现出诱导活性。另外，甲壳素寡糖与壳寡糖还能调节植物基因的关闭与开放，促进植物细胞的活化，刺激植物生长。甲壳低聚糖是植物识别病原真菌入侵的非特异性信号，对许多植物显示强烈的免疫诱导活性，可以激发植物的基因表达，产生抗病的免疫蛋白质、植保素、壳聚糖酶和甲壳素酶，这些物质对病菌的生长起到抑制和杀灭作用，最终达到抗病的目的。此外，甲壳低聚糖表现出一些其他的生物学功能，参与调节植物生长状态和生长发育，促进植物对营养物质的吸收和利用，促进植物开花、结果，从而提高农作物的产量和质量。

6. 抗诱变

Nam 等（2001）用 3 种诱变测试方法（Umu，Ame，Ree）研究了甲壳低聚糖对化学诱变剂的抗诱变作用。结果显示在 Ame 和 Umu 检测中，在最高剂量（1 mg）时甲壳低聚糖能够抑制诱变剂活力的 500/0；在 Rec 检测中，不同剂量的甲壳低聚糖（0.01 mg，0.1 mg，1 mg）均可抑制 NQQ。

7. 抗肿瘤作用

壳聚糖有较强的抗肿瘤活性。70% 脱乙酰度壳聚糖（DAC-70）及二羟丙基壳聚糖对雄性 BALBC 小鼠的 MehtA 肉瘤抑制活性较强，还可抑制 Mhet A 肉瘤的转移。体外实验中，在癌细胞悬液中加入一定浓度的壳聚糖溶液，20 h 后，可以导致癌细胞全部死亡。低分子量壳聚糖能够通过激活肠免疫系统的活性来抑制肿瘤的生长。甲壳质和壳聚糖的抗肿瘤作用及与普通抗癌疗法的协同作用已得到普遍认可，使用适量的壳聚糖和甲壳质能够抑制癌毒素，提高 T 淋巴细胞和 B 淋巴细胞的活力，减少并发症的发生，能够减轻痛苦，提高生存质量，延长生存期限，但甲壳质、壳聚糖对癌细胞本身并没有直接杀伤作用，其抑癌的机理主要是通过增加患者的免疫调节能力（Gobrach，1994）。Tokoor 等（1988）报道了（GLNc）6 和（GLNcAc）6 可明显抑制移植到 BALBC/ 鼠中 Meth-A 瘤细胞的增殖。推测甲壳低聚糖的抗肿瘤作用是通过增加淋巴因子，然后由 T- 细胞增殖来产生抗肿瘤作用。刘莹等（2002）探讨了壳寡糖对人结肠癌 Lovo 细胞株生长的影响。用细胞计数法比较不同浓度壳寡糖作用下细胞生长情况，苏木精 – 伊红染色后，光镜下观察细胞生长情况及病理变化。结果表明，高浓度壳寡糖（100 μg/ml，200 μg/ml，400 μg/ml）对 Lovo 细胞的生长有抑制作用，低浓度（10 μg/ml，50 μg/ml）未显示抑制作用。壳寡糖对体外培养的 Lovo 细胞的生长有一定抑制作用，光镜下可见核碎裂、固缩、染色质边集，而这种作用未经体内免疫系统，是否与壳寡糖影响人类肿瘤细胞的分化增殖、凋亡和信号转导而引起细胞生长抑制有关，有待于进一步研究。

8. 抗感染作用

近年来的研究证实甲壳低聚糖具有明显抗感染作用。Szuuki 等（1985）报道，腹腔注射 50 mg/kg 浓度甲壳低聚糖（GLNcAc）3 ~ 6 于 BALBC/ 鼠，可提高腹膜分泌物细胞（PEC）的杀菌能力和活性氧生成，其中以（GLNcAc）6 为最强。Suzkui 等（1992）对感染 Lmyotgenes 的雄 BALBC/ 鼠腹腔注射（GLNcAc）6，发现肝、脾、腹腔内的微生物数量显著减少，而且提高机体对 *L.mnoocyotgenes* 的迟发性超敏反应；且发现（GLNcAc）6 和巨噬细胞共同处理过的培养 T 淋巴细胞上清液后，大大增加了其杀伤活性，抑制 *L.mnoocyotgenes* 的生长，T 淋巴细胞经（GLNcAc）6 刺激，上清液中的巨噬细胞激活因子（MAF）得到释放，刺激巨噬细胞释放出 HZq。Tkooro 等发现甲壳低聚糖（GLNcAc）6 可以通过增强细胞免疫功能，强烈抑制增多性李斯特菌的生长。有研究表明，（GLNc）6 的抗菌作用要比（GLNcAc）6 强。（GLNcAc）6 比（GLNc）6 对体内细菌感染有更强的保护作用。

第三节　海岸带微生物活性多糖

海岸带蕴含着丰富的微生物资源。海岸带微生物所处的特殊环境，赋予其独特的生化结构和生存机制。海岸带微生物胞外多糖正是其在生长代谢过程中分泌到细胞壁外的多糖或多糖复合物，产生特殊的功能以适应其生存环境，维持生命活动。由于生活环境的特殊性，导致海岸带生物体内多糖的合成过程与陆地生物不同，并产生许多结构新颖、具有显著药理活性的多糖。日本学者报道从黄杆菌属海岸带细菌 *Flavobacterium liginosum* 的代谢产物中得到一种杂多糖，称为 marinactan。这种多糖有增强免疫活性，同时促进体液免疫和细胞免疫，抑制多种动物移植肿瘤的生长，已在临床上与化疗药物协同作用，用于抗肿瘤的辅助治疗。20 世纪 80 年代以来，海岸带微生物胞外多糖由于独特的化学结构和生物活性，在医药学领域受到广泛关注，也取得了显著进展。

一、海岸带细菌产生的胞外多糖

研究表明，海岸带微生物产生的胞外多糖具有特殊性、复杂性和多样性。这类多糖大多为杂多糖，是由多种单糖残基按照一定的比例组成，其中最为常见的是甘露糖、半乳糖和葡萄糖，另外还有半乳糖醛酸、葡萄糖醛酸、丙酮酸和氨基糖等。Boyle 等（1983）对两种潮间带细菌的胞外多糖开展了研究，发现两种多糖都是由甘露糖、半乳糖和葡萄糖构成，后者还含有丙酮酸。源自海岸带沉积物的海岸带假单胞菌能产生一种胞外多糖，该多糖是由葡萄糖、N-乙酰半乳糖胺和 N-乙酰葡萄糖胺构成的，可以增加黏附能力和抑制蛋白质合成，这可保证在恶劣条件下该菌能够生存。Umezawa 等（1983）从海草、海泥和海水中分离出 1 083 株细菌，经人工海水的培养后考察其产多糖能力，发现从培养液中筛选的 167 株海岸带细菌能明显产生胞外多糖，这些多糖中有 6%表现出明显的抗 S 180 作用。其中 marinactan 是由岩藻糖、甘露糖和葡萄糖组成的，具有显著抑制小鼠 S 180 实体瘤的作用，抑制率达 79%~90%。Rashida 等从一株海绵共附细菌 *Celtodoryx girardae* 分离纯化得到胞外多糖 EPS，该多糖分子量为 80 万，可抑制单纯疱疹病毒（HSV-1）的增殖。苏文金等从厦门海域分离到 177 株细菌，其中 2.26%的菌株胞外粗多糖产量高于 3 g/L，高于 2 g/L 的占 3.95%，并从中筛选到能产生具有显著免疫调节活性多糖的微生物。分离自东方牡蛎 *Crassostrea virginica* 的细菌 *Shewanella colwelliana* 可产生半乳糖、葡萄糖、甘露糖和丙酮酸。

二、海岸带真菌产生的胞外多糖

海岸带真菌是海岸带微生物的一个重要分支。研究显示，真菌多糖具有抗肿瘤和免疫调节作用。大多数活性多糖都具有免疫调节作用，这也是其发挥抗肿瘤活性的基础。胡谷平等采用凝胶渗透色谱（GPC）、离子交换树脂等现代分离纯化技术，从南海红树林真菌（1356 号）菌体中得到两种新型多糖 W 11 和 W 21，其中 W 11 主要是由半乳糖和葡萄糖按 2∶3 摩尔比组成的；胞外多糖 W 21 主要由葡萄糖、半乳糖及木糖以摩尔比45∶3.6∶1.0 组成，糖醛酸含量为 35.12%，相对分子质量为 3.4 万。体外试验表明，W 21对 Bel 7402 和 HepG 2 的 IC_{50} 分别是 25 μg/ml 和 50 μg/ml，说明具有细胞毒作用。体内试验表明，W 21 可与环磷酰胺联合使用，能提高环磷酰胺的抑瘤率，增强机体的免疫功能。研究人员从采自香港红树林种子内生真菌 2508 号鹿角真菌中筛选分离到一种结构新颖的多糖 G-22a，GC/MS 分析显示 G-22a 由葡萄糖、甘露糖、鼠李糖以及少量的核糖醇、木糖组成，葡萄糖/甘露糖/鼠李糖的质量比约为 2∶1∶1。

三、海岸带放线菌产生的胞外多糖

在海岸带环境中，放线菌是一类研究较少的微生物。存在于海岸带环境中的海岸带放线菌有一定的分布特点和分布规律：一般而言，近海、沿岸的浅海海域中发现的放线菌主要是链霉菌，链霉菌不仅种类繁多，而且其中50%以上的都能产生抗生素。小单孢菌属菌丝体纤细，直径0.3～0.6 μm，也是产抗生素较多的一个属。诺卡菌属又名原放线菌属，在培养基上形成典型的菌丝体，剧烈弯曲如树根，或不弯曲，具有长菌丝。其他的有红球菌属、分枝杆菌属、游动放线菌属、戈登菌属等。海岸带放线菌作为一类特殊的、具有重要经济价值的微生物，对它的刺激代谢产物的研究多集中在脂溶性小分子天然产物方向，关于海岸带放线菌多糖的研究国内外很少见报道。考虑到在过去的几十年中从陆地放线菌中分离到大量的具有重要生物活性的糖类化合物，因此从海岸带环境中分离和筛选放线菌以得到生物活性高的糖类物质是很有必要的。厦门大学苏文金等用硫酸苯酚法和实验动物模型，检测分离于厦门海区潮间带的996株海岸带放线菌胞外多糖产量和体内外免疫增强活性。结果表明，3.3%的海岸带放线菌粗多糖产量大于3 g/dm^3，其中有3株放线菌所产的胞外多糖在体内外表现出较强的免疫增强功能，23～35株链霉菌所产的胞外多糖具有较高的体液、细胞及非特异性增强免疫功能。说明海岸带放线菌胞外多糖在免疫调节剂资源的开发上具有广阔的前景。

第三章

海岸带生物活性脂类化合物

海岸带生物是天然药物的宝库，多数海岸带生物能产生多种脂类物质。来源于海岸带动植物及微生物中的脂类物质称为海岸带生物脂类，部分海岸带生物脂类具有显著的抗癌、调节血脂、增强多种免疫能力、抗氧化、抗衰老和抗病毒等生理活性。因此，海岸带生物脂类具有开发成为保健食品和药物的巨大潜力。而且，随着脂类物质研究的不断深入以及新结构和新活性的发现，海岸带生物脂类的研究也成为热点。

按来源分，海岸带生物脂类可分为微生物脂类、植物脂类及动物脂类。微生物脂类主要来源于细菌和真菌；植物脂类主要来源于大型海洋藻类、红树林以及部分滨海植物；动物脂类主要来源于海洋及滩涂动物。按照饱和度分，海岸带生物脂类物质可分为饱和脂肪酸、单不饱和脂肪酸和多不饱和脂肪酸等。

本章将根据海岸带生物脂类的不同结构对其进行分类和介绍，旨在增强读者对海岸带生物脂类的了解和认识。

第一节　海岸带多不饱和脂肪酸

多不饱和脂肪酸（polyunsaturated fatty acids，PUFAs）是指含有两个或更多个不饱和双键结构的脂肪酸，又称多烯脂肪酸。基于第一个不饱和键位置不同，PUFAs 可分为 $\omega-3$，$\omega-6$，$\omega-7$ 和 $\omega-9$ 等系列（即 ω 编号系统，也叫 n 编号系统）（孙翔宇等，2012）。距羧基最远端的双键在倒数第3个碳原子上的称为 $\omega-3$ 系列，包括 $\alpha-$ 亚麻酸（ALA）、二十碳五烯酸（EPA）、二十二碳五烯酸（DPA）和二十二碳六烯酸（DHA）等；在第6个碳原子上的称为 $\omega-6$ 系列，包括亚油酸（LA）、二高 $-\gamma-$ 亚麻酸（DHGLA）、 γ-亚麻酸（GLA）和花生四烯酸（AA）等；此外还有 ω-7系列、ω-9系列（二十碳三烯酸，Mead acid）等。ω-3 和 ω-6 系列 PUFAs 具有重要生物的生物活性且与人类的健康息息相关，很多情况下，ω-3 和 ω-6 系列 PUFAs 在功能行使上相互制约和相互促进，共同调节生物体的生理功能。研究发现，ω-3 PUFA 具有抗心律失常的作用（鲍建民，2006）。大量流行病学调查显示，爱斯基摩人冠心病死亡率只有31.5%，而年龄相当的丹麦人或北美人心肌梗死的死亡率要高很多，这是因为爱斯基摩人常食鱼类、海兽或鱼油，其中 ω-3 多不饱和脂肪酸占脂肪酸摄入量的13.11%，而丹麦人或北美人食物中 ω-3 多不饱和脂肪酸却只有0.18%。随着饮食中 ω-3 PUFA 含量在合理范围内增加，心脏病发生率呈现降低趋势（马立红等，2006）。

关于 ω-6 和 ω-3 的研究表明，脑、视网膜中两种主要的多不饱和脂肪酸为花生四烯酸和 DHA，对其发育有着直接的影响。大量研究证实，ω-3 族的多不饱和脂肪酸表现出的促生长作用较弱，但对脑、视网膜、皮肤和肾的发育及功能的完善十分重要，比较典型的是 DHA（杨贤庆等，2014）。

AA，ALA，EPA 和 DHA 在人体内不能合成，需要从食物中摄取，称为人类的必需脂肪酸。本节主要介绍多不饱和脂肪酸的来源、生物活性及其应用的研究进展。

一、二十二碳六烯酸（DHA）

（一）DHA 的结构及其功能

二十二碳六烯酸（docosahexaenoic acid）简称 DHA，系统全名为全顺式-4，7，10，13，16，19-二十二碳六烯酸，是一种含有6个双键的22碳长链多不饱和脂肪酸，相对分子量为328.49，分子式为 $C_{22}H_{32}O_2$，结构式如图3-1（曹万新等，2011）。

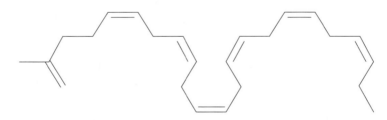

图3-1　DHA 化学结构式

从碳氢链甲基端碳原子开始，第一个双键位于第三个碳原子处，因此 DHA 属于 ω-3 系列不饱和脂肪酸。DHA 分子结构中的6个不饱和双键使其具有较低的熔点和较高的流动性，因而常温下纯净的 DHA 为浅黄色或无色的澄清油状液体。DHA 无色无味，不溶于水，易溶于乙醇，能与氯仿、乙醚以及石油醚等有机溶剂任意比互溶且具有脂溶性，是典型的含有多个"戊烯双键"结构（即隔离双键）的多不饱和脂肪酸。由于

DHA 含有 5 个活泼的亚甲基和 6 个双键,其化学性质较为活泼,极易受氧、光照、过热、金属离子(如 Fe^{2+},Cu^{2+} 的催化作用)和自由基的影响,发生氧化、聚合、酸败、双键共轭等化学反应,生成醛、酸、酮醇、羰基化合物等一些挥发性和非挥发性物质,需要低温绝氧保存(朱丽娜等,2009)。

DHA 属于多不饱和脂肪酸,与我们身体健康有密切关系,是婴幼儿健康成长过程中不可或缺的营养因子,同时对防治心脑血管疾病和抗癌也有很好的功效。DHA 还可以抑制细胞增殖、转移,抑制细胞内信号传导途径,诱导其分化、凋亡,改善肿瘤患者的体质,提高患者的存活率,对多种癌细胞发挥抑制效应(曹万新等,2011)。

人及其他高等生物自身不能合成 DHA,而微藻、海洋真菌等低等生物则具有合成 DHA 的能力,这些低等生物也是 DHA 的原始生产者,而那些依靠食物链吞食藻类及其他微生物而积累 DHA 的常见于海岸带动物等高等生物。传统的 DHA 主要来源于鱼油,该类型产品不但成本高昂,而且有鱼腥味,来源也不稳定,所以从海岸带微生物来获取 DHA 成为必然趋势,也成为研究的热点。

(二)DHA 的传统来源

目前,DHA 主要来源于脂肪含量高的海洋鱼类,生活在深海和寒冷地区的海洋鱼类含量尤为丰富,可达到20%～30%。但是,利用鱼油生产 DHA 存在许多缺点(张义明,2003)。

(三)DHA 的非传统来源

作为食物链中的初级生产者,海岸带微生物是 DHA 的原始生产者,寻找可高效生产 DHA 的海洋微生物生产已成为共识。在已探究到的部分海岸带微生物中,尤其是在藻类、真菌和细菌中,ω-3 多不饱和脂肪酸不但结构和生物活性具有多样性,而且其相对含量远高于鱼油中的含量。DHA 含量丰富的微生物多集中于海岸带金藻、甲藻、隐藻、硅藻以及海岸带真菌中的破囊壶菌和裂殖壶菌中(表3-1)。

表3-1　　　　　　　　　　　　产 DHA 微藻的种类

微生物种类		DHA 占总脂肪酸的 %
金藻类	*Isochrysis galbana*	0.2～12.8
	Isochrysis sp.	0.2～4.1
	Isochrysis sp.	0.5～0.8
	Pavlova lutheri	16.2～28.3
	Pavlova lutheri	20.4～22.4
	Pavlova salina	25.4～28.2

（续表）

微生物种类		DHA 占总脂肪酸的 %
甲藻类	*Amphidinium* sp.	8.0
	Gymnodinium sp.	13.3 ~ 13.7
硅藻类	*Cylindrotheca fusiformis*	7.7 ~ 20.3
	Thraustochytrium aureum	6
海岸带真菌	*T. roseum*	6
	Schizochytrium aggregatum	4

1. 细菌

研究证实，在深海和深海沉积物中存在具有 DHA 生产能力的细菌，但这些细菌大部分生活在低温和高压环境下，不适宜在实际生产中应用（江黎明，2007）。

2. 微藻

研究表明，大约有 500 种海岸带微藻具有生产 DHA 的潜力，得到证实的至少有 88 种，包括硅藻类、甲藻类、隐藻类等较低级真菌中的藻状菌。利用微藻生产制备 DHA 具有以下优点：操作相对比较简单，高密度培养易于实现，产量和质量在一定范围内可控，具有工业化生产 DHA 的巨大潜力。但也存在突出的问题：部分微藻获得比较困难，大部分微藻生产周期相对较长，无法获得纯种藻株，污染问题突出，产品得率相对较低，所以在商业化道路上有待进一步开发（温雪馨等，2010；陈殊贤等，2013）。

3. 海岸带真菌

目前发现产 DHA 的海岸带真菌主要是一些较低级的藻状菌类，其中破囊壶菌（*Thraustochytrium roseum*）和裂殖壶菌（*Schizochytrium*）是研究最多、最有潜力成为 DHA 生产菌株的两种海岸带真菌，特别是破囊壶菌，具有 7 个属，42 个菌种能够产 DHA（吴克刚等，2003；李晶晶等，2013）。破囊壶菌和裂殖壶菌均是在海岸带分离获得，是有色素和具光刺激生长特性的海洋真菌。在分类学上，二者同属于真菌门（Eumycota）、卵菌纲（Oomycetes）、水霉目（Saprolegniales）、破囊壶菌科（Thraustochytriaceae）。两者的主要区别在于裂殖壶菌的营养细胞能够通过连续的二均分裂进行快速增殖。破囊壶菌的菌体类似于单中心的壶菌，但形状和大小不同，营养体生长到一定阶段会形成假根或外质网，继而形成孢子囊，孢子囊发育成熟后破裂释放出游动孢子；裂殖壶菌可以同时依靠连续的二均分裂增殖和形成可释放游动孢子的孢子囊进行繁殖。两者在生长过程中，菌体容易聚集形成大的菌落或聚集体，裂殖壶菌尤为显著，在培养基中用 Na_2SO_4 代替 NaCl 能够有效地抑制这种聚集作用（周立树，2014）。

裂殖壶菌是一类属于真菌门、卵菌纲、水霉目、破囊壶菌科的海岸带真菌，单细胞，球形。学者已成功从自然界中分离出 5 个种，分别是 *S.aggregatum*，*S.limacinum*，*S.mangrovei*，*S.minutum* 和 *S.octosporum*。其中，*S.limacinum* 是 Nakahara 在太平洋沿岸海域分离获得，胞内油脂占生物量的 70% 以上，约 90% 以人体容易吸收的甘油三酯（TG）的形式存在，少量以卵磷脂（PC）的形式存在；不饱和脂肪酸含量极为丰富，主要为 ω-3 和 ω-6 系列不饱和脂肪酸，其中 DHA 占总脂肪酸的质量分数高达 35%~45%。此外，该菌株细胞中还富含类胡萝卜素、虾青素、角鲨烯等对人类有益的活性物质。与破囊壶菌等其他海洋真菌相比，裂殖壶菌具有更好的菌体生长优势和更高的 DHA 含量，市场前景更为广阔（李晶晶等，2013）。

（四）DHA 的应用开发

随着人们对 DHA 生理作用认识的加强，利用微生物发酵生产 DHA 已成为研究学者关注的热点（曹万新等，2011）。国外对裂殖壶菌发酵 DHA 研究较早，部分国家和地区已进入大规模工业化生产和商业化阶段。最著名的案例是，1991 年，美国 Omega 公司首次将裂殖壶菌应用于商业生产，48 h 的培养结束后，生物量能达到 20 g/L，DHA 占干重的 10%。经过数十年的高产优势菌株筛选以及培养条件的不断优化，Omega 公司使 DHA 产量提高到了 40~45 g/L，处于国际领先水平。Nakahara 等分离得到的一株高浓度葡萄糖耐受性菌株 *Schizochytrium* sp. SR21，经过 56 h 培养，生物量可达到 21 g/L，DHA 产量达到 4.7 g/L，后经优化上罐发酵 120 h 后，生物量和 DHA 产量分别达到 59.2 g/L 和 15.5 g/L。Jakobsen 等在油脂积累阶段限制 N、P 和溶氧，生物量达到 90~100 g/L，DHA 占脂肪酸含量由 36% 提升到 52%。

近年来，国内越来越多的科研机构投入到裂殖壶菌发酵生产 DHA 的研究中，虽取得了一定程度的进步，但在 DHA 产量和质量上都较国外有很大差距。其中，南京工业大学利用 1 500 L 发酵罐培养 *Schizochytrium limacinum* HX-308，采用分阶段溶氧调控手段调控发酵过程，DHA 产量高达 37.75 g/L，在国内处于领先水平。

二、二十碳五烯酸（EPA）

（一）EPA 的生理功能

EPA 属于 ω-3 多不饱和脂肪酸（polyunsaturated fatty acid，PUFA），是一种在人体内难以合成的必需脂肪酸，需从食物中获取。EPA 在营养和医学上的重要作用，已引起人们广泛关注（石雨等，2014）。EPA 与人体的生命活动以及生理功能密切相关，其主要生理功能包括抗炎作用，抗癌作用，防动脉硬化，降血脂，健脑明目，抗血小板聚集，预防心肌梗死、脑梗死等心脑血管疾病。

在水产养殖中，EPA 在饲料中的添加也是必不可少的（马晶晶等，2014）。作为双壳类幼虫、对虾幼体、鱼类幼体等的必需脂肪酸，EPA 对其生长发育和存活起到了关键性的作用。EPA 对有些动物虽然不是必需的，但在其饵料中适当添加，动物的生长速率和存活率也可以得到较大提高。

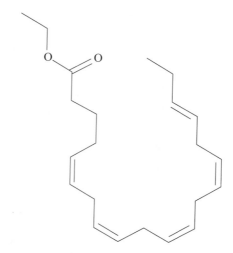

图 3-2　EPA 化学结构式

（二）EPA 的生物来源

深海鱼油是目前市场上 EPA 的主要来源，但来源于鱼油中的 EPA 具有以下缺点：腥味问题，高胆固醇，鱼油资源有限，稳定性差，易发生氧化，成本相对较高，且随着鱼的品种、季节、地理位置等的不同而 EPA 含量有所变化，因此以鱼油作为 EPA 来源的不稳定性和存在的问题显而易见。而且，由于环境污染导致的海鱼脂肪中积累的大量持续性有机污染物，对人体的健康也存在较大的威胁。研究表明，鱼油中的 EPA 并不是鱼类本身合成的，而是来源于食物，通过积累产生的，因此依靠海洋鱼油生产 EPA 已远远不能满足社会的需要。海岸带微藻也是鱼类摄取的主要食物，这些海岸带微藻本身具有合成 EPA 的能力，EPA 含量非常丰富。而且与鱼油相比，海岸带微藻油脂中不含胆固醇，脂肪酸组成更稳定，也没有鱼油中存在的一系列缺点，同时相对于鱼类来说，微藻具有生长周期短、产量高、占地面积少、易于实现大规模人工培养等优点，此外还可通过分子生物学的改造和培养条件的控制来提高微藻 EPA 的含量。因此，海岸带微藻在生产 EPA 上具有巨大的潜力（曾名勇，1995）。

微生物中也含有 EPA，以真菌最为常见。研究发现，能生产 EPA 的真菌主要是低等真菌，如腐霉（*Pythium*）、水霉（*Saprolegnia*）、被孢霉（*Mortierella*）等。此外，酵母和细菌亦含有一定量的 EPA。

早在20世纪50年代，微藻的脂肪酸组成就得到了系统的研究。迄今，已有上百种微藻的脂肪酸组成被测定，主要有甲藻类、硅藻类、绿藻类、金藻类、黄藻类、蓝藻类、隐藻类和红藻类。其中研究最多的是小球藻、微绿球藻、中肋骨条藻、三角褐指藻、新月菱形藻（*Nitzschia closterium*）、等鞭金藻（*Isochrysis galbana*）等。其中 EPA 含量较高的是 *Monodus subterraneus*（34.2%）、*Chorella minutissima*（31.3%）、三角褐指藻（21.4%）。

（三）不同的培养条件对微藻 EPA 含量的影响

1. 培养基的化学组成

在自养培养过程中，氮、磷、铁、硅、维生素等都会影响微藻的 EPA 含量。氮元素影响最为显著，其种类和浓度都会影响微藻 EPA 含量。以三角褐指藻作为研究对象发现，分别利用氯化铵、硝酸钾和尿素作为氮源时，EPA 含量分别为10.1%、25.2%、21.8%。研究发现，随着氮浓度的增加，EPA 产量呈增长趋势，可能是由于细胞平均分裂速度不断增强所致。磷含量对微藻 EPA 含量也有重要影响。在缺少磷元素的条件下，三角褐指藻的 EPA 含量随磷浓度的降低从21.41%降至15.64%。在铁浓度为24.5 μmol/L 时，三角褐指藻的 EPA 含量最高，当低于24.5 μmol/L 或高于24.5 μmol/L 时 EPA 含量均开始降低。硅不足时会促使脂肪酸在藻类中积累，维生素也可促进微藻生长，进而提高 EPA 产量（马国红等，2015）。

2. 温度、光照强度和盐度

大量研究表明，温度是微藻 EPA 含量影响的显著因素之一，但也因种而异。当温度在10~30℃之间时，20℃为新月菱形藻合成 EPA 的最佳温度，EPA 含量与温度呈显著的负相关。在温度15~30℃之间，温度对球等鞭金藻的 EPA 含量无显著影响。另一个显著影响微藻 EPA 含量的因素是光照强度。大多数藻类在低光强下 EPA 含量较高，如小球藻 C 97 和 C 102，微绿球藻及简单角毛藻（*Chaetoceros simplex*）。还有一些藻类趋势相反，如紫球藻（*Porphyridium cruentum*）EPA 含量随光强的增强而增加。盐度对微藻 EPA 含量的影响因种而异，如4株小球藻的 EPA 含量随盐度的增加而减少。盐度对绿色巴夫藻（*Pavlova virds*）的 EPA 含量无显著影响（李卓佳等，2008；蔡敬等，2016）。

3. 生长期

微藻的生长可分为延缓期、指数生长期、相对数生长下降期、静止期（稳定期）。微藻细胞在不同的生长时期，EPA 含量有所不同，并且生长期对微藻 EPA 含量的影响也因藻种而异。微绿球藻随培养时间的延长，EPA 含量从22.5%降至16.8%。三角褐指藻在静止期时，EPA 含量达到最大。

4. 通气量和 pH

PUFA 合成中去不饱和过程需要分子氧，因此通气量对微藻 EPA 含量有一定的影响。高通气量利于纤细角毛藻 (*Chaetoceros gracilis*) EPA 的积累。通气量对 *Nannochloropsis* sp. 的 EPA 积累影响显著。pH 能改变细胞内相关酶的活性和结构状态、金属复合物的溶解度等，进而影响微藻脂肪酸的含量。在起始 pH 为 6.5~9.0 范围内，后棘藻 (*Ellipsoidion* sp.) 的 EPA 含量在起始 pH 7.5 时最高。在 pH 为 6.2~9.8 范围内，微绿球藻的 EPA 含量在 pH 6.8 时较高，在 pH 9.8 时最低 (张秋红，2014；吴华莲等，2014；杨秀艳，2013)。

5. 自养和异养

研究表明，某些微藻通过异养可提高 EPA 含量。通过对海岸带硅藻 *Nitzschia laevis* 分别进行自养和异养培养，发现异养下的 EPA 含量 (23.2%) 要高于自养下的 EPA 含量 (16.7%)。异养条件下的雨生红球藻虾青素的产量也高于自养培养，因此可在微藻培养基中加入有机碳源进行异养培养以生产 EPA。

（四）利用微藻生产 EPA 的现状及前景

研究表明，藻类生产 EPA 的产率比细菌和真菌高出 1~2 个数量级。利用微藻生产 EPA 主要通过以下三种形式实现 (王曰杰等，2015；陈智杰等，2012)：

1. 密闭式光生物反应器培养

密闭式光生物反应器可实现高效、高密度及高产的培养，但是在利用密闭式光生物反应器进行微藻自养培养的过程中也面临以下几个问题：微藻很容易在内壁附着；通气量太大以及氧气的积累，导致不饱和脂肪酸含量降低；随着培养的推进，微藻密度不断增高，导致光吸收和利用率下降，产量降低。

2. 开放式大池培养

此种培养方式传统、简单，生产成本最低，有很多企业仍在使用，不足之处是对养殖地的光照和温度要求较高，而且温度很难准确控制，水分散失严重，污染问题较难解决。

3. 异养培养

微藻异养培养中，不需要光照，把有机碳源作为唯一碳源和能源。但是，能够进行异养培养的藻种必须满足以下条件：生命力强，可适应新环境；在缺少光照的条件下进行分裂和代谢；能够在价格低廉的培养基中成活；能够承受循环水水压。

利用微藻生产 EPA 的首要任务是筛选能够异养生长的微藻，优化出合适的培养条件和方法，不断完善提取工艺，从而实现 EPA 的大规模生产。据报道，美国的 Martek 公司利用 *Nitzschia alba* 来生产 EPA，产量可达到 0.25g/(L·d)。

（五）海岸带微藻诱变育种的研究进展

大多数生产公司采用的藻种多从自然界中直接分离获得，性状单一，长时间培养易出现退化等问题，限制了微藻的商业化开发。因此，采用育种技术改良微藻品种，以期获得生物活性物质产量高的藻种，已成为新的研究热点。目前藻种的改良一般借鉴农作物育种中常采用的诱变技术进行，使细胞核染色体发生畸变、碱基突变、缺失、置换、基因重组等生物学效应，使后代性状发生改变。诱变育种技术主要有物理、化学、生物等方法，其中化学诱变方法主要采用甲基磺酸乙酯、亚硝基胍、叠氮化钠、平阳霉素等诱变剂进行育种；物理诱变手段主要采用射线辐照、激光、离子束等方法；生物方法有细胞融合、转基因等。

1. 物理诱变育种

常用的物理诱变辐射源有紫外线、倍频 Nd∶YAG 激光、He-Ne 激光、半导体激光、^{60}Co-γ 射线、超声波等（庄惠如等，2001；田燕，2008；马超，2014；杨阎，2010；赵爱娟，2005；叶丽，2014）。

（1）紫外线诱变育种：紫外辐射对陆生生物及浮游植物的生长有毒害作用，尤其是在基因、生理结构及光合作用等方面。但有文献报道，中波长的紫外辐射对微藻营养物质的吸收、光合作用、细胞分裂及不饱和脂肪酸的含量有一定的促进作用。研究表明，三角褐指藻通过紫外辐射能显著提高不饱和脂肪酸的含量，尤其是 EPA 的含量。周玉娇等采用紫外线对小球藻 Y019 进行诱变，筛选获得 M37 和 M67 两个高含油量株系，油脂含量分别提高了 24.58%，17.88%。张学成等采用紫外线诱变小球藻，筛选得到突变株 M51，M59，M73，生长速率比出发藻株分别提高了 6.23%，3.8%，5.92%，蛋白含量提高约 2.5%。

（2）激光诱变育种：激光作为一种育种手段，具有简单、方便和安全等优点，在工业微生物育种中取得了不少进展。赵萌萌等用不同剂量的 He-Ne 激光照射钝顶螺旋藻，获得的藻体在形态、蛋白质、胞外多糖和 β- 胡萝卜素等方面均发生了不同程度的变化，其中 β- 胡萝卜素含量增幅高达 18.1%。庄惠如等采用紫外激光复合诱变雨生红球藻，诱变后藻细胞的生长速率提高 11.1%，虾青素积累量提高了 52.2%。

（3）射线诱变育种：常用的射线有 X 射线、γ 射线、中子束、电子束等，这些射线可以引起 DNA 链断裂，当不能修复到原状时就会出现突变。在微藻育种中常用的射线是 ^{60}Co-γ 射线，汪志平等用 EMS 和 ^{60}Co-γ 射线处理钝顶螺旋藻的单细胞或原生质球，并用 7.0 kGy 左右的 γ 射线为筛选压力，得到了 4 株多糖含量分别比出发品系高32.8%，17.3%，23.4% 和 42.3% 的形态突变体。赵爱娟采用^{60}Co-γ 射线分别对小球藻和等鞭金藻进行了诱变，研究表明小球藻的最适辐射剂量为 100 Gy、剂量率为 8 Gy/min，此辐射条件下小球藻的 EPA 含量比对照组提高了 2.93%；等鞭金藻的最适辐射剂量为 500 Gy、剂量率为 15 Gy/min，辐射处理后 EPA 的含量比对照组提高了 46.27%。由此可见，射线诱变育种的关键在于选择适宜的辐射参数。

2. 化学诱变育种

与物理诱变相比，化学诱变剂产生的染色体畸变比例较小，更多的是产生点突变。常用化学诱变剂有烷化剂、碱基类似物、抗生素、羟胺和吖啶等，价格便宜，操作简单，引起突变的范围广。诱变剂对植物组织或细胞、基因的诱变有一定专一性，因此广泛适用于微藻的诱变育种，并且取得一定成效。赵爱娟采用 EMS、$^{60}Co-\gamma$ 射线两种方法对海水小球藻和等鞭金藻进行诱变，结果表明，群体生长水平虽受到一定抑制，却提高了藻细胞中 EPA 和 DHA 的含量。其中 EMS 诱变处理的效果较明显，小球藻 EPA 和 DHA 的含量分别提高了 44.69% 和 72.61%，等鞭金藻中 EPA 和 DHA 的含量分别是对照组的 1.8 倍和 14 倍。Sivan 等用 MNNG 处理紫球藻获得的突变株可抗除草剂 diuron 和光系统 Ⅱ 抑制型除草剂 atrazine。Cohen 等用除草剂 SAN 29785 作为生长抑制剂，从钝顶螺旋藻和紫球藻中筛选到生长速度及多糖、粗脂含量均高于出发株，且富含 γ–亚麻酸的突变株（王松，2015）。

3. 生物诱变育种

目前常用的生物诱变育种手段主要有细胞融合技术和转基因技术。细胞融合技术能缩短育种周期及提高变异频率，拓宽育种领域；基因工程育种具有目标明确、针对性强等特点，但安全性还有待进一步验证。于莘明等将产 DHA 的绿色巴夫藻与生长迅速的四鞭藻成功融合，获得了快速高产 DHA 的新融合子。Tjahjono 等使用哒草伏、氟啶酮、烟碱等 3 种除草剂对雨生红球藻进行诱变，得到抗抑制物的突变体，然后将任意 2 种或 3 种突变体进行原生质融合，得到的杂交株产类胡萝卜素的能力比亲本和野生型高 3 倍。通过转基因技术，微藻也能像细菌、酵母那样表达外源基因。目前不少哺乳动物的蛋白在微藻中得到了经济可行性的表达，如抗体、激素、疫苗。MayWeld 等在衣藻中导入外源基因，成功表达了重要的抗体蛋白 HSV8–lsc。Cordero 等将小球藻中高效表达的茄红素基因导入到莱茵衣藻中，结果使得莱茵衣藻的类胡萝卜素和叶黄素的表达量增加 1 倍。基因工程育种简化了常规藻种的生产过程和有效降低生产成本，显示出广阔的应用前景。

（六）DHA 和 EPA 的提取

随着对 DHA 和 EPA 的生理功能等方面的深入研究，其在药品和高级营养品方面的纯度要求也不断提高，很多发达国家都在研究分离制备 DHA 和 EPA 的技术，努力开发出高纯度的 DHA 和 EPA 单体，以满足市场需求（石雨等，2014；张汐等，1997）。

目前，分离提纯 DHA 和 EPA 的主要方法有（石雨等，2014）：利用不同脂肪酸或脂肪酸盐低温时在溶剂中的溶解度不同进行分离的低温结晶法；尿素分子在结晶过程中与饱和脂肪酸和单价不饱和脂肪酸能够形成晶体包合物析出，但是多价不饱和脂肪酸却不易被尿素包合，经过滤除去包合物，就能得到较为纯净的多价不饱和脂肪酸的尿素包合法；利用混合物组分挥发度的不同而进行分离的分子蒸馏法；通过调节压力和温度使各组分在超临界流体中的溶解度发生巨大变化而使之分离的超临界流体萃取法；利用微生物酶分离提取的酶法；利用吸附剂选择性吸附分离多价不饱和脂肪酸的吸附分离法。

1. 超临界流体色谱法

结合 C18 柱和硅胶柱不同的分离机理和效果，杨亦文等以 C18 和硅胶柱为固定相、超临界二氧化碳为流动相的超临界流体色谱法分离 DHA 和 EPA，纯度大于 98%（张穗等，1999）。

2. 超临界二氧化碳精馏与硝酸银络合结合法

赵亚平等将超临界二氧化碳精馏与硝酸银络合这两种方法结合起来，对 DHA 和 EPA 进行了高纯度的分离提取。首先对鱼油进行乙酯化获得鱼油乙酯，此时测得 DHA 和 EPA 的相对含量分别是 28.2% 和 8.0%。然后通过硝酸银水溶液进行预处理并采用超临界二氧化碳精馏进行分离，可获得纯度在 90% 以上的 DHA 和 EPA 混合物，以及纯度高达 99% 的 DHA 单体。

3. 低温结晶、减压蒸馏及薄层色谱逐步提纯法

北京师范大学的陶海荣等先将鱼油进行皂化、酸化处理，经水洗得到鱼油混合脂肪酸，其中 EPA 含量为 5.6%，DHA 含量为 6.8%。然后采取低温结晶法，用丙酮—干冰制冷液冷却至 −47℃，恒温搅拌 20 min 后去除溶剂，DHA 和 EPA 的含量分别提高到了 27.3% 和 10.1%。再将混合脂肪酸甲酯化，在氮气保护下进行减压蒸馏，分别收集 187°～192° 和 204°～218° 的馏出物，最后用薄层色谱法处理，经气相色谱分析，分别得到含量为 99.1% 的 EPA 和 99.4% 的 DHA 甲酯化产物，实现了 DHA 和 EPA 的高纯度分离提取。

4. 酶法

较物理和化学方法而言，酶法分离提取 EPA 和 DHA 更具优势，反应条件温和，纯化效率高，节约能源，操作简单易行。吴可克等通过用假丝酵母脂肪酶催化鱼油制得含

有含量大于50%的EPA和DHA的产品。针对藻类样品，可用溶剂与酶的混合液提取EPA和DHA，不但可有效地破坏细胞壁，而且效率较高。

5. 超声波法

超声波在液体介质中传播产生特殊的"空化效应"，不断产生无数内部压力达到上千个大气压的微气穴，并"爆破"产生微观上的强大冲击波作用于样品上，使其中的EPA和DHA被"轰击"逸出。超声波的作用使介质内各点受到的作用一致，样品萃取更加均匀。超声波可降低提取温度、缩短提取时间、减少溶剂用量、较好地保持EPA和DHA品质，一定程度上可提高提取率，常与其他方法结合使用，有助于提高提取效率。近年来，也有研究者研究无溶剂超声波提取EPA和DHA的方法，环保高效，但大规模工业化应用有待进一步完善。

6. 尿素包合法

本法按照脂肪酸混合物不饱和程度的差异进行分离，尿素分子在结晶过程中可与饱和脂肪酸或单不饱和脂肪酸形成稳定的晶体包合物析出，而多不饱和脂肪酸双键较多，碳链弯曲成一定的空间结构，不易被尿素包合，可采用过滤方法得到纯度较高的多不饱和脂肪酸。尿素包合法是目前较为常用的多不饱和脂肪酸分离方法，该法设备简单、操作简便、成本较低、操作温度较低，能较好地保留DHA和EPA的营养及生理活性。

但此法在应用中溶剂消耗量大，同时伴有溶剂回收和环境污染问题，包合后产品脱色脱臭过程困难，分离效果受到结晶温度和尿素用量的影响，为提高产率多采用多次尿素包合法来提取（吴昊等，2010；单幸福等，2016）。

7. 分子蒸馏法

分子蒸馏法利用混合物组分挥发度不同而将其分离，是普遍使用的分离方法。此方法一般在相对于绝对大气压1.33~0.013 3 Pa的高真空度条件下进行，此时脂肪酸分子克服相互间引力，挥发度提高，因而蒸馏温度较常压蒸馏低，减少了高温对EPA和DHA的破坏。蒸馏时饱和脂肪酸与单不饱和脂肪酸先被蒸出，双键较多的不饱和脂肪酸最后被蒸出。

此法操作温度低，有效防止EPA和DHA受热氧化分解，分离效果好，产品品质优。但此法不能将分子量接近的EPA和DHA分开，需要的高真空设备成本高，耗能也较大，可将此法与尿素包合法等结合使用，可大幅度提高产率。

8. 吸附分离法

吸附分离法是利用吸附剂选择性吸附分离多不饱和脂肪酸进行分离。部分金属离子能与不饱和脂肪酸的双键形成络合物，将部分金属离子固定在吸附剂上，因脂肪酸饱和度不同，其在吸附剂上的分配系数不同而得以分离。不饱和脂肪酸的双键越多，络合作用越强，形成的络合物也越稳定。

此法分离效果好，产品纯度高，但是有时产品易被某些洗脱剂污染，且分离量少，只适合于实验室研究，不适用于工业化量产。

9. 脂肪酶浓缩法

此法可将含有多种脂肪酸的甘油三酯进行选择性水解，含有 EPA 和 DHA 的甘油三酯被脂肪酶水解的速度比不含二者的甘油三酯水解速度慢，由此富集多价不饱和脂肪酸甘油三酯，可将此法与其他分离方法结合使用完成 EPA 和 DHA 的提取分离。

10. 层析法

目前，一般采用的脂肪酸分离层析法有柱层析、薄层层析、气相层析和高效液相层析法。此法利用 EPA、DHA 与饱和脂肪酸、低不饱和脂肪酸的极性不同，在两相间逆流分配系数的不同进行分离。使用的层析体具有耐久性，层析柱可反复利用，分离效果好，产品纯度高。但因洗脱液是有机溶剂，且不易除去，易对环境造成污染，目前还不适用于工业化生产，有待进一步完善。

三、花生四烯酸（AA）

花生四烯酸（arachidonic acid）是 5，8，11，14 二十碳四烯酸，简称 AA。它含有 20 个碳原子，4 个双键，第一个双键起始于甲基端的第 6 个碳原子，故属于 $\omega-6$ 系列的多不饱和脂肪酸，简记为 20：4（$\omega-6$）（图 3-3）。

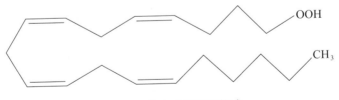

图 3-3　花生四烯酸结构式

作为人体必需脂肪酸，花生四烯酸是人体前列腺素合成的重要前体物质，在人体中分布最广、含量最高。在人的脑和神经组织中，AA 含量一般占总 PUFAs 的 40%～50%，在神经末梢甚至达到 70%。在正常人的血浆中的含量也高达 400 mg/L。母乳中含有丰富的 AA，特别是在授乳第一周后，母乳中 AA 的含量约占类脂物总量的 0.4%，是母乳中含量最高的一种多不饱和脂肪酸（王啸等，2004；于长青等，2009；李丽娜，2009；肖爱华，2008；施东魁等，2007；姚昕等，2004；曹刚刚，2015）。

花生四烯酸的应用领域十分广阔，特别是在降血脂、抑制血小板聚集、抗炎症、抗癌、抗脂质氧化、促进脑组织发育等方面具有独特的生物活性。因人体内的花生四烯酸主要靠从外界摄取，所以加强对花生四烯酸的研究与开发具有非常重要的作用。

鉴于 AA 广泛的生物活性、对人类健康的积极作用，加之其来源非常有限，获取富含 AA 的生物资源成为研究的热点。目前获取富含 AA 的生物资源的途径主要包括基于生物技术手段改造培养微生物获得 AA 和培养特定藻类获得 AA（于长青等，2007）。

（一）从微生物途径获得 AA

与用动植物油生产 AA 的方法相比，通过改造培养微生物来生产 AA 有诸多优势：生产周期短，不受场地、气候、季节、资源的影响，可以利用多种菌种和培养基。基于此，产 AA 菌株的发现及其发酵工艺条件的改进成为主要研究内容（王啸等，2004）。

1. 新菌种的发现及培养

从20世纪70~80年代开始，用发酵法生产花生四烯酸的研究在欧美、日本等国就率先展开。如1979年 Lizuka 等发现 *Penicillium cyaneu* 菌体内富含 AA。1987年 Yamada 等获得的多株来源于土壤的 AA 产生菌，经选育获得一株高产菌 *Mortierella elongata* IS-5，利用葡萄糖作碳源进行发酵生产 AA。1989年，ShiMen 等在5 L罐分批培养 IS-4生产 AA。1991年，Baipai 等采用 *Mortierella alpina* ATCC 16266生产 AA。1996年，Eroshin 等诱变出多头被孢霉 VKM-F-953菌株。

2. 改进工艺条件

1990年，Sajbidor 等探究了发酵培养基 C/N 比对真菌生产 AA 的影响。1991年，Intriago 等发现高渗透压可以促进 *Flexibacter* 菌产 AA。腺苷酸环化酶在高渗透压作用下受到抑制，使胞内 cAMP 水平下降，cAMP 对脱饱和酶有负调节作用，因此 AA 的含量得到升高。1996年，吴水清等研究表明，以6%（W/V）葡萄糖为碳源、0.3%（W/V）蛋白胨等为氮源，有利于多不饱和脂肪酸产生菌 A60 细胞生长和产油脂。1998年，黄惠琴等研究表明，培养基中添加2%的低浓度玉米油、橄榄油、豆油有利于高被孢霉 M10 AA 的合成。1999年，他们采用变温培养、葡萄糖分批加料、菌体老化等使高被孢霉 M10 花生四烯酸产率得到提高。当温度为25℃时，菌体干重和花生四烯酸产率最大，这与 Gandhi 及 Singh 的研究结果是一致的。2002年，贡国鸿等在温度为30℃、pH 为9.0，以80 g/L 葡萄糖为碳源、酵母粉为氮源的条件下，对被孢霉菌49-N18 AA 产量进行了分析，结果显示此菌株性状稳定且高产 AA。研究表明，发酵法工业化生产 AA 油脂是完全可行的。周蓬蓬等于2002年研究发现对被孢霉 M3-18中己糖单磷酸途径的关键酶——葡萄糖六磷酸脱氢酶活性的变化与生物量、总油脂产量、花生四烯酸含量及产量成正相关。周蓬蓬、余龙江等报道0.3%毛霉菌油对被孢霉生长和油脂产量基本上没有影响，但可显著提高花生四烯酸含量。2003年他们通过摇瓶实验发现，以含糖150 g/L的玉米粉糖化液为碳源，高山被孢霉M20突变株AA产量得到提高。

（二）从微藻途径获得AA

由于具有陆生植物所不具备的分子结构及生理、生化特性，微藻有着特殊的生物活性和保健功能。可以说微藻不但是某些药用成分的富集者，而且也是天然活性物质的反应者，从微藻中提取具有不同保健功能及疗效的活性物质已经成了关注的焦点（卞进发等，2003；王冬琴等，2013；赵大显，2004）。

国外早在20世纪50年代就开展了微藻脂肪酸含量及组成的分析研究。

微藻可以产生丰富的 ω-3 系列的 PUFA，如紫球藻（*Porphyridium cruentum*）、拟微绿球藻（*Nannochloropsis* sp.）、三角褐指藻（*Phaeodactylum tricornutum*）和蒜头藻（*Mondus subterraneus*）可产生丰富的 EPA，隐甲藻（*Crypthecodinium cohnii*）和盐生色胞藻（*Chroomonas salina*）含有 DHA。但是，微藻中 ω-6 系列的 PUFA 含量相对较少，在任何有机体中都没发现高含量的 20 : 3 ω-6，淡水藻中几乎不含 AA，大多数的海水藻类 AA 占总脂肪酸的含量不高，只有少数几种藻类含有较高的 AA。

迄今为止，只有两种微藻含有丰富的 AA。一种是红藻门的紫球藻（*Porphyridium cruentum*），在逆境下，其 AA 占总脂肪酸的含量可达到40%。另一种是缺刻缘绿藻（*Parietochloris incisa*），是一种球形细胞的群体淡水绿藻，在氮缺乏的条件下，其 AA 占总脂肪酸的含量最高可达到60%。这两种藻极有希望用于 AA 的工业化规模生产。

利用微藻来生产不饱和脂肪酸，目前还处于实验研究和中试阶段。当前在藻种的筛选、培养条件优化和反应器设计等方面已开展了大量研究工作，最终还要借助于基因工程和原生质体融合等现代生物技术，对藻种进行基因改造、筛选，完善发酵工艺技术，同时建立简单高效的 PUFAs 浓缩技术。

四、α-亚麻酸（ALA）

ALA 是 ω-3 不饱和脂肪酸，广泛存在于自然界，化学名为全顺式9，12，15-十八碳三烯酸。ALA 是 EPA 和 DHA 的前体。ALA 在体内通过一系列去饱和反应及碳链延长反应可以转化为高不饱和的 DHA 和碳链更长的 EPA（图3-4）（杨静等，2011）。

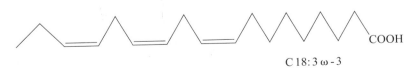

C18:3 ω-3

图3-4　α-亚麻酸结构式

ALA 是一种人类自身无法合成的必需脂肪酸，主要通过食物来获得。ALA 主要来源于大豆、核桃、油菜籽等植物。与提取于深海鱼类的 $\omega-3$ 多不饱和脂肪酸相比较，$\alpha-$亚麻酸具有价格低廉、更易于获得的优势（孙兰萍等，2011）。

ALA 可通过抗炎、抗血小板的凝集和血栓形成，降低血压、降低血脂、抵抗心律失常等机制预防心血管疾病；ALA 可抑制促炎细胞因子的产生和促凝细胞因子，如前列腺素 E2、血栓素 AX2 和白三烯 B4 的生成，预防心血管疾病的发生发展。大量的临床数据通过葡萄糖代谢、血脂、炎症、血小板聚集、氧化应激、血压等多个角度，佐证了ALA 可以降低心血管疾病的发病风险（吴俏槿等，2016）。

五、γ – 亚麻酸（GLA）

$\gamma-$亚麻酸（gamma linolenic acid，GLA），学名：6，9，12- 十八碳三烯酸，属于全顺式多不饱和脂肪酸，分子式为 $C_{18}H_{30}O_2$，分子量为278，是无色油状液体，不溶于水，易溶于石油醚、乙醚、正己烷等非极性溶剂。GLA 在空气中不稳定，尤其高温下易发生氧化反应，在碱性条件下易发生双键位置构型的异构化反应，形成共轭多烯酸（刘胜男，2015；贾曼雪等，2008；田歆珍等，2008；张峻等，1993；黎志勇等，2010）。

1919年，Heidusehka 在分析月见草油时发现一种新的脂肪酸，为 $\alpha-$亚麻酸同分异构体，命名为 $\gamma-$亚麻酸。1927年，Elbenr 等利用臭氧降解反应测定出其结构（图3-5），1949年 GLA 结构进一步得到证实（周同永等，2011；魏莲，2002）。

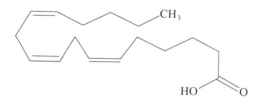

图3-5　γ–亚麻酸化学结构

（一）GLA 的生物来源

1. GLA 的植物来源

植物中玻璃苣的 GLA 含量为21%~25%。此外，黑加仑、微孔草、月见草、华山松子等也富含 GLA。但由于易受地域、季节、气候等因素影响，植物中的 GLA 产量和质量会受到一定影响；同时，复杂昂贵的精加工处理过程大大增加了植物 GLA 的生产成本，使其潜在的应用受到限制。另一个问题是从植物种子中提取的 GLA 带有异味，存在潜在的安全性问题。

基于上述，目前关注的焦点已从寻找 GLA 植物资源向通过基因工程的手段提高现有 GLA 植物中 GLA 的含量方向转移，且取得了一定的成果（苏桂红，2004）。

2. GLA 的微生物来源

GLA 的微生物来源主要是微藻和真菌，包括被孢霉属、根霉属、小克银汉霉属等以及兰丝藻和小球藻等。近年也有利用微生物发酵法生产 GLA，目前的成本控制仍旧是最主要的问题。但通过微生物发酵法生产 GLA，仍具有良好的应用前景（魏莲，2002）。

（二）GLA 的代谢

作为人体必需脂肪酸，GLA 是人体组织生物膜的组成成分，是维持细胞正常功能和增加机体抗病能力的重要成分。油酸在 Δ^{12}-脂肪酸脱氢酶的催化下形成亚油酸（linoleic acid，LA），再经 Δ^{6}-脂肪酸脱氢酶的催化转化成 GLA。GLA 在其他酶的催化下经过一系列延长和脱氢，可进一步转化成 AA、DHA 等长链多不饱和脂肪酸。Δ^{6}-脂肪酸脱氢酶是合成长链多不饱和脂肪酸的限速酶。当 Δ^{6}-脂肪酸脱氢酶受到抑制时，会妨碍体内亚油酸向 GLA 转化，导致前列腺素缺乏，引起多种疾病。

（三）GLA 的营养价值和生理功能

自 1919 年发现 γ-亚麻酸以来，许多学者对其结构、药理和毒理方面做了大量研究，而对 G LA 的生物学和医学研究开始于 20 世纪 70 年代，由于其能缓解治疗某些疾病，具有重要的生理功能，因此，人们对 GLA 关注日益增强（吴俏槿等，2016；贾曼雪等，2008；周同永等，2011；慕鸿雁等，2004；施跃峰，1998）。

1. 抗菌

GLA 对多种革兰阴性菌、阳性菌及藻类的生长抑制作用早已被证明。GLA 进入细胞壁后，结合或插入细胞膜，改变膜的流动性及其他生理性质，从而使菌体生长受到抑制。Ohta 等研究 10 种脂肪酸对金黄色葡萄球菌野生株及抗甲氧西林突变株（MRSA）的细胞毒性作用，发现多不饱和脂肪酸中 GLA 表现出最大抗菌活性。在革兰阴性菌中，Gianarellox-Bourbcalis E J 等人证实 GLA 对铜绿假单胞菌（MIC=200~300 μg/ml）和大肠杆菌等都有抑制作用。

2. 抗 HIV 感染

GLA 对 HIV 病毒有抑制作用。Kinehingtin D 等将 HIV 感染的细胞在添加 GLA-锂（Li-GLA）的培养基中培育 4 d 后发现，大约有 90% 的 HIV 感染细胞被杀死，未被感染的对照组细胞只损失了 20%，在抗氧化剂维生素 E 同时存在的情况下，Li-GLA 的杀毒作用明显降低，所以认为 GLA 对 HIV 的选择性杀伤作用可能与膜脂质过氧化状态的变化有关。Mpanju 等在相似的实验里还发现，在 HIV 复制时 GLA 的杀伤作用最大，因此 GLA 被认为是有前景的抗反转录病毒的潜在药物。

3. 降血脂、抗血栓性心脑血管病

GLA 具有明显地降低高血脂病人的血脂和血清胆固醇水平的功效，其活性是 LA 的 160 多倍。GLA 可降低血浆甘油三酯、胆固醇、β- 脂蛋白的浓度，临床统计显示，总有效率分别达到 81.5%、68.2%、64.8%。

GLA 在抗血栓性心脑血管病方面功效显著，它能明显地抑制体内血小板的凝集和血栓素 A2 合成。血栓素 A2（TXA2）是内源性最强烈的血小板聚集剂和血管收缩剂，前列腺素则是最强烈的血管扩张剂。GLA 作为前列腺素的前体，一方面通过其抑制血小板的聚集；另一方面还通过 DGLA 抑制血小板 TXA2 合成酶的活性，从而调整 TXA2 和前列腺素的比值来改善心脑血管，在临床上常用于防治冠心病、心肌梗死、阻塞性脉管炎等疾病。

4. 预防和治疗高血压、动脉粥样硬化

GLA 在体内可转化为血压调节物质 PGE1 和 PGE2，有抑制血管紧张素合成的作用，可直接降低血管张力，对高血压患者的收缩压和舒张压有明显的降低作用。Fan 等研究发现，喂食 GLA 可以增加小鼠巨噬细胞来源的 PGE1。通过抑制血管平滑肌细胞的 DNA 合成，而抑制血管平滑肌细胞的无节制繁殖，从而起到抗动脉粥样硬化的作用，该效果可以被环氧合酶所抑制，外源添加 PGE1 可消除该抑制效果，说明 GLA 可能通过环氧合酶依赖方式来有效抑制血管平滑肌细胞的 DNA 合成。

5. 抗肿瘤

GLA 已被确认对多种肿瘤细胞乳腺癌、肺癌、皮肤癌、子宫癌、卵巢癌、前列腺癌及胰腺癌等有明显的抑制作用。研究表明，GLA 对培养的人肝癌、骨肉瘤及食管癌细胞生长具有明显抑制作用。Jiang 等发现，在体外 GLA 可以抑制 HGF/SF 引起的肝癌细胞转移性及侵袭性，用 GLA 处理 24 h 后，在肺癌细胞、乳腺癌细胞、黑色素瘤细胞及肝癌细胞中，抑制细胞移动的胞间连接分子 E- 黏着蛋白表达量显著增加，但 LA 和 AA 均无此效果。GLA 的抗肿瘤活性可能在于分子自身改变细胞的脂肪酸组成，增加了多不饱和脂肪酸的含量，从而改变了细胞膜脂酰基团的组成，膜上运输蛋白、离子通道、某些受体及酶的性质受到影响，从而产生抗肿瘤作用。

6. 抗炎

研究发现 GLA 对类风湿性关节炎、肠炎、脉管炎、肾炎等多种炎症具有疗效或改善

作用。实验表明，喂服 3 ~ 6 g/d 的 GLA 可以导致血清 GLA、DGLA 和 AA 增加，嗜中性白细胞磷脂中 DGLA 亦明显增多，但其中 GLA 和 AA 水平无任何变化。同时还观察到服用 3 g/d GLA 3 周后，嗜中性粒细胞合成更少的白三烯 B4 和血小板活化因子。这些数据提示，GLA 的抗炎效果是通过在嗜中性粒细胞等炎症相关细胞中升高 DGLA 含量，并减弱 AA 生物合成而实现。

7. 改善糖尿病并发症

由 GLA 组成的磷脂可增强细胞膜上磷脂流动性，增加细胞膜受体对胰岛素的敏感性，而由 GLA 生成的前列腺素可增强腺苷酸环化酶活性，提高胰岛 β 细胞胰岛素分泌，减轻糖尿病病情。糖尿病性神经病变会出现代谢和脉管的异常，研究发现，这两种主要代谢障碍是因损害 Δ^6 - 脱氢酶后，LA 向 GLA 转变的正常脂肪酸代谢不能进行，从而降低了 Na^+K^+-ATP 酶活性。糖尿病人补充外源性 GLA，可能有助于改善神经纤维敏感性。

8. 其他作用

GLA 可用于肥胖的治疗、美容及可以增强人体的免疫功能。GLA 可有效防止阿司匹林引起的脱氢酶去饱和抑制作用，保护胃黏膜，而且促进 AA 和前列腺素前体物质的合成而抑制溃疡和胃出血；GLA 还可以通过转化为前列腺素，促进类固醇的产生，维持更年期妇女激素平衡，缓解更年期综合征，对月经前期综合征、痤疮等也有治疗效果。

（四）γ - 亚麻酸的提取工艺

1. γ - 亚麻酸发酵工艺及操作要求

（1）斜面培养：让经过诱变处理的 AS 3.3410 深黄被孢霉菌在斜面培养基上于 28℃ 培养 72 h，同时使其活化。将活化后的菌种接种于种子培养基，用若干个 250 ml 的摇瓶分别装液 50 ml，在 30℃ 下、150 r/min 的旋转式摇床上培养 30 ~ 36 h，并以 1/20 的接种量接种。

（2）一级种子培养：28℃ / 24 h，孢子接种量 2×10 个 /ml，通气量 0.5/min，搅拌速度 200 r/min。

（3）二级种子培养：28℃ / 20 h，移种量 10%，通气量 0.8/min，搅拌速度 180 r/min。

（4）发酵产脂培养（三级发酵）：25℃ / 56 ~ 60 h，移种量 12%，通气量 1/min，搅拌速度 160 r/min。

（5）追加补液发酵：发酵 48 h 后追加补液，有利于提高产品含量。

发酵过程中产生的菌油中 GLA 含量占油脂总量的 8% ~ 12%。

2. γ - 亚麻酸的提取工艺

收获菌体→造粒、烘干→萃取油脂→纯化→质量检测。

由于含 γ - 亚麻酸的油滴存在于菌体细胞内，所以细胞破壁是必需的，用乙醇和正己烷进行分步抽提，氯仿、甲醇等体积混合溶剂也可用来抽提。菌体得率 25%～30%，油脂含量 40%～45%，其中 GLA 含量 5%～12%，可与月见草油相媲美，月见草油油脂中含 GLA 为 3%～15%。

（五）γ - 亚麻酸的分离纯化

γ - 亚麻酸（GLA）的分离纯化方法有：根据脂肪酸分子量大小不同的分子真空蒸馏法；超临界流体萃取法；利用脂肪酸不饱和双键特性的尿素包埋法，银离子络合法；利用脂肪酸凝固点差异的低温结晶法；根据脂肪酸溶解度差异的脂肪酸金属盐法；根据脂肪酸极性差异的柱色谱法等（孙兰萍等，2011）。

（六）γ - 亚麻酸产生菌的低能离子束诱变选育

为了得到 γ - 亚麻酸（GLA）高产菌株，刘胜男、王亚洲等开展了 γ - 亚麻酸产生菌的低能离子束诱变选育的实验，以深黄被孢霉 As 3.3410 为出发菌株，利用氮离子（N⁺）注入诱变，并采用马来酰肼抗性筛选和红四氮唑（TTC）法相结合对突变株进行筛选。通过离子束诱变及抗性筛选的研究，找出了获得高产 GLA 深黄被孢霉的诱变筛选体系，该诱变筛选体系快速高效，可以对诱变后的突变株进行定向筛选，最终获得了一株高产突变株 F312。试验结果表明，①采用 10 keV 的氮离子（N⁺）进行诱变，最佳离子束诱变剂量为 1.56×10^{15} cm⁻²。②马来酰肼的最佳筛选质量浓度为 40 mg/L；TTC 法酶活测定的条件为：温度 35℃、pH 8.4、TTC 质量浓度 8 g/L、反应时间 1 h。③通过反复的诱变筛选，最终筛选出一株遗传性稳定的高产突变株 F312，GLA 产量达到 1 236 mg/L，比出发菌株（480 mg/L）提高了 157.5%（刘胜男等，2015）。

六、二十二碳五烯酸（DPA）

DPA 即二十二碳五烯酸（docosapentaenoic acid），属于 ω - 3 型多不饱和脂肪酸（polyunsaturated fatty acid，PUFA），是人体难以合成、需由食物提供的必需脂肪酸。其与人体的生理功能密切相关（亚小丹等，2016）。

（一）DPA 的来源

DPA 和 DHA 统属于 ω - 3 多烯脂肪酸，是一类动物和人体自身不能合成，需要完全从食物中摄取的一类必需脂肪酸。目前人类使用的 ω - 3 多烯脂肪酸产品中的有效成分多来自深海鱼油和海豹油。但随着世界海洋渔业资源告急，以及鱼油易受重金属污染，鱼油产品质量受环境影响较大等问题的存在，鱼油的应用受到限制；每年北极地区对海豹的屠杀更是引起全世界的不满。近年来的研究表明，海洋微藻才是 $\omega-3$ 多烯脂肪酸的真正合成者，鱼类和海豹体内的 $\omega-3$ 多烯脂肪酸均是来源于各自的食物链。

另一方面，不同的 $\omega-3$ 多烯脂肪酸其生理功能也不同，海洋鱼油及海豹油在含有 DPA 和 DHA 的同时，也含有大量的二十碳五烯酸（eicosapentaenoic acid，EPA）。由于摄入 EPA 会干扰人体对花生四烯酸的吸收，因此会对青少年的视力及大脑发育产生不利影响。

海岸带微藻易于培养和易于控制生产规模，生长迅速，总脂含量高（达细胞干重的40%），多烯脂肪酸可占总脂肪酸的20%～30%，且微藻油脂肪酸组成较简单，EPA 含量很低。因此，利用海洋微藻生产 DPA 和 DHA 越来越受到人们的重视。

（二）DPA 的化学性质

DPA 即二十二碳五烯酸的英文名（docosapentaenoic acid）的缩写，分子式为 $C_{22}H_{34}O_2[CH_3CH_2(CH_2CH=CH)_5(CH_2)_4COOH]$，分子量约为330.5，甲酯沸点为138～146℃。常温下为无色或淡黄色液体。

DPA 属于多不饱和脂肪酸（含有两个或者两个以上的双键，且碳原子数为16～22的直链脂肪酸），因而能够发生脱水、聚合、缩合、卤化、脱羧、氢化、异构化及氧化等反应，获得多种衍生物（图3-6）。

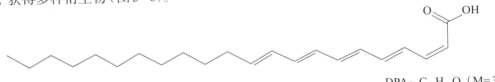

DPA：$C_{22}H_{34}O_2$（M=330）

图3-6 DPA 的化学结构式

（三）DPA 的生理功能

1. 健脑作用

DPA 是人乳中一种重要的多烯脂肪酸，它同样是人脑组织的、神经细胞的主要组成成分。人乳中的 DPA 成分对婴儿的神经系统以及大脑的发育具有重要的意义。其总量约占脑细胞中脂肪酸总重的10%。DPA 在胎儿大脑形成及心血管系统的生成中具有重要价值。所以，孕妇在受孕和哺乳期间必须摄入一定量的 DPA，新生儿从出生至一岁半期间为脑部发育最快的时期，必须注重 DPA 的补充。DPA 具有延缓神经系统衰老的作用，对老年性痴呆症有一定防治作用。

2. 保护视力

在人体各组织细胞中，DHA 含量最高的是视网膜细胞，DHA 能保护视网膜、改善视力。DPA 也能对 DHA 的这一生理功能产生协同作用。

3. 降低血脂，预防动脉硬化

DPA 和 DHA 显著的降血脂效应主要表现为升高血清密度，降低血清甘油三酯、总胆固醇、低密度脂蛋白、极低密度脂蛋白的作用。其作用机制：增加胆固醇从肝脏的排泄，减少内源性胆固醇合成，改变脂蛋白中脂肪酸的组成，增强其流动性，减少甘油三酯的合成。

4. 提高免疫力与抗炎作用

DPA 可以促进和提高人体的免疫力，对糖尿病、类风湿性关节炎、牛皮癣、大小肠炎等有治疗作用。

（四）利用微藻生产 DPA 的优点与前景

利用微藻生产 DHA 和 EPA 具有以下优点：

（1）微藻脂肪酸组成简单，使得分离纯化 DPA 的工艺过程相对于传统鱼油和海狗油更为简单。微藻油中含有相当含量的脂肪酸，在商业上降低了生产和分离的成本，同时也消除了通常鱼油所具有的异味。

（2）微藻具有较广泛的生长适应范围，具有工业化生产潜力。不受季节和气候限制，可全年生产。藻类培养还具有高密度培养的特点。

（3）由于环境和营养方式易被控制，从而能控制脂质产量和脂肪酸组成。

（4）利用基因工程技术进行油料菌种的改良是提高多烯脂肪酸产量的研究热点，可望育成高产多烯脂肪酸的工程藻种。

七、二十碳三烯酸

（一）二十碳三烯酸的来源

二十碳三烯酸是 ω-9 脂肪酸，首先由杰姆斯·米德发现。与其他一些 ω-9 不饱和脂肪酸相比，动物可以使二十碳三烯酸更新。它在血液中含量的增加是一种必需脂肪酸缺乏症的迹象。可以在软骨中发现大量的二十碳三烯酸（图3-7）。

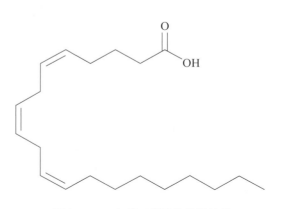

图3-7　二十碳三烯酸的化学结构

（二）二十碳三烯酸的化学性质

蜂蜜酒酸，也被称为二十碳三烯酸，在化学上是一种羧酸与二十碳链形成的三亚甲基羧酸。第一个双键位于欧米茄结束的第九碳上。在生理学上，它的名称是 $20:3$（$\omega-9$）。在脂氧合酶的存在下，细胞内的环氧合酶二十碳三烯酸可以形成各种羟基二十碳四烯酸（HETE）和 hydoperoxy（氢过氧花生四烯酸）的产物（刘柳，2009；白娟等，2016；何静等，2016）。

（三）二十碳三烯酸的生理活性

二十碳三烯酸已被发现能够降低成骨细胞的活性，这可能是在治疗中抑制骨形成的需要注意的很重要的一点。环氧合酶通过不饱和脂肪酸的氧化在治疗炎症过程中发挥了很大的作用。比较典型的前列腺素 H2 与花生四烯酸是在结构上非常相似的二十碳三烯酸形成的。当花生四烯酸的生理水平低的时候，其他不饱和脂肪酸包括二十碳三烯酸和亚油酸被氧化，二十碳三烯酸转换为白三烯 C3 和 D3（王晓晶，2014；卢美欢，2007）。

八、共轭亚油酸（CLA）

（一）共轭亚油酸的来源

亚油酸在碳9，12位置上有2个顺式的双键，是饮食中一种必需脂肪酸，主要存在于如大豆油、亚麻油、核桃油、苏子油、大麻油、棉籽油、葵花籽油、玉米胚芽油和瓜子油等植物油中。油脂中存在共轭二烯的结构并不是很常见的（陈忠周等，2000；张英锋等，2005）。

CLA 主要存在于反刍动物牛和羊等的肉和奶中。这是由于在反刍动物肠道中厌氧的溶纤维丁酸弧菌亚油酸异构酶能使亚油酸转化成 CLA，主要是以 c-9，t-11 异构体形式存在。故天然的 CLA 主要以反刍动物消化道的微生物代谢产物存在。CLA 也少量存在于其他动物的组织、血液和体液中。植物食品也含有 CLA，但其异构体的分布状况与动物食品显著不同。特别是具有生物活性的 c-9，t-11 异构体在植物食品中的含量很少。如在一般植物油中每克仅含有 $0.1\sim0.7$ mg CLA，且其中 c-9，t-11 异构体的含量少于50%。海洋食品中的 CLA 含量也很少（李珍等，2007）。

（二）共轭亚油酸的化学结构

CLA 是由一系列含有碳9，10，11开始的共轭双键、具有位置和几何异构的十八碳三烯酸构成的。在这3种位置异构体中，均可能存在着以下几种构象：顺顺（cc），反反(tt)，反顺(tc)。但从能量上考虑，有利于形成反式构象，因此迁移后的双键主要是反式构象。c-9，t-11和t-10，c-12异构体是含量最多的2种异构体。由于生物体内亚油酸异构酶专一地转化亚油酸成c-9，t-11异构体，故具有生物活性的异构体可能是c-9，t-11 CLA(图3-8)(李珍等，2007)。

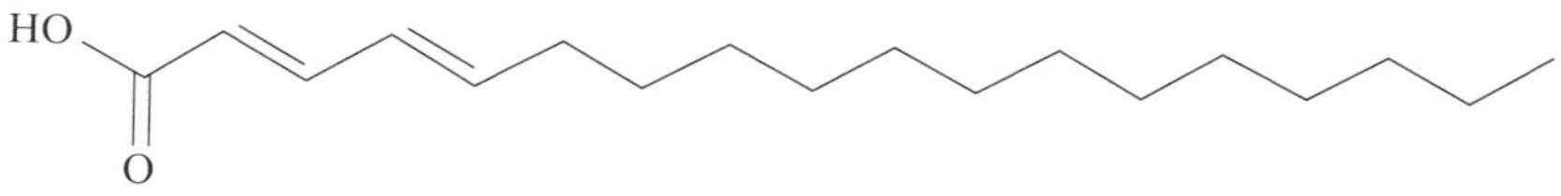

CLA

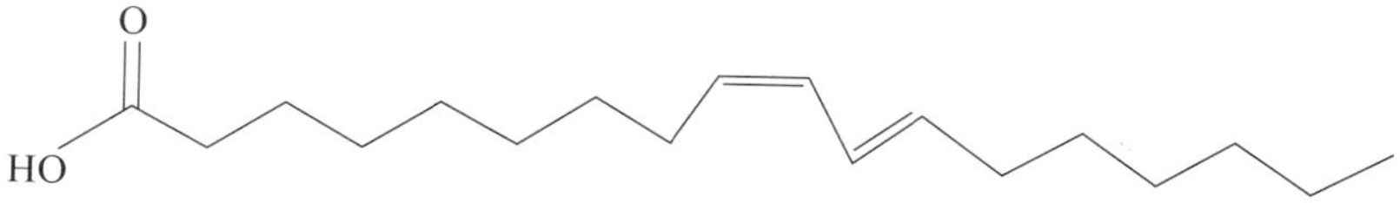

c-9，t-11-CLA异构体

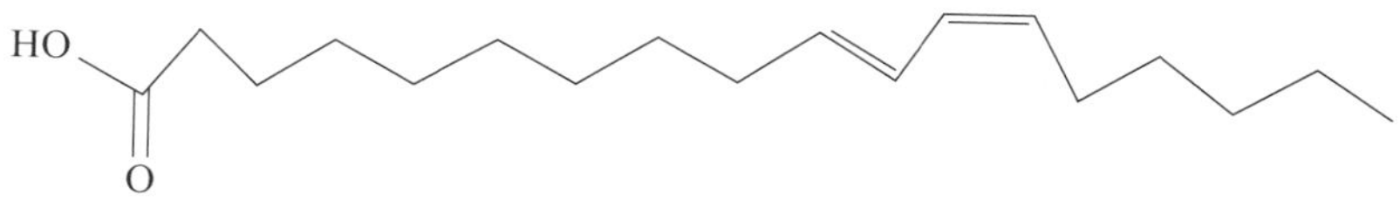

t-10，c-12-CLA异构体

图3-8　共轭亚油酸的化学结构式

(三)共轭亚油酸的营养价值和生理功能

1. 抗癌作用

经小鼠实验发现，CLA能减少致癌物引起的胸腺癌、皮肤癌、胃癌和结肠癌，生理浓度的CLA可杀死或抑制人类胸癌、结肠直肠癌和恶性黑色素瘤细胞。CLA不但可以调节细胞色素P450的活性，也可以抑制致癌过程中涉及的如鸟氨酸脱羧酶、蛋白激酶C等酶的活性，抑制癌细胞中蛋白质和核酸的合成。CLA不同于亚油酸，可以降低动物癌症发病率，可作为动物的抗致癌食品来食用。食品中CLA的含量一般要求在0.05%～1%之间，作为正常人的食物，其中CLA的含量足以防止癌症和发挥其他生理活性(王瑾等，2009)。

2. 降低血液和肝脏胆固醇

摄入胆固醇的兔和大颊鼠与对照组相比，摄入CLA的动物血液中总胆固醇水平及坏胆固醇水平均较低，产生动脉硬化症概率也更低。在CLA作用下，低密度脂蛋白胆固醇(LDL胆固醇)与高密度脂蛋白胆固醇的比例也可以得到降低。CLA的c-9，t-11和t-10，c-12异构体能抑制由花生四烯酸或胶原质引起的血小板聚集，从而达到抗血栓的目的。CLA可以减低白色脂肪组织和肝中三酰基甘油酯和脂肪酸的水平，防止肥胖，这可能是由于其抑制前脂肪细胞的增殖和分化而实现的。作为过氧物酶体增殖活化受体（PPAR）的配位体和催化剂，CLA可促进脂类代谢。在CLA异构体中，活性按如下顺序递减：c-9，t-11>t-10，c-12>t-9，c-11。因此，c-9，t-11CLA可能是其中最有效的异构体。在HepG2细胞中，t-10，c-12共轭亚油酸能够抑制三酰基甘油酯和胆固醇酯的合成以及载脂蛋白B的分泌，c-9，t-11共轭亚油酸不能抑制。在培养的3T3-L1脂肪细胞中，t-10，c-12共轭亚油酸能抑制脂蛋白脂肪酶活性，降低细胞内三酰基甘油酯和甘油酯的浓度，促进甘油酯释放到介质中（张三润等，2014）。

3. 抑制脂肪沉积

在免疫系统刺激之后一般产生的组织分解（异化作用）会从诸如生长等重要生理过程中分走能量。CLA对免疫系统和发炎反应的效果类似于鱼油，可能以相似的机理发挥作用。在注入内毒素的老鼠中，CLA比鱼油更好地防止厌食和抑制生长等副作用。在对鸡的研究中发现类似的效果。免疫系统在像细菌内毒素等外界因素的恒定攻击下，CLA能参与能量分配并可促进生长。事实上，当用添加CLA食物饲养怀孕期和哺乳期母鼠时，生出的小老鼠比对照的小老鼠长得更快。断奶后持续地补充CLA使得这些小鼠的生长优势得到维持：吸收食物更有效，生长更快，且每单位所吃的食物长出的瘦肉更多。由于在奶中发现有CLA，因此它可能是重要的生长因子，在其他哺乳动物中同样也有相似的效果。CLA提高免疫系统的作用与其促进脾的白介素-2细胞和T细胞繁殖有关。这些实验结果表明，CLA在动物饲养中具有广阔的用途（张英锋等，2005）。

（四）共轭亚油酸的生产

为了能够在工业上生产CLA，微生物应该是便宜、容易培育和使用的，并且是可食用的。乳酸菌可发酵产生CLA，2种丙酸菌可以转换亚油酸成细胞外的CLA。嗜酸乳酸菌能比较有效地将亚油酸或甘油亚油酸酯转变为共轭亚油酸。其合成机制为：乳酸菌中含有亚油酸异构酶，其作用在脂肪酸的C12双键，能把亚油酸转化为c-9，t-11CLA，而不是t-10，c-12或t-9，c-11异构体。双键在C6上的脂肪酸会抑制其活性，双键在C9位置上的脂肪酸可提高其活性。得到的共轭亚油酸可直接从细胞培养液中提取。亚油酸异构酶是膜结合蛋白，能以细胞形式和分离出的膜形式反应。反应条件最好在$4 \sim 12 ℃$，pH在$8.0 \sim 8.8$之间，3 h反应就已结束，可产生7.8 mg/g共轭亚油酸。得到的CLA中c-9，t-11异构体的含量在98%以上（董明，2007；刘美等，2008；刘晓华等，2003；汤玉清等，2015）。

九、棕榈酸

棕榈酸，又称软脂酸（palmitic acid），学名十六烷酸，分子式 $C_{16}H_{32}O_2$，结构式 $CH_3(CH_2)_{14}COOH$（图3-9）。为白色带有珠光的鳞片，在许多油和脂肪中以甘油酯的形式存在。不溶于水，微溶于冷乙醇及石油醚，溶于热乙醇、乙醚和氯仿等。

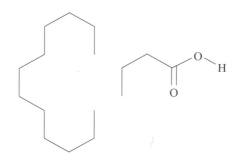

图3-9　棕榈酸的化学结构式

（一）棕榈酸的来源

（1）棕榈酸的还原会产生鲸蜡醇，它以甘油酯的形式广泛存在于各种油脂中，如鱼油、乳脂、动物脂肪等。

（2）自然界中广泛存在，几乎所有的油脂中都有含量不等的软脂酸组分。我国特产的乌桕油中，软脂酸的含量可高达60%以上，棕榈树果实的棕榈油中含量大约为40%，菜油中的含量则不足2%。市售品棕榈酸一般熔点为57.5~62.5℃。

（3）用板油或棕榈油经水解、酸化，分离不饱和脂肪酸后得棕榈酸，然后经重结晶可得纯棕榈酸。

（4）将米糠油、椰子油、棕榈仁油等的混合脂肪酸经真空分馏而制得。

（5）烟草：OR，44；FC，9，15，18，41，43，50；OR，18，26；BU，9，18，26。

（二）棕榈酸的分离提取

棕榈酸是第一种从脂肪生成中产生的脂肪酸，亦可以由它产生更长的脂肪酸。软脂酸盐对乙酰辅酶 A 羧化酶有负面反应，乙酰辅酶 A 羧化酶是在发展的酰链中负责将乙酰携带者蛋白转为丙二酰携带者蛋白，因而可以阻止软脂酸盐的生成。乌桕油或棕榈油等水解、分馏、压榨分离不饱和脂肪酸后，经重结晶即制得棕榈酸。

（三）棕榈酸的营养价值及功能

（1）棕榈酸在甘油三酯中的位置分布对婴儿营养吸收的影响，许多研究证明棕榈酸结合在甘油三酯的 Sn-2 位时能够促进婴儿对脂肪的吸收。研究认为饮食中高含量的

Sn-2棕榈酸能够增加矿物质的吸收，促进婴儿骨骼矿物质的沉积，所以Sn-2位棕榈酸对婴儿的骨骼发育是有益的（彭恭等，2012）。

（2）棕榈酸可为机体的生长发育、大脑活动、新陈代谢提供能量，是婴儿生长最重要的脂肪酸。结合在甘油三酯的Sn-2位的棕榈酸最容易被婴幼儿消化，可以促进机体对能量物质的吸收。当能量摄入不足时，婴幼儿会出现干瘦型营养不良，进而影响细胞结构和功能，对机体的新陈代谢影响严重。Sn-2棕榈酸可以促进钙、镁等骨骼矿物质的吸收，促进婴幼儿身体骨骼的生长，避免钙缺乏引起的佝偻病。心脏的正常搏动、神经冲动的传导、维持神经肌肉的兴奋都需要钙的参与。因此，棕榈酸是机体代谢过程中必不可少的饱和脂肪酸（王筱菁等，2007）。

十、二高-γ-亚麻酸（DGLA）

二高-γ-亚麻酸是前列腺素系列（PGE_1）的前体，是最早发现的类二十烷酸系列物质之一。在正常人体血浆中，二高-γ-亚麻酸约占脂质总量的20%；在组织磷脂中，占所含脂肪酸的1%～6%。其生理功能与亚油酸、γ-亚麻酸的一些功能联系在一起。

（一）DGLA的来源

1. 月见草含合成前体物质

月见草籽含油率达20%，其中亚油酸占70%左右，γ-亚麻酸占6%～9%，是已知的唯一含γ-亚麻酸的植物。γ-亚麻酸是人体的重要必需脂肪酸之一，它的重要作用在于，可在体内增长碳链而成为二高-γ-亚麻酸（DGLA），因为它是一类PG、PGE_1的前体，所以有人称其为内源性心血管保护剂（沈阳药学院有机研究室，1986）。

2. 微生物直接提取

国外有资料报道，从微生物被孢霉属高山IS-4体内提取DGLA，生产出二高-γ-亚麻酸，占菌丝体脂质提取物中总脂肪酸含量的23.1%。

（二）DGLA的化学结构

DGLA属ω-6系列多不饱和脂肪酸，它的碳原子数与类二十烷酸相同（图3-10）。

化学名：8，11，14-全顺式-二十碳三烯酸

结构简式：$CH_3(CH_2)_4(CH=CH-CH_2)_3(CH_2)_5-COOH$

分子式：$C_{20}H_{34}O_2$

图3-10　二高—γ—亚麻酸的化学结构

（三）DGLA 的获得

国内主要采用的合成路线是以月见草油为原料，提取纯化 γ–亚麻酸后，经还原反应、磺化反应、增碳反应、水解反应、结晶和脱羧6步反应制得 DGLA（图3–11）。

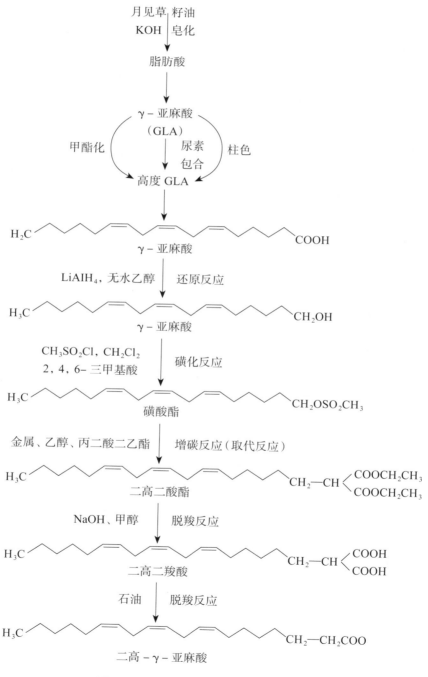

图3–11　DGLA 的合成路线

(四)DGLA 的营养价值和功能

1. 二高－γ－亚麻酸是心肌梗死的内源性保护剂——具有扩张血管的功能

研究表明，冠心病发病率与脂肪组织中二高－γ－亚麻酸（$20:3\omega-6$）水平减少这二者间的密切联系。哺乳动物 $20:3\omega-6$ 的前体很可能是来自植物中的亚油酸（$18:2\omega-6$）。虽然人与大鼠或小鼠相比明显缺乏酶促过程，但花生四烯酸（$20:4\omega-6$）可由 $20:3\omega-6$ 通过 Δ^5 脱饱和形成。

给志愿者口服小剂量（$0.1\sim1.0$ g）二高－γ－亚麻酸纯品，可以减少血小板聚集反应和血浆肝素中和活性。然而，被誉为没有冠心病的爱斯基摩人的血浆甘油三酯中 $20:3\omega-6$ 有明显的增加，这是对众所周知的花生四烯酸由二十碳五烯酸（$20:5\omega-3$）所取代之外的补充。

Oliver 组指出，在冠心病急性发作时所见到的游离脂肪酸大量释放可能有危险的后果。在许多血管活性物质中，与冠心病有关的是 $20:4\omega-6$ 代谢产物，包括血栓素 A_2 和白三烯。反之 $20:3\omega-6$ 不会相当量地转变成有血管活性的血栓素或白三烯，并且不干扰体内前列腺环素的产生。但是由 $20:3\omega-6$ 产生的15-脂质氧化酶产物是生物合成白三烯的强抑制剂。确实 $20:3\omega-6$ 是 PGE_1 生物合成的前体。PGE_1 是冠状血管扩张剂和游离脂肪酸释放的抑制剂。它还能引起纤维蛋白溶解，是一种已知的血小板聚集抑制剂。大量证据表明，$20:3\omega-6$ 的生物化学性质很适合于作为冠心病的天然保护剂（陈光荣，1985）。

2. 二高－γ－亚麻酸有抗动脉粥样硬化的效应

二高－γ－亚麻酸（dihomo-γ-linolenic acid，DGLA）是一种二十碳多不饱和脂肪酸，结构为 $20:3\Delta^{8,11,14}$。它是生物合成前列腺素 E_1 的前体物质，自身也具有抑制血栓素 A_2 的活性作用，能有效抑制人体血小板聚集反应和分裂素的分泌，发挥抗动脉粥样硬化的效应。

3. 二高－γ－亚麻酸用于合成前列腺素 E_1

我国前列腺素 E_1 主要是采用生物合成法，即以高纯度的二高－γ－亚麻酸和羊精囊中提取的酶等为原料合成前列腺素 E_1（傅方浩等，1987）。

(五)DGLA 的应用现状

二高－γ－亚麻酸在自然界中存在不多。由高山被孢霉生产的单细胞油脂商品如 ARASCO、SUNTGA 分别含40%和50%的花生四烯酸，而且还含2%~4%的二高－γ－亚麻酸和 γ－亚麻酸，英国、荷兰已允许此类产品用在婴儿食品中，并推广到欧洲其他国家及中东、南亚和澳大利亚市场。

第二节　糖脂类活性物质

糖脂（glycolipids）是指糖类和脂类形成的共价化合物。它是一类两亲性分子，在生物体内广泛存在。依据脂质部分的不同，糖脂可分为四类：①含鞘氨醇（sphingosine）的鞘糖脂（glycosphingolipids，GSL）；②含甘油脂（glycerolipids）的甘油糖脂（glycoglycerolipids）；③磷酸多萜醇衍生的糖脂（polyprenol phosphate glycoside）；④类固醇衍生的糖脂（steryl glycoside）。

糖脂的糖链可与蛋白质受体相互识别，同时本身也是信号传导分子。糖脂的生物学功能可归纳如下：①是细胞质膜外层的主要组分，提供了结构上的稳定和强度；②参与细胞间相互作用和识别；③参与细胞黏附；④是分化标志；⑤参与细胞生长调节、凋亡；⑥可与生物活性因子相互作用，如作为糖蛋白、病毒、激素细胞毒素的受体；⑦具有细胞表面标记和抗原及免疫学功能；⑧影响细胞质膜的功能。糖脂在生物化学和生物医学研究领域已经引起了人们的广泛注意和极大的兴趣，在细胞生物学中作为信号调节因子具有重要的作用。糖脂及其衍生物被认为在细胞生长、分化、凋亡方面具有重要的调节作用，并且某些是潜在的治疗药物，主要用于调节免疫反应和阻断细胞黏附，在肿瘤、器官移植和其他一些由于细胞调节紊乱而引起的疾病的治疗方面发挥重要的作用。

糖脂广泛分布于生物界，在哺乳动物的组织和器官中所含的糖脂主要为鞘糖脂。鞘糖脂的组成、结构和分布具有组织专一性和专属性。随着科技的发展，生物膜尤其是质膜的研究达到了分子水平，鞘糖脂作为真核细胞质膜的主要组成成分之一，不仅维持着细胞的基本结构，而且在细胞生长、分化、增殖、黏附、信号转导等细胞基本活动中发挥着重要作用，还参与细胞癌变、肿瘤转移等过程。

一、鞘糖脂

（一）鞘糖脂概述

鞘糖脂是细胞表面的多功能调节因子，疾病组织细胞膜表面鞘糖脂的变化可能与细胞发育、分化和凋亡等的异变密切相关（王艳萍等，2011）。鞘糖脂（GSLs）最早由Emst Klenk 于1942年从脑组织分离并命名。大量研究发现，鞘糖脂在哺乳动物的组织和器官中普遍存在,其组成、结构和分布具有种属以及细胞专一性。鞘糖脂由亲水的糖链和疏水的神经酰胺(由神经鞘氨醇和脂肪酸构成)组成,是一类两亲性化合物。在细胞中,鞘糖脂亲水的糖链部分则伸在膜外,脂质部分包埋在磷脂双分子层中,作为膜的组分存在。人们根据核心糖链与脂质相邻的 3~4 个糖的结构特点,又将鞘糖脂分为红细胞系列、异红细胞系列、乳糖系列、新乳糖系列、半乳糖系列、神经节系列、黏附系列等若干系列。

由于单糖的种类和数目、连接顺序、位点以及异头构型等有无穷多的变化,鞘糖脂的糖链结构比较复杂。与具有相同残基数的肽相比较,一个含有 4 个不同氨基酸的四肽至多含有数十种异构体,而一个含有 4 个不同糖基的四糖在理论上则可能有 3 万余种异构体。因此,鞘糖脂的寡糖链蕴含了更为丰富的生物学信息。

最近越来越多的研究表明,鞘糖脂具有广泛的生物活性和药理作用,但对其的研究受到限制,主要表现在鞘糖脂含量过少,纯化、分离、鉴定都较为困难。

(二)鞘糖脂的分布与来源

鞘糖脂的组成、结构和分布具有组织专一性和专属性,它们大多数作为细胞膜的组成成分存在于动物组织、海绵和真菌中。部分植物中也含有一些鞘糖脂,但总体来看在植物中的分布不是很普遍。

(三)鞘糖脂的结构

鞘糖脂由一个神经酰胺的骨架与一个或多个糖基连接形成,主要包含疏水的脂肪链以及亲水的糖链两部分,以便其在嵌入细胞膜脂双层的同时将糖链构成的极性端伸向细胞质膜外,从而成为细胞表面具有生物活性的标志(图 3–12)。鞘糖脂的神经酰胺部分由神经鞘氨醇和脂肪链组成,糖链的组成较复杂,所含基团有 D–葡萄糖、D–半乳糖、D–乙酰氨基葡萄糖、D–乙酰氨基半乳糖、L–岩藻糖、D–甘露糖及唾液酸(SA)等。

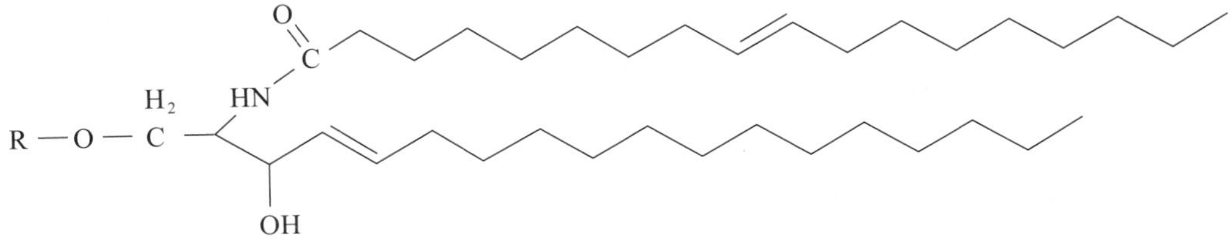

(R:糖链)

图 3–12 鞘糖脂的结构

（四）鞘糖脂的分类

鞘糖脂主要分为 Gala–，Globo（Gb）–，isoglobo（i Gb）–，Ganglio（Gg）–，lacto（Lc）–，Neolacto（n Lc）–，Arthro（Ar）– 以及 Mollu（MI）– 等八类（王艳萍等，2011；续旭，2009）。

根据糖链组成的不同，可将鞘糖脂分为三类：仅含一个糖基的脑苷脂、不含唾液酸的非硫酸化的中性鞘糖脂以及含有唾液酸或/且被硫酸化的酸性鞘糖脂。其中脑苷脂可被硫酸化成硫苷脂，结构复杂的中性或酸性鞘糖脂可由多个单糖组成糖链。鞘糖脂按其所含的单糖的性质又可分为两大类，即中性的鞘糖脂和酸性的鞘糖脂，前者糖链中只含中性糖类，后者糖链中除了中性糖以外，还含有唾液酸 [sialic acids，SA，又叫神经氨酸（neuraminic acids，Neu Ac）] 或硫酸化的单糖。含唾液酸的鞘糖脂又称为神经节苷脂（gangliosides），含硫酸化单糖的鞘糖脂又称为硫酸鞘糖脂（sulfoglycosphingolipids），也称为硫苷脂（sulfatides）。

海洋天然鞘糖脂 clarhamnoside 的结构为 α–L–Rhap–（1→3）–β–D–NHAc Galp–（1→6）–α–Galp–（1→2）–α–Galp–Ceramide。该化合物糖链的结构特点在于内侧半乳糖通过 α– 糖苷键连接神经酰胺，该糖的2位又通过 α– 糖苷键与另一个半乳糖连接，这种结构在天然物中极为少见，也是糖合成化学的难点之一；另外它是目前发现的唯一含有末端鼠李糖单元的天然 α–Gal–GSLs。

（五）鞘糖脂的生物合成

1. 中性鞘糖脂的合成

不含唾液酸的鞘糖脂称为中性鞘糖脂，其生物合成是通过在神经酰胺分子上顺序添加单糖而合成寡糖链，该过程是在真核细胞的内质网和高尔基体中进行的。神经酰胺是鞘糖脂和鞘磷脂的共同母体，是合成鞘糖脂的前提基础。神经酰胺形成以后，在高尔基体中一系列糖基转移酶的催化作用下进行糖基化反应，生成系列相关中性鞘糖脂，生物体中主要的中性鞘糖脂合成途径及相关合成酶如图3-13（杨广宇等，2015）。

2. 酸性鞘糖脂的合成

酸性鞘糖脂是指含一个或者多个唾液酸的鞘糖脂，其中神经节苷脂（gangliosides）是酸性鞘糖脂中的重要成员，主要存在于神经组织、脾脏与胸腺中。以神经节苷脂为代表的酸性鞘糖脂合成途径见图3-13（朱峰等，2002）。

鞘糖脂位于细胞膜脂质双分子层，是哺乳动物细胞膜上的必需组成成分之一，参与细胞的多种生物学活动，在细胞识别、细胞发育、免疫应答及分化中都发挥重要的作用。

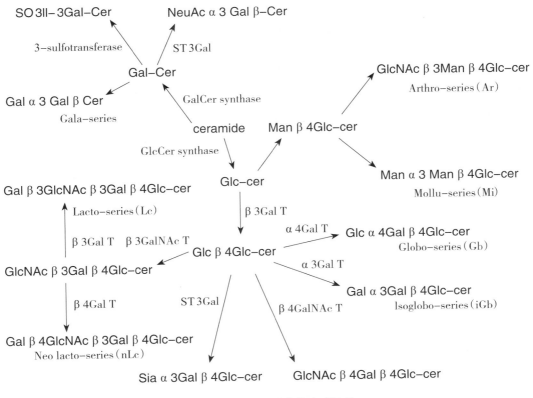

图3-13 鞘糖脂的生物合成途径

组织器官中鞘糖脂的异常表达往往与各种疾病具有明显的相关性。因此，鞘糖脂的结构表征、构效关系研究以及与之相关的鞘糖脂生物合成及分解代谢途径的研究已成为近年来的热点问题。最近研究也表明鞘糖脂在疾病的发生发展及治疗过程中都具有至关重要的作用。对鞘糖脂的结构与功能的关系、糖脂的合成以及代谢做进一步的分析。

3. 鞘糖脂 N-去酰基化酶的克隆、性质表征及在鞘糖脂酶法合成中的应用

鞘糖脂是一类双亲性分子，由神经酰胺与寡糖链以糖苷键连接而成，在细胞信号传导、细胞生长、分化、凋亡等过程中均发挥重要的作用；对多种神经退行性疾病（阿尔兹海默症、帕金森症、亨廷顿舞蹈症）及癌症、中风等均有积极的疗效。鞘糖脂 N-去酰基化酶（SCDase）催化鞘糖脂中脂肪酸与鞘氨醇间的酰胺键断裂，产生相应的去酰基化形式，并可催化水解的可逆反应，在鞘糖脂类化合物修饰及体外酶法合成中具有重要应用价值。目前仅有来源于 *Pseudomonas* sp. TK4 和 *Shewanella alga* G8 两个 SCDase 已报道，其中后者（SCDase-G8）的全长基因已克隆表达，全长基因产物经 C 末端切除加工后成为成熟蛋白，然而对于成熟蛋白的异源表达和性质表征还未有详细报道。研究人员已经克隆了 SCDase-G8 全长基因的 C 末端截短突变体（SCDase-G8del），并成功

在大肠杆菌中实现功能表达，纯化获得了纯度在95%以上的SCDase。针对传统放射性同位素标记TLC分析SCDase活性方法的安全性低、耗时长、重复性差、分辨率不高、定量不准确等问题，建立了基于邻苯二甲醛柱前衍生的HPLC酶活性测定方法，该方法安全快捷、灵敏度好、准确性高，并适宜于大规模高通量分析。对重组酶进行性质表征发现，其比活力为125.2 U/mg；最适作用温度为40℃，最适pH为8.0；5 mmol/L Zn^{2+}、Cu^{2+}强烈抑制酶活性，相同浓度其他二价金属离子表现出不同程度的激活作用，其中Mn^{2+}、Co^{2+}最为强烈，可提高约40%酶活性；Triton X-100可显著增强酶活性，在0.3%Triton X-100存在时，其活性可提升约14倍；DMSO，DME，DMF，THF等有机溶剂在较低浓度时抑制SCDase的活性，但浓度提高时抑制作用减弱，其中DME在20%浓度时可以使酶活性提高约30%。该研究应用SCDase-G8del合成了神经节苷脂GM1及其前体核心Glc-Cer，并成功地与由来源于 *Rhodococcus* sp. *strain* M-777的内切糖基神经酰胺酶（EGCII）改造而来的糖苷合成酶（Glycosynthase）连用，建立了针对GM1的一过酶法合成体系，产物产率为41.5%，获得了结构单一的GM1（d18∶1/18∶0）。该研究建立了快速、灵敏、准确的SCDase活性分析方法，为SCDase的系统研究提供了有力的工具；克隆表达并系统表征了来源于 *Shewanella alga* G8的SCDase成熟蛋白，初步探索了其在神经节苷脂酶法合成中的应用，为鞘糖脂类化合物的体外酶法合成奠定了基础（武烈，2012）。

（六）天然鞘糖脂的发现

1997年，Costantino等从加勒比海绵中获得了β构型的半乳糖鞘糖脂plakoside A和plakoside B。它们既是第一个糖基2位异戊烯基化的糖基鞘脂，亦是天然界首例具有环丙烷结构的神经酰胺，plakoside A和plakoside B没有显示免疫促进活性，并且没有细胞毒活性，而是表现出较强的免疫抑制活性。如果不考虑糖苷键的构型和酰胺部分的差别，从免疫促进活性到免疫抑制活性的转变是由于分子中2-OH被异戊烯醚化，这和以前报道的α-GalCer的半乳糖2-OH糖苷化免疫促进活性消失一致，说明内侧糖的2-OH上的基团对活性影响很大。因此，对该类化合物进行研究，以开发一类独特的免疫抑制剂，无疑引起了科学家们的兴趣。

1998年，该小组在海绵中分离出了glycolipids simplexides，其免疫抑制活性与plakoside A、B相当，无细胞毒活性。它们对活性T细胞具有强烈的免疫抑制作用，因而似乎可以成为更准确地阐述鞘糖脂免疫调节活性结构因素的模型化合物。同年，该小组从加勒比海绵的代谢产物中分离获得了混合物glycolipids simplexides，由5个结构类似物组成，都含有一个1，2-顺式葡萄糖糖苷键，并且与脂肪烃长链部分相连的半乳糖为1→4分枝。对此混合物进行的免疫抑制活性测定显示，该类化合物具有较好的抑制淋巴结细胞增殖作用，当浓度为100 ng/ml时，淋巴结细胞的抑制率可达79%。值得提出的是，此类化合物并没有表现出细胞毒活性。因此，发掘具有与常规免疫抑制剂不同作用机制的高效低毒新药有十分重要的意义（Costantino等，1999）。

2000年，plakoside C和plakoside D两个结构与plakoside A和plakoside B类似的异戊烯醚化鞘糖脂被从海绵 *Ectyoplasia ferox* 中分离出来，但其活性未见报道（Costantino等，2000）。

糖脂是一类两亲性分子，在生物体内广泛存在。糖脂及其衍生物被认为在细胞生长、分化、凋亡方面具有重要的调节作用，并且某些是潜在的治疗药物。已有证据表明，糖脂分子参与免疫应答过程。

二、甘油糖脂

（一）甘油糖脂的来源

甘油糖脂主要存在于动物的神经组织、植物和微生物中，是植物叶绿体类囊膜、细菌原生质膜尤其是革兰阳性细菌菌膜的常见组成成分，参与细胞膜的识别活动。

甘油糖脂广泛存在于高等植物中。1956年，存在于小麦粉中的双半乳糖二酰基甘油（DGDG）首次被发现。2001年，Dai从菊科植物 *Serratula strangulata* 的根茎中分离得到三种甘油糖脂。通过活性跟踪检测，Larsen等于2003年从狗蔷薇 *Rosacanina* 中分离得到一种单半乳糖甘油二酯（MGDG）。含有SQDG、MGDG和DGDG的甘油糖脂组分被Maeda等从菠菜（*Spinacia olerace* L.）中分离得到。Manez等人发现化合物 inugalactolipid A（DGDG）为旋覆花植物 *I.viscosa* 的地上部分抗炎作用的药效物质之一。昭和草为民间宣称具有缓解炎症作用的可食用植物。2007年，研究者通过利用巨噬细胞、癌细胞、基因活性为基础的体外生物活性测定方法，以及老鼠皮肤发炎与黑色素瘤动物模式，从昭和草植物中分离到一种甘油糖脂1, 2-di-O-α-linolenoyl-3-O-β-galactopyranosyl-sn-glycerol（dLGG）。据报道，南瓜和生姜中也含有部分甘油糖脂化合物。

研究发现藻类中含有大量的甘油糖脂。在褐藻（*Ectocarpus fasciculatus*）中SQDG占甘油脂总量的26.3%；在红藻（*Chondiria dasyphylla*）中SQDG含量可占糖脂总量的39.9%；某些硅藻中含量也很高，如在 *Naviculaalba* 中可占总极性脂的74%。随着甘油糖脂一些生物活性的陆续发现，以各种藻类植物作为资源，从中分离提取甘油糖脂越来越引起了众多国内外研究者的兴趣。1989年，Gustafson等人工培养的蓝绿藻 *L.lagerheimii* 和 *P.tenue* 的细胞提取物中分离出含磺酸基的甘油糖脂（SQDG）。Reshef等从5种蓝藻中分离到的26种糖脂化合物，11种为SQDG，6种为DGDG，9种为MGDG。

2002年，Bergr 等从紫球藻 *Phyridum cruentum* 分离得到化合物硫代异鼠李糖甘油单酯（SQAG），其脂酰基主要连接有棕榈酸（16：0，26.1%）、花生四烯酸（20：4，36.8%）、二十碳五烯酸（20：5，16.6%）、十六碳一烯酸（16：1，10.5%）等4种脂肪酸。2003年，岑颖洲等从海藻麒麟菜 *Eucheuma muricatum* 中分离得到一个甘油糖脂化合物，经用波谱方法及化学方法确定它的化学结构，是一个新型的核糖基甘油糖脂化合物，首次报道这类糖脂化合物在自然界中的存在。2005年，Gutierrez 和 Lule 从蚤状溞 *Daphnia pulex* 中分离得到3种 MGDGs 和1种 DGDGs。Bruno 等从嗜热蓝藻 ETS-05 中分离得到 MGDG，DGDG 和 SQDG 三类化合物。卡特前沟藻 *Amphidinium carteri* 中分离到的溶血性物质为 MGDG 和 DGDG。李宪璀从海藻石莼中分离得到一种 α- 葡萄糖苷酶抑制剂 SQG，结构鉴定为酰基 -3-（6- 脱氧 -6- 磺酸基 -α-D- 吡喃型葡萄糖苷基）-sn- 甘油酯。2009年，陆魏等从微劳马尾藻（*Sargassu mfulfellum*）的提取物中分离纯化了6种化合物，其中两个为甘油糖脂，分别为棕榈酰基 - 油酰基 -3-O-α-D- 吡喃葡萄糖基甘油和肉豆蔻酰基 - 油酰基 -3-O-α-D- 吡喃葡萄糖基甘油。

另外，在微生物中也发现了甘油糖脂的存在。2000年，Nakata 等从水生细菌 *Corynebacterium aquaticum* 中分离到两种甘油糖脂 H632A 和5365A，发现它们能够明显与3种人类感冒病毒 [A/PR/8/34（HINI），A/AiChi/2/68（H_3N_2），A/Memphis/l/71（H_3N_2）] 相结合。Matsufuji 从微杆菌 *Microbacterium* sp.M 874B 和棒状杆菌 *Corynebacterium aquaticum* S 365 中分别分离得到具有抗氧化活性的甘油糖脂 M 874B 和 S 365B。紫细菌（*Rhodobater sphaeroides*）中 SQDG 含量约为总脂肪酸的2.6%。另外，有人在非光合细菌（*Rhizobium melioti*）和一种嗜热非光合细菌（*Bacillus acidocaldarius*）中分离到了 SQDG，可见甘油糖脂也存在于某些非光合生物中。

（二）甘油糖脂的化学结构

自然界分离到的甘油糖脂化合物大致可分为以下几类（图3-14）：

A. 酯键型甘油糖脂

B. 醚型甘油糖脂：糖脂甘油部分的羟基被烷基化，形成醚键，而非酯键

C. 糖基上的羟基发生脂酰化的甘油糖脂

D. 糖醛酸型甘油糖脂

E. 糖基6- 位氨基化的甘油糖脂

F. 糖基6- 位磺酸化的甘油糖脂

G. 甘油的两个羟基都被糖苷化的甘油糖脂

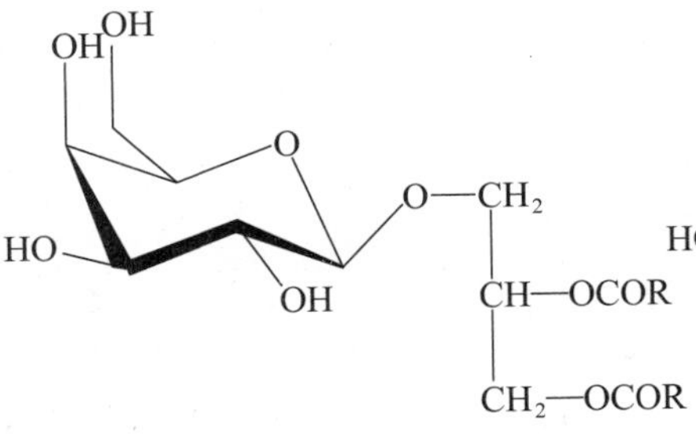

图3-14 不同结构类型的甘油糖脂

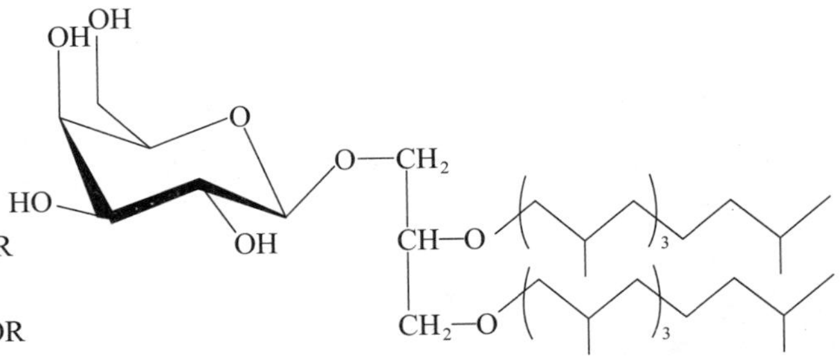

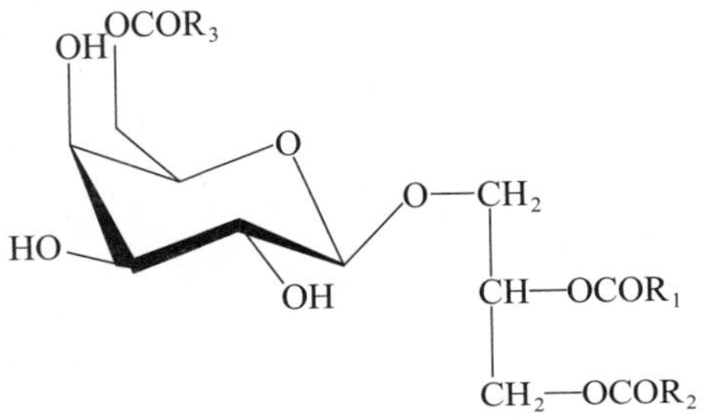

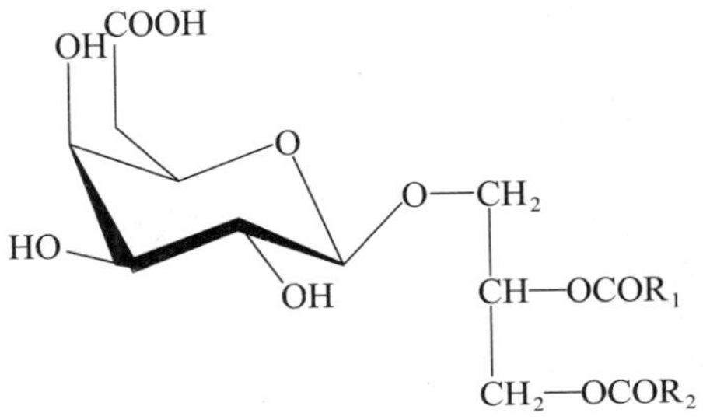

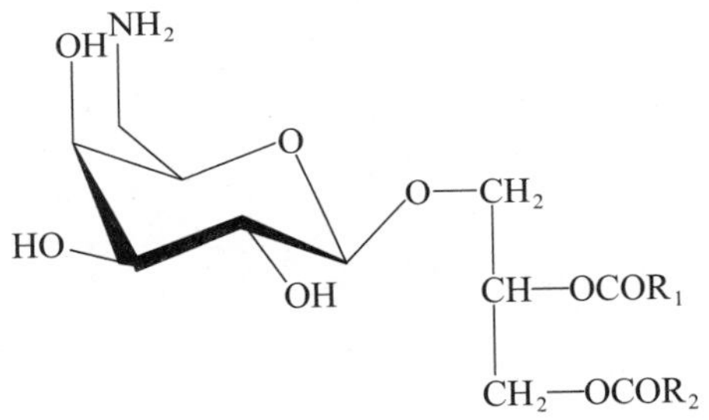

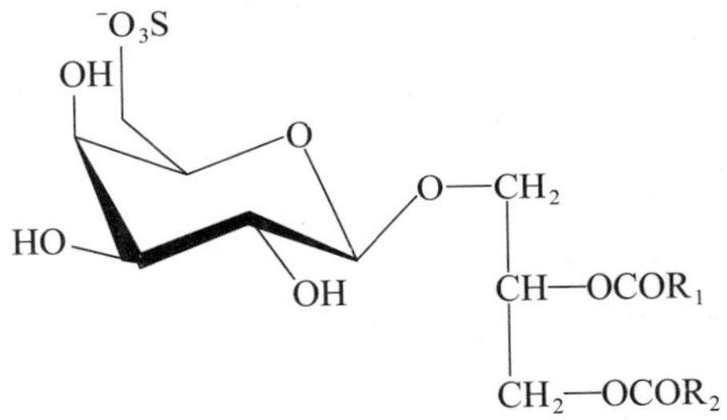

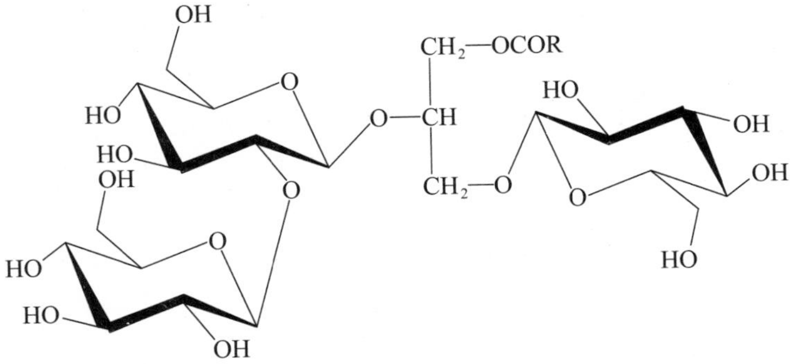

（三）甘油糖脂的分离提取

1. 大孔吸附树脂法

样品的粗分离可以用大孔吸附树脂法，得到的产物是糖脂混合物，无法获得单一化合物。例如，曹东旭等报道以鲤鱼头糜为糖脂原料，用 HP-20 对 90% 乙醇萃取物进行分离，用 90% 的氯仿洗脱，再用 90% 乙醇洗脱，再用 HP-20 大孔吸附树脂对得到的 90% 的乙醇洗脱液进行分离，依次用 70% 乙醇和 95% 的乙醇洗脱，收集浓缩 95% 乙醇的洗脱液，即可得到糖脂浓缩物。

2. 高效薄层层析法

Murakami 等报道，对泰国中草药酸橙 *Citrus hystrix* 的新鲜叶子进行乙酸乙酯萃取，利用葡聚糖凝胶 C-100 对萃取物进行层析，以丙酮浓度依次提高的丙酮/甲苯溶液为洗脱剂，得到 60%~80% 的丙酮洗脱物。然后，将洗脱物进行反相硅胶柱层析，依次以甲醇/水（9:1，V/V）、甲醇/乙醇/水（16:4:5，V/V/V）为洗脱剂，得到含甘油糖脂 DLGG 和 LPGG 的混合物，进一步进行高效薄层层析制备硅胶板分离，得到甘油糖脂单体 DLGG 和 LPGG。高效薄层层析要分离得到糖脂单一组分通常需要大量反复提取，而且提取量少，很难满足糖脂结构鉴定和生物活性的进一步研究。

3. 柱层析色谱法

柱层析色谱法成为糖脂分离广泛采用的一种分离方法。Hou 等报道，对民间昭和草的乙酸乙酯相进行分离，氯仿-甲醇为洗脱剂，进行正向硅胶柱层析和 C18 反相硅胶柱层析，以 95% 甲醇为洗脱剂，得到富含亚麻酸的甘油糖脂成分。YamauchiR 等从红甜椒中分离得到单半乳糖二酰甘油和双半乳糖二酰甘油两种甘油糖脂。他们首先将红甜椒浆依次用氯仿、丙酮和甲醇萃取，得到富含糖脂的丙酮萃取物。然后将丙酮萃取物以氯仿-甲醇为梯度洗脱剂（99:1~80:2，V/V），进行多次柱层析，得到两种甘油糖脂。

（四）甘油糖脂的生物活性

1. 抗 HIV 的作用

来源于人工培养的蓝藻 *L.lagerhe* 和 *P.tenue* 的细胞提取物中分离出含磺酸基的甘油糖脂（SQDG，sulf-quinovosyld iacylglycerols），是一种能抑制 HIV 的复制的新型抗 HIV 药物的先导化合物。这一新发现引起了人们对甘油糖脂研究的关注。

Loya 等对来源于蓝绿藻中的三类甘油糖脂 SQDG，MGDG（Monog alactosyl-diacylglycerol），DGDG（Digalactosyldiacylg-lycerol）抗 HIV 的构效关系进行了研究，发现 HIV-IRT 酶能够被 SQDG 选择性地、有效地抑制，当糖环上的 2,3 位羟基被棕榈

酰基取代时，抑制作用大大降低。分子中这些位置的脂酰基可能由于立体阻碍作用干扰了活性，MGDG，DGDG 对 HIV-IRT 的抑制活性明显低于 SQDG，水解除去甘油上的脂酰基，则化合物的抑制作用消失。这说明甘油糖脂抑制 HIV-IRT 的活性与磺酸基、甘油部分的脂酰基有关（马会芳等，2017）。

2. 对酶的抑制作用

来源于嗜盐细菌中的一种醚型的含磺酸基的甘油糖脂（KN-208），能够抑制真核生物的 DNA 聚合酶 α 和 β，同时也能抑制大肠杆菌的 DNA 聚合酶 I 以及 HIV 反相转移酶。

从海洋红藻 *G.tenella* 中分离到一种 SQDG（KM043），能抑制真核生物 DNA 聚合酶 α，β 和 HIV- 反相转移酶 I。从高等植物 *Athyrium niponicum* 中分离到 3 种 SQDG，活性检测表明这些化合物能够抑制牛 DNA 聚合酶 α 及鼠 DNA 聚合酶 β。

Hanashima 等将 SQDG/SQMG 的结构拆分成四部分：磺酸基部分、单糖部分、甘油酯部分和脂肪酸部分。SQDG 和 SQMG 对 DNA 聚合酶 α、β 抑制活性的构效关系研究表明，①糖脂的四部分必须都存在，方能发挥抑制作用；②糖苷键的类型（α，β）对活性的影响没有明显的差别；③ SQDG/SQMG 对 DNA 聚合酶 α 的抑制活性大于对 DNA 聚合酶 β 的抑制活性；④对 DNA 聚合酶 α 的抑制作用是 SQDG 大于 SQMG，对 DNA 聚合酶 β 的抑制作用二者相同；⑤随着脂酰基链的延长，SQDG 与 SQMG 的抑制作用均加强；⑥不同的糖基对活性的影响不大。初步的构效关系研究结果说明，SQDG/SQMG 的活性均与糖环上的磺酸基及脂酰基链长短有关（蒋志国等，2009）。

3. 抗肿瘤活性

（1）抗 EB 病毒早期抗原的活性：虽然某些 MGDG 和 DGDG 显示较强的抗肿瘤活性，但是很难找出它们的活性与脂酰基链之间的关系。为此，Nagatsu 等合成了 20 种具有不同脂酰基的 MGDGs 和 3 种单半乳糖单脂酰甘油（MGMGs），测定了它们对 EB 病毒早期抗原的抑制活性。结果表明，在各种脂酰基中油脂酰基对甘油糖脂活性的贡献最大，其中单半乳糖基二油脂酰基甘油的抗肿瘤活性最强。未脂酰化的单半乳糖基甘油亦显示出与单半乳糖单脂酰甘油相似的抗肿瘤活性，这表明单半乳糖基甘油是 MGDGs 具有抗肿瘤活性的基本结构，而连接不同的脂酰基则对活性起到了不同程度的促进作用（王辉等，2007；Cateni 等，2007）。

意大利 Colombo 研究小组和日本 Nagatsu 研究小组联合对甘油糖脂抗肿瘤的构效关系做了进一步的研究，主要研究了三类单脂酰基 2-O-β-D 半乳糖基甘油酯，分别是 1- 位脂酰化、3- 位脂酰化和糖环 6'- 位脂酰化的甘油糖脂，脂酰环链的长度范围为

$C_4 \sim C_{12}$。体外、体内活性实验结果表明，含有己酰基的此类甘油糖脂抗肿瘤活性最强；脂酰基在1-位上的活性比在其他位置的强，但差别并不是很明显；半乳糖基甘油糖脂的活性比葡萄糖基甘油糖脂的活性高。研究者认为，影响甘油糖脂的抗肿瘤活性强弱的最关键因素是脂酰基链的长度，与糖基及脂酰基的位置关系并不是很明显（Colombo 等，1996）。

从淡水绿藻 *Chlorella vulgaris* 中分离到5种 MGDGs 和两种 DGDGs。活性研究表明，有两种 MGDG 具有较强的抑制肿瘤生长的作用，含有7z, 10z-十六碳二烯脂酰基的 MGDG 的抗肿瘤活性最强。从蓝藻 *Anabaena flosuquae* 中分离到糖基的6'-位羟基和甘油的1-位羟基脂酰化的甘油糖脂1-O-acyl-3-O-（6'-O-acyl-β-D-galactopyrano-syl）-sn-glycerol，后来利用脂酶选择性脂酰化合成了一系列具有不同脂酰基的此类甘油糖脂，研究发现含有不饱和脂酰基的糖脂抗肿瘤活性较强，并且半乳糖基6'-位上为棕榈油酰基的糖脂的抗肿瘤活性最强（Zhang 等，2014）。

从人工培养的淡水微藻 *P.tenue* 中分离到的甘油糖脂可分为三类：MGDG，DGDG 和 SQDG。活性检测这些具有不同脂酰基的甘油糖脂时发现，MGDG 和 DGDG 抑制肿瘤的能力比 SQDG 强，测试的17个 MGDGs 和 DGDGs 中有3种 DGDGs 显示了很强的抑制肿瘤生长的活性（Murakami 等，1991）。

（2）抑制纤维肉瘤的作用：对46种干燥的海藻（4种绿藻，21种褐藻，21种红藻）组织粉末进行抗肿瘤活性筛选，发现几种红藻具有明显抑制 Ehrlich 瘤的作用。为了证实海藻中的抗肿瘤活性成分，从这些褐藻和红藻中提取分离到的几种甘油糖脂具有明显的抑制纤维肉瘤的作用。

（3）对胃癌细胞的作用：美国科学家 Quasney 等研究了植物中的 SQDG 对人的胃癌细胞株 SNU-1 的作用。SNU-1细胞株分别在不同浓度的 SQDG 中培育72 h，结果发现 SQDG 浓度为50 μmol/L 和0.5 mmol/L 时 SNU-1 的增殖被抑制，抑制率分别为24% 和100%。其中 SQDG 的浓度为5 mmol/L 时，细胞增殖被抑制的同时伴随着部分细胞的凋亡；浓度为50 mmol/L 时，则引起细胞的坏死（Quasney 等，2001）。

Sugawara 等在研究 SQDG/SQMG 的构效关系时，发现它们对胃癌细胞株 NUG C-3 具有抑制作用：① SQMG 对癌细胞株的生长具有明显的抑制作用，SQDG 却没有这种效果；②糖苷键类型对活性没有影响；③随着 SQMG 的脂酰基链的增长，抑制活性亦增强。上文提到 SQDG 对 DNA 聚合酶的抑制作用优于 SQMG，而对癌细胞株的生长却没有什么作用，这表明 SQDG 不能穿透细胞膜进入细胞中（Murakami 等，2003）。

（4）对肺腺癌的作用：Sahara 从海洋无脊椎动物海胆（*Stronglocentrotus inter medius*）的肠内分离到一种葡萄糖基3'-位为磺酸基的甘油糖脂（A-5）。体外实验表明，A-5对肿瘤细胞有细胞毒作用。对长有人类肺腺癌实体瘤的裸鼠进行体内实验表明，A–5 具有较强的抑制实体瘤生长的作用，并且在用 A–5 处理过的老鼠的实体瘤处出现出血坏死区域，这表明 A–5 具有抑制肿瘤的活性（Sahara 等，1997）。

此外，德国学者 Wicke 从与海绵共生的微生物 *Macrobacterium* sp. 中分离到 4 种与细胞相关的甘油糖脂，发现它们除了较好的表面活性外，还具有抗肿瘤的作用（Hölzl 等，2007）。从人工培养的霉菌 *Schizonella meranongramma* 中分离到两种新型的糖脂 Schizinellin A 和 B，它们可以抑制 Ehrlich 腹水癌细胞中的 DNA、RNA 和一些蛋白质的合成（Deml 等，1980）。

4. 抗炎活性

通过活性跟踪检测，从 Okinawan 海绵（*Phyllospongia foliascenes*）中分离到一种具有抗炎活性的半乳糖脂 M–5，随后又合成了半乳糖脂 M–5 的类似物（菊地博等，1982）。

5. 抑制补体结合反应

从 Okinawan 海绵中同时还分离到一种具有抑制补体结合反应的甘油糖脂 SQDG（M–6）（Terasaki 等，2003）。

6. 消肿活性

从褐藻裙带菜 *Undaria pinnatifida* 和 *Costaria costata* 的甲醇提取液中分离到 DGDG，MGDG 和 SQDG 都具有消肿作用，其中 SQDG 的作用最强（Katsuoka，Ogura 等，1990）。

7. 微藻溶解活性

Murakami 等从人工培养的蓝藻 *P.tenue* 中分离到一些能引起微藻溶解的甘油糖脂 MGDG，其中含有不饱和脂肪酸的具有较强的自身溶解（autolysis）活性，在浓度较低的情况下就可引起微藻溶解，含有饱和脂肪酸的在浓度达到 100×10^6 也不引起溶解。这说明甘油糖脂的生物活性和化学特性与其甘油上的脂酰基的组成和分布有关。随后又陆续分离到 7 种新的 MGDG 和 6 种新的 DGDG。比较 8 种 MGDGs 和 9 种 DGDGs 的微藻溶解活性，发现 MGDGs 具有微藻溶解活性，DGDGs 无微藻溶解活性。研究认为在这种微藻中，由于脂酰酶的作用使 MGDG 上的脂酰基被释放出来而引起自身溶解（Shirahashi 等，1993）。

8. 抗菌活性

从人工培养的霉菌 *Schizonella melanogramma* 中分离到两种甘油糖脂 Schizinellin A 和 B，具有抗革兰阳性菌和某些革兰阴性菌及一些真菌的作用（Deml 等，1980）。

9. 溶血活性

从两种有毒的海洋甲藻中分离到一些甘油糖脂，包括 MGDG 和 DGDG，它们都具有溶血活性。从人工培养的霉菌中分离到的糖脂 Schizinellin A 和 B 对牛细胞有强的溶血活性。从亚热带水域的海洋深处收集到的一种甲藻，实验发现对小鼠具有较高的致死率、鱼毒性和溶血性，其中从 *Amphidinium carteri* 中分离到的溶血性物质为 MGDG 和 DGDG（周成旭等，2009）。

10. 抗动脉粥样硬化

Karaninnis 等通过一种新型的萃取过程，首先将橄榄油、玉米油、大豆油、向日葵油和芝麻油中的总脂（TL）分离成总极性脂（TPL）和总中性脂（TNL），然后通过 HPLC 进一步将总极性脂（TPL）和总中性脂（TNL）分离成不同组分。利用体外诱导或抑制兔洗涤血小板聚集能力的生物活性测定方法，在 TPL 中发现了高含量的血小板激活因子（PAF）对抗剂，其中以橄榄油含量最高，结构鉴定为一种甘油糖脂，进一步科学证明了植物油特别是橄榄油能防止动脉粥样硬化的原因（蒋志国，2010）。

11. 抗流感病毒的作用

Nakata 等从水生细菌 *Corynebacterium aquaticum* 中分离到两种甘油糖脂 H632A 和 S5365A，发现它们能够明显地与3种人类感冒病毒〔A/PR/8/34（H1N1），A/Aichi/2/68（H3NZ），A/Memphis/1/71（H3NZ）〕相结合。研究认为甘油糖脂的抗流感病毒作用主要体现为两点：一是抑制了病毒的血细胞的凝聚和溶解活性，其次是阻碍了被病毒感染了的 Madin-Darby canine（犬）的肾细胞的胞液酶的外泄（吕国凯，2009）。

12. 与淋巴细胞的结合作用

日本学者 Toujima 等从 *Acholeplasm Alaidlawii* PG-8 的膜中分离到一种甘油糖脂（GAGDG），随后合成了 GAGDG 的类似物。活性研究结果表明，GAGDG 及其类似物与人类的淋巴细胞及外围 T 细胞的结合能力较高，这说明在原核生物 *Alaidlawii* PG-8 膜中的甘油糖脂可能参与了细菌细胞对真核细胞的黏附（吕国凯，2009）。

13. 免疫抑制作用

日本学者 Matsumoto 等对 SQDG 的免疫抑制作用进行了探讨。根据从海洋动物海胆中分离到的 SQDG 设计合成4种 SQDG：3-O-(6-deoxy-6-sulfono-α-glucopyranosyl)-bis-1, 2-O-diacylglycerols，其中两个脂酰基为 C16 的称为 a-SQDG（16∶0），脂酰基为 C18 的称为 a-SQDG（18∶0）。在 T 细胞增殖检测（混合的淋巴细胞反应，MLR）中，除了化合物 a-SQDG（16∶0）外，其他3种化合物都能显著地抑制 MLR 的结合，其中化合物 b-SQDG（18∶0）对人类 MLR 具有最强的免疫抑制效应。这些化合物利用 MTT 法检测时没有细胞毒。检测化合物 b-SQDG（18∶0）对老鼠同种皮肤移植排斥反应的抑制效果，发现 b-SQDG（18：0）延缓了老鼠的皮肤同种移植的排斥反应，但在病理组织学上并没有明显的相反效果，还需做进一步的研究（吕国凯，2009）。

14. 抗氧化活性

从 *Microbacterium* sp M874 和 *Corynebacteriu aquaticum* S365 中分别分离到具有抗氧化活性的甘油糖脂 M874B 和 S365B，它们能够阻止由 *tert*-Butylhydroperoxide 诱导的氧化的细胞的死亡。通过检测它们的 PRS（alkyl peroxyl radical scavenging）活性来筛选抗氧化性，发现二者具有明显的抗氧化活性，化合物 M874B 的活性大于 S365B，二者仅在脂酰基结构上有稍微的差异。实验发现 M874B 还能够保护由于加热和外部的 H_2O_2 所引起的细胞死亡，能够消除由 H_2O_2 释放的羟基自由基，这说明 MGDG 例如 M874B 是一种新型的氧自由基清道夫，能够终止某些反应的氧化因素（吕国凯，2009）。

此外，M874B 能够增加人类白血病细胞 HL-60 的生长，并且能够明显抑制由 TPA 诱导的 HL-60 细胞的分化。由于 M874B 能够清除许多氧化性物质，研究者认为 M874B 对 HL-60 细胞的作用是由于其具有氧自由基清除活性，在细胞培养过程中它能够保护细胞免受环境中氧自由基的入侵而有利于细胞的生长。由 TPA 诱导的 HL-60 细胞的分化对羟基自由基的参与具有特异性，因此 M874B 的抗氧化活性阻止了细胞的分化。

三、新糖脂类化合物

（一）核糖苷核糖基甘油糖脂

1. 核糖苷核糖基甘油糖脂来源：*海藻麒麟菜 Eucheuma muricatum*

麒麟菜属于红藻，到目前为止只对其所含氨基酸、蛋白质、多糖以及所含 Ca，Fe，Mg，Zn 等成分的分析研究有报道。在对化学成分的研究中，除已分离和通过波谱分析技术鉴定出若干已知成分和一种具有较高应用价值的植物增长激素 Caulerpin 化合物外，还发现了一种在自然界十分罕见的新的糖脂类化合物（图 3-15）。

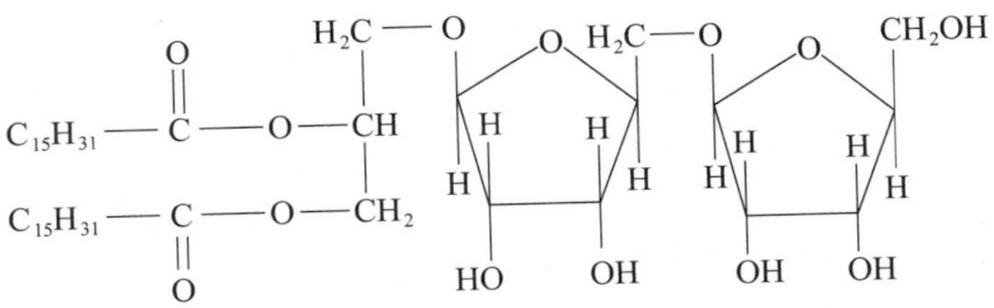

图 3-15　核糖苷核糖基甘油糖脂的结构

2. 提取方法

经过浸提、色谱层析分离、重结晶提纯后得一固体样品。为确定该化合物的化学结构，除进行 UV，IR，MS 及 NMR 等波谱分析外，还取部分样品水解并经甲酯衍生化处理后进行 GC—MS 分析。

3. 生物活性

一类十分重要的生理活性物质，在体内细胞的相互作用和分化、生长控制和癌病转化、免疫识别、酶催化等方面都有着重要的生物作用。

（二）3- 正十六烷酰氧基 -2-（16" Z）- 二十一碳烯酰氧基 - 丙三醇 -1-β-D- 半乳糖苷

1. 来源：褐藻圈扇藻 *Zonaria diesingiana*

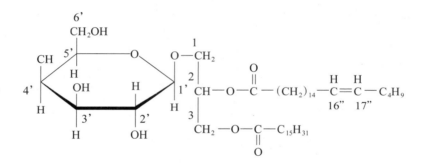

图 3-16   3- 正十六烷酰氧基 -2-（16" Z）- 二十一碳烯酰氧基 -
丙三醇 -1-β-D- 半乳糖苷的化学结构

2. 提取方法

以乙醇浸提浓缩后将乙酸乙酯萃取物进行硅胶柱层析，以乙酸乙酯、石油醚为梯度洗脱剂。从 80% 的乙酸乙酯洗脱液中得一淡黄色固体，再以乙酸乙酯重结晶得到。

四、槐糖脂

（一）来源

目前能够产生槐糖脂的微生物主要是球拟酵母属（*Torulopsis*）和假丝酵母属（*Candida*）的一些酵母菌，后来酵母菌鉴定系统将球拟酵母属归类到假丝酵母属。用于槐糖脂生产和研究的包括 *C.bogoriensis*，*C.apicola*，*C.bombicola*，*C.magnoliae*，*C.gropengiesseri*，*C.petrophilum*，*C.lipolytica*，*Rhodotorulabogoriensis* 等菌株，最常用的菌株是 *C.bombicola*（梁吉虎，2011）。

（二）化学结构式

槐糖脂的化学结构见图3-17。

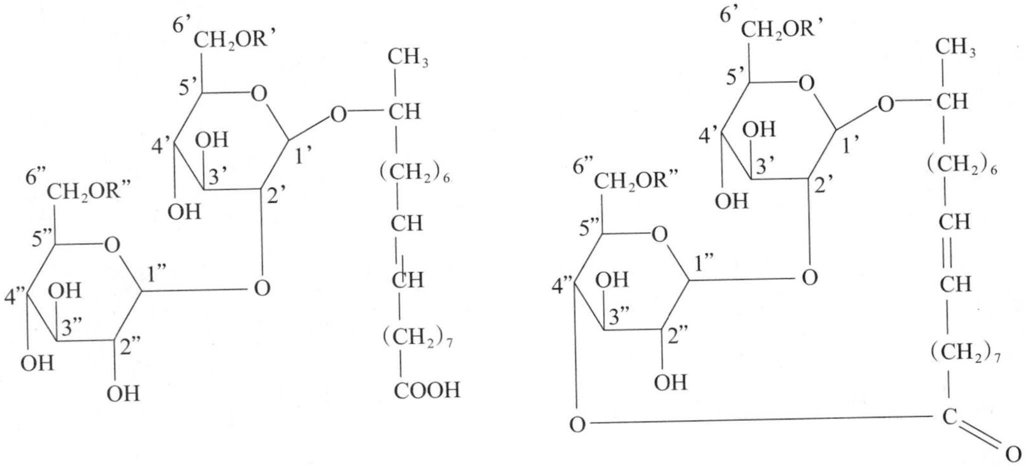

(a)酸型　　　　　　　　　　　　　(b)内酯型

图3-17　槐糖脂的化学结构

（三）分离提取

槐糖脂的分离纯化一般采用乙酸乙酯等有机溶剂提取法，然后蒸发除去乙酸乙酯，用正己烷洗涤以除去脂质残留和乙醇等副产物，再蒸干完全除去正己烷。正己烷也可用甲基叔丁基醚或戊烷代替。由于槐糖脂比发酵液密度高，可采用离心法与发酵液初步分离后提取，且在某些培养基中内酯型槐糖脂以晶体形式直接析出（杨雪，2012）。

（四）营养价值和生理功能

1.食品工业方面

由于槐糖脂是生物表面活性剂的一种，因而具有表面活性剂的一些特性，如乳化活性、增稠作用、润滑作用等；又具有自身的优点，无臭、无味、无毒，添加到食品中不会对人体造成伤害。正是这些优点，为槐糖脂可以作为食品添加剂应用于食品工业提供了可能性（刘冉等，2016）。

2.医学方面

（1）抗炎：美国研究人员对槐糖脂的抗炎活性进行了深入研究，证实了槐糖脂通过调节一氧化氮、黏附分子和炎症细胞因子的生成，减少大鼠败血性腹膜炎模型中脓毒症的死亡率，同时也论证了不同剂量槐糖脂和不同衍生物对减少该脓毒症死亡率有影响。

槐糖脂作用于骨髓瘤细胞系（U266），可以降低IgE的生成，推测这种作用是通过影响血浆细胞活性产生的。后机制研究证实槐糖脂可以减少IgE协同因子BSAP（Pax5），TLR-2，STAT3和IL-6的mRNA表达，而不影响β肌动蛋白、细胞结构、增生和凋亡、IgA的产生以及FceRI和IL-6RmRNA的表达。最近，用槐糖脂对小鼠哮喘模型喷雾给药，证实槐糖脂能抑制哮喘病和卵白蛋白特异性IgE产生。以上研究为槐糖脂作为抗炎、IgE失调疾病以及哮喘病的治疗药物的应用提供了依据（刘舟等，2016）。

（2）抗肿瘤：1997年，粗品槐糖脂被发现能诱导人早幼粒白血病细胞HL-60分化为单核细胞，开启了槐糖脂抗肿瘤活性的研究（刘舟等，2016）。随后通过对纯化后的槐糖脂及其衍生物抗肿瘤活性的研究，发现其抗肿瘤活性可能与槐糖脂分子结构上的乙酰基有关。近几年槐糖脂抗肿瘤活性的研究仍在继续，Chen等报道由Wickerhamiella domercqiae生产的内酯型槐糖脂具有抗肿瘤活性，通过噻唑蓝（MTT）还原测定技术，后机制研究证实槐糖脂对细胞系H7402（人肝癌细胞系），A549（人肺腺癌细胞系），HL-60（人急性早幼粒白血病细胞系）和K562（人慢性粒细胞白血病细胞系）具有抗性。研究还表明，槐糖脂可以诱导肿瘤细胞的凋亡。天然槐糖脂混合物及其衍生物对胰腺癌细胞有抗性。天然槐糖脂给药时细胞坏死率约20%，衍生物中甲酯衍生物的细胞坏死率最高约63%；酸型和双乙酸内酯型槐糖脂给药时，细胞坏死率则与其剂量有关，0.5 mg/ml时细胞坏死率分别为49%和40.3%，增大到2.0 mg/ml时基本无抗肿瘤活性。

（3）抗菌：Kim等报道了槐糖脂对枯草芽孢杆菌（*Bacillus subtilis*）、木糖葡萄球菌（*Staphylococcus xylosus*）、变形链球菌（*Streptococcus mutans*）、痤疮丙酸杆菌（*Propionibacterium acne*）和番茄灰霉病菌（*Botrytis cineria*）的抗菌活性，但对大肠杆菌（*Escherichia coli.*）生长没有抑制作用，并推测其抗菌活性取决于细菌的细胞壁结构（袁兵兵，2011）。通过测定胞内苹果酸脱氢酶，表明槐糖脂的抗菌机制是破坏细胞膜结构。后来Yoo等证实了槐糖脂对疫病霉菌（*Phytophthora* sp.）和腐霉菌（*Pythium* sp.）有生长抑制作用，并证实其活性与结构有关（伏圣秘，2014）。Shah等研究发现，以不同糖为底物得到的槐糖脂对微生物的抗性不同，也表明其抗菌活性与结构相关。

（4）抗病毒：由于女性艾滋病的发病率逐年上升，女性阴道杀菌避孕药物的开发显得尤为重要（刘舟等，2016）。Shah等发现槐糖脂衍生物有杀精子的作用，尔后他们进一步研究了天然混合物、酸型、内酯型槐糖脂及其各种衍生物的杀精子、抗艾滋病毒活性和细胞毒性。结果表明，槐糖脂的双乙酰化乙酯衍生物杀精子、抗艾滋病毒活性最高，效果和壬苯醇醚-9相近，但对阴道细胞有毒性；相对其他同类药物，其低毒高效，所以可通过化学改性对其进一步开发。

（五）槐糖脂研究现状及存在问题

作为食品添加剂，槐糖脂的添加方法、添加量是目前的研究热点。

研究槐糖脂在医药方面的应用，提高槐糖脂的高附加值，也是目前槐糖脂研究的热点。但是目前对于槐糖脂的分子结构与槐糖脂药学活性的关系还不清楚。有的文献报道可能与槐糖脂分子中的乙酰基有关。另外，还有人报道多糖的抗肿瘤活性可能与糖苷键的类型有关，如 β-1, 2 糖苷键，由于槐糖脂中的槐糖部分是两个葡萄糖分子以 β-1, 2- 糖苷键连接，这可能也与槐糖脂具有抑菌和抗肿瘤活性有关。因此，研究和探讨槐糖脂的分子结构与其药学活性的关系，以及阐明槐糖脂引起肿瘤细胞凋亡的作用靶点和凋亡途径，是今后的研究目标。

五、鼠李糖脂

（一）鼠李糖脂的来源

鼠李糖脂是由假单胞菌类产生的一种生物代谢性质的生物表面活性剂，同时也是一种研究时间最长、应用技术最为成熟的一种生物表面活性剂。它在土壤、水体和植物中都自然存在。它属于一种糖脂类的阴离子表面活性剂（杜瑾等，2015；王爽，2013；孙瑾，2015；沙如意，2012；巩志金等，2015）。

鼠李糖脂具有增溶、乳化、消泡、降低表 / 界面张力、分散与絮凝、抗静电和润滑等多种功能，同时还具有表面活性高、低毒、可自然生物降解等特性，是研究较深入的生物表面活性剂之一，在石油开采、食品、医药、化妆品等领域具有极大的潜在应用价值。近年来，鼠李糖脂在生物修复重金属、持久性有机污染物等污染场地中的应用备受关注。鼠李糖脂对真菌、细菌、植物病毒具有一定的抑制作用，并被证明是一种稳定的胞外溶血素。最近研究表明，*Burkholderia pseudomallei* 产生的鼠李糖脂同系物还具有一定的细胞毒素活性。鼠李糖脂所具有的这些特性抑制了菌体周围杂菌的生长，增加了菌株对环境的适应性以及竞争力。

国内外一般采用铜绿假单胞菌（*Pseudomonas aeruginosa*）利用不同碳源来产生鼠李糖脂。通常表述的"鼠李糖脂"不是一种单一的结构体，而是由很多种同族结构组成的混合物，在已知的报道中已经发现多达28种（另有说法为60种）不同结构的鼠李糖脂结构。其具备一般表面活性剂的基本特征，亲水基团一般由1~2分子的鼠李糖环构成，憎水基团则由1~2分子具有不同碳链长度的饱和或不饱和脂肪酸构成。在生物合成过程中，这些基团之间可能相互连接而生成多种化学结构相近的同系物。研究表明，发酵产物中一般含有4种主要的鼠李糖脂(图3-18),学术界一般用R1-R4(或RL1-RL4,RH1-RH4)表示,结构通式为:

结构式1(R1):Rha-C10-C10

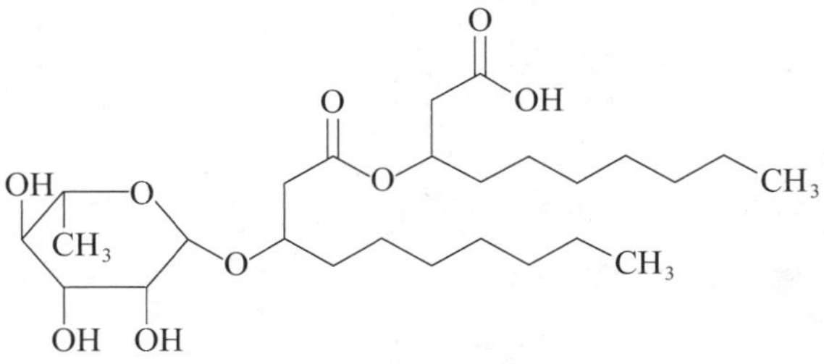

结构式2(R2):Rha-Rha-C10

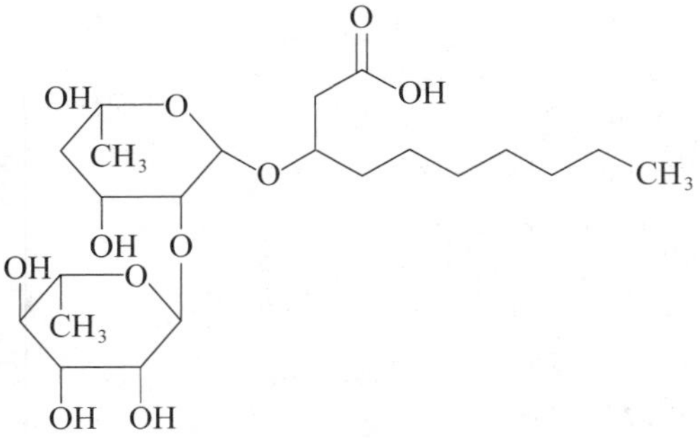

结构式3(R3):Rha-Rha-C10-C10

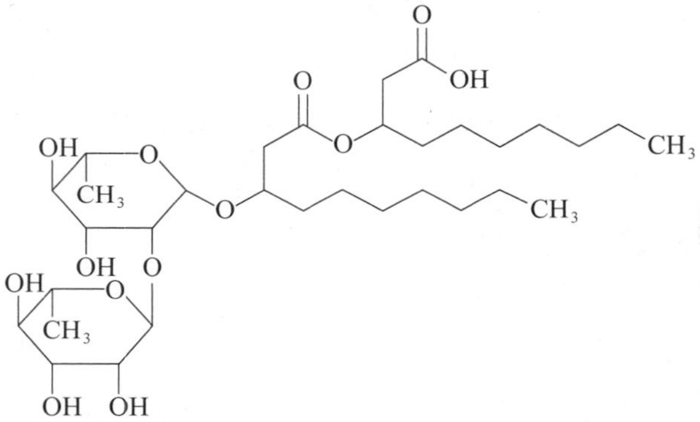

结构式4(R4):Rha-C10

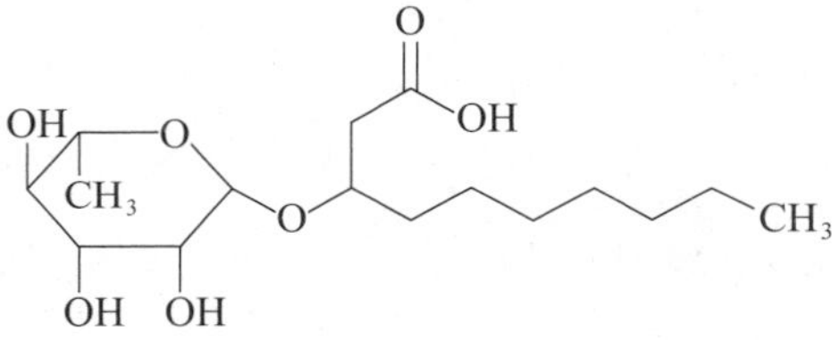

图3-18 鼠李糖脂的化学结构式

鼠李糖脂的结构多达几十种,一般在学术界经常看到双鼠李糖脂和单鼠李糖脂的表述,单双是指鼠李糖脂结构中的糖环的数量,外文文献表示为:di-rhamno lipid(双)、mono-rhamno lipid(单)。

多种铜绿假单胞菌(*Pseudomonas aeruginosa*)都可利用不同碳源合成RL。RL的制备主要通过微生物发酵,再从发酵液中提取得到,生产RL的菌种以铜绿假单胞菌最为常用。目前,国内经微生物发酵得到的RL产量较低,分离提取工艺复杂,且成本偏高,限制了鼠李糖脂的规模化生产及应用。因此,提高发酵液中的鼠李糖脂产量,降低提取成本,对RL的推广应用有重要意义。

可以筛选出优良菌种,对其进行发酵,通过单因素试验和正交试验对发酵条件进行优化,确定菌株的最优的碳源、氮源和无机盐等发酵条件,提高发酵液中鼠李糖脂的含量。

　　常规鼠李糖脂提取纯化的方法包括酸降解、溶液萃取、硫酸铝沉淀、离子交换色谱法和离心分配色谱法等。组分鉴定可用 HPLC-MS、红外光谱、核磁共振和毛细管电泳，其中，HPLC-MS 最为精确。发酵液中鼠李糖脂含量的测定可用蒽酮硫酸法、苯酚硫酸法和苔黑酚硫酸法，其中，蒽酮硫酸法用得最多和最准确。

（二）鼠李糖脂的分离纯化

　　用 2 mol/L NaOH 溶液调节发酵液 pH 至 8.0，在 10 733 g 离心条件下离心 15 min 后收集上清液。用 6 mol/L HCl 调节上清液 pH 至 2.0，在 4℃ 下静置过夜；然后于 10 733 g 离心力下离心 15 min，收集底物，用去离子水洗涤 3 次并冷冻干燥，得到粗鼠李糖脂混合物。将其溶于氯仿，真空抽滤去除蛋白质等不溶杂质后用柱色谱法进行纯化，柱色谱填充物选用的是对糖脂类生物表面活性剂分离性能较优的薄层色谱硅胶。硅胶在 105℃ 活化 24 h 后采用湿法装柱，将氯仿溶液与活化后的硅胶混合引流入玻璃柱（320 mm × 25 mm）中，并注意排尽残留气泡。将粗鼠李糖脂的氯仿溶液小心沿色谱柱内壁壁周注入色谱柱的顶部，打开柱阀，使鼠李糖脂吸附到顶部硅胶上。采用 500 ml 的氯仿对硅胶柱淋洗以除去鼠李糖脂中的中性脂，然后依次用 100 ml（10∶1，V/V），200 ml（2∶1，V/V），100 ml（1∶1，V/V）和 200 ml（1∶2，V/V）的氯仿和甲醇混合液进行梯度洗脱，淋洗液的流速控制在 2 ml/min，定量收集淋洗液。采用薄层色谱（TLC）对溶液成分进行鉴定，用硅胶板（HF 254，青岛海洋化学品公司）作为展开板。展开剂成分为 $CHCl_3$/CH_3OH/CH_3COOH（65/15/2，V/V/V），莫氏试剂作为显色剂。鼠李糖脂的单糖脂和二糖脂洗出液分别合并后于 40℃ 真空旋转蒸发除去溶剂，得到单糖脂和二糖脂产品，并做进一步定性分析。

（三）鼠李糖脂发酵菌种的改良和筛选

　　产鼠李糖脂菌株一般为假单胞菌属，包括铜绿假单胞菌、荧光假单胞菌等菌种。由于铜绿假单胞菌产鼠李糖脂的产量相对于其他菌株发酵鼠李糖脂产量较高，因此，利用微生物生产鼠李糖脂时常选用铜绿假单胞菌作为生产菌株（张翠坤等，2015）。该菌种是一种革兰阴性菌，大部分为专性需氧、好能营养型菌株，个别菌株能利用 H_2 进行自养生长，最适温度一般为 30℃ 左右，最适 pH 范围为 6.8 ~ 8.0。菌体形态为杆状，能利用的碳源种类较多，包括葡萄糖、脂肪酸、芳香族化合物等。表 3-2 为某些铜绿假单胞菌在摇瓶中或生物反应器中的产量。从表中可以看出，虽然铜绿假单胞菌发酵鼠李糖脂产量的报告相差较大，但总体上还处于一个较低的水平上，产量较低使得铜绿假单胞菌发酵生产鼠李糖脂还只局限于摇瓶培养阶段，因此需要对菌种继续进行改良（王爽，2013）。

表3-2　　　　　　　　某些铜绿假单胞菌在摇瓶或生物反应器中的产量

菌　种	碳　源	培养时间（h）	鼠李糖脂产量（g/L）
P. aeruginosa	甘油（30）	96	2.50
P. aeruginosa	甘油（30）	120	2.00
P. aeruginosa GL 1	甘油（30）	150	5.80
P. aeruginosa KY 4025	正构石蜡（90）	144	8.50
P. aeruginosa UI 29791	玉米油（75）	192	46.00
P. aeruginosa 44T 1	橄榄油（20）	72	7.65
P. aeruginosa 44T 1	橄榄油（20）	120	9.00
P. aeruginosa 44T 1	橄榄油（20）	110	10.00
P. aeruginosa BS 2	乳水（20）	44	1.78
P. aeruginosa BS 2	蔗糖（20）	44	1.85
P. aeruginosa IFO 3924	乙醇（30）	168	32.00

菌株改良的方法之一便是菌株诱变。微生物诱变的手段大体可分为物理诱变和化学诱变。物理诱变一般包括紫外线诱变、等离子体诱变、X 射线诱变等，是通过物理手段对 DNA 造成伤害，导致碱基错配，形成突变株。化学诱变方法往往采用化学试剂直接影响诱变菌株的 DNA 复制，主要采用的试剂包括烷化剂、碱基类似物（base analog）、羟胺（hydroxylamine）、吖啶色素等物质。化学诱变剂自身及其挥发的蒸气中往往具有较强的致癌性，因此在使用过程中容易造成人身伤害，需格外谨慎。微生物诱变往往需采用多种诱变方式，单一诱变形式容易导致诱变效率降低，多种诱变方式的使用易于提高诱变水平，获得高产菌株（王爽，2013）。

同时，由于铜绿假单胞菌是一种潜在致病菌，可引起败血症等症状，该特点在某种程度上限制了铜绿假单胞菌发酵鼠李糖脂的生产。因此，利用传统诱变手段改良菌株的同时，还可采用基因工程技术改良菌株特性。2005 年，山东大学李清心将 *rhlAB* 基因转入无潜在致病性的假单胞菌受体菌中，并在强启动子的作用下，受体菌可以更高效地合成鼠李糖脂，较大地提高了鼠李糖脂的产量。这种工程菌的构建避免了铜绿假单胞菌生产鼠李糖脂过程中的潜在致病性问题，使其可以在制药、化妆品行业中广泛应用（孙超，2012）。

鼠李糖脂菌株的改良离不开快速高效的鼠李糖脂高产菌株筛选方法。随着人们对鼠李糖脂理化性质研究的不断深入，用于菌株筛选的鼠李糖脂定性定量方法也日益增多。如基于鼠李糖脂与 CTAB 非亲和作用的筛选方法、基于鼠李糖脂溶血特性的筛选方法、基于鼠李糖脂表面活性的筛选方法、基于鼠李糖脂糖基性质的筛选方法和基于色谱层析的筛选方法。其中，CTAB 应用最为广泛。

（四）基于鼠李糖脂与 CTAB 非亲和作用的筛选方法

目前，应用较广泛的鼠李糖脂产生菌筛选法为蓝色凝胶平板筛选法，即十六烷基三甲基溴化铵（CTAB）琼脂平板筛选法。该方法原理为，十六烷基三甲基溴化铵在培养基中达到一定浓度后，其非极性部分结合形成胶束，该胶束与菌体分泌的鼠李糖脂不亲和，菌体产生鼠李糖脂时，胶束便分布在菌株周围，由于十六烷基三甲基溴化铵吸附亚甲基蓝，利用亚甲基蓝作指示剂，菌株周围便形成蓝色光晕。蓝色凝胶平板筛选法是一种应用简便、效果较好的菌株筛选方法（张翠坤等，2015；马东林等，2014）。

晕圈的大小在一定程度上反映了鼠李糖脂的分泌水平。因此，CTAB 平板法可区分产鼠李糖脂与不产鼠李糖脂的菌株。向环境样品加入无菌生理盐水稀释，振荡后静止10 min，取上清液涂布在 CTAB 平板上，挑选其上生长的菌株三区划线纯化保存。将获得的分离菌株与实验室保藏的假单胞菌属菌株单菌落点种在 CTAB 平板培养基上，37℃培养 72 h。观察菌落周围是否出现深蓝色晕圈，并测量菌落直径与晕圈直径，晕圈直径与菌落直径的比值大致与鼠李糖脂的产量呈正比。

第三节　磷脂类活性物质

一、磷脂概述

磷脂是一类存在于生物界的含磷脂类，在植物的种子、动物血液、脏器、蛋黄及细菌中与油脂并存，是生物细胞的构成物质，也是生命的基础物质之一。磷脂最早由 Uauquelin 于 1812 年从人脑中发现，又由 Gobley 于 1844 年从蛋黄中分离出来，并于1850 年按希腊文 lekithos（蛋黄）命名为 Lecithin（卵磷脂），继而陆续从许多动植物中分离、确认了许多磷脂物质。1925 年，Leven 将卵磷脂（磷脂酰胆碱）从其他磷脂中分离出来。1861 年，Topler 又在植物种子中发现了磷脂的存在，而迄今认为最为丰富的大豆磷脂是 1930 年发现的（聂月美，2005；刘元法，2000；白满英，2001）。磷脂的研究 20 世纪30 年代始于德国，60 年代以来磷脂的生产在发达国家已实现工业化，广泛应用在食品、医药、化妆品和工业助剂领域。随着对磷脂研究和应用的深入发展，科学界、实业界对磷脂的结构、性能、功效和生理、生化作用的认识在逐步深化。由于磷脂实用价值的拓展，开展了磷脂的精细分离技术、精细有机合成技术以及化工系统工程的研究，使高纯磷脂、精细磷脂得以开发和应用，从而使磷脂在国民经济和社会发展中占据了应有的位置。80年代中期以来，随着人类生活质量和生命质量的提高，人们对保健营养品、功能食品、疗效食品不断提出新的要求，促进了磷脂的研究与开发，磷脂在发达国家受到普遍关注。继普通磷脂之后，食品级、医药级磷脂相续问世。目前在欧、美、日市场，磷脂占营养食品、功能食品、疗效食品销售的第3位，销售额达上百亿美元。90年代以来，将磷脂研究发展到生命科学和脑科学领域的探索、研究、开发和应用中。由于磷脂的全面、特有功能和功效性，磷脂被誉为"伟大的营养师""脑的食物""血管的清道夫""可食用的化妆品""细胞的保护神""长寿因子"。磷脂以其对人体的全面生理功能风靡全球，掀起了国际磷脂保健新潮流。1997年5月在美国Seattle举行的磷脂国际会议上，将磷脂列为美国食品及营养委员会推荐的人体每天应补充的营养素之一。磷脂不仅具有较高的营养价值，而且还具有生理调节机能，可促进人体新陈代谢，增强免疫力，预防疾病，增进健康等。现在，美国、欧洲、日本等发达国家已将磷脂用于临床中，防治脑、心、肝、肿瘤等疾病。目前磷脂研究刚刚进入分子水平阶段，尚不系统和完备，正在步入研究和应用的新阶段。

由于所含醇的不同，磷脂可分为甘油磷脂类和鞘氨醇磷脂类，它们的醇物质分别是甘油和鞘氨醇（sphingosine）。分子结构可由下面通式表示（图3-19）：

$$R-CH_2O-\overset{\displaystyle OH}{\underset{\displaystyle OR}{P}}=O \qquad R-CH_2-\overset{\displaystyle OH}{\underset{\displaystyle OR}{P}}=O$$

图3-19　磷脂的化学结构

二、磷脂的来源

磷脂广泛存在于动植物的组织及微生物中，是细胞膜、神经组织的主要成分。磷脂按来源分为动物来源、植物来源和微生物来源。

1. 动物来源磷脂

磷脂广泛地存在于动物组织中，是细胞膜、神经细胞及脑部细胞的主要成分，在生物体中扮演结构及功能上的角色，其含量和动物体种类、细胞类型、细胞位置及营养摄取等有关。动物来源的磷脂包括蛋黄、脑部组织、肝脏、其他部位组织、鱼类及水产类等。脑部组织含有丰富且多种类的磷脂，是身体中磷脂含量最高的器官；肝脏是体内磷脂主要被吸收、代谢及生化合成的地方，磷脂质占脂质含量的90%以上，为身体中磷脂占有最高比例的器官。用动物组织萃取磷脂，纯化过程复杂，产量少而且价格昂贵，因此多为医药用途。鱼类及水产类中所含的磷脂占总脂肪含量的15%～80%，因季节与种类不同而有剧烈变化，但是磷脂含量随脂肪含量增加而有明显上升，因此鱼类及水产类作为动物性磷脂质来源，具有开发的空间。

蛋黄磷脂具有含量高、萃取容易、容易取得的优势。鸡蛋每个质量为 $40 \sim 60$ g，其中蛋壳占 11%、蛋清占 58%、蛋黄占 31%。蛋黄由水分 50%、蛋白质 16%、脂类 32% 组成，其中脂类以脂蛋白形式存在。在脂类中，磷脂占 30%，中性脂肪占 65%，胆固醇占 4%，因而总蛋黄干物质中至少有 60% 的脂肪，其中磷脂占干物质的 20% 左右。蛋黄中磷脂产量较其他动物性来源的磷脂高，因此市售动物性来源的磷脂多为蛋黄磷脂。

2. 植物来源磷脂

许多植物中含有磷脂，其中以大豆磷脂为最常见。除大豆外，玉米、棉籽、亚麻籽、油菜、向日葵及花生等油料作物中均含有磷脂。

大豆磷脂占大豆整粒种子的 $1.2\% \sim 3.2\%$，是最常作为商业上使用的植物性磷脂。大豆经提炼大豆油后，其所剩余废弃的大豆粕中含有丰富的磷脂，由溶剂萃取方法可得到大豆磷脂，其产量丰富且价格便宜，因此市售的磷脂产品多数是以大豆为来源的。

3. 微生物来源磷脂

由微生物所产生的磷脂，因微生物种类不同而有差异。生产磷脂的微生物的种类包括细菌、酵母等。微生物来源的磷脂较动物性及植物性来源的磷脂要昂贵，需要靠高度的发酵技术及菌株的筛选来生产大量的磷脂。因为菌株的差异，所生产的磷脂的种类并无一定的规则。生产微生物来源的卵磷脂在选择菌株时须考察微生物的细胞膜含有高含量的磷脂以及所产生的磷脂为副产物或是废弃物，以符合经济利益。

三、甘油磷脂

甘油磷脂即磷酸甘油酯（phosphoglycerides），它是生物膜的主要组分，包括卵磷脂和脑磷脂。这类化合物所含甘油的第三个羟基被磷酸、另两个羟基为脂肪酸酯化，继而，其中的磷酸再与氨基醇（如胆碱、乙醇胺或丝氨酸）或肌醇结合。分子结构可由下面通式表示（图3-20），其中 R_1，R_2 分别表示 $C_{16} \sim C_{22}$ 的饱和或不饱和脂肪酸，由于 -X 基团的不同而呈现不同的种类。

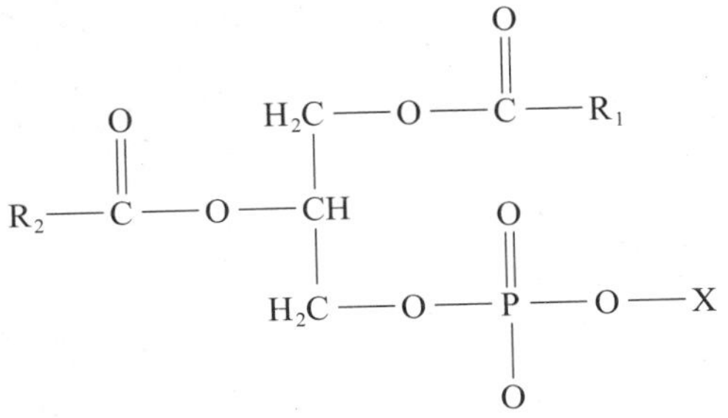

图3-20　甘油磷脂的化学结构式

四、鞘氨醇磷脂

又称神经鞘磷脂、神经磷脂或鞘磷脂，大都存在于动植物组织中，易结晶，难溶于水、乙醚及其他有机溶剂中。它是神经酰胺（ceramide）与磷酸直接连接，然后再与胆碱或胆胺连接而成的磷脂。神经酰胺由鞘氨醇（神经氨基醇）与脂肪酸缩合而来。组成鞘磷脂的高级脂肪酸除了有硬脂酸、软脂酸、二十四烯酸外，还有鞘磷脂中特有的二十四烯酸，又称为脑神经酸（$24:1^{\Delta 15}$）。鞘氨醇有两种，一种存在于动物组织中，结构为图3-21（a）；另一种存在于植物组织中，结构为图3-21（b）。

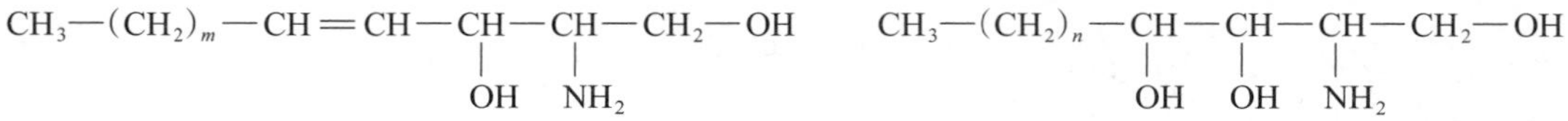

$$CH_3—(CH_2)_m—CH=CH—CH—CH—CH_2—OH \qquad CH_3—(CH_2)_n—CH—CH—CH—CH_2—OH$$
$$\underset{OH}{|} \quad \underset{NH_2}{|} \qquad\qquad\qquad \underset{OH}{|} \quad \underset{OH}{|} \quad \underset{NH_2}{|}$$

（a）　　　　　　　　　　　　　　　　　　（b）

图3-21　鞘氨醇磷脂的化学结构

五、磷脂的生物活性

作为一大类物质，不同磷脂具有不同的生物学功能。磷脂的应用已不仅仅局限于一般的磷脂加工性能，它的生物学功能和在药物上的应用愈来愈受到广泛关注。

1. 磷脂组成生物膜骨架

生物膜是由蛋白质和脂类组成的有机集合体，大多数膜中蛋白质与脂类比为1∶4～4∶1，脂类主要是甘油磷脂，其他还含有糖脂和胆固醇等。生物膜中甘油磷脂主要是PC和PE。由于其双亲性，磷脂能自发在水介质中形成闭合双分子层，成为生物膜骨架。生物膜是细胞表面的屏障，又是细胞内外环境进行物质交换的通道，众多酶系与膜结合，系列生化反应在膜上进行。膜上蛋白质可分为两种，即外周蛋白和内嵌蛋白。外周蛋白是以离子键与脂质极性头或内嵌蛋白两侧亲水部分结合，膜上许多活性蛋白质都是高度组织化、有序化，能执行特定生物学功能，这种功能执行对整个细胞生命过程非常重要，而这种蛋白质活性又与磷脂骨架具有重要关系。磷脂脂肪酸不饱和度高，生物膜流动性强，膜蛋白运动性增强，使之更能为适应功能而改变其分布和构型，从而使膜酶发挥最佳功能。生物膜上的酶有的还具有较强磷脂依赖性，只有在相应磷脂存在下才具有活性，因此磷脂对人体健康具有重要作用。

2. 磷脂独特的保健功能

（1）磷脂特别是PC在人体神经系统生长发育和激素的分泌调节等方面起重要作用，可健脑益智，适宜于脑发育期的青少年，还可预防神经衰弱和老年痴呆症等。

（2）磷脂能显著提高免疫功能，激活巨噬细胞的活力，增强机体抵抗疾病的能力。

（3）磷脂是脂质乳化剂，可乳化血浆，促进造血代谢，预防冠心病、高血压、高血脂和高黏血症等心脑血管疾病。

（4）磷脂能改善肝脏脂质代谢障碍，防止肝炎及脂肪肝的形成。PC 的主要成分胆碱是使肝脏保持正常功能的必需营养素。PC 能促进脂蛋白合成、再生，保护肝细胞的线粒体、微粒体等膜免受损伤，改善脂质代谢异常。

（5）磷脂可以改善肺功能。对于肺部磷脂，除作为细胞膜成分外，在肺泡腔内还存在作为表面活性剂的磷脂。这些磷脂具有保持肺泡换气的功能，因此能改善肺功能，可作为新生儿呼吸窘迫综合征的治疗药。

（6）磷脂能够提高药物治疗指数，降低药物毒性。磷脂除本身具有药物作用外，与其他天然活性成分复合，还能提高活性成分的体内或透皮吸收，增强药物活性，显著改善生物有效性。

（7）磷脂还具有排毒养颜的功效，能促进皮肤对氧气、养分的吸收。

（8）磷脂具有抗氧化作用。Sugino 等研究发现，向富含 DHA 的油中加入不同磷脂含量的蛋黄脂质，随磷脂含量的增加，蛋黄脂质起的抗氧化作用增强。学者经研究认为，磷脂可以作为酚类化合物如 α– 生育酚（α–tocopherol）等的抗氧化能力的增效剂，原理可能是磷脂的氨基酸基团通过氢转移参与了生育酚的再生。

六、磷脂的应用和发展现状

磷脂作为乳化剂，具有分散、润湿、消泡、稀释等作用，已在食品、医药、化妆品、农业等行业得到广泛的应用。

1. 食品工业

磷脂主要用作食品乳化剂、抗氧剂、食用香料的微胶囊壁材。另外，磷脂还是备受关注的新型保健食品。美国食品和药品管理局（FDA）将卵磷脂列为公认安全物质，联合国粮食与农业组织（FRO）和世界卫生组织（WTO）专家委员会报告规定，对卵磷脂的摄取量不做限量要求。

2. 医药工业

首先，高纯度磷脂比普通磷脂乳化性好，作用的 pH 范围更宽，可以辅助治疗胆固醇及神经紊乱，以及作为脂肪注射液中的乳化剂。

其次，磷脂制成脂质体作为药物载体，能提高药效。研究发现，它对人体酶系统亦有疗效。DHA/EPA 磷脂在医疗方面的独特生理功效，更是日益引起人们关注。磷脂质体特别是 DHA/EPA 磷脂构成的脂质体在生物医学、免疫调节和遗传工程等领域的应用将会有广阔的前景。

3. 化妆品

磷脂对皮肤有很好的适应性和渗透性，能增进皮肤的柔软性和弹性。另外，磷脂能刺激头发的生长，对头皮起软化作用，对治疗脂溢性脱发有一定疗效。

七、磷脂生产和开发现状

从世界范围来看，生产磷脂的著名企业主要分布在美国、德国和日本。美国主要有Central Soya，Lecithin，Riceland 与 ADM 等几家大型磷脂公司。Central Soya 主要生产磷脂食品添加剂、保健食品卵磷脂颗粒制剂，Lecithin 以磷脂的改性研究著称，Riceland采用连续化生产新工艺开发出流动性粉末大豆磷脂，ADM 则以食用级大豆磷脂为主，还生产谷物磷脂。

德国 Lucas Meyer 公司和 Nattermann 公司为世界著名的磷脂专业公司。前者的磷脂分离、精制和制剂化技术在世界上处于领先地位，后者主要生产药用和化妆品用卵磷脂，具有精湛的分馏技术，开发出用于医药和化妆品的磷脂脂质体。

日本主要有亚油酸油脂、味之素、昭和产业、丰年、日清制油和真磷脂等。

近年来，这些公司都在致力于开发酶改性磷脂、高纯度卵磷脂产品，应用于医药和化妆品中。近年来，国外开发了酶解磷脂、酵素磷脂等中间产品和注射用磷脂脂肪营养液、人造白血浆、人造皮膜、人造透析膜及复合营养袋等新材料、新产品，扩大了磷脂的应用领域。

相比之下，国内对磷脂的研究和生产起步较晚。20世纪80年代初在浓缩磷脂与粉状磷脂的制取工艺与设备的研究方面取得了一些成果。90年代，研究开发工作侧重于改性与应用、高纯度醇溶卵磷脂的提取技术和磷脂保健食品的开发。静脉注射用精制大豆磷脂的开发是医药科技 2000 年发展的重要课题。

随着磷脂纯化精制工艺的成熟，以大豆磷脂为主研制的高纯度药用磷脂针剂和保健食品磷脂胶囊等产品已经开始拥有市场。尽管如此，与国外相比，我国磷脂的生产及研究仍存在产品纯度低、生产规模小、资源利用率低、功能性欠佳、产品质量检测手段落后等问题。因此，磷脂的精制与分离、分析检测及改性等都是研究的热点。纵观国内外的天然磷脂产品，仍是以大豆磷脂为主，蛋黄磷脂则在高纯度医药级的磷脂产品市场上占有一定份额。DHA/EPA 磷脂在生理活性方面超越蛋黄磷脂、大豆磷脂的优异特性已经引起越来越多的关注，在保健食品及医药产品开发方面有着深厚的市场潜力，已经日益成为全球磷脂研究开发的新动向。受陆生动植物脂肪酸组成特点所限，大豆、蛋黄显然无法成为天然 DHA/EPA 磷脂的原料。

第四节　海岸带来源的甾体化合物

甾体化合物也叫类固醇化合物，广泛存在于动植物组织中，是一类重要的天然产物，其中大多数具有重要的生理作用。这类化合物的分子都具有一个环戊烷多氢菲的基本骨架。除骨架外，绝大多数甾体化合物还含有三个侧链，其中，10位和13位分别是两个甲基，称为角甲基，17位上连有一个较长的侧链，一般还含有官能团（图3-22）。

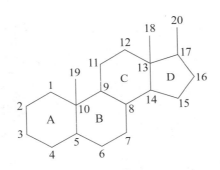

图3-22　甾体化合物

甾体（steroids）是一类结构非常特殊的天然产物，其分子母体结构中都含有环戊烷多氢菲（cyclopentano–perhydrophenanthrene）碳骨架，此骨架又称甾核（steroid nucleus）。甾体化合物是天然产物中最广泛出现的成分之一，几乎所有生物体自身都能生物合成甾体化合物。天然甾体化合物种类很多、结构复杂、数量庞大、生物活性广泛，是一类重要的天然有机化合物。甾体化合物的提取分离、合成以及应用研究已成为药物开发十分活跃的领域，被称作20世纪研究最为透彻的药物。

甾体类物质在海岸带中分布很广，含量也很高（Kim 等，2012）。在海洋无脊椎动物、海绵、肠腔动物、棘皮动物以及海藻中均普遍存在。在陆地植物中，甾体分布面比较窄，如强心苷主要分布在夹竹桃科，麦角甾醇类主要分布在菌类中，植物一般很少。海洋中甾体的类型更为丰富，侧链变化也多；海洋甾体的氧化度更高，经常具有多个羟基或羧基，此外还经常有磺酸基团，使得海洋甾体更具有开发价值；海洋甾体经常和含氮的物质连接，从而构成甾体生物碱。

一、海绵来源的甾体化合物

从海绵中分离得到的化合物 1～6，具有抗肿瘤活性、抑酶活性、抗真菌活性、抗病毒（包括 HIV）活性等（El Sayed 等，2000）（图3-23）。

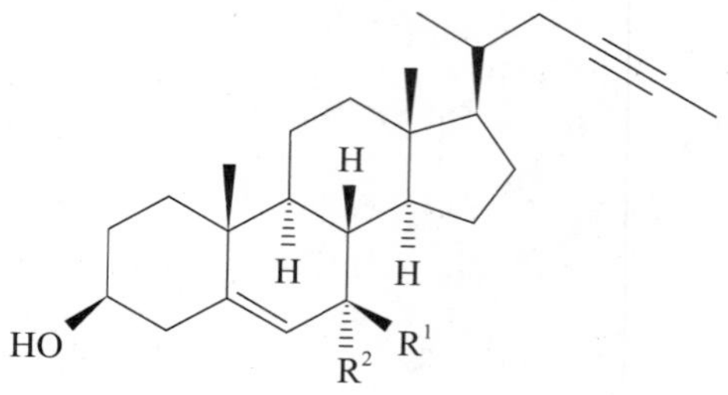

1　R^1=H，R^2=OH

2　R^1，R^2=O

3　R^1=R^2=H

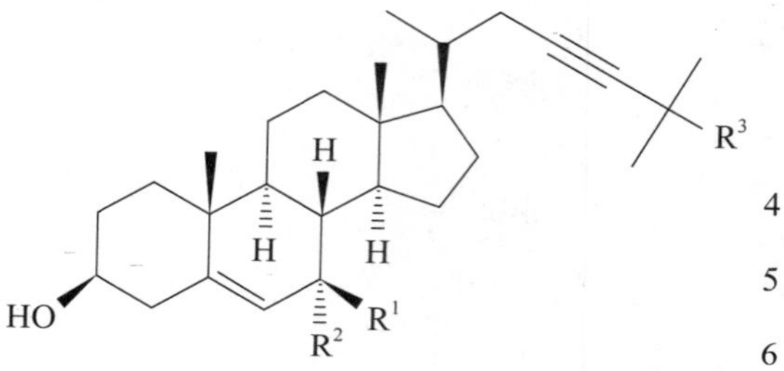

4　R^1，R^2=O，R^3=H

5　R^1，R^2=O，R^3=OH

6　R^1=R^2=R^3=H

图3-23　海绵中分离到的甾体化合物

从海绵中分离得到，双甾体结构，含有4个醚键，具有抗肿瘤活性（El Sayed 等，2000）（图3-24）。

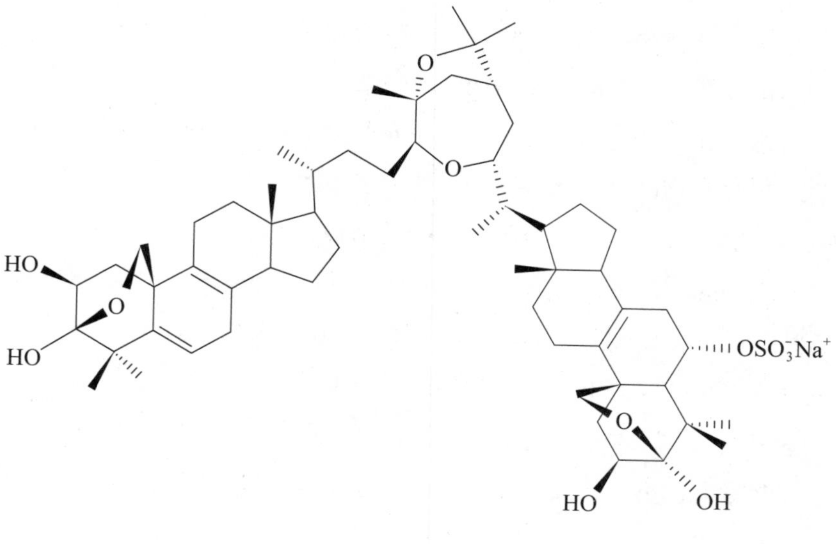

图3-24　海绵中分离到的双甾体化合物

南非印度洋的海洋蠕虫体内发现的吡嗪双甾体，具有显著抗肿瘤活性（El Sayed 等，2000）（图3-25）。

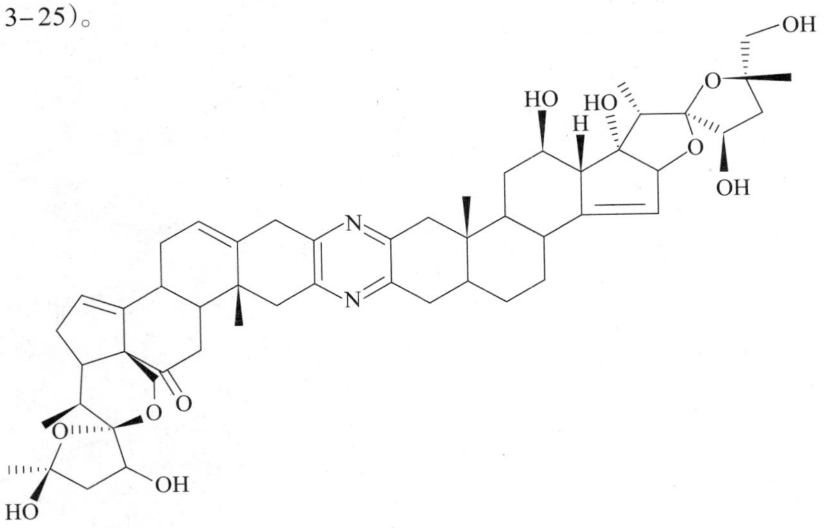

图3-25　海绵蠕虫体内发现的吡嗪双甾体

从菲律宾海域的海绵 *Xestospongia* sp. 中分离得到，具有抗 HIV 活性（El Sayed 等，2000）（图3-26）。

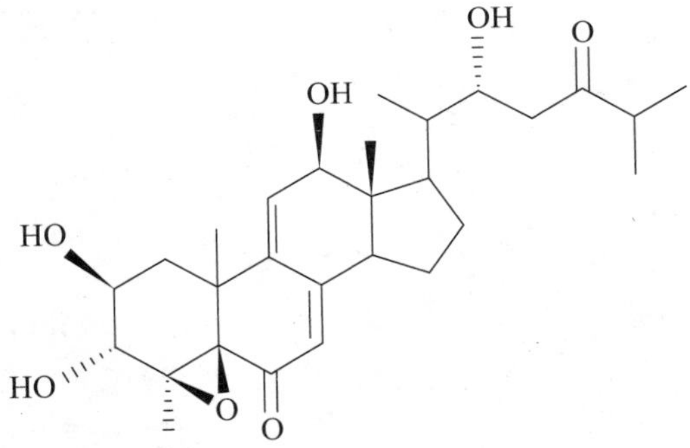

图3-26　从菲律宾海域海绵分离到的甾体化合物

从红海海绵 *Nephthea.* sp. 中分离得到，有抗结核作用（El Sayed 等，2000）（图3-27）。

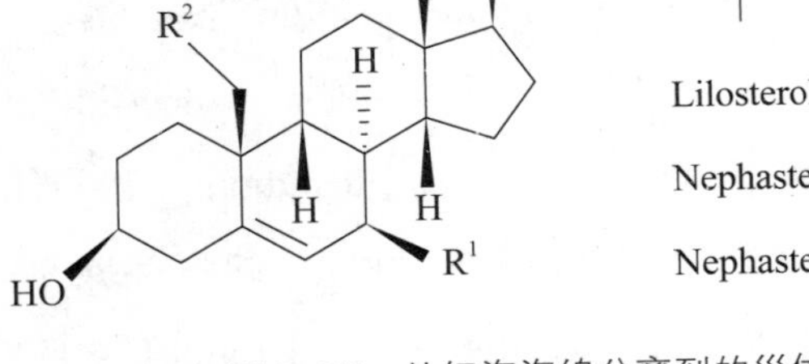

Lilosterol R^1=H, R^2=OH

Nephasterol B R^1=R^2=OH

Nephasterol C R^1=OAc, R^2=OH

图3-27　从红海海绵分离到的甾体化合物

从一种海星 *Aphelasterias japonica*. 中发现，具有溶血活性（Finamore 等，1992）（图
3-28）。

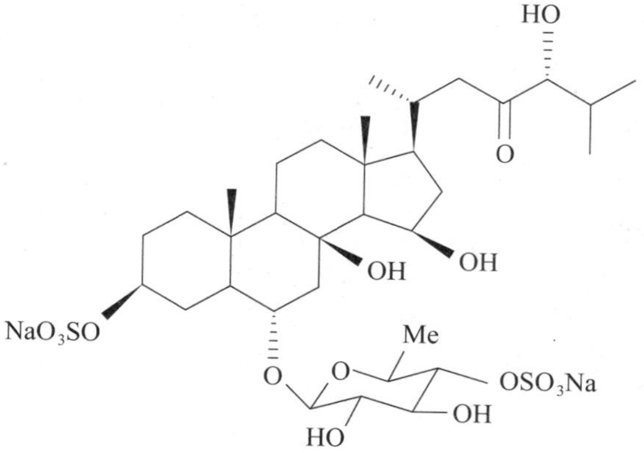

图3-28　从海星中发现的甾体化合物

Tung 等（2009）从越南海绵 *Ianthella* sp. 的甲醇提取液中分离得到 aragusteroketal
B（a）和 aragusterol B（b），其中化合物 a 是一种新的 C_{29} 甾醇，在化合物支链的 C_{25} 和
C_{26} 位上有一个环丙烷结构（图3-29）。2种化合物对3种人乳腺癌细胞（MCF-7）、人肝
癌细胞（SK-Hep-1）和人宫颈癌细胞（HeLa）均显示出较好的抑制活性，IC_{50} 在12.8～
27.8 μmol/L 之间。

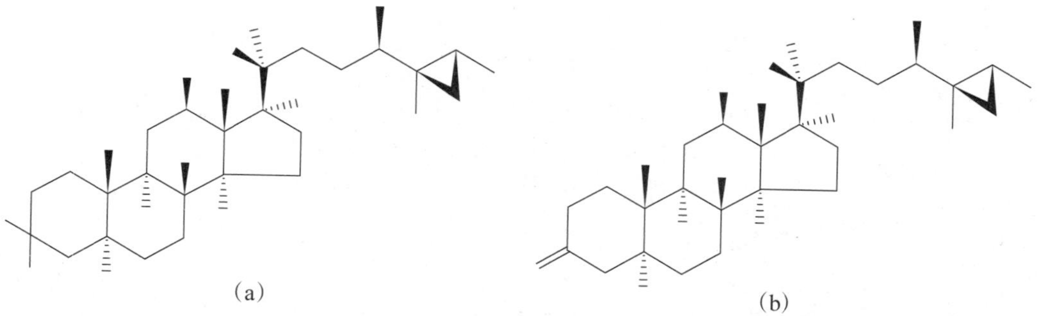

（a）　　　　　　　　　　　　　（b）

图3-29　甾体化合物 aragusteroketal B（a）和 aragusterol B（b）

Zhang 等（2007）从中国南海海域的海绵 *Halichondriarugosa* 的乙醇提取物中得到
2个甾体硫酸钠盐 24ε，25-dimethyl-3H-hydroxyl-cholest-5-ene-2β-ol sodium sulfate
（a）和 24ε，25-dimethyl-cholest-5-ene-2β，3α-diol disodium sulfate（b），2种化合物
对人肝癌细胞（BEL-7402）、结肠癌细胞（HT-29）、肺腺癌细胞（SPC-A1）和人胶质瘤
细胞（U-2514）均显示一定的细胞毒作用，IC_{50} 在6.5～23.1 μmol/L 之间（图3-30）。

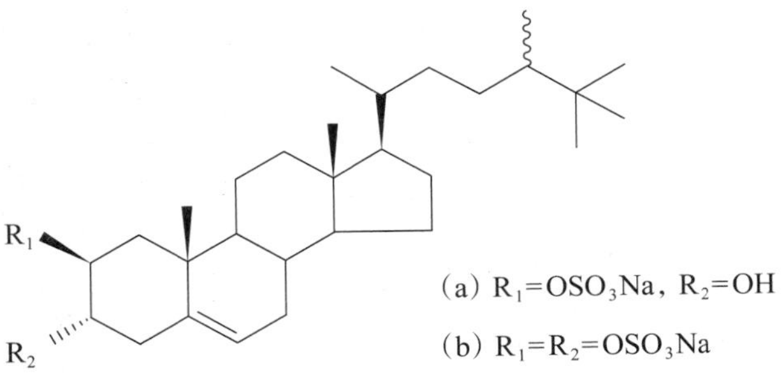

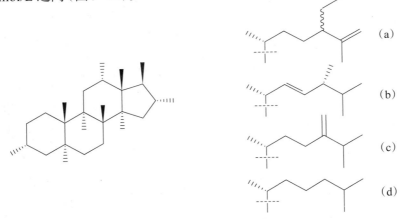

图3-30　从海绵提取物中得到的甾体硫酸钠盐

(a) $R_1 = OSO_3Na$，$R_2 = OH$

(b) $R_1 = R_2 = OSO_3Na$

Holland 等（2009）从澳大利亚纳尔逊湾的海绵 *Psammoclema* sp. 中分离得到4种新的甾体化合物 trihydroxysteroid（a~d），4种化合物可有效地抑制结肠癌细胞（HT29）、乳腺癌细胞（MCF-7）、子宫癌细胞（A2780）和前列腺癌细胞（DU145）的生长，IC_{50} 在5~27 μmol/L 之间（图3-31）。

图3-31　从澳大利亚海绵中分离到的甾体化合物

Yang 等（2011）从海洋苔藓虫 *Bugula neritina* 中分离得到2个氧化甾醇3β, 24（S）-dihydroxycholesta-5, 25-dien-7-one（a）和3β, 25-dihydroxycholesta-5, 23-dien-7-one（b），2种化合物对肝癌细胞（HepG2）、结肠癌细胞（HT-29）和大细胞肺癌细胞（NCIH4603）均具有细胞毒作用，IC_{50} 在22.58~53.41 μg/ml 之间（图3-32）。

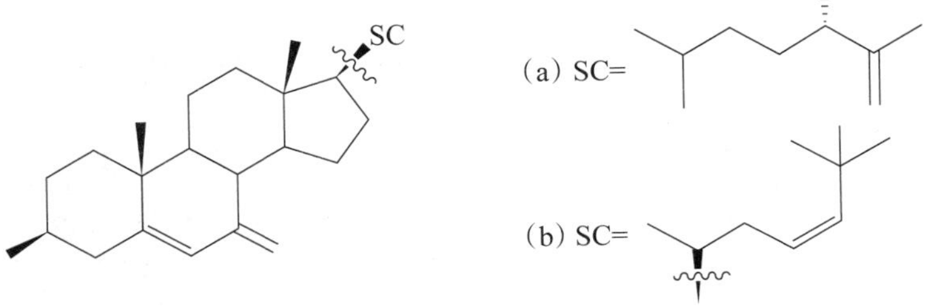

(a) SC=

(b) SC=

图3-32　从海绿苔藓虫分离到的氧化甾醇

Cui 等（2010）从褐藻 *Sargassum kjellmanianum* 分离得到的内生真菌 Aspergillus ochraceus EN-31中分离得到3种新的甾体化合物7-Nor-ergosterolide（a），3β，11α-dihydroxyergosta-8，24（28）-dien-7-one（b）和3β-hydroxyergosta-8，24（28）-dien-7-one（c）。化合物（a）是一种罕见的在B环上含有一个内酯的7位去甲甾类化合物，对非小细胞肺癌（NCl-H460）、人肝癌细胞（SMMC-7721）和人胰腺癌细胞（SW1990）均显示出细胞毒作用，IC$_{50}$分别为5.0 μg/ml、7.0 μg/ml 和28.0 μg/ml；化合物（b）对SMMC-7721 显示出细胞毒作用，IC$_{50}$为28.0 μg/ml（图3-33）。

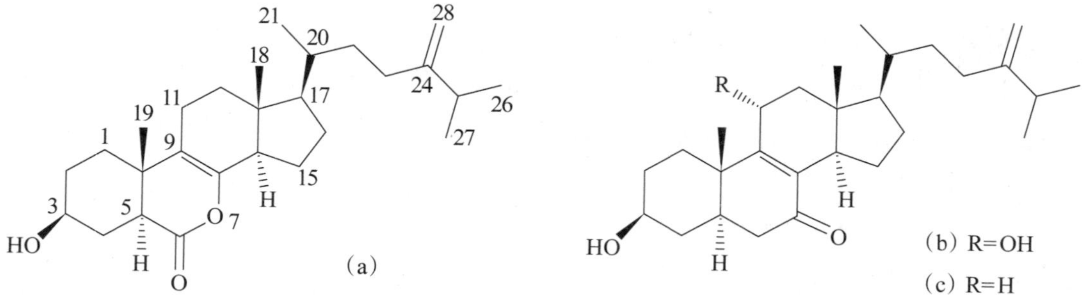

图3-33　从褐藻中分离到的甾体化合物

Simmons 等（2011）从海绵分离得到的放线菌 *Actinomadura* sp. SBMs 009的乙酸乙酯提取液中得到化合物 bendigoles（a）~（c），3种化合物均表现出一定的抗炎活性，都能抑制糖皮质激素受体（GR）易位活性，其中化合物（a）的抑制效果最佳；化合物（c）还可有效抑制 NF-κB 核易位活性，IC$_{50}$为70 μmol/L（图3-34）。

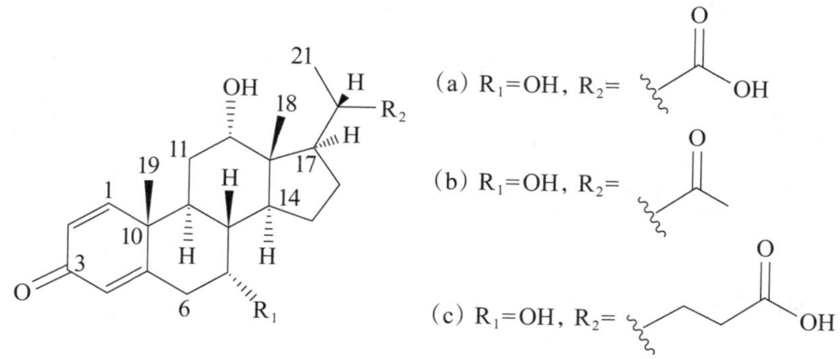

图3-34　从海绵分离到的放线菌提取液得到的化合物

Mandeau 等（2005）从瓦努阿图拉门湾海绵 *Euryspongia n.* sp. 的乙醇浸提液中分离得到化合物3β-hydroxy-24-norchol-5-en-23-oicacid（a）和3β-hydroxy-26-norcampest-5-en-25-oic acid（b），2个化合物对卡西霉素（A23187）诱导下角朊细胞（HaCaT）的6-酮前列腺素的产生具有一定的抑制作用，其中化合物（b）在浓度0.1 μg/ml，1.0 μg/ml 和

10.0 μg/ml 时，6KPGF1 含量分别为24%，31% 和41%（图3-35）。

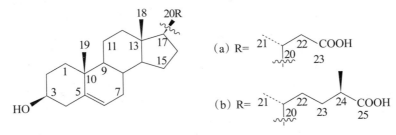

图3-35　从海绵的乙醇提取液中分离到的化合物

Wei 等（2007）从加勒比海海绵 *Svenzeazeai* 的乙醇－氯仿提取液中分离得到具有 ［6-5-6-5］－甾核结构的新型化合物 abeo-sterols parguesteros，2种化合物可有效地抑制结核菌 *Mycobacterium tuberculosis* H37 R v 的活性，最低抑菌浓度（MIC）分别为 7.8 μg/ml 和11.2 μg/ml（图3-36）。

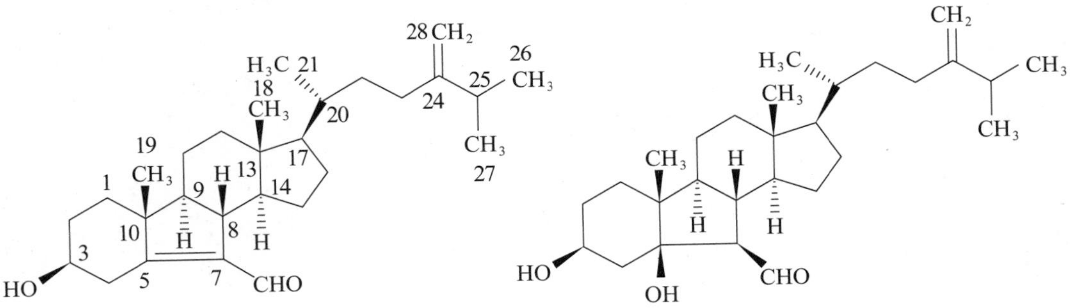

图3-36　从海绵乙醇—氯仿提取液分离到的化合物

Boonlarppradab 等（2007）从帕劳群岛采集到未鉴定的 *Euryspongia* 属海绵中分离获得2个硫酸甾体 eurysterols，2个化合物对两性霉素 B 耐药的野生白色念珠菌 *Candida albicans* 表现出抑菌活性，MIC 值分别为 15.6 μg/ml 和62.5 μg/ml（图3-37）。

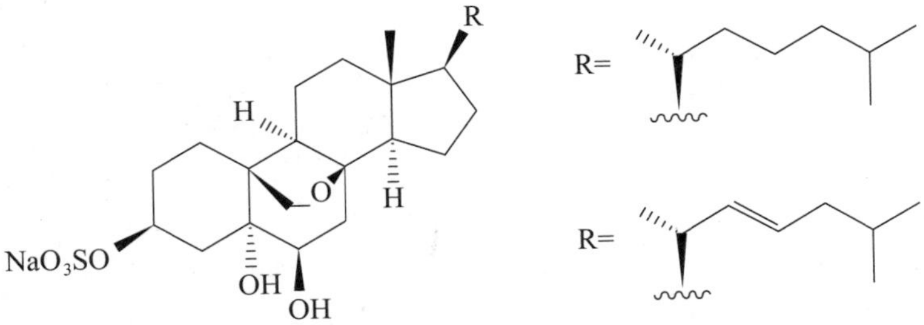

图3-37　从海绵中分离到的硫酸甾体

Gong 等（2013）从中国南海软珊瑚 *Sarcophyton* sp. 的甲醇提取液中分离得到的 2种化合物可有效抑制甲型 H1N1 流感病毒的活性，IC_{50} 分别为 19.6 μg/ml 和36.7 μg/ml

（图3-38）。

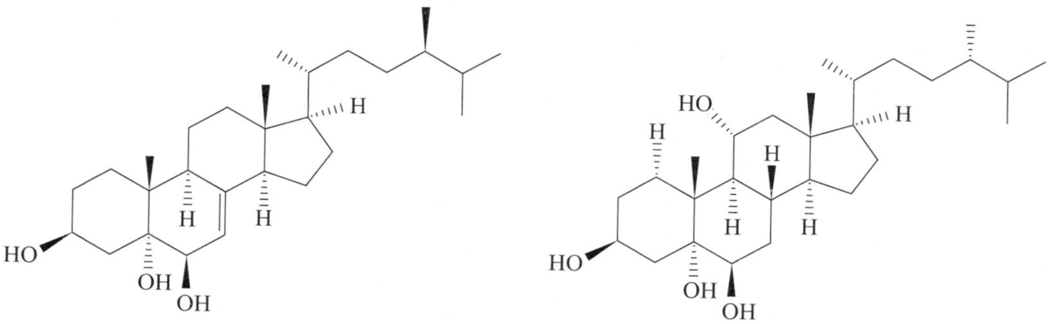

图3-38　从南海软珊瑚的甲醇提取液中分离到的化合物

Chen 等（2011）从台湾珊瑚 *I. hippuris* 的丙酮提取液中分离得到2个多羟基甾醇（a）和（b），经细胞病变抑制试验发现，该化合物可有效阻遏人巨细胞病毒（HCMV）感染人胚胎成纤维细胞（HEL），EC_{50} 分别为 2.0 μg/ml 和 6.0 μg/ml。与此同时，其对 HEL 细胞未显示细胞毒活性（图3-39）。

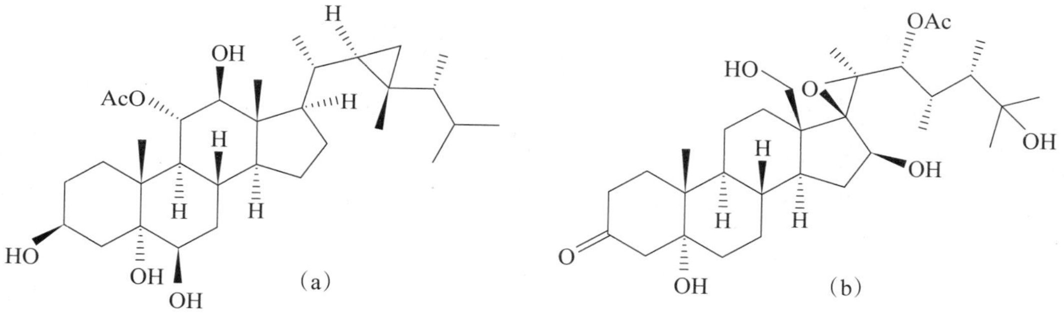

（a）

（b）

图3-39　从台湾珊瑚的丙酮提取液中分离到的多羟基甾醇

Rudi 等（2001）从红海海绵 *Clathria* sp. 的甲醇 - 乙酸乙酯提取液中分离得到如下化合物，在浓度为 10 μg/ml 时，该化合物可有效抑制人类免疫缺陷病毒 1 型（HIV-1）反转录酶的活性（图3-40）。

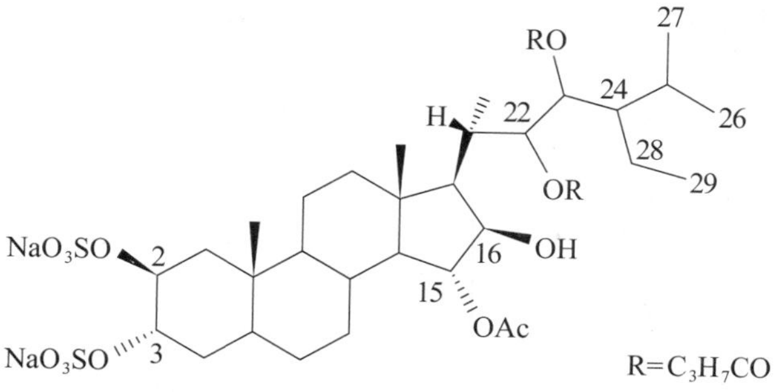

$R = C_3H_7CO$

图3-40　从红海海绵的甲醇—乙酸乙酯提取液中分离到的化合物

Whitson 等（2008）从菲律宾群岛海绵 *Spheciospongia* sp. 的甲醇提取液中分离得到4种化合物（a）～（b），4种化合物均可有效抑制蛋白激酶 C 的活性，IC$_{50}$ 分别为 1.59 mol/L，0.53 mol/L，0.11 mol/L 和 1.21 mol/L。进一步研究发现，其对 NF–κB 也有抑制活性，EC$_{50}$ 在 12～64 μmol/L 之间（图3–41）。

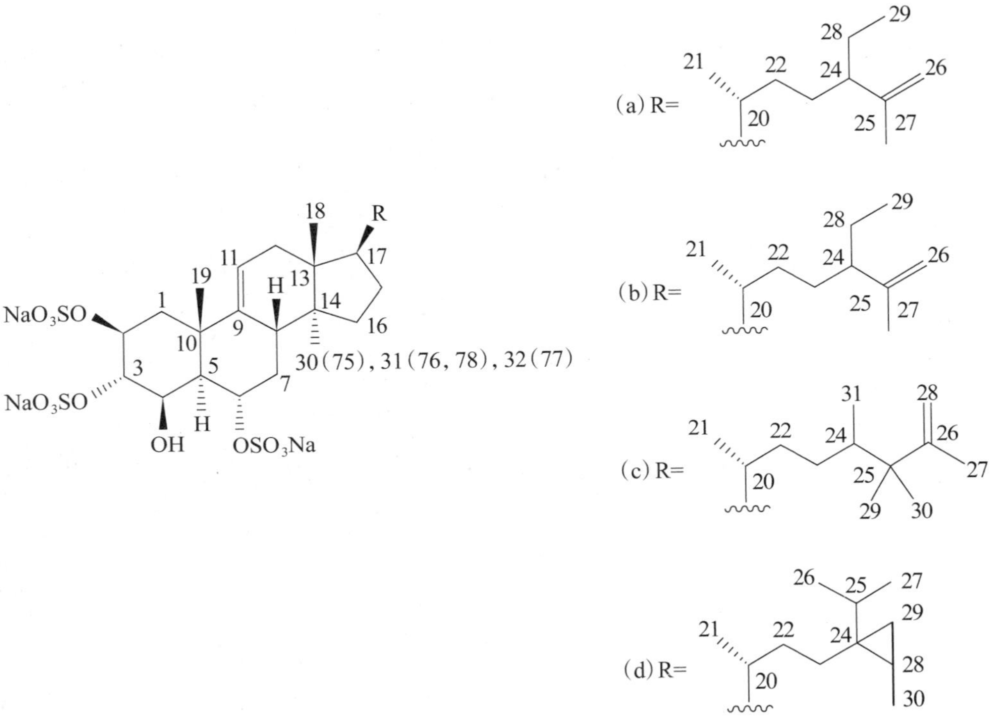

图3–41　从海绵的甲醇提取液中分离到的化合物

Dai 等（2010）从印度尼西亚海绵 *Topsentia* sp. 的甲醇提取液中分离得到5种化合物，其中化合物（a）（图3–42）具有显著的天冬氨酸蛋白酶（BACE 1）的抑制活性，IC$_{50}$ 为 2 μmol/L。其他4种化合物对 BACE 1 均不具有抑制作用，这可能与其存在硫酸酯钠基团有关。

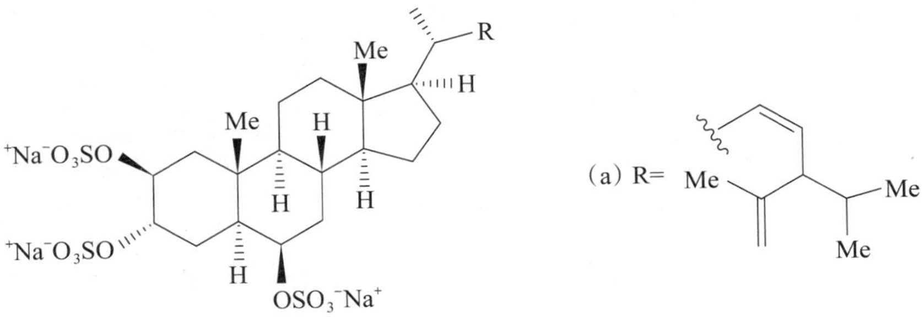

图3–42　从印度尼西亚海绵的甲醇提取液中分离得到的化合物

Rao 等（2010）从印度马纳尔湾海绵 *Callyspongia fibrosa* 分离得到化合物（a）~（b），研究发现这些化合物对恶性疟原虫（*Plasmodiumfa lciparum*）均有中等抑制活性，其中化合物（a）的效果最佳，而与氯喹相反，其对恶性疟原虫氯喹抗药株的活性要比氯喹敏感株的活性好（图3–43）。

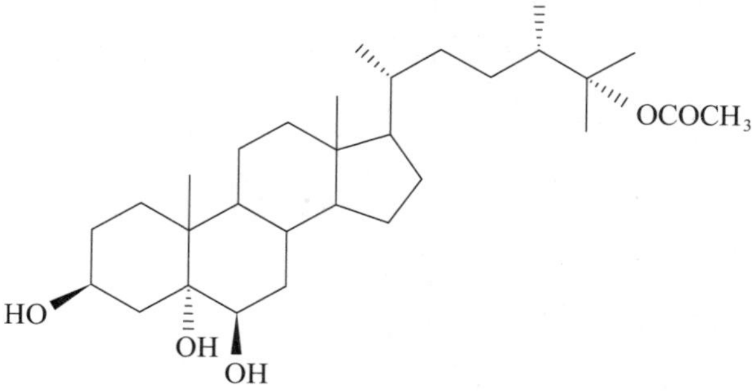
OCOCH3
HO
OH
OH

（a）

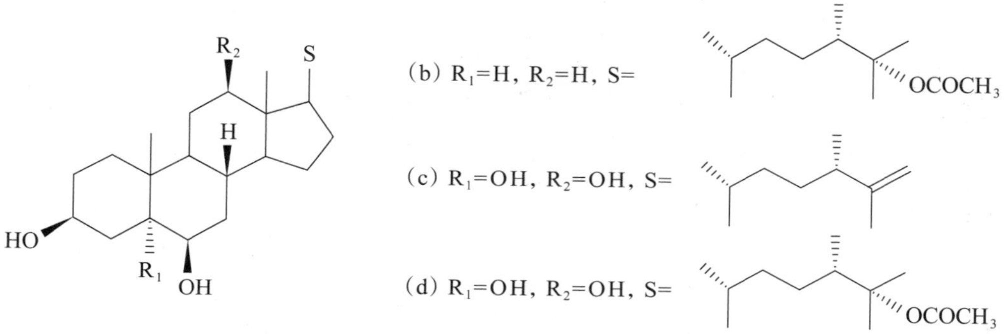
R2
S
H
HO
R1
OH
(b) R1=H, R2=H, S=
OCOCH3
(c) R1=OH, R2=OH, S=
(d) R1=OH, R2=OH, S=
OCOCH3

图3–43　从印度海绵分离到的化合物

二、海星来源的甾体化合物

广义海星皂苷指的是从海星中分离得到的以甾体为母核的配糖体。狭义海星皂苷是指具有△9，113β，6α–二羟基甾体母核，并在3位硫酸化、6位糖基化的一类特定的大分子甾体化合物。按结构可分为多羟基甾醇及其糖苷、环式甾体皂苷以及海星皂苷。

1. 多羟基甾醇及其糖苷

Wang 等（2005）从韩国海星 *Certonardoa semiregularis* 的甲醇提取液中分离得到硫酸酯化甾体皂苷化合物（a）和（b），化合物（a）对肺癌细胞（A 549）、卵巢癌细胞（SK–OV–3）、皮肤癌细胞（SK–MEL–2）、XF 498和人结直肠腺癌细胞（HCT 15）具有一定的抑制活性，其中对 SK–MEL–2的抑制效果最好，ED_{50}为2.67 μg/ml（图3–44）。

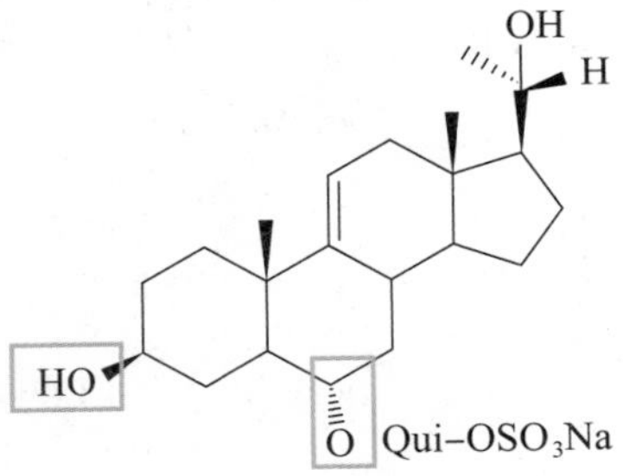

Forbeside E2

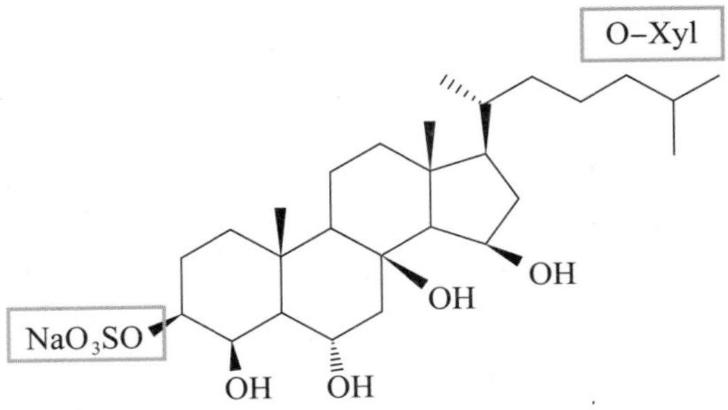

Aphelasteroside A

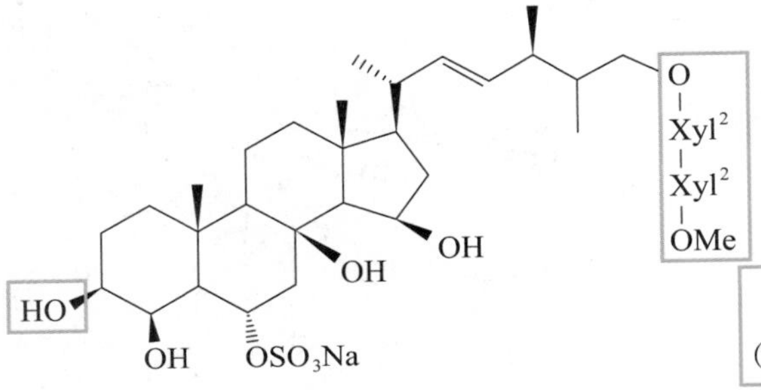

Halityloside 1

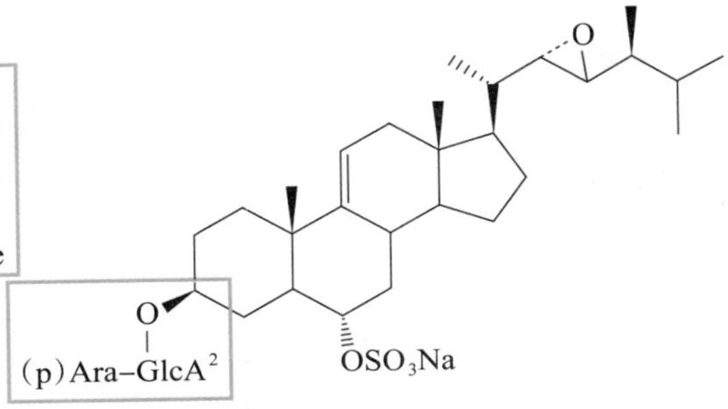

Aphelasteroside B

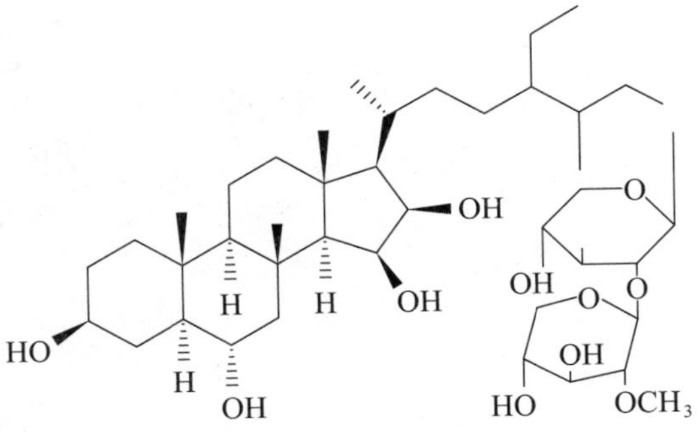

(a)

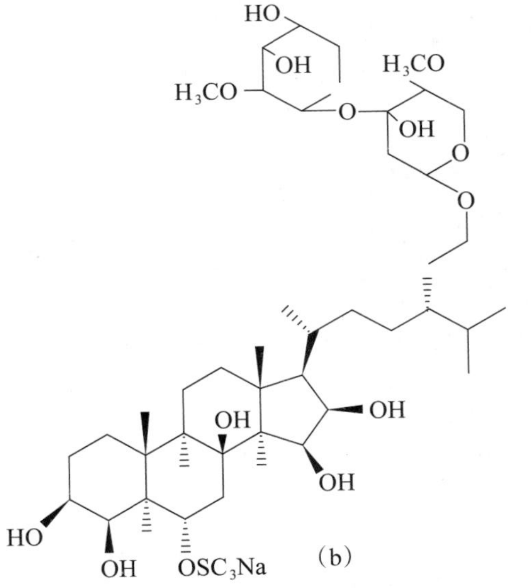

(b)

图3-44　海星来源的多羟基醇及其糖苷

Kicha 等(2008)从远东海星 *Hippasteria kurilensis* 的乙醇提取液中分离得到6种化合物(a)～(f)，化合物(b)(c)(d)(f)分别在浓度5.5×10^{-5}，5.5×10^{-5}，6.7×10^{-5}和1.3×10^{-5} mol/L 的条件下，对紫海胆 *Strongylocentrotus nudus* 卵受精的抑制作用达100%，化合物(a)和(e)在5×10^{-5} mol/L 的浓度下显示出弱的抑制活性(图3-45)。

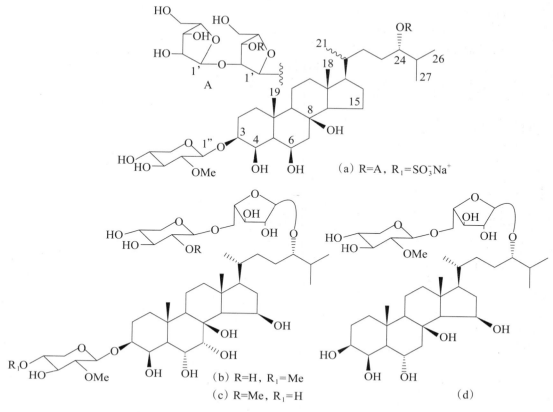

图3-45　从远东海星的乙醇提取物中分离到的化合物

2. 环式甾体皂苷

不含硫酸基，但含1分子葡萄糖醛酸（连接于苷元3位），△7-3β，6β-二羟基甾体母核，寡糖基由3个单糖基组成，第3个糖基的6位羟基与苷元6位成苷，组成环状结构，状若环醚（图3-46）（马宁，2009）。

图3-46　环式甾体皂苷的结构

3.海星皂苷

（1）海星皂苷的化学性质：当一个非糖类物质（如三萜、甾体、二萜）连接糖以后所形成的物质称之为苷，这时把非糖类物质称为苷的苷元。海星皂苷极性大，不易结晶，因而大多数为无色不定型粉末，可溶于水，易溶于热水、稀醇、热甲醇和热乙醇中，含水丁醇或戊醇对皂苷的溶解度较好。几乎不溶或难溶于乙醚、苯等极性小的有机溶剂。海星皂苷具有溶血作用，大多数海星皂苷的水溶液有溶血作用，这可能是海星的一种自我保护机制；沉淀反应，海星皂苷的水溶液可以和铅盐、钡盐、铜盐等产生沉淀，利用这一性质进行皂苷的提取和初步分离；化学定性显色反应，Lieberman-Burchard 反应，用于鉴别甾体母体；Molish 反应（萘酚、浓硫酸），用于鉴别甾体连接的糖。

除3位硫酸基外，甾体母核、侧链和糖基上均无其他硫酸基团；侧链至少有1个位置被氧化，如羟基、酮羰基或环氧基团，甾体母核除3,6位外一般无含氧基团；苷元的侧链一般由8个碳原子骨架组成，一些化合物有失碳现象，碳原子可少至2个，另有一些在 C-24 位连接有额外的1或2个碳原子；糖基的个数以5或6个的情况居多，常见糖的种类为喹诺糖（quinovose，Qui）、岩藻糖（D-fucose，Fuc）、木糖（D-xylose，Xy1）、半乳糖（D-galactose，Gal）、葡萄糖（D-glucose，Glc），少见的有阿拉伯糖（L-arabinose，Ara）、D-6- 去氧 - 木 -4- 己酮糖。所有糖基几乎均以吡喃形式存在。除阿拉伯糖为 α 构型外，其余糖基的苷键构型均为 β；寡糖链具有相似的连接方式，多具1个分支，少数具有2个分支或无分支。起始糖基多为喹诺糖或葡萄糖。除个别例外（如 santiagoside），每一位置上糖基的苷化位置基本固定（图3-47）。

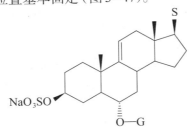

图3-47　海星皂苷

（2）海星皂苷的提取与分离：由于海星体内的酶容易水解海星皂苷，因此提取时首先要抑制酶的作用。一般可用乙醇破坏酶的活力，或用硫酸铵等无机盐盐析，使酶沉淀除去。

①总皂苷的提取：

1)两相萃取法：减压浓缩所得提取液，再用氯仿或乙酸乙酯与水分配，除去脂溶性成分，最后用水饱和的正丁醇与水分配，浓缩所得的正丁醇溶液即得总皂苷（康俊霞等，2012）。

2）铅盐法：滤液先用乙醚除去其中的叶绿素和油脂等杂质，然后加饱和乙酸铅水溶液至不再产生沉淀为止。过滤，滤渣加适量乙醇使成50%的浓度，按常法用饱和硫酸钠水溶液、稀硫酸，或通硫化氢脱铅，过滤。

3）吸附法：滤液用新煅烧的氧化镁或活性炭吸附，再用甲醇或其他适当溶剂解析，浓缩即得总苷。有时先用铅盐法或溶剂法处理后，再用吸附剂吸附纯化。

②皂苷的纯化：将上述方法获得的总皂苷部位溶于水，上样至大孔吸附树脂柱，先用水洗去糖及蛋白质等成分，然后用梯度甲醇或乙醇洗脱，可获得更为精制的总皂苷。

硅胶色谱和反相硅胶色谱（键和C-18反相硅胶）纯化，具有上样量大、操作简单等优点，分离效果差，易吸附皂苷，在用硅胶色谱分离皂苷类化合物时，经常采用氯仿-甲醇-水三元溶剂系统。显示剂采用硫酸-乙醇溶液或硫酸-香兰素（在氯仿-甲醇溶剂系统中加入适量的水，可克服皂苷类化合物进行硅胶色谱时产生的脱尾现象，获得更好的分离效果）。

反相硅胶色谱（键和C-18反相硅胶）的优点：分离效果好，样品回收率高；缺点：上样小，不容易实现工业化生产；固定相为十八烷基键合硅胶；最常用溶剂为水、甲醇、乙腈和乙醇（赵君等，2013；樊廷俊等，2008）。

三、珊瑚来源的甾体化合物

Zhang 等（2013）从中国南海海域的偏扁软柳珊瑚 *Subergorgia suberosa* 中分离得到新的9，11-开环甾醇化合物 subergorgols（a）（b），2个化合物具有特征的3，6，11-trihydroxy-7-en-9-one-5-9，11-secosteroid 母核，化合物（a）对人白血病细胞株 K562 及人乳腺癌细胞株 MDA-MB-231 有较强的抑制活性，IC_{50} 分别为 5.5 μmol/L 和 6.2 μmol/L。化合物（b）对 K562 细胞株也有很好的抑制作用，IC_{50} 为 6.5 μmol/L（图3-48）。

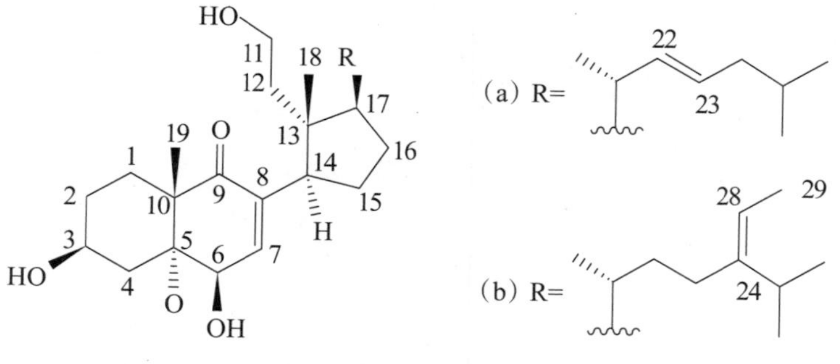

图3-47　从偏扁软柳珊瑚中分离到的甾醇化合物

Lai 等（2011）从中国广西北部湾的柳珊瑚 *Astrogorgia* sp. 中分离得到5种9-10开环甾醇化合物（a）~（e），结构特点是在9-10开环母核上都含有一个3-hydroxy-10-methyl phenyl 环，这类化合物对与肿瘤相关的间变性淋巴瘤激酶（ALK）、酪氨酸激酶（AXL）、黏着斑激酶（FAK）、胰岛素样生长因子受体（IGF-1 R ）、SRC 激酶和血管内皮生长因子受体 2（VEGF- R 2）均具有特异性抑制作用（图3-49）。

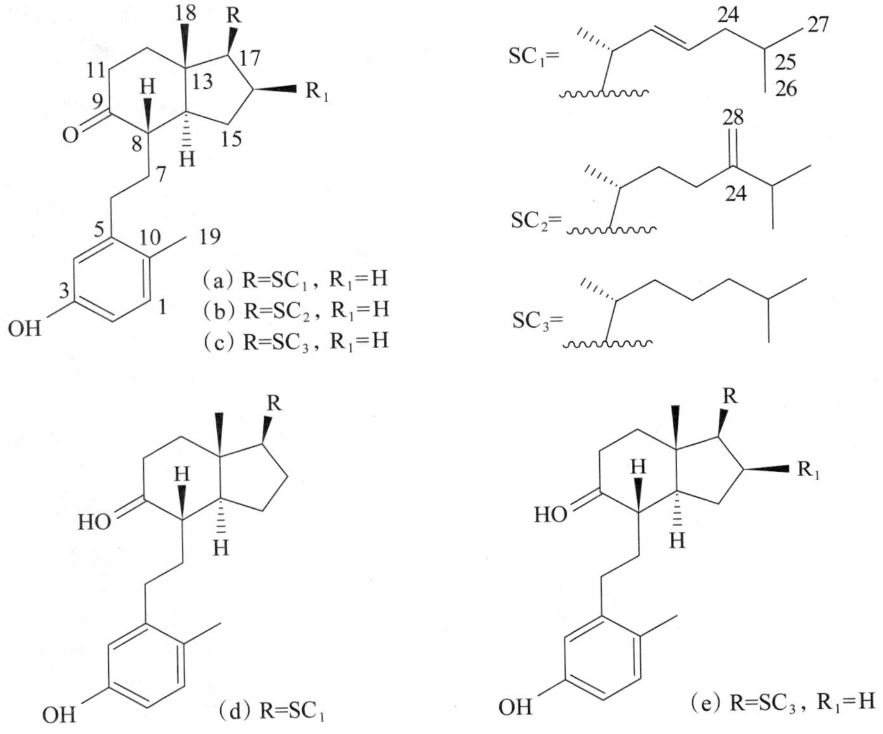

图3-48 从北部湾柳珊瑚中分离到的甾醇化合物

Quang 等（2011）从越南软珊瑚 *Lobophytum laevigatum* 的甲醇提取液中分离到新的甾体类化合物 lobophytosterol，在 C_{17} 和 C_{20} 位上存在一个环氧结构，对人结肠癌细胞株（HCT-116）、肺癌细胞株（A 549）和人早幼粒白血病细胞株（HL-60）均有细胞毒活性，IC_{50} 分别为 3.2 μmol/L，4.5 μmol/L 和 5.6 μmol/L，主要是通过诱导细胞凋亡的方式来抑制细胞的增长（图3-50）。

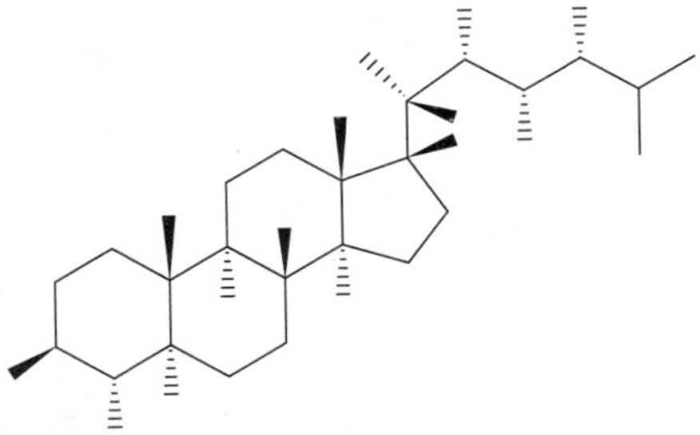

图3-50 从越南软珊瑚的甲醇提取液中分离到的甾体类化合物

Huang 等（2008）从台湾软珊瑚 *Nephthea chabroli* 的丙酮提取液中分离得到 6 个甾体化合物（a）～（f），并进行体外抗炎活性测试。结果表明，化合物（c）（d）（e）在浓度为 10 μmol/L 时，能够分别有效地降低 iNOS 的量至 0，43.1%±7.9% 和 76.9%±9.4%；化合物（a）～（c）和（f）也均可显著地抑制 iNOS 的表达（10.6%±0.5%，9.6%±1.0%，0 和 32.8%±6.8%），但是不能抑制 COX-2 蛋白表达（图 3-51）。

（a）

（b）

（c）

（d）

（e）

（f）

图 3-51　从台湾软珊瑚的丙酮提取液中分离到的甾体化合物

Cheng 等（2009）从台湾软珊瑚 *Nephthea chabroli* 的丙酮提取液中分离得到 C_{19} 位氧化的化合物 nebrosteroids（a）~（d）和 4-甲基化的化合物 nebrosteroid（e），经脂多糖（LPS）诱导对巨噬细胞 R AW 264.7 进行体外抗炎活性测定。结果表明，化合物（a）（b）（d）和（e）在浓度为 10 μmol/L 时，能够将 iNOS 的量分别减少至 20.2% ± 2.6%，65.2% ± 5.5%，79.2% ± 11.3% 和 61.0% ± 4.6%，将 COX-2 的量分别降低至 75.3% ± 3.3%，86.0% ± 1.7%，63.8% ± 7.7% 和 60.1% ± 4.6%；化合物（c）对 iNOS 和 COX-2 均没有抑制作用（图 3-52）。

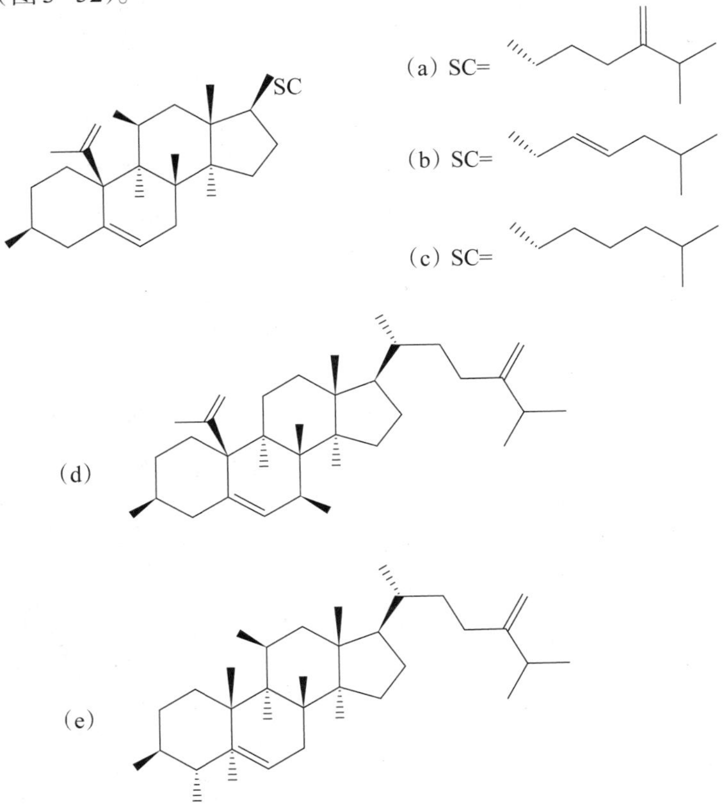

图 3-52　从台湾软珊瑚的丙酮提取液中分离到的化合物

Su 等（2008）从台湾软珊瑚 *Sinularia* sp. 和八放珊瑚 *Dendroneph thyagriffini* 的乙醇提取液中分离得到 8 个含有 2 个羟基的甾体化合物（a）~（h），其中化合物（a）和（b）在甾核 C_9 和 C_{11} 位存在一个双键。经体外抗炎活性测定，发现化合物（a）（b）（g）在浓度为 10 μmol/L 时，对 LPS 诱导下的巨噬细胞 R AW 264.7 的促炎 COX-2 蛋白的积累具有一定的抑制作用。化合物（e）~（h）在浓度为 10 μmol/L 时，对 LPS 诱导下的巨噬细胞 R AW 264.7 的促炎 iNOS 蛋白的积累具有较好的抑制作用（图 3-53）。

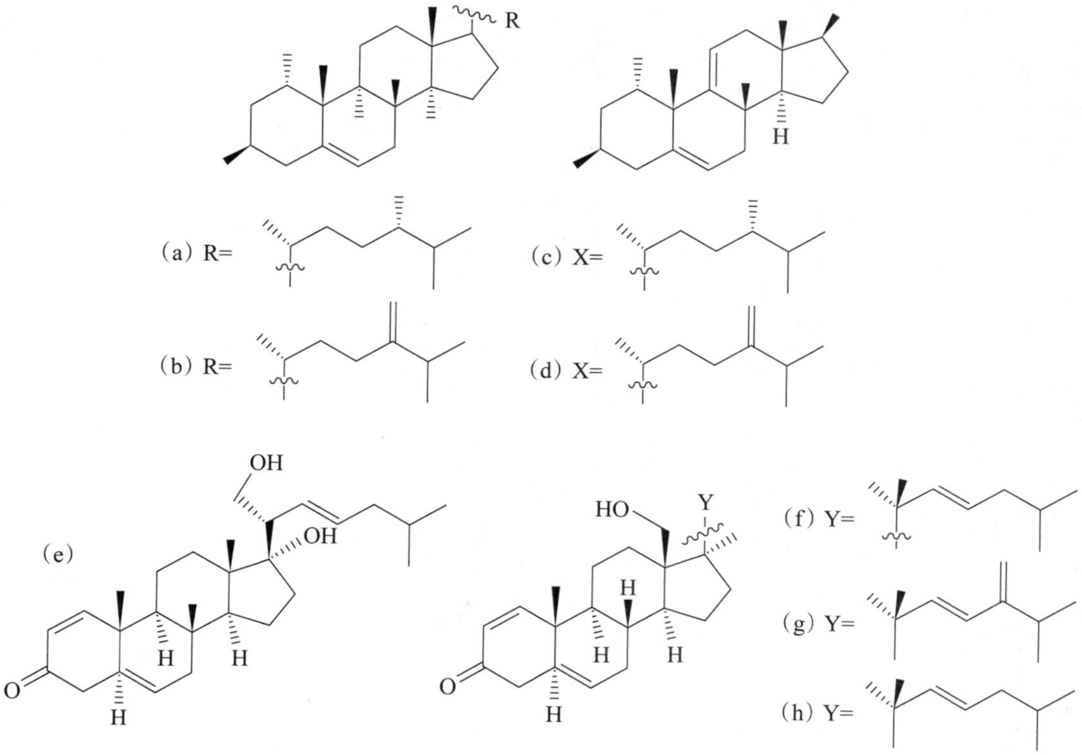

图3-53 从珊瑚的乙醇提取液中分离到的甾体化合物

四、海岸带来源甾体化合物的分离纯化

甾体化合物是以环戊烷多氢菲为母核的结构，因而绝大多数的甾体化合物极性都较低。目前，通常采用不同极性的有机溶剂对海洋来源样品进行浸提，减压浓缩，得到粗浸膏，然后再运用硅胶、凝胶和反相高效液相等色谱方法对粗分样品进行分离纯化。

五、海岸带来源甾体化合物的应用前景

海岸带来源甾体化合物具有抗肿瘤、抗菌、抗炎和抗病毒等生理活性，具有良好的新药开发前景。不同生物来源的甾体化合物在结构上有所差别，甾核环或支链上的细微差别都可能引起生理活性的显著差别。甾体化合物的应用非常广泛，如治疗过敏性疾病的氢化可的松、避孕药黄体酮、利尿剂安体舒通、合成甾体激素的薯蓣皂甙元、强心作用的地高辛、蟾毒甙等都是甾体化合物。

因此，可以以这些天然甾体化合物作为药物研究的先导化合物，研究其在体内的吸收、分布、代谢、排泄和毒性，进一步进行构效关系和化学合成研究，开发生理活性显著的甾体化合物并进行药物设计和制备，为人类健康做出贡献。

第四章

海岸带生物活性蛋白、肽及氨基酸

第一节 海岸带植物蛋白、肽及氨基酸

一、海岸带藻类活性蛋白

藻类广泛分布于各种地球环境中，特殊的生长环境赋予了藻类特殊的生物活性物质，目前国内外学者已在藻类中发现了抗病毒、抗肿瘤、抗炎症、抗菌、免疫调节、降血糖、降血脂等蛋白、肽及氨基酸类活性物质（唐志红等，2006）。

（一）藻胆蛋白

藻胆蛋白（phycobiliprotein）是由 Esenbeck 于1836年首次发现的，并于1943年被 Kuiring 正式命名。藻胆蛋白是存在于蓝藻（*Cyanophyceae*）、红藻（*Rhodophyceae*）、隐藻（*Cryptophyceae*）和少数一些甲藻（*Pyrrophyceae*）中的捕光色素蛋白，能把捕获的光能高效地传递给光系统反应中心，用于光合作用。在蓝藻和红藻中，不同的藻胆蛋白，包括藻红蛋白、藻蓝蛋白、藻红蓝蛋白和别藻蓝蛋白等（王庭健等，2006），通过连接多肽组成高度有序的超分子复合物——藻胆体（Phycobilisomes，PBS），并由"锚蛋白"将其"锚"在光合膜的表面。在隐藻中，可溶性的藻胆蛋白结合于光合膜内，与脂溶性的叶绿素蛋白质复合物协同作用组成捕光色素系统，才形成藻胆体结构。藻胆蛋白是一种古老的蛋白，在原始海洋出现蓝藻时就有了这种蛋白。在叶绿素出现以前，藻胆蛋白是主要的捕光色素蛋白，因此开展藻胆蛋白的研究不仅可以深入探讨光合作用捕光和传能机理，而且可以追溯光合作用和光合生物的进化历程。

早期人们在研究丝状蓝藻在入射光下的光合放氧时发现，用570～630 nm之间的光照射藻体，其放氧效率与利用叶绿素吸光区域（430～470 nm和650～680 nm）的光照射藻体时的放氧效率相同。该实验结果提醒人们在蓝藻中叶绿素 a 之外可能存在其他光合色素，此后研究单细胞蓝藻时对该结果给予了定量的解释。至此，藻胆蛋白在藻细胞中作为捕光色素系统的理论才被人们接受。此外，藻胆蛋白也是细胞中的氮源存储蛋白。魏晓琳（2014）对不同光照强度下蓝藻的光合途径进行了研究，发现弱光下光能传递机理为：光能—大部分叶绿素 a、β- 胡萝卜素—叶绿素 a。强光下光能传递机理为：光能—叶绿素 b、类胡萝卜素、大部分叶绿素 a—叶绿素 a。弱光下藻蓝蛋白浓度较高，并且只含有 C- 藻蓝蛋白一种，强光下藻种中未发现藻蓝蛋白（魏晓琳，2014）。具有不同聚集态的藻胆蛋白有着不同的摩尔消光系数。这些聚集态决定了引起各藻胆蛋白之间光谱特性差别的藻蓝胆素发色团的构象。研究表明，在高聚态的 C- 藻蓝蛋白和别藻蓝蛋白中，蛋白质—发色团之间相互作用调制的发色团的构象，对太阳能的吸收和激发能转移到光合反应中心的过程可能有重要作用。藻类的捕光系统是由棒状的藻胆体构成的，藻胆体又是由不同的藻胆蛋白按照一定的顺序排列而成的，藻红蛋白位于藻胆体的尖端，蓝蛋白位于中间，藻蓝蛋白形成核心附着在类囊体的基质膜上，与光反应中心相连。光能由藻红蛋白传递到藻蓝蛋白，再传递到别藻蓝蛋白，后传递到光反应中心，效率接近100%（梁栋材等，1998）。

研究发现，藻胆蛋白不仅具有良好的捕光活性，而且在抗病毒、抗肿瘤、提高机体免疫力、消炎和抗氧化等方面具有很好的效果。目前，藻胆蛋白既可作为天然色素应用于食品、化妆品和染料等工业，又可作为重要的生理活性物质应用到食品和药品，用于医疗保健上，还可制成荧光试剂、光敏剂等。作为荧光探针与光敏化剂，藻胆蛋白在生物、医学荧光标记分析与光敏化抗肿瘤研究等方面应用广泛。在临床医学诊断、免疫化学、生物工程等研究领域以及保健食品生产等方面也得到了广泛的应用，同时在癌症治疗和分子检测研究方面也受到极大重视。藻蓝蛋白是一种水溶性色素蛋白，颜色鲜艳，可作为天然食用色素改善食品色泽。藻胆蛋白具有高量子产率、高稳定性等优点，目前在生物学研究的主要应用领域包括流式细胞荧光测定（FACS）、荧光免疫检测（FIA）、单分子检测（SMD）等。藻胆蛋白在各领域应用的进展依赖于对其结构和光谱特性的全面了解。随着基因重组技术的发展，除了天然藻胆蛋白外，现在人们通过基因重组技术制备了很多种类的重组藻胆蛋白（张晓平等，2015）。有实验证明重组藻胆蛋白的某些生物活性要高于天然的藻胆蛋白。而且，重组藻胆蛋白在工程菌内表达量高、纯度高。因此，重组藻胆蛋白的研究将成为未来藻胆蛋白研究领域的一个热点。

藻胆蛋白一般存在于类囊体腔中，但是它的状态目前尚无定论。徐伟等（2015）以蓝隐藻类囊体膜为研究材料，通过测定其室温吸收光谱、荧光谱以及77K低温荧光光谱，分析了藻蓝蛋白在类囊体腔中的存在状态。研究发现，有一定量的藻蓝蛋白始终紧密结合在类囊体膜上，而且与类囊体膜的接触并非完全无倾向性排布。与类囊体膜发生接触的可能是藻蓝蛋白上的 β 亚基。藻胆蛋白在藻类中的含量并不是固定不变的，而是处于一种动态变化中。刘慧等（2013）发现低质量浓度的 Ca^{2+} 能促进螺旋藻的生长，0.1 g/L的 Ca^{2+} 对螺旋藻生长的促进效果最大，藻胆蛋白的含量也最高；当 Ca^{2+} 质量浓度高于0.1 g/L 时，对螺旋藻的生长影响不明显。其他微量元素和营养物质的含量水平也会影响微藻中藻胆蛋白的含量。

1. 藻胆蛋白的种类

依据藻胆蛋白色基的光谱特点和结构组成，可将藻胆蛋白分为三种主要类型：藻红蛋白（PE，phycoerythrin）、藻蓝蛋白（PC，phycocyanin）和别藻蓝蛋白（APC，allophycocyanin）。其中藻蓝蛋白（PC）和别藻蓝蛋白（APC）主要存在于所有红蓝藻中，藻红蛋白（PE）则存在于部分蓝藻和红藻中。在部分蓝藻中，例如蓝藻层里鞭枝藻（*Mastigocladus laminosus*）中，还含有一种较为少见的种类——藻红蓝蛋白（PEC，phycoerythrocyanin）（Bryant D A，1982）。

由于不同的藻胆蛋白所含色基的种类不同，并且色基所处的蛋白质高级结构也不尽相同，因此藻胆蛋白表现出来的颜色也有差异，如藻蓝蛋白主要呈现蓝色，藻红蛋白主要呈现红色，别藻蓝蛋白则呈现淡蓝色。由于藻胆蛋白主要存在于蓝藻、红藻中，所以根据其来源，藻胆蛋白主要分为两类，每一类前分别以字母来区分。例如，来源于红藻门（Rhodophyta）的藻胆蛋白体前缀为 R，来源于蓝藻门（Cyanophyta）的藻胆蛋白前缀为 C（Tandeau，2003）。随着对藻胆蛋白研究的深入，科研人员发现藻胆蛋白曾经认为只属于某一门的藻胆蛋白体，也可以存在于其他门中，例如存在于蓝藻中的 C- 藻蓝蛋白，在红藻门中也被发现（Kur sar T A，1983）。所以现在用光谱特性而非来源对藻胆蛋白进行分类（Tandeau，2003）。例如藻红蛋白，根据其吸收光谱、荧光光谱等特性，可以分为 R- 藻红蛋白、C- 藻红蛋白、B- 藻红蛋白和 b- 藻红蛋白四类；藻蓝蛋白可以分为 R- 藻蓝蛋白和 C- 藻蓝蛋白；别藻蓝蛋白则可分为 APC 和 APC- Ⅱ 等。根据每一类藻胆蛋白光谱性质的细微差异，R- 藻红蛋白还可以分为 R- 藻红蛋白 Ⅰ，Ⅱ，Ⅲ，Ⅳ等4种类型（Mac coll R 等，1996）；C- 藻红蛋白可以分为 C-PE- Ⅰ，Ⅱ 等类型；R- 藻蓝蛋白可以分为 R-PC- Ⅰ，Ⅱ 等类型（表4-1）。

表4-1　　不同类型藻胆蛋白的结构组成、吸收光谱和荧光光谱特性及色基组成（苏海楠，2010）

藻胆蛋白类型 与聚集状态	最大吸光度（nm） 与吸收峰	最大荧光度 （nm）	藻 胆 素
B-PE(αβ)δγ	545,563,498	575	12αPEB, 18βPEB, 2γPUB, 2γPEB
R-PE(αβ)δγ	498,538,567	578	12αPEB, 12βPEB, 6βPUB, 1γPEB, 2γPUB
C-PC(αβ)₆L$_R$	616	643	6αPCB, 12βPCB
R-PC(αβ)₃	547,616	638	3αPCB, 3βPEB, 3βPCB
R-PC-Ⅱ(αβ)₂	533,554,615	646	4αPEB, 2βPEB, 2βPCB
PEC(αβ)₆L$_R$	575	635	6αPXB, 12βPCB
APC(αβ)₃	650,618	663	3αPCB, 6βPCB

　　重组藻胆蛋白：虽然藻胆蛋白用途非常广泛，但是天然藻胆蛋白稳定性不高，容易变性。同时，由于藻类其他蛋白种类较多，为天然藻胆蛋白的分离纯化带来了诸多不便。以药物研发方面为例，针对天然藻胆蛋白的开发存在较多问题，例如分离纯化成本较高、纯化后的蛋白杂质较多、开发周期长等。但是随着基因重组技术的逐渐进步，通过基因工程菌株可以表达出新型的基因重组藻胆蛋白，基因技术的加入，拓宽了藻胆蛋白的研究领域，加深了对天然藻胆蛋白结构和功能的认识，也推动了藻胆蛋白在食品、药品、化妆品等行业中的应用。以别藻蓝蛋白（APC）为例，APC是藻胆蛋白中的一种，目前获得别藻蓝蛋白的方法主要是从红藻和蓝藻中提取，但是这种方法获取周期长、分离纯化困难、制备成本高，大大限制了别藻蓝蛋白的应用，因此，研究人员将目光投向了通过生物学基因克隆手段获得的重组别藻蓝蛋白。通过比对两种不同藻种集胞藻（*Synechocystis* sp. PCC 6803）和嗜热藻（*Thermosynechococcus elongatus* BP-1）别藻蓝蛋白β-亚基的氨基酸序列，最后获得了11个位点的14个定点突变体，并证明这11个位点与别藻蓝蛋白热稳定性有关。在其结构水平分析中，通过追踪重组别藻蓝蛋白合成的整个生物反应过程，对过程中与重组别藻蓝蛋白稳定性相关的因素进行试验分析，发现色基结合率的高低以及所处的蛋白空间结构很大程度影响藻胆蛋白稳定性和光能传递能力的强弱，色基结合率越高，蛋白结构越完整，从而藻胆蛋白稳定性越好，能量吸收传递效率越高（周孙林，2014）。

　　2. 提取、分离及纯化

　　藻胆蛋白的分离纯化方法最早是由 Glazer 和 Fang 基于分离血红蛋白亚基的方法而创立的。不同藻类中藻胆蛋白的提取、分离及纯化的方法各不相同。我国的藻类资源丰富，藻胆蛋白的提取纯化技术的发展会在一定程度上促进我国藻类资源深加工技术的进步。因此，如何克服传统技术的缺陷、减少操作步骤、提高产品的纯度及回收率，并实现规模化生产，对我国藻类资源的开发和利用具有十分重要的意义。藻胆蛋白的提取、分离及纯化大体上可以分为3个阶段：①细胞破碎，②粗蛋白的提取，③粗蛋白的分离及纯化。不同的提取和分离方法会对藻胆蛋白的活性产生不同程度的影响。程超等（2014）以对 $O^{2-}\cdot$ 的清除能力为指标探究了不同提取方法对藻胆蛋白活性的影响。研究表明，反复冻融法没有影响藻胆蛋白的活性，缓冲液作为浸提液会增强藻胆蛋白对 $O^{2-}\cdot$ 的清除作用；同时不同 pH 缓冲液浸提液中，由于藻胆蛋白的聚合度不同，导致其对 $O^{2-}\cdot$ 清除作用也有所差异。

（1）粗提取方法：藻胆蛋白是一种胞内蛋白，如何选择合适的破碎条件，将藻胆蛋白释放到溶液中，然后通过分离纯化回收天然的藻胆蛋白，同时还要保持其原有结构和功能，是整个藻胆蛋白提取纯化过程中的重要步骤。通常藻体破碎的程度越高，最终藻胆蛋白的得率越高（朱丽萍等，2009），但是剧烈的细胞破碎方法也会导致多糖等杂质的大量析出，从而加大分离纯化的难度。目前较为传统的破碎藻体的方法主要有机械研磨法、高压匀浆法（Patil 等，2006）、反复冻融法、浸泡法和压强破碎法等。这些方法在破碎藻体细胞时，制约因素如所需时间、破碎规模和回收率等不尽相同。但是随着相关提取技术的发展，超声破碎法和酶解法等被广泛应用到藻胆蛋白的分离纯化过程中，这些技术在提高产品回收率、保持天然藻胆蛋白体活性以及规模化使用方面具有较大的优势，同时与传统破碎技术结合使用，可以实现高回收率藻胆蛋白体的规模化制备。目前常用的组合方式有：液氮研磨法和高压匀浆法、高压匀浆法和超声破碎法、超声破碎法（Bermejo 等，2007；李文军，2013）和反复冻融法（Moraes 等，2009）等。

①机械粉碎法。机械粉碎法是利用物体之间的相互运动所产生的挤压和切应力使藻细胞被破碎的方法。Moraes 等（2009）通过球机械破碎螺旋藻，所得的藻胆蛋白粗提液中 C- 藻蓝蛋白纯度可达0.63。虽然在处理微藻时，机械粉碎法可以得到较好的效果，但在处理大型藻类时，机械破碎法通常只作为其破碎的第一步，通常需要与反复冻融法等其他方法联用，才能使细胞最终破碎，释放出藻胆蛋白。

②渗透压破碎法。渗透压破碎法是非机械破碎藻体细胞的一种较为温和的方法。将藻细胞放在高渗透压的蔗糖或者甘油溶液中，藻细胞内水分由于渗透压的作用向外渗出而发生收缩，然后将藻细胞转入缓冲液中，胞外的水由于渗透压的突然变化迅速渗入胞内，引起藻细胞快速膨胀、破裂，释放出藻胆蛋白体。Niu 等（2007）等通过蒸馏水渗透处理所得的 C- 藻蓝蛋白纯度可达0.69，Soni 等（2006）发现低浓度蔗糖溶液处理后的藻体细胞与反复冻融法的破碎效果相似。渗透压破碎法虽然操作简单，可以大规模处理藻类细胞，但是破碎的时间较长，通常在3 d 左右（朱丽萍等，2009）。

③反复冻融法。反复冻融法是藻胆蛋白提取时较为常用的藻体细胞破碎方法，在操作过程中采用反复冷冻与融化，由于细胞中形成了大量冰晶，同时剩余液体中高浓度的盐可以使细胞破裂，通常先将藻体在 −25℃ 冷冻，然后放置在 4℃ 冰箱中融化。需要注意的是，在融化过程中温度不可以太高，以防止藻胆蛋白产生变性，影响其结构和功能活性。Niu 等（2007）通过反复冻融法从螺旋藻中提取的 C−藻蓝蛋白产品纯度为 0.59，Patel 等（2005）将反复冻融法与超声破碎法相结合，经分离纯化所得的螺旋藻藻胆蛋白粗提液中 C−藻蓝蛋白的纯度可达 0.80，Soni 等（2006）通过 4 次反复冻融循环从颤藻中获得的 C−藻蓝蛋白纯度可以达到 0.85。与其他破碎方法相比，反复冻融法相对较为温和，控制得当一般不会造成蛋白质变性，同时破碎效果也有较好的重现性。但由于反复冻融法的操作规模有限，对于大规模制备则很难实现，因而仅适用于实验室少量样品的处理。

④液氮研磨法。液氮研磨法在藻类细胞破碎中也经常被使用。液氮的温度为 −196℃，这种低温条件下既能使藻类细胞组织成分不被破坏或降解，又能使其细胞壁变硬，增加其脆性，从而更使其在研磨过程中达到较好的破胞效果，使细胞内的藻胆蛋白释放出来。

Galland−Irmouli 等（2000）用液氮将藻体磨碎后，再用缓冲液溶解，继续经过均质处理，测得粗提液中的藻红蛋白含量为 1 mg/ml；Soni 等（2007）通过液氮处理，研磨藻细胞后获得的 C−藻蓝蛋白粗提液纯度可达 0.42。在液氮所提供的低温环境下，天然藻胆蛋白不易被降解，这有利于提高藻胆蛋白体的回收率，特别是与高压均质法相结合，可以得到很好的破碎效果。但是同时也要注意，低温造成的冰晶也可能会对藻胆蛋白体的空间结构产生影响。

⑤超声破碎法。超声波是由声波发生器产生的，通常来说，频率越高，藻体破碎效果越大，使用超声破碎法一般不会引入外源杂质。Benavides 等（2006）通过实验证明，在从紫球藻中提取 B−藻红蛋白的时候，超声破碎法所得 B−藻红蛋白的回收率为去离子水浸泡的 5 倍。Niu 等（2007）用超声破碎法提取螺旋藻中 C−藻蓝蛋白，藻蓝蛋白纯度可达 0.67，和蒸馏水渗透压破碎法处理所得到的效果相当。所以即使运用相同的技术处理不同的样本，破碎结果也是不同的。超声破碎法在操作的过程中尤其需要注意的是，当超声频率较高时，细胞破碎剧烈，同时释放出大量的蛋白和多糖，不仅导致粗提液的黏稠度增加，而且成分复杂的混合物也导致了下一步纯化难度加大。同时，剧烈的破碎过程，也可导致蛋白质高级结构的解聚和空间结构的改变，从而影响其生物活性。

⑥高压匀浆法。高压匀浆器是藻体细胞破碎常用的设备，一般由正向排代泵和排出阀组成，正向排代泵可产生高压，排出阀则具有狭窄的小孔，并且大小可以调节。藻液

先通过止逆阀进入泵体内，然后打开排出阀，细胞在高压下从小孔中高速冲出与撞击环碰撞，细胞经过减压和高速冲击所产生的液相剪切力而破碎。Patil 等（2006）利用该方法将螺旋藻在200~400 kg/cm^{2}下处理5 min，离心后所得 C- 藻蓝蛋白纯度可达1.18，别藻蓝蛋白纯度可达0.41。高压匀浆法也可与反复冻融等方法结合使用（Galland-Irmouli 等，2000），可以在较为温和的情况下释放藻体中的藻胆蛋白，并保持其天然活性。

⑦溶菌酶法。溶菌酶法破壁虽然是被广泛应用的生物技术（陈艳，2009），但在藻类细胞破碎的应用中还不多。该方法耗费较高，酶解时间长。溶菌酶法相对于其他破碎方法，所需要的时间更长，而且酶解的温度、pH 等环境，会造成藻胆蛋白的构象和结构的改变。

（2）分离纯化方法：按纯化原理的不同，藻体细胞破碎后的分离纯化方法大体可分为三类：a. 根据藻胆蛋白分子量大小不同的分离纯化技术；b. 依据藻胆蛋白体电荷离子特性的色谱纯化技术；c. 根据藻胆蛋白在不同介质中溶解度不同的萃取分离和盐析技术等。其中离子交换层析技术、分子筛技术和双水相萃取技术等与硫酸铵盐析、超滤等技术联用，是目前纯化效果较好的分离方法，通过多步操作可以获得纯度较高的藻胆蛋白（Moraes，2009；王超，2011）。

①硫酸铵分段盐析法。硫酸铵盐析法是指向藻胆蛋白体溶液中加入高浓度的硫酸铵，破坏藻胆蛋白的胶体稳定性，使其溶解度降低而从介质中析出。由于藻胆蛋白体水溶性较好，通过逐渐增加粗提液中硫酸铵的浓度，便可将粗提液中的水溶性差的蛋白质分开，经过离心操作，可以得到藻胆蛋白的固态沉淀，同时达到浓缩藻胆蛋白的目的。此外，由于不同的藻胆蛋白分子量、电荷、聚合程度不尽相同，通常电荷较多、分子量较大的藻胆蛋白，在粗提液中沉淀所需的硫酸铵浓度也较低，所以硫酸铵分段盐析也可以用于不同藻胆蛋白间的初步分离。

根据何培民等（2006）的研究，在提取条斑紫菜中的藻胆蛋白时，当溶液中硫酸铵分段浓度在25%~35%饱和度时，大部分藻蓝蛋白和别藻蓝蛋白析出；当溶液中硫酸铵分段浓度在25%~45%饱和度时，大多数藻红蛋白可以被沉淀下来；当硫酸铵浓度达到55%饱和度的时候，大多数藻胆蛋白都可以被析出。在海洋蓝隐藻（*Chroomonas placoidea*，T 13）中，当硫酸铵分段浓度分别为50%~70%、70%~80%、80%~100%时，所收集的粗提液中藻蓝蛋白 -645 的纯度逐渐增加，50%~70% 硫酸铵沉淀的粗提液含有大量的叶绿素成分，显黄绿色，70%~80% 硫酸铵沉淀的沉淀黄绿色已经不明显，80%~100% 硫酸铵沉淀的沉淀已显天蓝色，A 645/280 在3.0左右，所含杂蛋白很少（李文军等，2013）。Soni 等（2008）将反复冻融后所得到的藻胆蛋白粗提液分别经20%、70% 饱和度的硫酸铵溶液处理后，蛋白纯度由0.85增加到1.26（Soni B 等，2008）。

Moraes 等（2009）发现若减少硫酸铵盐析过程，分离纯化所得到的藻胆蛋白纯度和回收率会明显降低。

②超滤法。超滤可以用于截留溶液中较大的颗粒，水和低分子量溶质则允许穿过膜，其原理是指由膜孔阻滞、膜表面机械筛分和膜孔吸附的综合作用。由于超滤法是通过物理性障碍来截留大分子量物质，处理方式较为温和，因此一般不会引起藻胆蛋白结构和性质的改变。Denis 等（2009）比较了膜超滤技术和硫酸铵沉淀法对蜈蚣藻中 R- 藻红蛋白的提取效果，其中超滤法和80% 的硫酸铵沉淀法效果较好，可以将粗提液中藻红蛋白的纯度提升到0.9。由于超滤法可以实现大规模藻胆蛋白粗提液的分离，操作简单，因此具有较大的应用潜力。

③凝胶过滤法。凝胶过滤法中所使用的凝胶，具有一定大小的网孔，该网孔只允许相应大小的蛋白分子进入凝胶颗粒内部，大分子则被阻滞在凝胶外部，当用洗脱液进行洗脱时，大分子蛋白随洗脱液从凝胶颗粒间隙穿过，小分子的蛋白质则在凝胶颗粒网状结构中受到阻滞，晚于大分子蛋白后洗脱下来，从而达到分离的目的。相比于其他方法，凝胶过滤的生产规模不大，成本较高，但凝胶过滤法与其他纯化技术连用时，可以达到较好的分离效果。如 Moraes 等（2009）使用 Sephacryl S-100 HR 填充的凝胶柱对螺旋藻中 C- 藻蓝蛋白进行凝胶过滤处理时，通过与硫酸铵盐析和离子交换层析连用，可以获得较纯的藻蓝蛋白；Soni 等（2006）在从颤藻中纯化 C- 藻蓝蛋白时，将藻胆蛋白体粗提液经过硫酸铵沉淀后，用缓冲液溶解，经过 Sephadex G-150填充的凝胶柱进行过滤层析，然后将收集到的藻蓝蛋白继续用离子交换层析纯化，最终将 C- 藻蓝蛋白的纯度提高到2.26。

④羟基磷灰石柱层析法。羟基磷灰石柱层析法主要靠磷酸根离子和钙离子的静电引力实行对蛋白进行吸附，也是藻胆蛋白分离纯化经常使用的方法。但是该方法也需要与其他方法进行连用，不宜大规模纯化，因此一般在实验室较为常用。在从多管藻中分离纯化 R- 藻红蛋白时经羟基磷灰石柱层析分离纯化后，藻红蛋白的纯度可达4.34；Niu 等（2006）也曾用羟基磷灰石柱层析法对螺旋藻中 C- 藻蓝蛋白和别藻蓝蛋白进行分离。

⑤疏水层析法。疏水层析（hydrophobic interaction chromatography，HIC）是利用固定相凝胶载体上偶联的疏水性配基与流动相中的一些疏水性蛋白质发生可逆性结合，从而将不同疏水性质的蛋白混合物进行分离。由于藻胆蛋白具有疏水差异，在高盐溶液中，疏水性强的蛋白会与疏水配基先结合，此方案常用于藻胆蛋白体粗提液经硫酸铵盐析之后的进一步纯化。Soni 等（2008）利用疏水层析最终将 C- 藻蓝蛋白的纯度由0.86提升到4.52；Santiago-Santos 等（2004）通过甲基化大孔制备型疏水性介质处理藻胆蛋白粗提液，将 *Calothrix* sp. 中 C- 藻蓝蛋白的纯度由0.4提高至3.5。

⑥离子交换层析法。离子交换层析（ion exchange chromatography，简称为IEC）的固定相是离子交换剂，当流动相中的蛋白质混合物流经交换剂时候，不同蛋白分子由于所带电荷情况不同，造成结合力大小不同，从而可以用于藻胆蛋白的分离纯化。虽然离子交换层析介质成本较高，但是在藻胆蛋白分离纯化过程中，效果较好，例如Sepharose Fast Flow离子交换介质已被广泛应用到藻胆蛋白的纯化过程中。Moraes等（2009）在从螺旋藻中提取C-藻蓝蛋白时发现，使用离子交换层析方法能够获得更纯的C-藻蓝蛋白。Patil等（2006）通过DEAE-Sephadex离子交换层析，也使C-藻蓝蛋白的纯度从5.22增加至6.69。

⑦双水相技术。双水相萃取（aqueous two phase extraction，ATPE）是依据物质在两相间的分配的选择性。藻胆蛋白体蛋白的分配系数取决于蛋白与双水相系统间的静电、疏水、生物亲和等各种相互作用，由于不同的蛋白质的分配系数不相同（在0.1～10之间），因而双水相体系对不同类型和结构的蛋白的分配具有较好的选择性（冯维希等，2010）。作为一种新型的分离技术，双水相萃取法在藻胆蛋白提纯中具有较好的特点：a. 系统含水量较高，有助于保持藻胆蛋白生物活性；b. 萃取可以在很短的时间内达到平衡，分相时间短；c. 易于大规模分离纯化（王超等，2011）。

⑧反胶团萃取技术。反胶团萃取（reversed micellar extraction）是一种新型的生物分离技术。反胶团萃取的原理仍是液－液有机溶剂萃取，利用表面活性剂在有机相中构建反胶团，反胶团成为有机相中的亲水微环境，使水溶性蛋白在有机相内吸附在反胶团的亲水微环境中，并且反胶团萃取所需要的操作条件较为温和、流程简单、易于大规模制备，藻胆蛋白在分离过程中也不易变性，尤其对工程菌株发酵液中的转基因表达产物有良好的纯化效果（刘杨等，2008）。

⑨基于磁性纳米颗粒的荧光藻胆蛋白制备分离。生物纳米技术的快速发展为生物大分子的分离纯化提供了新的技术方法。其中，磁性纳米颗粒由于具有特殊的磁响应特性，可以应用到藻胆蛋白的分离纯化中。陈英杰等（2011）将基因重组技术和生物纳米技术相结合，利用磁性纳米颗粒的磁相应特性，进行了磁性纳米颗粒的制备和研究。利用金属离子的螯合作用，陈英杰将锌离子修饰的磁性纳米颗粒表面，然后用双标签标记的转基因别藻蓝蛋白固定，制备出一种粒径为20 nm ± 5 nm的红色荧光超顺磁性球状材料。该荧光磁性纳米颗粒能够与酶亲和素进行结合。实验结果表明，该磁性纳米颗粒可以通过免疫结合反应，对特殊标记的转基因表达藻胆蛋白进行快速识别和纯化。

⑩等电点沉降法。蛋白质等电点沉降法是利用不同藻胆蛋白在各自的等电点处溶解度最小、在低温下析出的原理，对藻胆蛋白体进行分离纯化。朱劼等（2011）采用超声波协同等电点沉淀法从螺旋藻粉中提取藻蓝蛋白，并对其工艺进行优化，为工业化生产

提供理论参考。在最佳分离条件下粗蛋白得率最大达到52.5%。其中藻蓝蛋白的含量为7.7%，提取率为92.7%。

3. 组成和结构

不同类型的藻胆蛋白在一级结构的氨基酸残基序列上有较大差别，但是它们起重要作用的关键位点氨基酸残基是非常保守的。通过对藻胆蛋白的序列和高级结构进行分析，一般认为有一个共同的藻胆蛋白祖先进化出了目前的各种藻胆蛋白，进化顺序依次为C-藻蓝蛋白、R-藻蓝蛋白、藻红蛋白。藻胆蛋白的基本组成为两种亚基，分别命名为α和β亚基，分子量均在为1.5万~2.0万之间，一个α亚基和一个β亚基通过相互作用连接在一起构成藻胆蛋白的基本单体。在藻红蛋白中，除了α和β亚基外，还存在一种分子量约为3.0万的γ亚基。各种藻胆蛋白的氨基酸数量不同，一般情况下，α亚基含有161~164个氨基酸，β亚基含有161~177个氨基酸，γ亚基含有317~319个氨基酸。每个亚基由一个脱辅基蛋白（apoprotein）和1~5个开链的四吡咯环发色团——藻胆素（Phycobilin）组成，藻胆素通过硫醚键与脱辅基蛋白的半胱氨酸残基共价连接。藻胆色素与脱辅基藻胆蛋白的正确连接一般都需要特异的裂合酶来催化完成。目前已发现裂合酶CpcE/F催化脱辅基蛋白CpeA与藻蓝色素PCB的连接，裂合酶PecE/F催化PCB异构为PVB并与脱辅基蛋白PecA连接。裂合酶CpeSl不仅催化PCB与CpcB和PecB的Cys-84位连接，同时也能催化PCB与脱辅基蛋白ApcA，ApcB，ApcA2，ApcD，ApcF的连接。裂合酶CpeTl能催化CpcB和PecB的β亚基Cys-155位与藻蓝色素PCB的偶联（陈煜，2012）。

藻胆蛋白的α和β组成的单体在藻体内会以更稳定的(αβ)n聚集态存在，例如，蓝藻和红藻中常见的藻胆蛋白经常以(αβ)六聚体和(αβ)三聚体聚合形式存在，在隐藻中藻胆蛋白以(αβ)二聚体为主。此外，在多数藻红蛋白中还含有一种γ亚基，每个γ亚基一般与一个(αβ)六聚体结合保持稳定状态；在b-藻红蛋白则没有γ亚基，所以其稳定聚集态一般为(αβ)三聚体；此外，γ亚基具有不同种类，分布在不同的红藻种类中。

在实验中分离纯化得到的藻胆蛋白的光谱特征，往往因为藻胆蛋白所处的聚集状态不同而不同。藻胆蛋白的聚集状态不仅与其种类有关，而且还与其浓度、缓冲液的pH以及所处环境的离子浓度相关，即使在相同条件下，同种藻胆蛋白的不同聚集状态也会同时存在，之间存在着一种动态平衡关系（张晓平等，2015）。

藻胆蛋白是由脱辅基蛋白和开链四吡咯环结构的色基组成（图4-1），产品颜色来源于其共价连接的藻胆素色基（phycobilin），藻胆蛋白间颜色的差别则是由结合藻胆素分子的数量和种类不同造成。藻胆色素通过硫醚键共价结合在脱辅基蛋白的半胱氨酸残基上。藻胆素的种类和数量决定了藻胆蛋白的吸收光谱性质和荧光光谱性质。至今为止，常见的藻胆素有4种，分别是藻蓝胆素（phycocyanobilin，PCB）、藻红胆素（phycoerythrobilin，PEB）、藻尿胆素（phycourobilin，PUB）和藻紫胆素（phycobiliviolin，PXB或PVB），它们的最大吸收峰分别为620～650 nm（PCB）、540～565 nm（PEB）、568 nm（PXB）和490 nm（PUB）（朱丽萍等，2009）。在隐藻中发现至少有以下几种藻胆素，包括藻蓝胆素（PCB）、藻红胆素（PEB）、藻紫胆素（PXB）、DBV（cryptoviolin 15，16-dihydrobiliverdin，也称15，16-二氢胆绿素）和中胆绿素（mesobiliverdin，MBV）。

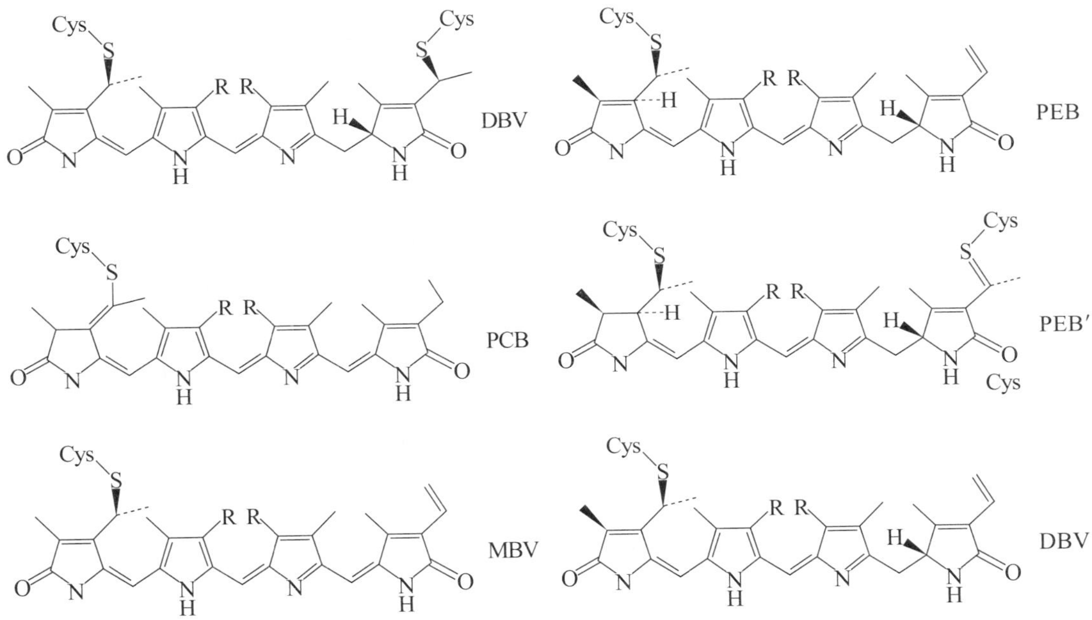

图4-1 藻胆素结构

经核磁共振光谱证实，这4种藻胆素分子的碳骨架相同，分子量大小约为58.6万，都含有2个酮基（C=O）、7个碳碳双键（C=C）等，差异仅表现在双键位置与数量的不同。仅仅是这个简单的差别，就造成了共轭双键的数目不同，共轭双键越多，色基的吸收波长就越红移。加之每种藻胆蛋白可以结合不同类型和数量的藻胆素色基，藻胆蛋白内部色基构象和微环境不同，藻胆蛋白聚集状态等原因（Holzwarth等，1991；Duerring等，1990；Demidov等，1995），藻胆素的吸收光谱范围几乎覆盖了从490 nm（PUB）到650 nm（PCB）广泛的可见光区。

同一种藻胆蛋白分子共价结合的色基不同，例如R-PE和B-PE中通常同时具有PUB、PEB，PC-645同时含有DBV、MBV和PCB。按照功能的不同，可以将色基分为两种类型：一种能吸收能量并相应地产生荧光的"荧光型"色基（f）；另一种称为"敏化型"色基，它能吸收能量并将吸收的能量快速高效地传递给"荧光型"色基，而自身不能产生荧光。藻胆蛋白的色基大多是以硫醚键的形式与藻胆蛋白的脱辅基蛋白上的半胱氨酸残基(Cys)相连，有时 PEB 色基和 PXB 会与两个 Cys 残基以双键的方式相连接。藻胆蛋白对光照、pH、温度等外界条件比较敏感。在强光照、强酸强碱、高温等条件下，藻胆蛋白的空间结构极易发生变化，进而丧失其生物活性。程超等研究了 pH、温度和光照对藻蓝蛋白的影响，为探讨高效利用藻胆蛋白提供了参考(程超等，2014)。藻胆蛋白稳定性相对较差，并且对光强度、温度和所处溶液的 pH、离子强度都较为敏感，高坤煌等(2014)利用喷雾法制备了藻胆蛋白微胶囊，从而为藻胆蛋白的存储和研究提供了新的方法。

曲艳艳等(2013)利用聚丙烯酰胺凝胶电泳、等点聚焦、二维电泳分析等技术对海洋大型红藻多管藻(*Polysiphonia urceolata*)藻蓝蛋白的结构进行了研究。结果表明，PC 含有 1 种分子质量为 1.82 万、pI 为 6.5 的 α 亚基，含有分子质量为 2 万和 2.09 万、pI 为 5.5 和 5.6 的 4 种 β 亚基。王广策等(2001)将紫球藻(*Porphyridium cruentum*)B- 藻红蛋白和多管藻(*Polysiphonia urceolata*)R- 藻红蛋白经蛋白酶 K 部分酶切消化后，分离得到近似天然态的 γ 亚基，且对它的光谱特性以及在藻红蛋白分子中的空间位置进行了研究。动力学分析表明，γ 亚基位于 R- 藻红蛋白和 B- 藻红蛋白六聚体 (αβ)6 的中央空洞中。分离的 γ 亚基上藻红胆素的吸收峰位于 589 nm，光发射峰位于 620 nm，蓝蛋白的吸收峰重叠，有助于藻胆体中藻红蛋白与藻蓝蛋白分子间高效能量传递。

4. 生理活性

(1)藻胆蛋白对细胞增殖和机体免疫的刺激作用：1988 年，Shinohara 等发现藻胆蛋白能够促进一种人骨髓瘤细胞 RPMI 8226 的生长，Shinohara 等同时比较了来源不同的藻胆蛋白对于细胞作用的强弱，发现不同藻胆蛋白的刺激细胞生长的作用强度由大到小分别为：别藻蓝蛋白、藻蓝蛋白、藻红蛋白。汤国枝等(1994)也曾经报道，在钝顶螺旋藻中能够分离得到一种藻胆蛋白组分，分子量约为 1.5 万，该藻胆蛋白组分具有刺激红细胞集落生成的作用。

(2)藻胆蛋白的抗病毒活性：Chueh 等(2003)曾报道别藻蓝蛋白具有一定的抗病毒活性，该别藻蓝蛋白是从钝顶螺旋藻中提取的，在对非洲绿猴肾细胞的病毒和肠道病横纹肌肉瘤细胞活性试验中，发现别藻蓝蛋白对病毒的压制的半数有效抑制浓度为(0.045 ± 0.012) mmol/L。并且实验进一步表明，在细胞受病毒感染前用别藻蓝蛋白处理，效果比病毒感染后才处理效果要好一些。

(3)藻胆蛋白的抗氧化和消炎活性：自由基，是指化合物的分子在外界条件下，共价键发生均裂而形成的具有不成对电子的原子或基团，因为存在未成对电子，自由基性质非常活泼。尽管通常情况下，生物体内自由基浓度很低，存留时间也很短，但自由基代谢的动态平衡却是维系生命健康的基本要素，自由基过多很容易引起生物膜和生物大分子的氧化损伤。自由基生物学和医学研究表明，自由基所造成的氧化损伤不仅可能引起心脑血管疾病和肿瘤的发生，而且还与生物衰老过程密切相关（Floud，1990）。生物体内通过代谢，能够产生羟自由基，羟自由基可对磷脂、DNA、蛋白质等分子造成损伤，从而导致一系列病理生理过程。所以，如果能找到具有清除羟自由基的生物活性物质，则在生物制药上具有重要的意义。张素萍等（2000）曾针对3种不同的藻胆蛋白，开展羟自由基相关实验，据报道，这3种藻胆蛋白对羟自由基都有较强的清除作用。Romay 等（1998）曾从蓝藻 *Arthospira maxima* 中分离纯化得到藻蓝蛋白，通过开展相关实验，结果表明藻蓝蛋白可能通过清除 OH^- 和 RO^- 自由基，产生抗氧化和消炎等作用。此外，藻蓝蛋白对肝脏微粒脂过氧化物生成也具有抑制作用。

黄峰等（2015）曾想培养的螺旋藻中，在培养液中加入一定量的硒元素，螺旋藻在代谢过程中，能够对硒产生富集作用，经过分离纯化后，获得富硒的藻蓝蛋白。经研究发现，富硒藻蓝蛋白对羟自由基和超氧阴离子都有较强的清除能力。

Romay 等（2000）在采用多种动物造模方式时，研究了藻蓝蛋白在动物体内抗炎症的活性，结果表明藻蓝蛋白在动物体内没有任何毒性，而且藻蓝蛋白在所有模型鼠体内都具有较为明显的消炎作用，消炎的效果与藻蓝蛋白成正比。Romay 等（2000）在大鼠耳炎模型的研究中发现，藻蓝蛋白能够减轻炎症组织的水肿，降低髓过氧化物酶的活性；在大鼠结肠炎模型中通过组织病理和超微结构的观察，发现藻蓝蛋白不但具有清除自由基的作用，而且能够抑制炎症反应细胞的浸润并降低结肠的损伤。因此，Romay 等（2000）指出，藻蓝蛋白具有清除自由基的能力，所以产生抗炎症活性。螺旋藻是一种古老的低等原核藻类，粗蛋白含量高达细胞干重的50%以上，其中又以藻胆蛋白含量为最高。张少斌等（2015）从螺旋藻新鲜藻泥中提取藻胆蛋白，并对酶解制备活性肽的工艺进行研究。以·OH 清除率为评价指标，应用单因素试验和多因素正交试验相结合的方法，确定中性蛋白酶酶解螺旋藻藻胆蛋白制备抗氧化活性肽的工艺条件。

（4）藻胆蛋白的抗肿瘤作用：肿瘤是机体在各种致瘤因素作用下，局部组织的细胞在基因水平上失去对其生长的正常调控，从而导致组织细胞异常增生与分化。肿瘤的生长不仅不受正常机体生理调节，而且破坏正常组织与器官。尤其是恶性肿瘤，其生长速度快，呈浸润性生长，易发生出血和坏死。恶性肿瘤具有远处转移的能力，可以造成人体产生严重的脏器功能受损，最终导致患者死亡。长期以来，人们在积极研究肿瘤致病因素的同时，也在努力开发抗肿瘤的有效药物。现有的化学合成抗癌药，大部分对人体的正常细胞也产生非常强的毒副作用。藻类生物的多样性和特殊性，为寻找抗肿瘤活性物质提供了丰富的天然资源。因此，从藻类中寻找低毒性的抗肿瘤成分，也是近年来国内外藻类科学工作者研究的热点之一。

①藻胆蛋白对肿瘤的直接抑制作用。研究发现，藻胆蛋白对多种癌细胞和肿瘤都具有抑制作用，但是抑制肿瘤的作用机制方面较为复杂，目前的研究并不充分，需要进一步阐明。1986年，Schwartz 在哈佛医学院报道过藻蓝蛋白对消化系统的肿瘤具有抑制作用；王勇等（2001）向在体外培养的 HeLa 细胞中加入藻蓝蛋白，随剂量从 10 mg/L 增高至 80 mg/L，藻蓝蛋白对 HeLa 细胞的抑制率逐步提高，当采用流式细胞技术检测 HeLa 细胞所处的细胞周期时，发现藻蓝蛋白可以使 HeLa 细胞的 DNA 合成减慢；杨茜等（2013）以鄂尔多斯高原碱湖钝顶螺旋藻 S1 和非洲 Chad 湖钝顶螺旋藻 S2 为原料，提取了藻胆蛋白粗提液，经研究发现藻胆蛋白粗提液对人肝癌细胞系（HepG-2）和胃癌细胞系（MGC-803）癌细胞生长具有抑制作用。

②完整藻胆蛋白对癌症的治疗作用。光动力学疗法（photodynamic therapy，简称 PDT）是近几年来发展起来的一种新型肿瘤疗法，基本原理是借助于在病灶区富集的光敏剂，经光照后产生自由基和活性态氧，对肿瘤组织进行氧化杀伤。光敏剂的选择是光动力疗法的核心，所以近年来高效、低毒、选择性好的光敏剂成为人们寻求的目标。由于藻胆蛋白含有开链吡咯发色团，与卟啉衍生物较为相似，在脱辅基蛋白的协助下形成的高级结构，使得发色团更加稳定，光能吸收和传递能力大大加强，使得藻胆蛋白可作为光敏剂而加以研究（张建平等，1999）。目前已从海洋生物蓝藻中提取的藻蓝蛋白，在国外已用于皮肤癌等肿瘤的光动力治疗，具有进一步推广应用的价值，所以其对癌症的光动力治疗已获得美国 FDA 的批准。藻蓝蛋白在我国也作为食品添加剂使用。有人认为藻胆蛋白可以作为光敏剂，不仅仅因为其具有光敏作用，也是由于它对肿瘤细胞比对正常细胞具有更强的亲和力，主要在病灶部位富集，虽然原因尚不清楚，但富集后的藻胆蛋白吸收光能后，由于缺少光能受体，在水溶液中导致自由基的产生，从而对肿瘤细胞产生氧化杀伤作用。最近对藻红蛋白的研究也表明，藻红蛋白可以通过光动力反应过程中产生的活性氧物质来引起肿瘤细胞凋亡，从而达到治疗目的。此外，藻胆蛋白还可以作为提高自身免疫作用的营养保健食品为人们所利用，有学者认为，含高浓度精氨酸和支链氨基酸的不平衡氨基酸可抑制肿瘤细胞的生长，藻胆蛋白具有抑制肿瘤生长的作用可能是因为富含较多的支链氨基酸和精氨酸的缘故（杨茵等，2013）。总的来说，藻胆蛋白可以通过多方面的共同作用达到治疗肿瘤的目的。

③重组脱辅基藻胆蛋白对癌症的治疗作用。2003年，赵方庆等（2003）研究了基因重组脱辅基别藻蓝蛋白亚基（rAPC，镭普克）的抑瘤作用，小鼠接种 S180 瘤细胞后，10 d 内分别皮下及口服镭普克 13.4 mg/kg，6.7 mg/kg，3.4 mg/kg，第 11 天处死模型小鼠，称量肿瘤重量和胸腺重量，对白细胞进行计数。结果表明，镭普克对小鼠 S180 肉

瘤有明显的抑制作用，瘤重抑制率可达45%～64%，并且在皮下以及口服均有效，同时对肉瘤小鼠的胸腺指数和白细胞数量无明显影响。唐志红等（2004）利用纯化的镭普克对小鼠H22肝癌的实验结果表明，当静脉注射剂量为50 mg/（kg·d）时，抑瘤率可达62.2%。初步的免疫试验结果表明，镭普克对淋巴B细胞功能具有较强的增强作用。

（5）藻胆蛋白荧光特性的应用：藻胆蛋白具有水溶性好、无毒性、荧光量子产率高、斯托克位移大、荧光不易淬灭等优点，可以用作荧光染料。目前藻胆蛋白作为一种新型的性能优良的荧光探针，已经广泛应用于免疫组织化学、免疫细胞化学、流式细胞荧光测定、共聚焦激光显微镜、荧光激活细胞分选、单分子检测等荧光免疫分析测定。藻胆蛋白在激发光照射后，能发射出强烈的荧光，且荧光强度较高。藻胆蛋白在与其他蛋白共价交联后，荧光发射光谱和量子产额一般不会发生变化，所以Glazer（1982）最早提出藻胆蛋白可以应用于荧光探针。近年来藻胆蛋白作为新型荧光标记物，已经广泛用于临床诊断和生物工程研究中，例如藻胆蛋白与DNA分子、亲和素、单克隆抗体、生物素等结合制成荧光探针，可以用于荧光免疫检测、研究分子间相互作用、荧光显微镜检测、高通量药物靶标分子筛选等工作中。常规的放射性同位素标记法因有半衰期短、需要防护、废物处理困难等缺点，目前正在被荧光标记法所取代，如今Molecular Probe和美国的Sigma等公司都推出了相关产品（Guan等，2007；Su等，2005）。

免疫荧光检测法是使用时间较长的标记分析法，兼具有蛋白质结合的特异性及荧光检测的灵敏性，广泛应用于疾病检测中，特别是在疾病的发展过程、致病机理研究等方面具有独特的优势。免疫荧光检测法的特异性和敏感性主要依赖于荧光染料的质量。藻胆蛋白作为荧光探针应用于荧光分析检测，极大地提高了免疫荧光检测的灵敏度，促使多色荧光检测和能量共振转移（FRET）荧光探针检测成为现实（朱丽萍等，2011）。别藻蓝蛋白是优秀的发射红色荧光的染料，目前国外已将别藻蓝蛋白应用于流式细胞仪的荧光检测中，但由于别藻蓝蛋白天然存在量少，分离纯化困难，造成国际市场上别藻蓝蛋白售价很高，限制了其在生物检测中的应用。

（6）藻胆蛋白抗紫外活性：紫外辐射与皮肤的老化密切相关，而成纤维细胞是紫外线引发皮肤光老化的主要作用靶点，紫外线对成纤维细胞的主要表现在直接与生物大分子发生反应，引起DNA的损伤，从而造成成纤维细胞凋亡、数量减少、活性降低而导致胶原合成减少，致使皮肤张力和承受拉力降低（叶翠芳等，2013）。目前已经有相关人员建立了藻胆蛋白体在体外抗紫外损伤的细胞实验模型，从细胞学水平对藻胆蛋白的抗紫外的效果进行了评价，为其在紫外防护、细胞修复等方面的功效和在化妆品、保健品中的应用提供理论依据。藻胆蛋白作为天然植物源的活性物质，来源广泛，生物量大，有很好的潜在经济价值。

（7）抗肺纤维化作用：肺纤维化尤其是特发性肺纤维化（idiopathicpulmonary fibrosis，IPF）长期以来被认为是一种进行性发展、基本上不可逆的病理改变，IPF 患者诊断后 5 年病死率达到 65%，严重威胁公众健康。由于目前的治疗措施疗效甚微，IPF 甚至还没有形成一个公认的治疗方案。近年来肺纤维化发病学的分子细胞生物学机制研究获得了较大进展，已经发现并确认了大量新的肺纤维化疾病的代谢通路作用靶点。针对这些信号靶点研发的新药已经在临床前和临床研究中被证明可能逆转或部分逆转肺纤维化病变。德国制药巨头勃林格殷格翰（Boehringer Ingelheim）也于 2016 年宣布，特发性肺纤维化治疗药物 Ofev（nintedanib，尼达尼布）一项 Ⅱ 期 TOMORROW 临床试验和 2 项 Ⅲ 期 INPULSIS 临床试验的汇总分析数据，已发表于《呼吸医学》（Respiratory Medicine）。这些研究共纳入 1 231 例 IPF 患者，其中 723 例接受 Ofev 治疗，508 例接受安慰剂治疗。nintedanib 分别于 2014 年 10 月和 2015 年 1 月获 FDA 和欧盟批准，用于特发性肺纤维化（IPF）的治疗。孙英新（2012）通过研究发现，螺旋藻藻蓝蛋白可以提高大鼠肺组织超氧化物歧化酶和血浆超氧化物歧化酶、谷胱甘肽过氧化物酶的活性，降低大鼠肺组织羟脯氨酸、丙二醛和血浆丙二醛的含量，降低肺纤维化大鼠肺组织 TGF-β1 的蛋白水平，抑制 NF-κB 亚基 p65 及 TNF-α 活性，减轻百草枯中毒的大鼠肺肺泡炎症及后期肺纤维化的程度，对百草枯诱导的大鼠肺泡炎及肺纤维化具有显著的抑制作用，对百草枯中毒的大鼠有较好的治疗效果。该研究为藻蓝蛋白治疗百草枯中毒致肺纤维化提供了新的思路。

（8）藻胆蛋白对繁殖能力的影响：王塔娜等（2010）研究了节旋藻藻胆蛋白对果蝇性活力及繁殖能力的影响。以普通培养基为对照，在普通培养基添加不同浓度的节旋藻藻胆蛋白作为实验组，通过观察果蝇体重变化、交配率、子代雌雄果蝇数目，发现随着藻胆蛋白在培养基中浓度的上升，果蝇交配率也由 8.9% 上升到 13.3%～31.1%，同时果蝇子代数较对照组增加了 49.5%～77.7%，这表明藻胆蛋白能提高果蝇的性活力和繁殖能力。

（9）对神经元损伤的保护作用：缺血性脑血管病以死亡率高、致残率高、发病率高，严重危害人类的健康与寿命，对患者的生活能力及质量造成了严重的困扰。临床上表现为颈动脉或椎 – 基底动脉系统发生短暂性血液供应不足，引起局灶性脑缺血，导致突发的、短暂性、可逆性神经功能障碍。脑缺血损伤后神经元除坏死外，还以细胞凋亡的方式死亡。最近的研究表明，藻胆蛋白所具有的抗氧化和清除自由基的作用，可在红藻氨酸盐导致的大小鼠脑损伤中对神经元进行保护。陈红兵等（2004）通过观察藻蓝蛋白对大鼠局灶性脑缺血再灌流的影响，研究了藻胆蛋白对神经元损伤的保护作用。研究发现藻蓝蛋白能够降低髓过氧化物酶的活性，可以减轻组织水肿；在大鼠结肠炎模型中通过对组织病理切片的观察发现，藻蓝蛋白不仅能够降低髓过氧化物酶的活性，而且还能够降低结肠的损伤，抑制炎症反应细胞的浸润。

5. 藻胆蛋白的应用

（1）藻胆蛋白在环境检测方面的应用：水体出现富营养化后，原有的生态平衡就会被破坏，一些藻类就会大量繁殖，出现水华或赤潮现象。如果能够提前预知藻类的分布和发展状况，就能提前做好防御措施，预防或控制灾情的发生。藻红蛋白和藻蓝蛋白是蓝藻重要的光合色素蛋白，有着自己独特的荧光光谱吸收峰和发射峰，因此可以使用荧光水质监测仪及时获取蓝藻生物量数据，并与3S技术结合，形成可视化的蓝藻浓度分布图，为水环境监测提供技术支撑（程宇凯等，2015）。

（2）生物电池：生物光电材料是一类新型光电信息转换、存储材料，生物光电材料对光信号响应的灵敏度高，并且没有污染，开发生物光电材料已成为材料与信息科学研究的前沿。细菌视紫红质是目前研究较为透彻的生物光电材料。某些蓝绿藻中的藻红蓝蛋白和细菌光敏色素这些蛋白质在细菌光合作用中具有很重要的作用，自身具有可逆光开关的特性，可开发为生物光电材料的新领域。

生物电池是指以生物材料为电解质的一种新型、绿色、环保电池。它能够利用光能，具有清洁无污染、高效、可循环利用等特点，在环保意识越来越强的当今社会受到广泛的关注。基于藻胆蛋白的高效捕光作用，人们利用富含藻胆蛋白的螺旋藻制备了螺旋藻生物太阳能电池。图4-2是一种常见类型的螺旋藻生物太阳能电池的结构示意图。

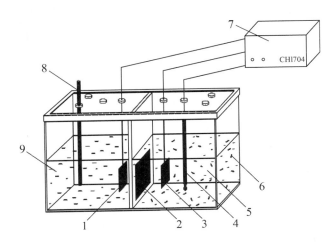

图4-2　螺旋藻生物太阳能电池的结构示意图（田亮，2014）

1. 阴极　2. 质子交换膜　3. 阳极　4. 参比电极
5. 阳极电解液　6. 螺旋藻　7. 电化学工作站　8. 进气管　9. 阴极电解液

（3）光活化杀虫剂：目前常用的杀虫剂的主要成分大多是有机化合物，它们毒性大，而且不宜降解，在杀死害虫的同时也会对环境造成危害。开发新型的杀虫剂迫在眉睫。近年来，光活化杀虫剂逐渐成为研究的热点，它具有低毒、环境友好、高效等特点。目前普遍用来作为光活化杀虫剂研究的光敏剂有卟啉类、咕吨染料、植物源光毒素等。藻胆蛋白在光照条件下能够产生活性氧等自由基，产生光活化作用。产生的自由基能够促进细胞内脂质的过氧化，降低 GSH 的抗氧化能力，造成细胞损伤。因此，藻胆蛋白是一种潜在的光活化杀虫剂，能够克服化学农药带来的环境问题和耐药性问题（梁杰，2014）。

（4）藻胆蛋白 – 有机醇复合防冻剂：藻类经历了冰川时期一直存活至今，说明其在抗冻性上具有显著的优越性，而蛋白质是藻类的主要组成部分，因此藻蛋白在寒冷冰冻条件下也应具有很好的活性和稳定性。目前所用的融雪剂大部分是氯盐类，其融雪化冰简单实用，但会对路面、桥梁等建筑设施造成严重的结构性破坏，对土壤、水源等造成污染。王勇等从螺旋藻中粗提取藻蓝蛋白，再与一定比例的乙二醇、表面活性剂等混合制成一种复合防冻剂，既降低生产成本又保护环境。藻胆蛋白复合防冻剂既可以使蓝藻的污染得到较好的治理，使蓝藻变废为宝，又可以在一定程度上代替传统型氯盐类融雪剂和高成本的 CMA 类融雪剂，达到既降低生产成本又保护环境的目的（王勇等，2010）。

（5）氮库：PE 是一种水溶性蛋白，一些类群中它可占藻体中水溶性蛋白的一半，因此可以作为氮源贮备库，为细胞生长发育提供必需成分。在一种隐藻中，要提供无机氮，PE 便可在藻体中累积，达到 15 pg/ 细胞；培养基中氮源缺乏，PE 迅速分解，量降低至0.05 pg/ 细胞以下。鉴于其高蛋白含量，经有报道开展富含 PE 藻的养殖提供氮源。据报道，红藻 *Rhodosorus marinus* 中的 PE 含的酸性氨基酸量大于碱性氨基酸量，其中含有人体必需的7种氨基酸，但色氨酸含量少（隋正红等，1998）。

（二）其他藻类活性蛋白

1. 蓝藻抗病毒蛋白 CV-N

自从蓝藻抗病毒蛋白 CV-N（cyanovirin-N，CV-N）从椭孢念珠藻（*Nostoc ellipsporum*）中分离出来，近年来得到了研究者们的重视。该蛋白多肽由101个氨基酸残基组成，分子量约为1.1万。CV-N 在实验中表现出强烈的抗病毒活性，能够有效地抑制多个亚型的人类免疫缺陷病毒和猴免疫缺陷病毒；另外，CV-N 对麻疹病毒和疱疹病毒 HSV-6 也具有明显的抑制作用。

2. 糖蛋白

有人在蓝藻和其他藻类中发现糖蛋白（CBP），特别是与甘露糖和 N- 乙酰葡萄糖胺结合的糖蛋白表现出明显的抗人类免疫缺陷病毒活性。在人类免疫缺陷病毒试图逃过药物压力而脱掉其外壳后，该糖蛋白会启动一种有效免疫应答机制来抑制人类免疫缺陷病毒的活动。Mori 等在一种海洋红藻（*Griffithsia* sp.）中分离到一种抗人类免疫缺陷病毒的蛋白（Grif–fithsin，GRFT）。经过实验研究显示 GRFT 既能干扰 GP 120120 与 CD 4 的结合，也能抑制合胞体的形成和 HIV−1 感染的扩散。随着相关实验工作的不断深入，将会有更多的藻类抗病毒药物被逐渐发现并加以利用。

二、活性肽

由于海洋特殊的生态环境，海洋生物产生了比陆生植物次生代谢产物相比更为独特的天然产物。近年来，关于藻类活性肽得到了广泛关注，其生物活性得到进一步研究。特别是经过近几年的研究，藻类中的多种肽类化合物也被证明具有显著的生物活性和药理作用。通过对藻类活性肽氨基酸序列及活性作用的研究，发现具有活性的肽类化合物主要有二肽、环肽和脂肽，这些藻类活性肽化合物主要具有降血压、抗凝血、抗肿瘤、降血脂、抗氧化、抗病毒和促进神经细胞分化等生物活性，根据其生物活性，目前已经开展了相关的化妆品、保健品、药物、生化制品的研究。尽管海岸带藻类生物活性肽的研究历史较短，但因其独特的生物活性作用，已经逐渐成为研究热点（陈志华等，2010）。

1. 海藻肽及其结构特征

从海藻中发现和分离，并表明其氨基酸序列的海藻肽不超过100种，典型的有二肽、环肽和脂肽三种。

其中，代表性的二肽有肌肽（carnosine）、爱森藻肽（eisenine）和鹿角菜肽（fastigiata）。肌肽是从海藻中检测出的 β− 丙氨酸组氨酸，具有抗氧化等特性，对自由基和金属离子引起的脂质氧化具有显著的抑制作用，可以防止肌肤的衰老及肌肤增白的作用，故可以应用在化妆品领域中。爱森藻肽是从褐藻爱森藻（*Eiseniabicylis*）中分离的一个结晶状肽，其结构式确定为 L− 吡咯啶酮 −L− 丙氨酸，该肽具有抗病毒作用和抗过敏活性。鹿角菜肽是 Nara 等（2005）从鹿角菜和黑角菜等中分离纯化得到的，其结构为 L− 吡咯烷酮基 −α−L− 谷酰胺基 −L− 谷酰胺。经过实验证明，鹿角菜肽对 Hela 细胞具有抑制作用，对胃肠道蠕动具有刺激作用，同时能够促进消化腺分泌功能。

代表性的环肽有 hormothamininA 和 majusculamide C 等。其中 hormothaminin A 是从一种蓝藻中分离得到的环肽，具有神经毒等活性，其作用机制主要是影响脑垂体细胞静止期的钙离子通道，提高电压敏感性钙离子通道的释放，从而促进脑内激素如催乳素的分泌增加而产生作用。majusculamide C 是从蓝藻中分离出的环肽，它对 X−5 563 骨髓癌细胞具有阻断和抑制作用。

代表性的脂肽主要有蓝藻脂肽和 hassalLidin A 等。蓝藻脂肽是从蓝藻中提取得到的，实验表明具有抗菌杀毒的生物活性。hassalLidin A 是 Neuhof 等（2006）从蓝藻中分离得到的一个具有抗真菌活性的糖基化脂肽。

2. 海藻肽的活性作用

海藻肽作为我国重要的药物资源，在《神农本草经》和《本草纲目》中已有悠久的药用历史，海蒿子、海带、昆布和羊栖菜等海藻常用于治疗前列腺增生、淋巴结炎、痛风等，另外还用于治疗甲亢、高脂血症等多种疾病，当今主要针对海藻肽的心血管系统活性作用、神经系统活性作用和抗癌活性作用等方面进行研究。

心血管疾病是威胁人类健康的重要疾病之一，冠心病也被认为与高血脂和凝血等因素有关。目前从马尾藻、海带等褐藻中提取的肽类化合物等藻类活性物质在心血管病防治上发挥了很大的作用。

近几年抗肿瘤活性的藻类多肽也不断被发现，王芳宇等研究了趋化因子受体 CCR 5 亲和短肽（AFDWTFVPSLIL）对肿瘤生成作用的影响。结果显示，短肽能通过诱导人脐静脉血管内皮细胞的凋亡来抑制内皮细胞的生长，并能抑制 CAM 膜的血管生成。短肽也能在体内抑制小鼠 B16 黑色素瘤的生长活性，抑瘤率达 68.6%。初步证明海藻短肽具有抗肿瘤生成作用，且这种作用可能是通过抑制肿瘤的血管生成来实现的。

生物体内的氧化最终导致生物体的衰老。研究人员从海藻中分离得到多种可清除体内自由基、具有抗氧化作用的活性肽。2005 年，Heo 等从一种褐藻的 5 种酶水解产物的提取物中得到了通过活性氧簇（reactive oxygen species，ROS）和 1，1-二苯基-2-三硝基苯肼（DPPH）评价的自由基、羟基自由基、超氧阴离子、过氧化氢清除剂的抗氧化水解产物，该水解产物是通过 5 种碳水化合物水解酶（复合纤维素酶、赛路克雷斯、AMG、耐温淀粉酶和 Ultraflo）和 5 种蛋白酶（复合蛋白酶、酒曲酶、中性蛋白酶、风味蛋白酶和碱性蛋白酶）得到的。

三、海岸带滩涂植物的活性氨基酸及肽

滩涂植物种类丰富，包括翅碱蓬（*Suaeda heteroptera*）、茵南苜蓿 *Medicago hispida*）、菰（*Zizania latifolia*）等及陈蒿（*Artemisia capillaris*）、盐角草（*Salicornia europaea*）、灰绿藜（*Chenopodium glaucum*）。其中的活性氨基酸、肽类及肽类衍生物、活性蛋白种类繁多。

1. 活性氨基酸

翅碱蓬是广泛分布于我国北方滨海盐碱地的藜科植物。碱蓬资源丰富、容易采集，因它含有氨基酸和维生素，故对其开发利用具有重要价值。翅碱蓬种子和茎叶含有

15%～20%的蛋白质，它们都含有18种常见的氨基酸。在种子中占主要成分的是谷氨酸、精氨酸、天冬氨酸、酪氨酸和苯丙氨酸。特别有意义的是，种子和茎叶中人类营养必需的8种氨基酸含量丰富，基本符合世界卫生组织建议的完全蛋白标准（其中缬氨酸和苯丙氨酸、酪氨酸的含量特别丰富，分别比标准高6.45倍和1.65倍）。翅碱蓬蛋白质是良好的、营养完全的植物蛋白。盐角草又名海蓬子，是有梗无叶的绿色植物，生长期约220 d，其中有50～60 d可以保持青嫩鲜绿枝茎。海蓬子中富含维生素C，还含有18种氨基酸，是有益人体的绿色保健食品。

红树林（Mangrove）为自然分布于热带、亚热带海岸潮间带的木本植物群落。通常生长在港湾口地区的淤泥质滩上特有的森林，为常绿灌木和小乔木类型。红树林生态系统（Mangrvoe Ecosysetms）处于海洋与陆地的动态交界面，周期性遭受海水浸淹的潮间带环境，使其在结构与功能上具有既不同于陆地生态系统也不同于海洋生态系统的特性。

吕芝香测定了不同培养时期大米草幼苗游离氨基酸均含有天冬氨酸、丝氨酸、谷氨酸、脯氨酸、甘氨酸、丙氨酸、胱氨酸、缬氨酸、蛋氨酸、异亮氨酸、亮氨酸、酪氨酸、苯丙氨酸、r-氨基丁酸、赖氨酸、组氨酸和精氨酸。其中天冬氨酸、丝氨酸、丙氨酸、缬氨酸、r-氨基丁酸等含量较高，甘氨酸、异亮氨酸、亮氨酸、赖氨酸、组氨酸和精氨酸等含量较低，谷氨酸、蛋氨酸、酪氨酸和苯丙氨酸等含量更低。在培养过程中，多数氨基酸的含量均有所增加，其中蛋氨酸增加甚少，异亮氨酸、酪氨酸和r-氨基丁酸略有下降。在蒸馏水或海水中，各培养期游离氨基酸种类相同，其含量因氨基酸种类不同而有差异。脯氨酸的含量由于培养条件的不同差异显著。在蒸馏水中培养的幼苗，脯氨酸的含量低，整个培养期含量变化不大，并略有下降的趋势。在海水中培养的，脯氨酸含量均较高，培养7 d的，脯氨酸迅速积累，比在蒸馏水的同一培养期的幼苗增加44倍；培养21 d的，脯氨酸含量比在蒸馏水中同一培养期的幼苗增加67倍。与培养前幼苗的脯氨酸含量对比，培养7 d的，脯氨酸含量增加4.6倍；培养21 d的，其含量增加6倍。在海水或蒸馏水中其他各种氨基酸含量虽有差异，但多数的含量基本相近。

2. 活性蛋白

翅碱蓬种子和茎叶含有各种分子量的蛋白质约有11种。在种子蛋白质中分子量为5.5万的组分几乎占总蛋白质的50%，分子量为1.7万的占总蛋白质量的13.1%，分子量为3.7万的占总蛋白质的15.5%，其他8种蛋白质共占总蛋白质的21%。茎叶蛋白质的分子量分布与种子蛋白质相似，分子量为5.7万和6.3万两部分占全部蛋白质的65%以上，其次是分子量为3.6万的占14.97%，分子量4.5万的占6.05%，分子量为5.1万的占

9.4%，其余蛋白质只占总蛋白质的3.96%。以上的资料说明，种子和茎叶的蛋白质，分子量为5万~6万的组分占总蛋白质的50%~60%。这些蛋白质水溶性都很好。种子蛋白质的这种特性很适合作为制造高蛋白质饮料的原料。

三角叶滨藜（*Atriplex triangularis*）是一种优良耐盐蔬菜作物，蛋白质含量高，脂肪含量低，病虫害少，营养生长期基本不用打农药，具有很高的食用、药用价值，并可在海水灌溉条件下生长。

枸杞（*Lycium barbarum* L.）属茄科枸杞属，是多年生双子叶落叶灌木，果、叶、果柄和根系中都含有人体需要的蛋白质、维生素、氨基酸和微量元素，是名贵的中药材，声誉享于国内外。

茭白是我国特有蔬菜，品质柔嫩，营养丰富。据分析，100 g茭白中含蛋白质1.5 g，脂肪0.1 g，碳水化合物4 g，热量96.1 kJ，钙4 mg，磷43 mg，铁0.3 mg，胡萝卜素微量，硫胺素0.04 mg，核黄素0.05 mg，烟酸0.6 mg，抗坏血酸2 mg。除食用外，茭白亦可入药。《食疗本草》记载其：利五脏邪气、酒后面赤、目赤、卒心痛、大便不畅、心胸烦热。目前茭白栽培面积较广，从台湾到北京，从舟山群岛至四川盆地都有种植，以江浙的太湖流域栽培最多。茭白是目前浙江省种植面积最大的水生蔬菜，面积达1 400 hm^2。

作为一种谷物，菰含有较多的蛋白质、膳食纤维、钾、磷、钠、镁、镍、钴和硫胺素，水分含量较低。菰米蛋白质中必需氨基酸含量丰富，组成比例合理，它的第一限制氨基酸化学评分是84分，远超过其他谷类和豆类。菰米蛋白质的功效比值为2.75，高于面粉（0.60）、大米（2.18）和大豆（2.32），是优质蛋白质来源。菰草粉是一种良好的饲料，含有较高的蛋白质。

第二节　海岸带动物蛋白、肽及氨基酸

由于海岸带特殊的地理位置和环境，海岸带动物蛋白质和多肽无论是在氨基酸组成上还是在氨基酸序列上，均与陆生动物和深海动物蛋白有很大的不同。根据结构决定性质的原理，可以推测海岸带动物蛋白及多肽可表现出不同的性质和生理活性，这将大大有利于其在食品、化妆品、医药、生物材料等领域的应用。目前已有多种海岸带动物蛋白质及多肽在人们的生活中得到了应用，如胶原多肽已被开发成多种保健食品，得到了消费者的广泛认可；还有一些肽类毒素被开发成神经系统、心血管系统疾病治疗的特效药。本节将对目前研究深入、应用广泛的海岸带动物蛋白及多肽进行系统介绍。

一、动物活性蛋白质

目前已从海岸带多种动物中获得具有不同生理活性的蛋白质，主要是胶原蛋白和一些糖蛋白。如已对草鱼（Zhang 等，2007）、日本鲽鱼和琥珀鱼（Nishimoto 等，2005；Nishimoto 等，2004）、竹荚鱼鳞（Thuy 等，2014）、史氏鲟鱼皮（Wang 等，2014a）、鲶鱼皮（Singh 等，2011）、旗鱼皮（Tamilmozhi 等，2013）、扇贝外套膜（Shen 等，2007）、鱿鱼表皮（Veeruraj 等，2015）、海蜇（Zhang 等，2014）等胶原蛋白进行了大量研究；对海蜇、文蛤、皱纹盘鲍、马氏珍珠贝糖蛋白也进行了一些研究。针对目前的研究现状，后续内容将从来源、结构、生理活性、应用等方面对海岸带动物活性蛋白进行介绍。

（一）胶原蛋白

胶原蛋白是动物组织中的一类结构蛋白，约占总蛋白量的1/3，广泛分布于动物的皮肤、骨骼、软骨、结缔组织、腱、角膜、内脏细胞间质、肌腔、韧带、巩膜等部位（蒋挺大，2006）。正是由于它的存在，动物组织才具有一定的结构和张力强度、拉力、黏弹性等机械力学性质，达到支撑器官、保护机体的功能。胶原蛋白在食品、化妆品、生物材料、组织工程等领域均有非常广泛的应用。变性胶原蛋白，俗称明胶，可作为稳定剂、增稠剂、黏合剂和发泡剂应用于食品生产，提高食品的弹性、黏度和稳定性等（Montero & Gómez-Guillén，2000）。它还是化妆品中一种具有良好保湿性的天然材料（Swatschek 等，2002）。胶原蛋白具有良好的生物相容性和可降解性，有利于细胞附着、增殖和分化，可应用于生物材料和组织工程领域。

传统意义上，胶原蛋白主要来源于猪和牛等陆生哺乳动物。但是近年来，由于疯牛病、口蹄疫的频发以及宗教原因，水生生物胶原蛋白逐渐受到人们的关注。海岸带鱼类胶原蛋白也是水生生物胶原蛋白中的一类。由于海岸带鱼类的生活环境与陆生动物和深海动物均不同，所以海岸带鱼类胶原蛋白是一类既不同于陆生哺乳动物胶原蛋白，也不同于深海鱼类胶原蛋白的一类蛋白质，在结构和性质上具有若干特异性，大大增加了人们的研究兴趣。

1. 来源

鱼类是一个品种多样、资源丰富的物种，它们几乎栖居于地球上所有的水生环境——从淡水的湖泊、河流到咸水的大海和大洋。根据已故加拿大学者 Nelson（1994）的统计，全球现生种鱼类占已命名脊椎动物一半以上，且新种鱼类不断被发现。此处所说的海岸带鱼类是除深海鱼类（鳕鱼、鲨鱼、金枪鱼、鲅鳒鱼、鳗鱼等）以外的所有鱼类，包括浅海鱼类、淡水鱼类、海水淡水交汇鱼类，洄游鱼类也包括在内。鱼类食用价值极高，营养丰富，鱼肉富含动物蛋白质和磷脂等，易被人体消化吸收，并且具有较好的医疗保健作用和较高的药用价值。胶原蛋白主要存在于鱼皮、鱼骨、鱼鳞、鱼鳍和鱼鳔等部位。传统加工上这些部位大多被丢弃，造成环境污染和资源的浪费。现在，人们已经认识到在这些下脚料中含有丰富的胶原蛋白。如罗非鱼皮粗蛋白含量高达33.14%，其中胶原蛋白含量为27.8%，占粗蛋白的83.9%（叶小燕等，2008）；林琳（2006）测定发现鱿鱼皮和鲤鱼皮胶原蛋白含量分别占总蛋白含量的74.7%和70.2%。目前鱼类加工下脚料是重要的胶原蛋白来源。近年来，科研工作者对许多鱼类胶原蛋白的结构、功能、构效关系和应用进行了全面研究，取得了一定的研究成果。

无脊椎动物也是胶原蛋白重要的来源。无脊椎动物种类繁多，生活范围极广，在海水、淡水和陆地均有生活，主要包括章鱼、乌贼、枪乌贼、鲍鱼、贝类、海参和海蜇等（图4-3）。枪乌贼表皮和海参体壁经切片和 Van-Gieson 染色后胶原纤维分布见图4-4(a)和(b)，可以发现其中均含有大量的红色胶原纤维。由无脊椎动物制备的胶原蛋白在结构和性质上不仅与陆生哺乳动物胶原蛋白有差异，而且与鱼类来源的胶原蛋白也不同。

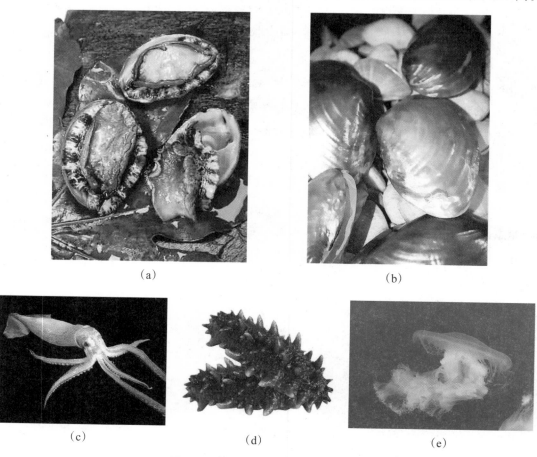

图4-3　部分无脊椎动物的外观形态

(a)鲍鱼　(b)珍珠贝　(c)枪乌贼　(d)海参　(e)海蜇

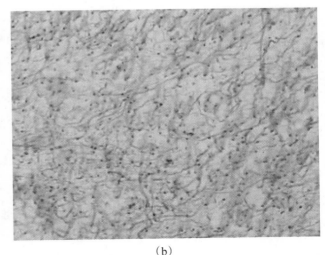

(a)　　　　　　　　　　　　　　(b)

图4-4　胶原纤维分布

(a)枪乌贼表皮　　(b)海参体壁

Van-Gieson 染色（×20）（Yan 等，2009；侯虎等，2013）

对于这些物种来源的胶原蛋白的结构、性质、性能将在后续的介绍中详细说明。

2.制备、分离及纯化

（1）制备方法：胶原蛋白是一种纤维状蛋白，溶解性较差。1900年法国研究人员发现胶原蛋白可溶于稀醋酸，之后，经过人们的不断研究，发现胶原蛋白在多种不同的 pH 和盐浓度的提取介质中均可溶解。目前，胶原蛋白的制备技术已日趋成熟，现有技术已能够适应不同原料胶原的制备。迄今为止，依据提取介质的不同，胶原蛋白的提取方法可分为以下五类，即酸提取法、碱提取法、酶解提取法、中性盐提取法以及热水提取法等。基本原理均是改变胶原蛋白所在的外界环境，使胶原蛋白与其他蛋白质分离开来（毕琳，2006；闫鸣艳，2009）。

①酸提取法。酸提取法是利用一定浓度的酸溶液提取胶原蛋白，主要采用低离子浓度酸性条件破坏分子间的盐键和希夫碱，引起纤维膨胀、溶解。采用酸提取法提取的胶原蛋白通常称为酸溶性胶原蛋白（Acid-solubilized Collagen，ASC）。酸提取法主要是将没有交联的胶原蛋白分子完全溶解出来，同时也可以溶解含有醛胺类交联键的胶原纤维（余海等，2000）。作为提取介质使用的酸主要包括醋酸、盐酸、柠檬酸、乳酸和甲酸等。叶韬等用柠檬酸、乙酸和乳酸提取罗非鱼骨胶原蛋白，使用 pH 为2.6的乳酸为介质时，胶原蛋白的提取率最高，其次是 pH 为2.0的乙酸介质，柠檬酸的提取率最低（叶韬等，2015）。目前，酸提取法是使用比较多的制备胶原蛋白的方法，该法能够最大限度地保持胶原蛋白的天然结构。

②碱提取法。碱提取法是利用碱在一定的外界环境条件下提取胶原蛋白。然而，在碱性条件下处理，易造成胶原蛋白的肽键水解。若水解严重，则会产生 DL– 型氨基酸消旋混合物，其中 D– 型氨基酸若高过 L– 型氨基酸，则会抑制 L– 型氨基酸的吸收，有些 D– 型氨基酸有毒，甚至具有致癌、致畸和致突变作用（毕琳，2006）。因此，迄今为止，有关使用该法提取胶原蛋白的报道较少。温慧芳等（2007）采用 $Ca(OH)_2$ 溶液提取鲴鱼皮胶原蛋白，最高提取率可达79.67%。

③酶解提取法。酶解提取法即是利用中性蛋白酶、木瓜蛋白酶、胰蛋白酶和胃蛋白酶等各种蛋白酶在一定的外界环境条件下提取胶原蛋白，这是目前胶原蛋白提取方法中使用最广泛的方法，用该法提取的胶原蛋白通常称为酶促溶性胶原蛋白（Pepsin-solubilized Collagen，PSC）。其中，胃蛋白酶是最常用的蛋白酶。用该酶提取胶原蛋白具有水解反应快、无环境污染、提取的胶原蛋白纯度高、溶解性好、理化性质稳定等特点。在提取过程中，胃蛋白酶催化胶原蛋白非螺旋区的端肽，但是对螺旋区没有作用，这样胶原蛋白仍然保持完整的三螺旋结构，但抗原性却降低了，这也是酶促溶性胶原蛋白和酸溶性胶原蛋白的主要区别，因此用酶解提取法制备的胶原蛋白更适合于作为医用生物材料。王川等（2007）比较研究了采用胰蛋白酶、木瓜蛋白酶和胃蛋白酶从猪皮中提取胶原蛋白，发现采用胰蛋白酶提取胶原蛋白得率最高，但结构破坏较为严重，用胃蛋白酶提取的胶原蛋白的结构保存最为完整，但是得率最低。对于水产胶原蛋白的提取，胃蛋白酶法也得到广泛的认可，国内外研究报道也很多，如草鱼皮（Zhang 等，2007）、鱿鱼表皮（Veeruraj 等，2015）、旗鱼皮（Tamilmozhi 等，2013）等胶原蛋白均可用胃蛋白酶法提取。

④中性盐提取法。中性盐提取法是利用氯化钠、氯化钾、乙酸钠、盐酸 – 三羟甲基氨基甲烷等各种不同的盐在一定的外界环境条件下提取盐溶性胶原蛋白。在中性条件下，采用盐浓度为 0.15 ~ 1.00 mol/L 提取胶原蛋白比较合适，如果盐浓度太低，胶原蛋白是不易溶解的。Kolodziejska 等（1999）研究了采用浓度为 5% ~ 15% 的 NaCl 溶液在 0℃ 下提取了鱿鱼皮胶原蛋白的方法，确定了一个提取无色无味可溶性胶原蛋白的工艺流程。中性盐法提取胶原蛋白的研究较少，通常情况下，该法主要用于对提取的胶原蛋白进行盐析处理，以沉淀出不同类型的胶原蛋白（Nagai & Suzuki，2000），采用的中性盐主要是氯化钠和硫酸铵。Shen 等（2007）通过 NaCl 分级盐析的方法得到了扇贝外套膜胶原蛋白的主要成分和微量成分，经鉴定类似于哺乳动物的 I 型和 V 型胶原蛋白。还有研究通过硫酸铵分级沉淀法成功将日本鳀鱼和日本琥珀鱼 I 型和 V 型胶原蛋白分离开来（Nishimoto 等，2005；Nishimoto 等，2004）。

⑤热水提取法。胶原蛋白不溶于冷水，但是在热水中溶解度明显提高。利用这一性

质可以得到水溶性胶原蛋白，但是用该法得到的胶原蛋白天然结构已被破坏，所得胶原蛋白一般被称为明胶。潘杨（2008）采用80℃的水提温度、水提时间5 h、水提2次的方法提取了鲢鱼鱼鳞明胶，所得明胶纯度较高，品质良好，明胶强度达到1 609.4 g，黏度达到20.58 mPa·s。肖枫等（2013）采用超声辅助热水法提取黄河鲤鱼鱼鳞明胶，其最佳工艺参数为，提取温度70℃，超声时间100 min，超声功率300 W，液料比10∶1（ml/g），在此条件下明胶得率达64.18%。

在实际过程中，胶原蛋白的提取大多是多种方法相结合。基本步骤是把动物组织浸泡在合适的溶剂中，经过一定时间后离心除去不溶性组分，加入中性盐使蛋白沉淀出来，最后通过离心、透析除盐、冷冻干燥等方法得到胶原蛋白。利用该方法已成功得到罗非鱼、草鱼、鲤鱼、尼罗河鲈鱼、斑点叉尾鮰鱼等鱼胶原蛋白。Tang 等（2015）制备罗非鱼、草鱼和鲤鱼胶原蛋白的具体方法如下：将鱼皮用10% 正丁醇脱脂36 h，每12 h 更换一次溶液，料液比为1∶10；脱脂鱼皮在浓度为0.1 mol/L 的 NaOH 水溶液中浸泡36 h（1∶10W/W）以除去非胶原成分，每12 h 更换一次溶液，然后水洗至中性；加入浓度为0.5 mol/L 的醋酸溶液（1∶30W/W）匀浆，4℃磁力搅拌萃取48 h，10 000 r/min 离心30 min，收集沉淀，上清液即为酸溶性胶原蛋白（Acid-soluble collagen，ASC）。在上清液中加入NaCl 至最终 C（NaCl）=0.9 mol/L，离心，收集沉淀溶于0.5 mol/L 醋酸溶液中，用0.1 mol/L 醋酸溶液透析1 d，再用蒸馏水透析2 d，冻干得鱼皮酸溶性胶原蛋白。将所得沉淀继续用浓度为0.5 mol/L 的醋酸溶液4℃下提取48 h，同时加入0.5% 的胃蛋白酶，经离心、透析、冻干得鱼皮酶促溶性胶原蛋白（Pepsin-soluble collagen， PSC）。具体制备工艺流程如图4-5。

（2）分离纯化方法：要开发高

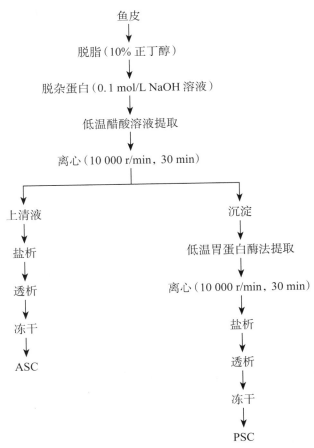

图4-5 鱼皮胶原蛋白的酸提取法和酶提取法制备工艺流程

（Tang 等，2015）

附加值的胶原蛋白产品，深入了解胶原蛋白的特性，必然会涉及胶原蛋白的分离纯化工作，最终目标是提高胶原蛋白的纯度，使之满足不同领域的要求。胶原蛋白所含有的杂质主要包括两部分：一部分是在粗提过程中，部分胶原的三螺旋结构被破坏而产生的小分子；另一部分是其中可能混有与其有特异亲和性的酸性糖蛋白和蛋白聚糖等杂质。胶原蛋白分离纯化的方法主要基于蛋白质在溶解度、带电荷性、相对分子质量大小、吸附性质、亲和特异性等方面的差异而选择的。目前最常用的方法是透析和超滤、色谱法和电泳技术等。

①透析与超滤。胶原蛋白在提取的过程中需要用到盐析的方法，因而在其中会引入大量的盐离子。为了提高胶原蛋白的品质，必须将其中大量的盐离子除去，采用透析的方法可达到此目的。透析是将胶原蛋白溶液装在半透膜的透析袋里，放在蒸馏水或其他介质中，其中的无机盐等小分子通过透析袋扩散入介质中而除去。在由鱼皮、鱼鳞等制备胶原蛋白的过程中多用到透析的方法进行脱盐（图4-6）。

图4-6　胶原蛋白透析处理

（中国科学院海岸带研究所生物学与生物资源利用重点实验室）

超滤是基于筛分原理即膜孔尺寸的大小对不同大小物质进行分离、浓缩的方法（金桂芬，2008）。由于操作简便、环境温和、容易保持生物大分子的活性等特点，所以在蛋白质分离方面具有独特的优势。石红旗（2006）用超滤的方法分离浓缩了海蜇胶原蛋白，得到分子量在10万~30万的胶原蛋白，截留率为95%~98%；该方法还可有效回收蛋白酶，使反应体系循环利用。金桂芬（2008）探讨了超滤时的操作压力和时间对超滤膜渗透通量、透过液 pH、透过液电导率、截流量的影响，以此为基础构建了数学模型，用于指导海蜇胶原蛋白的超滤纯化。

②色谱法。用于胶原蛋白分离纯化的色谱方法主要包括离子交换色谱法、凝胶色谱法和高效液相色谱法。离子交换色谱法是利用胶原蛋白与离子交换剂的静电作用，以适当的溶剂作为洗脱液，使离子交换剂表面的可交换离子与带相同电荷的胶原蛋白交换，从而进行分离。常用于胶原蛋白纯化的离子交换剂有弱酸性的羧甲基纤维素（CM- 纤维素）和弱碱性的二乙基氨基乙基纤维素（DEAE- 纤维素）。前者为阳离子交换剂，后者为阴离子交换剂。胶原蛋白分子是两性聚电解质，在等电点处分子的净电荷为 0，与交换剂之间没有电荷相互作用。当体系的 pH 在其等电点以上时，分子带负电荷，可结合在阳离子交换剂上；当体系的 pH 在其等电点以下时，分子带正电荷，可结合在阴离子交换剂上。对离子交换剂结合力最小的蛋白质，首先由层析柱中洗脱出来。在胶原蛋白的研究中，DEAE- 纤维素柱色谱是除去胶原中所混杂的其他蛋白多糖的有效方法；CM- 纤维素柱色谱则可以用于不同的胶原类型及其组成的多肽链的分离。Sato（2003）使用 DEAE- 纤维素柱和 Bakerbond WP-CSX 柱纯化猪肠内结缔组织 Ⅴ 型胶原蛋白。Kimura（1981）用 CM- 纤维素柱和 Sepharose CL-4B 凝胶柱纯化得到了章鱼皮胶原蛋白 α_1 和 α_2 亚基。

凝胶色谱法是体积排阻色谱中典型的一种，主要是依据多孔的载体（常用葡聚糖凝胶和琼脂糖凝胶）对不同体积、不同形状和不同分子量的物质排阻能力不同，从而使混合物达到分离的目的（蒋挺大，2006）。不同分子量的蛋白质混合物借助重力通过层析柱时，比"网孔"大的蛋白质分子不能进入凝胶颗粒的网格内，被排阻在凝胶颗粒之外，随着洗脱剂通过凝胶粒外围而流出；比"网孔"小的分子则扩散进入凝胶粒内部，然后再可逆地扩散出来通过下层凝胶。凝胶过滤色谱是对胶原蛋白进行分级和测定胶原蛋白分子量及其分布的良好方法。崔凤霞等（2007）采用 Sephacryl S-300 HR 凝胶柱分离了海参体壁胶原蛋白的 α 亚基，确定该胶原蛋白由三个相同的 α 亚基组成。

若对胶原蛋白纯度要求非常高，多使用高效液相色谱法，但是目前在胶原蛋白的分离、纯化方面使用不多。王琳等（2004）通过高效液相色谱法分离得到了高纯度且具有良好生物安全性的猪皮 Ⅰ 型胶原蛋白。

③电泳法。胶原蛋白的分离纯化还可使用电泳法，主要是聚丙烯酰胺凝胶电泳法。该方法具有较高的分辨率和灵活性，因而在蛋白质分离纯化中较常使用。基本原理是，聚丙烯酰胺凝胶是由单体丙烯酰胺和少量交联剂甲叉双丙烯酰胺在催化剂作用下，聚合交联而成的具有三维网状结构的凝胶。凝胶的孔径可以通过调控单体和交联剂的浓度来实现，以迎合不同分离的需要（张洪渊，2006）。电泳法多用于胶原蛋白亚基的分离，

之后可通过蛋白酶法回收，用于进行肽质量指纹图谱等分析。图4-7为利用SDS-PAGE电泳法分离了罗非鱼皮胶原蛋白的α和β亚基，并且可以清楚地看出亚基是否发生了降解。从图中可以明显地看出，酶促溶性胶原蛋白和35℃、45℃热水提取的罗非鱼皮胶原蛋白发生了部分降解。

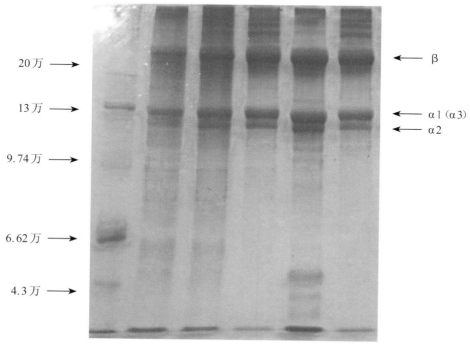

图4-7　罗非鱼皮胶原蛋白SDS-PAGE电泳图

（Yan 等，2015）

1.蛋白标准　2.45℃热水提取胶原蛋白　3.35℃热水提取胶原蛋白
4.25℃热水提取胶原蛋白　5.酶促溶性胶原蛋白　6.酸溶性胶原蛋白

3.分类

胶原蛋白是细胞外基质的重要组成部分。随着分子生物学、生物化学和细胞生物学等不同学科的发展，现在已经肯定胶原蛋白并不是一个蛋白质的总称，而是富有多样性和组织分布特异性的，是与各组织、器官机能密切相关的功能性蛋白（李昀，2005）。迄今为止，已发现了27种不同类型的胶原蛋白（Pace 等，2003），彼此间从分子遗传学到分子结构均不相同，其主要类型及分布如表4-2。不同类型胶原蛋白的主要区别在于分子中非螺旋部位的范围和分布，这决定整体蛋白质的易变性和生物物理特性。

按照功能可将胶原蛋白分为两组，第一组是成纤维胶原，包括Ⅰ，Ⅱ，Ⅲ，Ⅴ，Ⅺ，ⅩⅩⅣ和ⅩⅩⅦ型胶原，占胶原家族的90%；其余是第二组，为非成纤维胶原。不同类型的胶原蛋白在动物组织中发挥的作用是不同的，其中 I 型胶原在动物体内含量最高，是主要的胶原蛋白类型，占胶原总量的 80% 以上。通常所说的胶原的结构、性质、功能等均是针对 I 型胶原来说的。单个的 I 型胶原分子分子量约为 28.5 万，宽 1.5 nm，长约 300 nm，由三条多肽链组成（王碧等，2001）。它是一种成纤维胶原，能促进细胞的活化和增殖，是皮肤、骨骼的重要组成部分，若缺失易导致皮肤松弛、骨骼力学性能差等多方面问题。

表 4-2　　　　　　　　　不同类型胶原蛋白的组成及组织分布（Gelse 等，2003）

类型	亚单位组成	主要分布组织
I	$[\alpha_1(I)]_2\alpha_2(I)$　$[\alpha_1(I)]_3$	皮肤、肌腱、骨、牙、皮肤等
II	$[\alpha_1(II)]_3$	软骨、玻璃体、椎间盘、髓核
III	$[\alpha_1(III)]_3$	皮肤、肌肉、血管
IV	$[\alpha_1(IV)]_2\alpha_2(IV)$	基底膜
V	$\alpha_1(V)$　$\alpha_2(V)$　$\alpha_3(V)$ $[\alpha_1(V)]_2\alpha_2(V)$ $[\alpha_1(V)]_3$	胎儿多数间隙组织及培养的细胞
VI	$\alpha_1(VI)$　$\alpha_2(VI)$　$\alpha_3(VI)$	大部分的空隙组织
VII	$[\alpha_1(VII)]_3$	上皮
VIII	$[\alpha_1(VIII)]_3$	一些内皮细胞
IX	$\alpha_1(IX)$　$\alpha_2(IX)$　$\alpha_3(IX)$	软骨
X	$[\alpha_1(X)]_3$	软骨
XI	$\alpha_1(XI)$　$\alpha_2(XI)$　$\alpha_3(XI)$	软骨
XII	$[\alpha_1(XII)]_3$	韧带、肌腱及皮肤
XIII	$[\alpha_1(XIII)]_3$	内皮细胞
XIV	$[\alpha_1(XIV)]_3$	真皮、肌腱
XV	$[\alpha_1(XV)]_3$	平滑肌细胞
XVI	$[\alpha_1(XVI)]_3$	成纤维细胞
XVII	$[\alpha_1(XVII)]_3$	皮肤及真皮连接处
XVIII	$[\alpha_1(XVIII)]_3$	肝及胃细胞
XIX	$[\alpha_1(XIX)]_3$	人横纹肌肉瘤细胞
XX	$[\alpha_1(XX)]_3$	肌腱、胚胎壁及胸软骨
XXI	$[\alpha_1(XXI)]_3$	血管壁细胞

现在研究发现水产的胶原蛋白多为Ⅰ型和Ⅴ型胶原蛋白（Yata等，2001），其中Ⅰ型被认为是主要的胶原蛋白，Ⅴ型为微量胶原蛋白。Ⅴ型胶原蛋白分布在细胞周围及Ⅰ型胶原蛋白的周围，似乎担负黏接作用，已从数种鱼类肌肉中分离出来，是一种含量只有Ⅰ型胶原蛋白数量的百分之几的微量成分（鸿巢章二，1992）。Nishimoto等（2004）对日本琥珀鱼皮酶促溶胶原蛋白通过硫酸铵分级沉淀后得到两部分物质，经鉴定分别为Ⅰ型和Ⅴ型胶原蛋白。另外，在日本比目鱼皮（Nishimoto等，2005）、扇贝外套膜（Shen等，2007）、史氏鲟鱼皮（Wang，等，2014）等胶原蛋白中都存在Ⅰ型和Ⅴ型。此外，海岸带动物组织中也存在一些其他类型的胶原蛋白，特别是一些非脊椎动物组织。Mizuta等研究发现海鞘肌内层中含有AS-Ⅰ和AS-Ⅱ型胶原蛋白，分别类似于脊椎动物的Ⅰ型和Ⅴ型胶原蛋白（Mizuta等，2002a）。

不同类型的胶原蛋白均是由单个亚基组成，称之为α亚基。目前，水产胶原蛋白的亚基组成研究主要集中于Ⅰ型胶原蛋白的研究上。就研究结果来说，不同来源的Ⅰ型胶原蛋白的亚基组成也是不同的。大多数的硬骨鱼类胶原蛋白含有三条不同的α链，即由三条异种α链形成的单一型杂分子$\alpha_1\alpha_2\alpha_3$组成（Kimura，1992），而非$(\alpha_1)_2\alpha_2$，这不同于哺乳动物胶原蛋白仅含有两条α链（Liu等，2007）。对于无脊椎动物胶原蛋白，如章鱼皮（Kimura等，1981）及海胆（Omura等，1996）胶原蛋白的亚基组成均为$(\alpha_1)_2\alpha_2$，与陆生哺乳动物类似。此外，一些胶原蛋白中还可能存在α_4及α_5等亚基，如面蜇中胶层胶原蛋白由四个亚基组成，即$\alpha_1\alpha_2\alpha_3\alpha_4$（Nagai等，2000）。

4. 组成和结构

（1）组成：蛋白质的基本组成单位是氨基酸。像所有的蛋白质一样，胶原蛋白分子也是由氨基酸单元相互连接而成的，氨基酸组成有如下特征（蒋挺大，2006）：

①甘氨酸残基几乎占总氨基酸残基的1/3，即每隔两个氨基酸残基（X-Y）即有一个甘氨酸残基，所以其肽链可用$(Gly-X-Y)_n$来表示。

②胶原蛋白中缺乏色氨酸和胱氨酸，所以它在营养上为不完全蛋白质，但也有文献上列出的胶原蛋白氨基酸组成并不缺少这种氨基酸，只是量少而已。

③胶原蛋白中存在羟赖氨酸和羟脯氨酸，通常，在其他蛋白质中不存在羟赖氨酸，也很少有羟脯氨酸的存在。其中羟脯氨酸不是以现成的形式参与胶原的生物合成的，而是由已经合成的胶原肽链中的脯氨酸经羟化酶作用转化而来的。

④绝大多数蛋白质中脯氨酸含量很少，胶原蛋白中脯氨酸及羟脯氨酸的含量是各种蛋白质中最高的。正是由于这两种氨基酸的存在，所以胶原蛋白具有微弹性和很高的拉伸强度。

⑤海岸带动物胶原蛋白的羟脯氨酸的含量比陆地动物低得多，但是比深海动物高。

其中，①~④为胶原蛋白氨基酸组成的共同特点，⑤为海岸带动物胶原蛋白氨基酸组成的独有特点。表4-3为通过氨基酸分析仪测定的几种胶原蛋白的氨基酸组成，从中可以明显地看出海岸带动物胶原蛋白的上述氨基酸组成特征。

表4-3　　　　　　　　　　几种胶原蛋白氨基酸组成

（Zhang 等，2007；Thuy 等，2014；张虹等，2009）

氨基酸	草鱼皮胶原蛋白	日本竹荚鱼鳞胶原蛋白	猪皮胶原蛋白	牛皮胶原蛋白	鮟鱇鱼皮胶原蛋白
羟脯氨酸	65	64	97	94	47
天冬氨酸	42	47	44	45	41
苏氨酸	24	24	16	18	27
丝氨酸	39	34	33	33	50
谷氨酸	61	70	72	75	49
脯氨酸	121	101	123	121	100
甘氨酸	334	338	341	330	401
丙氨酸	135	130	115	119	113
半胱氨酸	4	2	0	0	1
缬氨酸	31	21	22	21	37
蛋氨酸	10	31	6	6	5
异亮氨酸	10	10	10	11	9
亮氨酸	22	22	22	23	24
酪氨酸	2	2	1	3	4
苯丙氨酸	17	13	12	3	9
羟赖氨酸	8	7	7	7	2
赖氨酸	23	27	27	26	24
组氨酸	5	6	5	5	7
精氨酸	57	51	48	50	50

在这里需要特别指出的是，羟脯氨酸可以作为胶原蛋白的特征氨基酸，通常原料中胶原蛋白含量的测定即是通过测定羟脯氨酸的含量来实现的。具体测定方法如下（Reddy & Enwemeka, 1996；林琳，2006；闫鸣艳，2009）：

1）实验试剂的配制：

a 醋酸－柠檬酸缓冲液（pH 6.5）：取 5 g 柠檬酸、1.2 ml 冰醋酸、12 g 醋酸钠和 3.4 g 氢氧化钠，在蒸馏水中溶解后定容至 100 ml，调整 pH 至 6.5。

b 3.5 mol/L 高氯酸溶液：取 70% 的高氯酸溶液 27 ml，用蒸馏水定容至 100 ml。

c 10% 对二甲基氨基苯甲醛（P–DMAB）溶液：将 10 g 对二甲基氨基苯甲醛用异丙醇溶解后定容至 100 ml。

d 氯胺 T 试剂：将 1.4 g 氯胺 T、30 ml 异丙醇、50 ml 醋酸 – 柠檬酸缓冲液和 20 ml 蒸馏水，氯胺 T 溶解完全后混合均匀。

2）羟脯氨酸标准曲线的绘制：精确称取羟脯氨酸标准品 0.100 g，用 0.001 mol/L 的盐酸溶解，配制成 1 mg/ml 的羟脯氨酸贮备液，冰箱中保存备用。利用羟脯氨酸贮备液配制不同浓度的羟脯氨酸标准溶液，各取 1 ml，以 0.001 mol/L 的盐酸溶液作为空白液，在标准溶液和空白液中分别加入 2 ml 氯胺 T 溶液，混匀后在室温（25℃）下静置 20 min，然后加入 2 ml 高氯酸溶液，混匀，室温下静置 5 min，最后加入对二甲基氨基苯甲醛溶液 2 ml，混匀，在 60℃ 水浴中保温 20 min 进行显色反应，随后置于冷水中冷却。以空白液调零，测定 560 nm 处的吸光度。以吸光度为纵坐标、羟脯氨酸浓度为横坐标绘制标准曲线，确定回归方程。

3）样品中羟脯氨酸含量的测定：取一定量的待测样品置于安瓿瓶中，加入 6 mol/L 盐酸 1 ml，用酒精喷灯封口后于 130℃ 下水解 3 h。取出冷却，用蒸馏水定容至 10 ml，滤纸过滤，取 1 ml 样品溶液按羟脯氨酸标准曲线的测定方法测定待测样品的吸光度。由标准曲线换算出样品液中羟脯氨酸含量，乘以换算系数即得胶原蛋白的含量。一般来说，换算系数依据原料的不同而不同，对于鱿鱼皮、鲤鱼皮和罗非鱼皮，换算系数分别为 14.12，9.75 和 14.70；通常在不确定换算系数的情况下，其值取 11.1。

（2）结构：胶原蛋白是一种白色、透明、无分支的原纤维，分子量约为 30 万。它是由三条左手螺旋的 α 链缠绕形成的右手螺旋结构（图 4–8），正是这一独特结构促使胶原蛋白发挥人体生理功能的。通常构成胶原蛋白的 α 链包括 N– 端肽（11～19 个氨基酸残基）、三股螺旋区（10^{14}～10^{29} 个氨基酸残基）和 C– 端肽（11～17 个氨基酸残基）（Gelse 等，2003；崔凤霞，2007）。

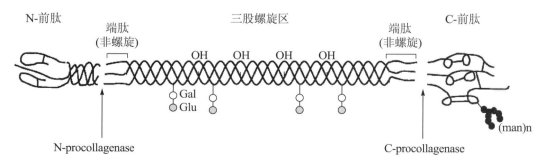

图 4–8　胶原蛋白三螺旋结构（Gelse 等，2003）

1969年，国际纯粹化学与应用化学联合委员会（IUPAC）决定，将蛋白质的分子结构分为一级、二级、三级和四级（图4-9）。蛋白质的一级结构揭示其中含有多少种氨基酸以及这些氨基酸是怎样排列构成多肽链的。它是由蛋白质基因DNA中的核苷酸序列决定的，因此一级结构是蛋白质分子的基本结构，也是分子生物学研究的重要内容。胶原蛋白一级结构具有不同于其他蛋白质的特点，其最显著的特点是三螺旋结构区域有甘氨酰－脯氨酰－羟脯氨酰、甘氨酰－脯氨酰－Y和甘氨酰－X－Y（X、Y代表除甘氨酰和脯氨酰以外的其他任何氨基酸残基）三肽重复序列存在。这种三肽重复序列决定了胶原蛋白具有"草绳状"三股螺旋结构。

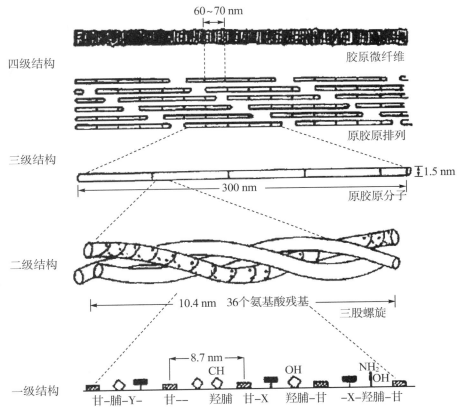

图4-9　胶原蛋白的四级结构示意图（贾鹏翔，2006）

每一种蛋白质分子都有自己特有的氨基酸组成和排列顺序，这种氨基酸排列顺序决定了它特定的空间结构，也就是蛋白质的一级结构决定了它的二级、三级等高级结构（Anfinsen，1973）。胶原蛋白的二级结构是指多肽主链骨架中的若干肽段所形成的规则的空间排列。它是由三条左手螺旋肽链组成的三股螺旋结构，即超螺旋体，其螺距为0.95 nm，每一螺圈含有3.3个氨基酸残基；沿着螺旋中心轴，相邻残基间距离为

0.29 nm（Eyre，1980）。这种超螺旋体与 α- 螺旋体是不同的。理想的 α- 螺旋体中，每圈螺旋含有 3.6 个氨基酸残基（$n=0.36$），螺距为 0.54 nm；沿着螺旋中心轴，相邻残基间距离为 0.15 nm（闫鸣艳，2009）。胶原蛋白的这种超螺旋体二级结构与其一级结构是密切相关的。多肽链中每三个氨基酸残基就有一个要经过三股螺旋中央区，此处空间非常狭窄，只有分子量最小的氨基酸——甘氨酸才适合此位置，这就充分解释了胶原蛋白氨基酸组成中每隔两个氨基酸残基就出现一个甘氨酸的特点。此外，胶原蛋白的三条 α- 肽链是交错排列的，使得甘氨酸、X 和 Y 残基位于同一水平面上，借助于甘氨酸残基中的 N–H 基团与相邻肽链上的 X 残基上的 O–H 基团形成牢固的氢键，稳定了三螺旋结构（蒋挺大，2006）。

胶原蛋白的三级结构是指胶原蛋白形成胶原微纤维时相互之间的三维空间关系，直径约 1.5 nm 的胶原分子并行排列，通过共价交联形成了胶原微纤维（贾鹏翔，2006）。微纤维规则平行排列成束，首尾错位 1/4，通过共价键搭接交联，并进一步聚集成束，形成了胶原纤维，这就是胶原蛋白的四级结构，其对于胶原分子的大小、形状、生物功能等起着决定性的作用。胶原蛋白结构的多样性和复杂性，决定了其在许多领域的重要地位和良好的应用前景。

目前对于水产胶原蛋白结构也进行了一些研究，红外光谱和圆二色谱都可用来分析胶原蛋白的二级结构。图 4–10 为枪乌贼表皮胶原蛋白红外光谱（Yan 等，2009），

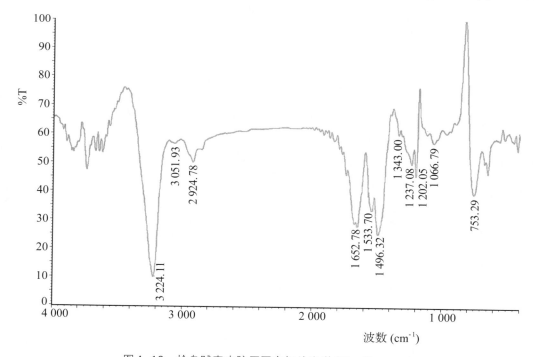

图 4–10　枪乌贼表皮胶原蛋白红外光谱（Yan 等，2009）

这是一个典型的 I 型胶原蛋白红外光谱图。一般而言，酰胺 A 的吸收波数通常在 3 400～3 440 cm⁻¹，它是由 N–H 伸缩振动产生的；但是，当 N–H 基团参与氢键的形成时，其伸缩振动会向低频率移动，通常在 3 300 cm⁻¹ 左右（Li 等，2004）。枪乌贼表皮胶原蛋白酰胺 A 的吸收波数为 3 224 cm⁻¹，充分表明了分子中存在氢键。酰胺 B 谱带主要是由分子中 CH₂ 基团的不对称伸缩振动产生的（Muyonga 等，2004a），其吸收波数位于 2 924 cm⁻¹。酰胺 I 带是由蛋白质多肽骨架的 C=O 伸缩振动产生的，通常不受肽链侧基影响，振动频率取决于肽链构型（易继兵等，2012），为蛋白质二级结构变化的敏感区，常被用于蛋白质的二级结构分析，其特征吸收波数通常在 1 625～1 690 cm⁻¹（段蕊等，2008）。枪乌贼表皮胶原蛋白酰胺 I 带的吸收波数在 1 652 cm⁻¹，符合酰胺 I 带的出峰位置。酰胺 II 带也不易受肽链侧基影响，但是其对胶原蛋白的三螺旋结构不如酰胺 I 带敏感。枪乌贼表皮胶原蛋白酰胺 II 带的特征吸收波数位于 1 533 cm⁻¹，符合胶原蛋白酰胺 II 带的吸收波数在 1 500～1 600 cm⁻¹ 的范围内。此外，红外图谱显示胶原蛋白在 1 237 cm⁻¹（酰胺 III 带）和 1 496 cm⁻¹ 间有吸收带存在，表明该胶原蛋白具有良好的天然三螺旋结构。

胶原纤维结构可通过多种方法研究，其中扫描电镜、原子力显微镜和透射电镜是使用最普遍的方法。图 4-11（a）为用扫描电镜观察到的罗非鱼皮胶原纤维的结构，可以看出这是一种丝状纤维。图 4-11（b）（c）为用原子力显微镜观察到的罗非鱼皮胶原纤维的结构，可以发现与扫描电镜观察的结果是不同的，丝状纤维表现周期性的条带结构。经分析其条带周期为 68 nm，这与已报道的陆生动物胶原纤维的明暗条带周期为 67 nm 比较相近（Andrew，1961），但是与狭鳕鱼皮胶原纤维明暗条带的周期为 53 nm 有差异（闫鸣艳，2009）。

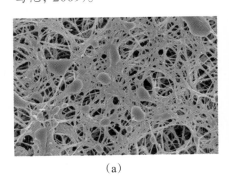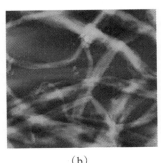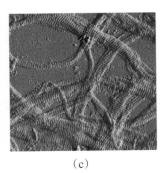

（a）　　　　　　　　　　　　（b）　　　　　　　　　　　　（c）

图 4-11　罗非鱼皮胶原纤维的结构（Yan 等，2015）

（a）扫描电镜图像　　（b）（c）原子力显微镜图像

5. 理化性质

（1）热稳定性：一般来说，蛋白质对温度变化非常敏感，胶原蛋白也不例外。胶原蛋白的性质是否稳定，是否正常保持三螺旋结构都与温度有着密切的联系。胶原蛋白的热稳定性通常用热变性温度（denaturatation temperature，T_d）来表征，定义为50% 胶原蛋白分子发生变性的温度。胶原蛋白的变性主要是指由氢键断裂导致的三螺旋结构解开，形成单链无规则的线团结构，在红外光谱上主要表现为酰胺 A、Ⅰ、Ⅱ和Ⅲ峰强度的降低，并且酰胺Ⅰ谱带变窄（Muyonga 等，2004b），进而发生理化性质的改变，包括黏度下降、沉降速度增加、浮力上升、紫外吸收增加等。胶原蛋白一旦变性，便会形成明胶，因此胶原蛋白的溶解度增高，黏度下降，这与普通蛋白质变性后发生凝固的性质恰好相反（永井裕，1992）。胶原蛋白的热变性温度多采用不同温度下胶原蛋白溶液的黏度变化来测定（陆璐，2006）。以罗非鱼皮胶原蛋白为例，具体测定方法如下（Yan 等，2008）：

将含 10 ml 的 0.02% 胶原蛋白的 0.1 mol/L 醋酸溶液的乌氏黏度计浸入到水浴锅中，从 20℃逐渐升高温度至 50℃，在每个测定温度保持 30 min，使得胶原蛋白溶液温度与水浴温度平衡，测定溶液通过毛细管所用的时间，重复测试 3 次。

假设溶液的密度和溶剂的密度相同，则

相对黏度$\eta_r = \dfrac{t}{t_0}$，增比黏度$\eta_{sp} = \dfrac{\eta_r - \eta_{r0}}{\eta_{r0}} = \dfrac{t - t_0}{t_0}$，

其中，t 是样品溶液流出的时间，t_0 是溶剂流出的时间。

以 Fractional viscosity（分数黏度）$= \dfrac{\eta_{sp\,(T)} - \eta_{sp\,(50℃)}}{\eta_{sp\,(20℃)} - \eta_{sp\,(50℃)}}$ 与温度作胶原蛋白热变性曲线，Fractional viscosity=0.5 时所对应的温度即为热变性温度（T_d）。

罗非鱼皮胶原蛋白的热变性曲线如图4-12，则其热变性温度（T_d）为29.6℃。

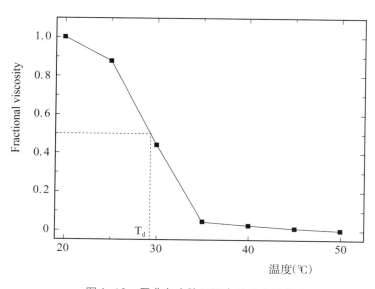

图4-12　罗非鱼皮胶原蛋白的热变性曲线

胶原蛋白的热稳定性与其亚氨酸含量密切相关，通常亚氨酸含量越高，胶原蛋白越稳定，这主要是脯氨酸和羟脯氨酸的吡咯环对胶原蛋白三级结构的影响。Ikoma 等实验的 CD 谱图显示，胶原蛋白的热变性温度随着亚氨酸残基数量的减少而降低（Ikoma 等，2003）。脯氨酸和赖氨酸的水合程度对胶原蛋白的热稳定性也有明显的影响。在具有相似的氨基酸组成的条件下，水合程度越大，则热稳定性越高（Muyonga 等，2004a）。例如，哺乳动物胶原蛋白通常在39℃变性，在缺乏脯氨酸羟化酶条件下合成的胶原蛋白则在24℃变性，原因主要是羟脯氨酸可以稳定胶原蛋白的三股螺旋结构；羟赖氨酸有利于胶原蛋白交联的形成和稳定，从而形成复杂的疏水键（Senaratne 等，2006）。研究表明草鱼皮（Zhang 等，2007）、罗非鱼皮、黄河鲤鱼鳞（肖枫，2014）、海蜇（庄永亮，2009）和史氏鲟鱼皮（Wang 等，2014a）胶原蛋白的热变性温度分别为28.4，29.6，31.8，28.8和32.5℃，均低于猪皮胶原蛋白的热变性温度（37℃），这主要是与胶原蛋白的亚氨基酸含量低有关。

此外，一些研究还涉及胶原蛋白的热稳定性与动物的生活环境有关，如生活在海岸带的鱼类胶原蛋白的热变性温度要高于生活在深海的鱼类胶原蛋白，实际上这还是由胶原蛋白的亚氨基酸含量决定的。

（2）自聚集性：自聚集也称为自组装，是天然胶原蛋白的重要性质之一，即具有完整三螺旋结构的胶原分子单体通过分子间的有序排列，形成具有交错条纹结构（D 周期）的胶原纤维（图4-13）（赵燕，2014a；Kyle 等，2009）。大约在50年前，科学家首次发现溶液中的胶原蛋白在中性、室温条件下能够发生聚集形成纤维，此后胶原蛋白的自聚集性的研究逐渐受到重视，Gross 和 Jackson 还分别观察到胶原蛋白聚集形成凝胶的现象（Silver 等，2003）。

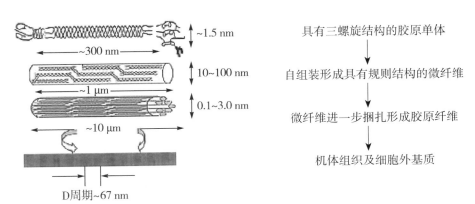

负染模式下胶原纤维的典型透射电镜图谱

图4-13　天然胶原蛋白分子自聚集示意图（赵燕，2014a）

到目前为止，已对海岸带动物胶原蛋白自聚集特性进行了一些研究。如 Sai 等研究了青蛙皮酸溶性和酶促溶性胶原蛋白的自聚集和解聚特性，结果表明在 0.2 mol/L 的磷酸缓冲液（pH 为 7.4）中，两种胶原蛋白在 35℃ 和 37℃ 均可发生自聚集，其自聚集动力学曲线（图 4-14）类似于哺乳动物胶原蛋白的聚集动力学曲线，具体过程分为起始阶段和生长阶段。在起始阶段，溶液浊度没有明显变化，表明没有大的胶原蛋白聚集体形成，该阶段可能是胶原蛋白的一个结构变化的过程（Li 等，2007a）；随后，溶液浊度明显增加直至稳定，表明胶原蛋白聚集体逐步形成。将酸溶性和酶促溶性胶原蛋白在低温下进行解聚实验发现，酶促溶性胶原蛋白解聚现象明显，酸溶性胶原蛋白解聚现象不明显

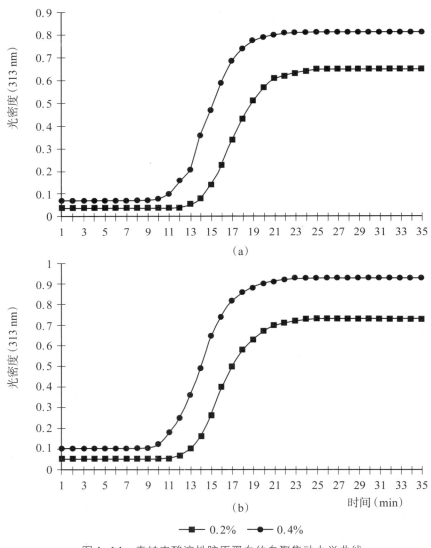

图 4-14　青蛙皮酸溶性胶原蛋白的自聚集动力学曲线
（Sai 和 Babu，2001）
自聚集温度为 35℃（a）和 37℃（b）

(Sai 和 Babu，2001)。在鱿鱼软骨（Sivakumar 和 Chandrakasan，1998）、草鱼皮（赵燕，2014a）和鱼鳞（梁艳萍等，2011）、乌鳢鱼皮（赵燕等，2014b）、鳙鱼皮（姚攀，2013）、海蜇（Hoyer 等，2014）等胶原蛋白上均观察到类似的自聚集动力学曲线。自聚集对于胶原蛋白生物学性能的改善具有明显的促进作用。Pati 等（2012）研究表明，南亚野鲮和卡特拉鲃鱼鳞胶原蛋白在自聚集过程中经碳化二亚胺/N-羟基琥珀酰亚胺交联，胶原蛋白的稳定性明显提高；赵燕等（2014a）的研究也表明草鱼皮胶原蛋白经纤维重组后，其热稳定性也得到明显提升。类似研究成果对于弥补海岸带动物胶原蛋白性能的不足是非常有利的，也使此类胶原蛋白在医用生物材料和组织工程领域具有非常广阔的的应用前景。但是目前对于海岸带动物胶原蛋白自聚集性的研究远远不够。大部分研究还停留在对胶原蛋白自聚集过程的基础研究阶段，只有少部分研究关注胶原蛋白自聚集体的性质和性能方面。如姚攀（2013）对鳙鱼皮酸溶性和酶促溶性胶原蛋白的体外细胞培养实验，发现这两种胶原蛋白均具有良好的生物相容性，具备在生物医学材料中应用的潜在价值。今后关于海岸带动物胶原蛋白自聚集性的研究应集中于胶原蛋白自聚集体生物学性能方面，为此类胶原蛋白应用领域的拓展提供基础和依据。

（3）凝胶性：凝胶性是胶原蛋白的重要性质之一。胶原蛋白分子表面有许多极性侧基，如氨基、酰胺基、羧基、羟基等，都能与水分子以氢键结合，于是胶原分子周围形成了一层水分子膜，这样胶原即发生了膨胀，随着时间的延长，膨胀的胶原蛋白可进一步吸水，通常能够结合自身重量10倍以上的水，形成凝胶（易继兵，2011）。研究表明，未变性胶原蛋白和变性胶原蛋白（明胶）均具有良好的凝胶化作用。未变性胶原蛋白，即具有三螺旋结构的胶原蛋白，能够自聚集形成水凝胶（图4-15），其内部是纤维状结构，类似结构在草鱼和乌鳢鱼皮（赵燕，2014b；汪海波等，2012；钟朝辉等，2007）胶原蛋白

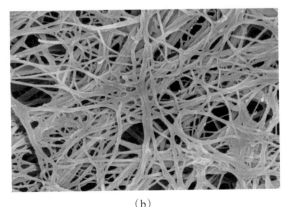

(a)　　　　　　　　　　　　　　　(b)

图4-15　罗非鱼皮胶原蛋白自聚集水凝胶图像

（中国科学院海岸带研究所生物学与生物资源利用重点实验室）

(a)表观图像　　(b)扫描电镜图像

中也可以观察到。胶原蛋白凝胶在细胞培养、组织构建、创伤修复、药物载体等方面具有广泛的应用，但是目前对海岸带动物胶原蛋白凝胶在类似方面的研究非常少，亟须加强该方面的研究，以拓展海岸带胶原蛋白的应用领域。

目前对于海岸带动物明胶的凝胶性已进行了较多的研究。研究均表明海岸带明胶与陆生哺乳动物明胶相比，其临界凝胶浓度较高，凝胶点和溶胶点较低，并且凝胶强度较差，大大限制了其应用领域；但是与深海动物明胶相比，其凝胶强度较高，因此海岸带明胶具有一定的应用前景。近年来，海岸带明胶凝胶的改性研究随之发展起来，目前已研究了一些改性的方法。一是物理方法，如热处理法、辐射法、光氢化法和热脱氢法等；二是化学方法，如利用金属离子、戊二醛、京尼平、碳化二亚胺（EDC）/N-羟基琥珀酰亚胺（NHS）、转谷氨酰胺酶进行交联，通过壳聚糖、海藻酸钠、卡拉胶进行共混等。物理改性法虽然可以有限避免外源有毒物质的介入，但是改性条件不易控制，交联度不均匀，一般不作为主要的方法来使用（杜田明等，2015）；化学方法由于改性效果好，现在被广泛使用，但是有时候会引入外源有毒物质，因此在明胶改性方面需依照需要选择合适的方法。现在多通过改性方法来改善海岸带动物明胶的凝胶性能以促进其应用。Sarabia 等（2000）通过添加盐离子来提高鲽鱼皮凝胶的黏弹性。Temdee 通过加入腰果树皮等一些植物提取物来提高墨鱼皮明胶的凝胶性（Temdee 和 Benjakul，2014）。

（4）其他理化性质：众所周知，蛋白质具有其本身的功能性质，如水合性、乳化性、溶解性、起泡性等，胶原蛋白也不例外。对胶原蛋白的溶解性、吸水性、乳化性等功能特性的研究是胶原蛋白在食品、化妆品等领域应用的重要基础。目前对海岸带胶原蛋白也进行了一些研究，其中溶解性是研究最多的性质。胶原蛋白的溶解性实际上是其中的氢键与水之间发生作用，一般随着外界条件如温度、离子强度、pH 的变化而发生变化。Singh 等（2011）研究鲶鱼皮胶原蛋白溶解性，发现该胶原蛋白在 pH 1～4 时溶解度比较大，之后显著降低，在 pH 5～10 时溶解度只有最大溶解度的 10%～20%，胶原蛋白这种随 pH 变化而变化的溶解性与其等电点密切相关。同时 NaCl 浓度对鲶鱼皮胶原蛋白也有显著影响，在 NaCl 浓度小于等于 2% 时，胶原蛋白溶解度比较大而且比较稳定，但是当 NaCl 浓度大于 2% 时，溶解度明显下降。这是因为盐离子通常以两种不同的方式影响胶原蛋白的稳定性。在低浓度时，钠离子可与胶原蛋白结合，使其所带正电荷增加，蛋白质分子间相互排斥，分散性好，表现为溶解度较大；但是在较高的 NaCl 浓度时，盐离子与周围水分子结合形成水化膜，使蛋白质发生盐析效应而析出，导致溶解度降低（Nalinanon 等，2007；闫鸣艳，2009）。类似的溶解性在河豚鱼皮（Huang 等，2011）、竹荚鱼鳞（Thuy，2014）等胶原蛋白中均可观察到。对于海岸带胶原蛋白其他性质的方面也发现一些研究。钱曼等分别用热水法和酶解法提取了草鱼鱼鳞胶原蛋白，研究发现酶解法提取的胶原蛋白的黏度、吸水性和起泡性均优于热水法提取的，但保水性、乳化性和乳化稳定性及泡沫稳定性却不及热水法提取的胶原蛋白（钱曼等，2007）。涂宗财等（2015）研究了鳙鱼鱼鳞明胶的泡沫性能，发现明胶泡沫随着时间的延长逐渐增大，且形状由最初的球形逐渐转变为多边形；在浓度为0.2%时，泡沫粒径最小，起泡能力最强，泡沫稳定性最高。

6. 应用

胶原蛋白是一种天然安全的生物大分子，具有良好的可降解性和生物安全性，这是其他高分子物质无可比拟的特性，因此在食品和生物医学领域具有广泛的应用。

（1）在食品领域的应用：大分子胶原蛋白在食品领域的应用大多数情况下是以明胶的形式来发挥作用的。明胶在食品领域的应用非常广泛，全世界生产的明胶有一半以上应用在食品方面。它可作为增塑剂、胶凝剂、稳定剂、乳化剂、增稠剂、发泡剂、黏合剂、澄清剂等应用于糖果、冷冻食品、饮料、肉制品、乳制品、啤酒、面包等食品上。目前海岸带胶原蛋白食品还非常少，但是相关研究已开展起来，相信在不久的将来即会有产品面市。如利用鲢鱼鱼鳞明胶来制作果冻，所得产品组织状态、色泽、口感、风味方面均好于市售明胶制作的果冻（潘杨，2008）；利用罗非鱼鱼鳞胶原蛋白为原料开发凝冻休闲食品，产品不仅风味独特、爽口、营养全面，而且具有一定的保健功能（程雨晴等，2014）。陈小雷（2013）将用热水法提取的鮰鱼皮明胶添加到鱼肠中，通过对鱼肠的凝胶强度、TPA和保水性测定，发现鮰鱼皮明胶用于鱼肠内不会明显影响其口感和质地，并且在凝胶强度和保水性方面与市面上卡拉胶的作用类似。此外，明胶对人体还具有一定的保健功能，如阿胶的补血功能。实际上，海岸带明胶也具有类似的功效。研究显示罗非鱼皮明胶具有较好的抗贫血活性，优于深海鱼类——狭鳕鱼皮明胶（杨霞，2013）。

胶原蛋白还可以应用于食品包装材料。它是制作人工肠衣的理想原料，在热处理过程中，随着水分和油脂的蒸发和熔化，胶原蛋白肠衣几乎和肉的收缩率一致；胶原蛋白还可以制成可食性蛋白膜，用作糖果、果脯和糕点的内包装膜以及肉类保鲜膜（万春燕等，2008）。目前利用海岸带动物胶原蛋白为原料制备可食性包装膜的研究比较多。Tang等（2015）以罗非鱼皮、草鱼皮和鲤鱼皮酸溶性胶原蛋白为原料制备膜材料，其中罗非鱼皮胶原蛋白膜的抗张强度为51.24 MPa，远高于其他两种膜。卢黄华等（2011）利用倾注法以草鱼鱼鳞胶原蛋白和壳聚糖为原料制备蛋白膜，在成膜温度45℃、pH 5、胶原与壳聚糖配比6∶4的适宜条件下，膜的抗张强度为61.27 MPa，断裂伸长率为5.17%。由于海岸带动物的生活环境，利用海岸带动物胶原蛋白制备的可食性包装膜材料在性能上要优于深海动物胶原蛋白。陈丽（2009）研究结果表明，狭鳕鱼皮明胶膜的抗张强度为13.65 MPa，加入壳聚糖后膜的抗张强度最大可达25 MPa，远低于Tang（2015）和卢黄华（2011）文中提到的胶原蛋白膜的强度。随着人们环保意识的增强，塑料食品包装材料必将被新型的纸包装袋和可食性包装材料所代替，这也是世界范围内的大趋势（汤克勇，2012），因此海岸带胶原蛋白在食品包装材料上的应用前景非常广阔。

　　（2）在生物医学领域的应用：胶原蛋白具有较高的生物相容性、低免疫性、良好的生物降解性等优点，这是合成高分子材料无法比拟的性能优势，使得它在生物医学领域具有广阔的应用前景。胶原蛋白在医学上的应用可以追溯到公元175年，Galen医生首次将胶原蛋白作为可吸收的肠衣缝合线来使用（闫鸣艳，2009）。到目前为止，胶原蛋白已可以制成烧伤敷料、止血材料、药物载体、心脏瓣膜、血管、食管和气管的替代材料、手术缝合线等多种医用生物材料，应用在多个医学领域（表4-4）。

表4-4　　　　　　　　　　　　胶原蛋白在生物医学领域的应用（韩倩倩等，2012）

学　科	应　用
皮肤医学	用于软组织增生的可注射型胶原、胶原类人工皮肤、伤口敷料
心血管外科学	血管移植物及涂层、心脏瓣膜、血管穿刺孔密封装置
神经外科学	引导周围神经再生、硬脑膜替代材料
口腔医学	促牙周韧带再生胶原膜、可吸收口腔组织伤口敷料
眼科学	促进上皮愈合的胶原角膜罩、运输药物胶原片、角膜
矫形外科	骨修复胶原材料、胶原半月板基质、跟腱与韧带修复材料
泌尿科	尿管替换、肾修复材料
普通外科	疝气修复材料、胶黏剂
其　他	药物运输载体、细胞运输载体

　　目前，应用海岸带胶原蛋白制备医用生物材料已逐渐受到了重视，相关研究也开展起来了。中国科学院海岸带研究所生物学与生物资源利用重点实验室应用罗非鱼皮胶原蛋白为原料制备了胶原蛋白海绵（图4-16），其内部是多孔状结构，非常有利于海

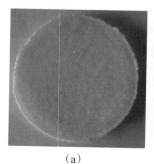

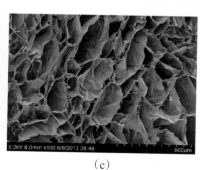

（a）　　　　　　　　　　　　（b）　　　　　　　　　　　　（c）

图4-16　罗非鱼皮胶原蛋白海绵

（a）表观图像　（b）横面扫描电镜图像　（c）切面扫描电镜图像

绵吸收血液，达到止血效果。汪海波等（2013）研究了交联方法对草鱼皮胶原蛋白海绵性能的影响，结果表明戊二醛和 EDC/NHS 交联能有效提高胶原蛋白海绵材料的性能，而热交联和紫外交联对材料性能的改善作用非常有限。徐志霞（2014）研究表明，EDC/NHS 交联鱿鱼皮胶原蛋白医用材料能够有效地缩短出血时间，减少出血量，达到快速止血的效果，并且优于市售明胶海绵。方成等（2014）通过 SD 大鼠体内植入实验，研究了草鱼皮胶原蛋白海绵的组织相容性，结果如图 4–17。可以看出对照组［见图 4–17（a）］仅见局部肌纤维分离缝隙，未见炎性细胞浸润；FA 组［见图 4–17（b）］材料边缘模糊，大量炎性细胞分布；FP 组［见图 4–17（c）］材料边缘完整，有炎症反应细胞浸润；PP 组［见图 4–17（d）］材料纤维结构失去，局部炎性细胞浸润，因此可以认为鱼皮酶溶性胶原蛋白海绵具有较大组织相容优势。此外，Hoyer 等（2014）通过自聚集和 EDC 交联构建了海蜇胶原蛋白支架（图 4–18），该支架的孔隙率为 98.2%，经反复压缩仍然是稳定的，

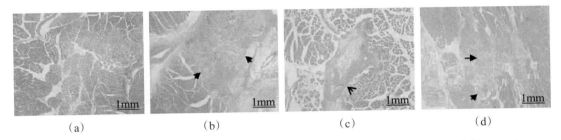

图 4–17　草鱼皮胶原蛋白海绵植入大鼠长收肌 1 周后植入部位切片 HE 染色（方成等，2014）

➡ 指示材料边缘，➡ 指示炎性细胞浸润边缘；炎性细胞浸润面积 FA 组与 FP、PP 组具有显著性差异

（a）空白　（b）鱼皮酸溶性胶原蛋白（FA）　（c）鱼皮酶溶性胶原蛋白（FP）　（d）猪皮酶溶性胶原蛋白（PP）

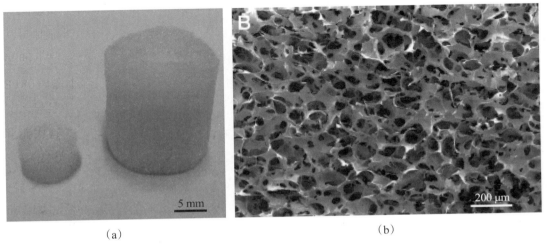

图 4–18　海蜇胶原蛋白软骨支架（Hoyer 等，2014）

（a）表观结构　（b）扫描电镜结构

并且该材料没有细胞毒性。总之，海岸带胶原蛋白医用生物材料的研究已成为热点，目前已取得了一些鼓舞人心的结果，经过进一步深入细致的研究，该类胶原蛋白材料必将在人类生活中发挥重要作用。

（二）糖蛋白

糖蛋白是由糖链和多肽链以多种形式共价修饰而形成的一类重要生理活性物质。肽链部分在糖蛋白执行生理功能时发挥重要作用，糖链部分可影响蛋白质的折叠和整体构象，进一步影响糖蛋白的结构和生理活性。糖蛋白不仅具有凝集素、结构蛋白、酶贮藏蛋白等方面的作用，而且具有抗氧化、抗疲劳、抗肿瘤、增强免疫力、降血脂等众多生理功能。目前对海岸带动物糖蛋白的研究已逐渐受到重视。其来源包括贝类、海蜇、刺参、乌贼、鱼卵等海岸带动物，研究主要集中于这些海岸带动物糖蛋白的分离纯化、结构表征及生理活性等方面，类似研究为其应用提供了基础和依据。

1. 贝类糖蛋白

（1）来源：贝类属软体动物门中的瓣鳃纲（或双壳纲），因一般体外披有1~2块贝壳，故得名，常见的牡蛎、蛤、蛏、蚌等均属于此类。贝类含有多糖、蛋白质、牛磺酸、氨基酸、维生素等多种活性成分，具有抗疲劳、抗氧化、保护肝脏、抗肝炎病毒、抗肿瘤、抗动脉粥样硬化等生理功能（黎丽等，2014）。近年来，贝类糖蛋白的研究逐渐受到重视，它也是在海岸带动物糖蛋白中研究最为广泛的一类。科研人员已对牡蛎、河蚬、菲律宾蛤仔、文蛤、栉孔扇贝、皱纹盘鲍等来源糖蛋白的提取、分离纯化、结构特征、生理活性等开展了一系列分析和研究。

（2）制备、分离及纯化：糖蛋白是一类结合蛋白，兼有蛋白质和多糖的某些性质，大多可溶于水及稀盐、稀酸和稀碱溶液中，因此可根据需要采用不同的溶剂提取分离（尹德胜等，2009）。糖蛋白的提取方法大致可分为水提法、酸碱溶液提取法和盐提取法。一般来说，水提法具有条件温和、对产物结构和生物活性影响低的优点，但是其得率较低，并且需要多次浸提；酸碱溶液提取法虽然提取率高，但是易因溶剂过酸或过碱而导致糖蛋白结构破坏、生物活性丧失；糖蛋白在盐溶液中溶解度相对较高，并且稀盐法提取能够较好地保持糖蛋白的稳定性（戴宏杰，2015）。总体上来说，这三种方法在贝类糖蛋白的制备上均有应用。以水为浸提剂能够提取波纹巴非蛤糖蛋白，其最适条件为料水比是1:10，80℃水浴浸提60 min，60℃旋转蒸发浓缩，然后用饱和度为20%和40%的硫酸铵分级分离得到两个主要级分，总糖与可溶性蛋白含量分别为19.5%、30.7%和23.6%、20.9%（范秀萍等，2008a）。尹德胜探讨了用盐酸溶液提取牡蛎壳糖蛋白的工艺，结果表明盐酸酸度为pH 5.0、反应温度60℃、时间为160 min（尹德胜，2009）。对于珠母贝全脏器糖蛋白，可用 1.0 mol/L 的 NaCl 溶液在 65℃ 条件下浸提 60 min，然后经透析浓缩、醇沉即可得到，所得糖蛋白总糖和总蛋白含量为 7.49% 和 25.33%（范秀萍等，2007）；利用 0.5 mol/L 的 NaCl 溶液在 75℃ 水浴中浸提 85 min，能够提取尖紫蛤全脏器糖蛋白，总糖和蛋白含量分别为 15.27% 和 4.42%（刘倩等，2011）。此外，在水提法和盐提法的基础上，还可以通过超声波辅助提取的方法来提取贝类糖蛋白。胡雪琼等（2009）研究了超声波辅助盐提取法来提取牡蛎糖蛋白的工艺，最适条件为 NaCl 浓度 2.0 mol/L、料液比 1∶12、超声功率 600 W、处理时间 40 min，在此条件下糖蛋白提取率为 75.89 mg/g，比传统方法提高了 22.22%。

若要进一步对糖蛋白进行分离纯化，须依据糖蛋白的具体性质和研究目的来确定。对于贝类糖蛋白，目前多通过阴离子交换柱和凝胶柱层析法以及高效液相色谱法进行分离纯化。目前，使用最多的是 DEAE-52 纤维素柱层析和 Sephadex 葡聚糖凝胶柱层析。徐明生等（2008）采用超声波辅助提取的方法提取得到了河蚬糖蛋白粗提物；然后上 DEAE-52 纤维素柱层析，用 NaCl 溶液洗脱，收集蛋白和多糖重叠的洗脱峰［图4-19（a）］，透析后冷冻干燥；接下来将收集的糖蛋白溶液上 Sephadex G-25 葡聚糖凝胶柱层析，继续收集蛋白和多糖重叠的洗脱峰［见图 4-19（b）］，冻干；最后上反相高效液相色谱进行分离纯化，得到一个单一的峰［见图 4-19（c）］，说明所得河蚬糖蛋白纯度较高。包郁明等（2012）通过 DEAE-52 纤维素柱层析、Sephadex G-100 凝胶柱层析，分离纯化了皱纹盘鲍脏器糖蛋白，总糖和总蛋白含量分别为 12.4% 和 76.6%，SDS-PAGE 电泳鉴定其分子量为 7.37 万。利用 DEAE-52 纤维素柱和 Sephadex 葡聚糖凝胶柱层析还成功分离纯化了菲律宾蛤仔脏器（吴红棉等，2008）、管角螺肌肉（傅余强等，2002）、牡蛎肉（汪秋宽等，2007）、牡蛎体液（刘文等，2013）、牡蛎内脏（Ogamo 等，1976）等贝类糖蛋白。

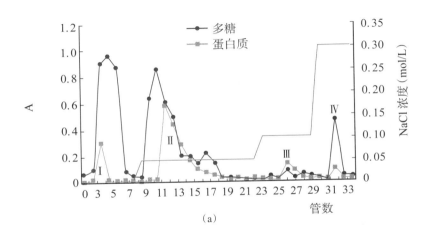

（a）

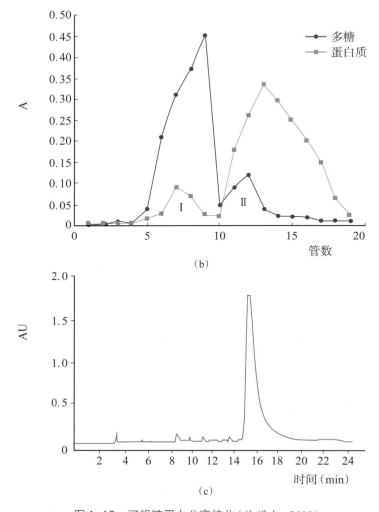

图4-19 河蚬糖蛋白分离纯化（徐明生，2008）

(a)DEAE-52纤维素柱层析 (b)Sephadex G-25葡聚糖凝胶柱层析 (c)高效液相色谱图

（3）组成和结构：糖蛋白是蛋白质和糖基共价结合而成的复合物，因此在研究糖蛋白的组成和结构方面多从蛋白链和糖链两部分来分析。目前对于糖蛋白结构分析多集中于糖肽结构的顺序、连接方式以及参与连接的氨基酸残基，由于分析手段的缺乏，完整糖蛋白结构的确定仍是研究的"瓶颈"问题。因此，对于贝类糖蛋白组成和结构的研究主要集中于总糖和蛋白含量、单糖组成、氨基酸组成、连接方式等方面。包郁明（2012）详细研究了皱纹盘鲍脏器糖蛋白的组成和结构。首先，应用福林酚法测定了糖蛋白中总蛋白含量为75.34%，利用硫酸－苯酚法测定的总糖含量为12.74%。其次，氨基酸分析表明，该糖蛋白中缬氨酸含量最高，含量为9.96%，其次为谷氨酸、甘氨酸、天冬氨酸、亮氨酸、苏氨酸；应用液相色谱测定的单糖组成（图4-20）表明该糖蛋白各单糖组成比

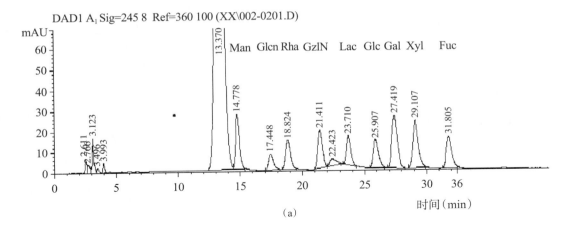

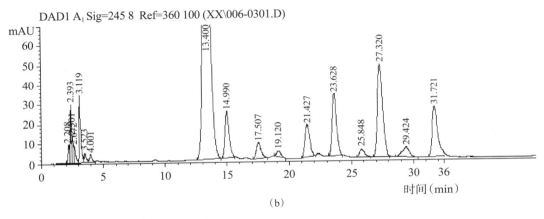

图4-20　皱纹盘鲍糖蛋白单糖组成的 HPLC 图谱（包郁明，2012）

(a)单糖标准品　　(b)皱纹盘鲍糖蛋白

例为：Man∶Glcn∶Rha∶GalN∶Glc∶Gal∶Xyl∶Fuc=12.51∶14.91∶2.70∶13.11∶4.00∶23.47∶4.00∶25.30，其中岩藻糖、半乳糖、氨基葡萄糖占63.68%，为单糖的主要组成部分。最后，测定了糖蛋白的红外光谱（图4-21），发现糖蛋白中存在 1 071.22 cm⁻¹ 的吸收峰，表明其中的糖苷键类型为吡喃型，同时存在 1 232.09 cm⁻¹ 吸收峰，表明多肽链主要以 β- 构型存在；应用 β- 消除反应确定了糖肽键的类型，如图4-22，可以看出在反应前后，240 nm 处紫外吸收增强，说明 β- 消除反应已经发生，表明皱纹盘鲍糖蛋白中存在 O- 糖肽键。刘文等（2013）从牡蛎体液中分离纯化了一种糖蛋白，经研究发现其中肽链主要以 α- 螺旋构型存在，糖肽键为 N- 糖苷键。徐明生等（2008）分离纯化了一种河蚬酸性糖蛋白，其总糖和蛋白含量分别为5.18% 和94.74%，相对分子量19 030，该糖蛋白中存在 O- 糖肽链，含有吡喃糖 β- 型糖苷键。此外，还有一些研究是通过 cDNA 序列来推断贝类糖蛋白结构的。如 Samata 等（2008）通过该方法推断出了岩牡蛎壳

5.2万糖蛋白的结构；Sarashina 等（2001）推断出了扇贝壳一种酸性糖蛋白的结构。总体上来说，目前对于贝类糖蛋白组成和结构的研究还不够深入，对糖蛋白结构进一步研究需加强，但这依赖于先进的分析手段的发展。

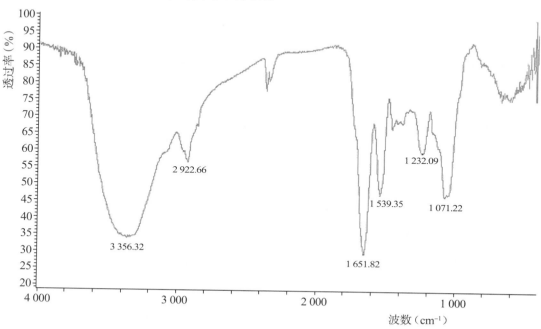

图4-21　皱纹盘鲍糖蛋白红外光谱图（包郁明，2012）

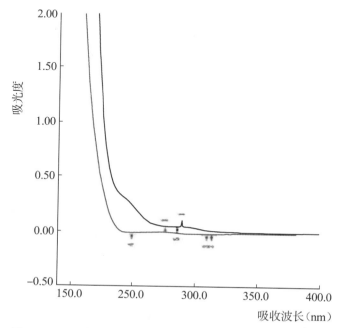

图4-22　β- 消除反应前后皱纹盘鲍糖蛋白紫外光谱图的变化

（包郁明，2012）

（4）生理活性：糖蛋白生理活性是其应用的基础和依据，是研究人员的关注点。目前对于贝类糖蛋白生理活性也进行了一些研究，主要集中于抗氧化、抗肿瘤、免疫调节活性以及细胞凋亡作用等方面。

①抗氧化活性。自由基是人类生命活动中生化反应的中间产物，可加快机体衰老，并与癌症、心血管疾病的发生密切相关。近年来，许多学者研究发现多种糖蛋白能够有效清除自由基，表现一定的抗氧化活性（王倩等，2012）。贝类糖蛋白也表现类似的生理活性，如波纹巴非蛤（范秀萍，2008a）、近江牡蛎（黄来珍等，2011）和马氏珍珠贝（李雨哲等，2011）糖蛋白均表现清除自由基活性。对不同方式提取的近江牡蛎糖蛋白的体外抗氧化活性的研究发现（黄来珍等，2011），提取方式能够影响到糖蛋白的抗氧化活性；研究结果表明超声辅助盐液浸提的牡蛎糖蛋白清除羟自由基、超氧阴离子自由基及DPPH自由基能力比水浸提和盐液浸提的糖蛋白的能力强。糖蛋白清除自由基活性主要与分子中还原性羟基、双键有关，因此超声辅助盐液浸提的近江牡蛎糖蛋白表现较好的清除自由基活性可能与超声波影响到了糖蛋白的组成和结构有关。李雨哲（2011）研究了马氏珍珠贝糖蛋白的抗氧化活性，通过氧化自由基吸收能力测定法（ORAC法）研究发现，该糖蛋白具有较高的抗氧化活性；模拟酸性饮料的杀菌处理方式（pH 4.0的缓冲液在90℃加热10 min）能够显著提高其抗氧化活性，但是模拟罐头的杀菌方式（121℃处理30 min）使其抗氧化能力下降；金属离子对该糖蛋白抗氧化活性的影响也是不同的，Ca^{2+}、Zn^{2+}和EDTA会显著降低其抗氧化活性，Mn^{2+}能提高它的抗氧化活性，Mg^{2+}对抗氧化活性的影响不大。总体上来说，目前对贝类糖蛋白抗氧化活性的研究非常不充分，大多停留在体外活性评价阶段，由于体内环境与体外环境差别很大，许多体外有效地抗氧化剂在体内并表现不出应有的效果。因此，后续研究应多关注糖蛋白的体内抗氧化活性，以进一步全面评估贝类糖蛋白的抗氧化活性。

②抗肿瘤活性。一些研究表明，贝类糖蛋白具有一定的抗肿瘤活性。菲律宾蛤仔肉糖蛋白对DU-145细胞具有明显增殖抑制作用（郁迪等，2011）。尖紫蛤全脏器糖蛋白对鼻咽癌CNE-2Z细胞的生长表现抑制作用（刘倩，2011）。栉孔扇贝糖蛋白能显著抑制移植性小鼠S180肉瘤的生长，最高抑瘤率可达47.29%，但对小鼠脾脏重量没有显著影响（顾谦群等，1998）。该糖蛋白的抑瘤率比日本报道的虾夷扇贝糖蛋白的抑瘤率略低，研究者认为这可能主要与糖蛋白中糖链的差异有关，该糖蛋白的组成单糖为D-葡萄糖醛酸、D-葡萄糖、D-半乳糖、D-甘露糖、D-木糖、L-岩藻糖、L-鼠李糖，虾夷扇贝糖蛋白的组成单糖为N-乙基葡萄糖胺、N-乙基半乳糖胺、L-岩藻糖、D-半乳糖、D-甘露糖和D-葡萄糖。海湾扇贝裙边糖蛋白（梁秋元，2012）和管角螺肌肉中性

糖蛋白（傅余强，2002）对小鼠S180肿瘤均有明显的抑制作用。吴杰连（2006）对文蛤糖蛋白的抗肿瘤作用进行了比较全面的研究，发现该糖蛋白对人肺癌（A549）、卵巢癌（HO8910）、宫颈癌（Hela）、鼻咽癌（KB）、肝癌（SMMC-7721）、鼠源性癌细胞（B16）、S180肉瘤、Heps瘤生长均有很强的抑制作用，但对正常脾淋巴细胞无抑制作用，表明文蛤糖蛋白对癌细胞具有特异性，能够选择性地杀伤肿瘤细胞，但不影响正常细胞的生长。

从目前的研究成果来看，贝类糖蛋白的抗肿瘤活性可能主要与其诱导肿瘤细胞的凋亡有关。浓度为10 μg/ml、20 μg/ml和40 μg/ml河蚬糖蛋白作用于人肝癌细胞BEL740后，流式细胞仪结果显示在DNA直方图上出现明显的亚"G_1"凋亡峰，并且该糖蛋白主要阻滞细胞于G_0-G_1期，对G_2-M期和S期亦有一定影响（祝雯等，2004）。吴杰连（2006）研究了文蛤糖蛋白的抗肿瘤机制，发现其能够显著诱导肿瘤细胞凋亡，可见细胞皱缩变小，胞浆致密，核固缩，活细胞数减少，细胞膜破损等；流式细胞仪分析显示糖蛋白作用后，细胞在G_0-G_1间明显出现一个凋亡峰，细胞周期被停滞在S期的关键点上。文蛤糖蛋白诱导肿瘤细胞凋亡的机制是通过影响促进细胞凋亡基因和抗凋亡基因的表达来实现的。另外，实验结果还表明，文蛤糖蛋白能够增强机体的抗氧化能力，这也可能是糖蛋白抑制肿瘤细胞生长的机制。

总体上来说，目前对贝类糖蛋白抗肿瘤活性的研究不够深入，也不够全面。我国贝类资源丰富、种类繁多，对于其他种类贝类糖蛋白的纯化工艺、组成和结构以及抗肿瘤机制的研究亟须加强。

③免疫调节活性。机体的免疫调节功能是衡量机体是否健康的重要指标。研究表明，贝类糖蛋白具有一定的增强免疫力功能。杜华英等研究表明，河蚬糖蛋白具有促进脾淋巴细胞增殖和提高巨噬细胞吞噬能力的作用，并表现一定的剂量效应关系（杜华英等，2012）。梁秋元（2012）研究表明，海湾扇贝裙边糖蛋白具有免疫调节活性，主要表现在增强机体细胞免疫及体液免疫功能方面。包郁明（2012）通过连续皮下注射氢化可的松建立小鼠免疫机能低下模型，研究了皱纹盘鲍脏器糖蛋白对小鼠免疫机能的调节作用，结果表明该糖蛋白能显著提高免疫低下小鼠的细胞免疫和非特异性免疫功能，但不能逆转氢化可的松引起的免疫器官萎缩。

2. 水母糖蛋白

（1）来源：水母，海洋无脊椎动物，隶属腔肠动物门钵水母纲，在我国种类多、分布很广。在我国海域已记录的水母占全球已记录种类的40%左右（孙毅，2014），常见的主要有海月水母、白色霞水母、发形霞水母和海蜇等（图4-23）（阮增良等，2013）。就

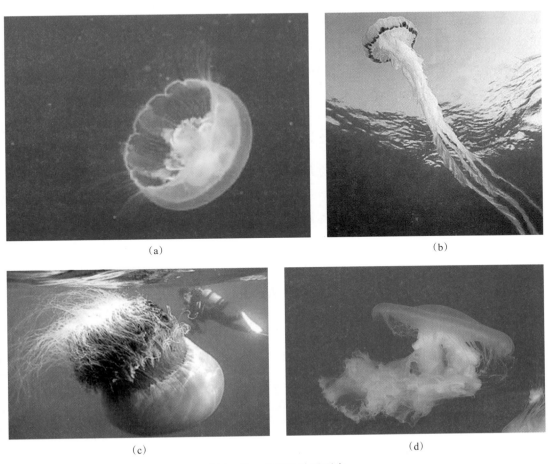

(a)　　　　　　　　　　　　　　　　　　　　(b)

(c)　　　　　　　　　　　　　　　　　　　　(d)

图4-23　水母的外观形态

(a)海月水母　(b)白色霞水母　(c)发形霞水母　(d)海蜇

水母糖蛋白来说，已有研究主要集中于海蜇和霞水母糖蛋白上。海蜇是一种保健价值和药用价值都很高的药食同源的大型水母，体内含有大量的蛋白质、矿质元素、不饱和脂肪酸、维生素和多糖等物质。自海蜇资源衰退以来，霞水母已成为大型水母的优势种，资源相当丰富。霞水母中含有大量的水分，其固形物和糖复合物中粗蛋白含量分别为88.5%和82.7%，含糖量分别为6.25%和13.3%（林丹，2008）。

　　（2）制备、分离及纯化：目前对于水母糖蛋白的提取方法主要有酶法、稀盐法和超声辅助法等。范秀萍等（2008b）研究了枯草杆菌中性蛋白酶和胰蛋白酶酶解制备海蜇皮糖蛋白的工艺，采用枯草杆菌中性蛋白酶制备的工艺条件为：料液比1∶0.5、加酶量0.2%（质量分数）、50℃下水解3 h，所得糖蛋白提取率为4.13%，总糖和总蛋白含量分别为34.12%和36.56%；采用胰蛋白酶制备的工艺条件为：料液比1∶0.5、加酶量0.3%（质量分数）、酶解温度50℃、水解时间4 h，在该条件下糖蛋白提取率为6.25%，总糖和总蛋白含量分别为48.21%和28.65%。刘志龙（2013）采用0.5 mol/L的氯化钠溶液结合乙醇醇沉的方法提取了海蜇糖蛋白，经分析得率为1.8%，纯度为98.25%，总糖含量和总蛋白含量分别为11.87%和87.74%。任国艳（2008）分别通过盐提取法和超声辅助盐提取法提供了海蜇口腕部糖蛋白，盐提取法最佳条件是用pH 7.26的磷酸盐缓冲液、料液比1∶4、提取时间为7 h，目标糖蛋白得率为5.45%；超声辅助提取法的最佳条件是超声处理时间为15 min、超声功率300 W、提取时间为60 min，目标糖蛋白得率为9.14%。由此可以看出，超声辅助的方法明显提高了糖蛋白的得率，为工业化生产提供了新技术。

　　糖蛋白的分离纯化是研究的关键步骤，直接关系到后续研究的可行性和可信度。一般来说糖蛋白的分离纯化主要采用柱层析的方法，常用的有纤维素阴离子交换柱层析法、凝胶柱层析法、亲和柱层析法等。研究人员（任国艳等，2009a）对海蜇头糖蛋白的分离纯化工艺进行了探讨。首先用乙醇分级沉淀糖蛋白粗品，当乙醇百分含量为60%～80%时，目标产物含糖量较高，用于后续进一步纯化。其次，应用Sp Sephadex C-25阳离子交换柱层析分离，结果如图4-24，可以看出经NaCl溶液梯度洗脱后可得到5个峰，其中第三个峰是最大的峰，根据峰面积所占比例为65.24%，其中既含有蛋白又含有糖，将其命名为JGP-Ⅲ用于后续研究。最后，将JGP-Ⅲ采用Sephacryl S-300HR柱层析进一步纯化（图4-25），得到一个主峰，收集该峰，样品透析冻干后得到白色絮状糖蛋白；采用高效液相色谱鉴定，得到一个单一对称峰（图4-26），表明目标糖蛋白为均一组分。

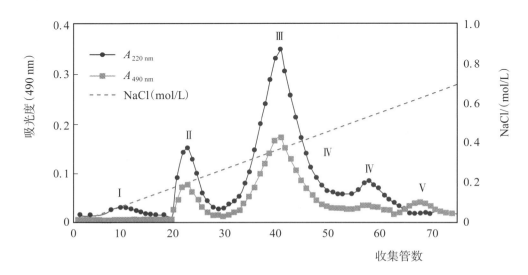

图4-24　海蜇头糖蛋白的Sp Sephadex C-25阳离子交换柱（26 mm×500 mm）层析洗脱图谱

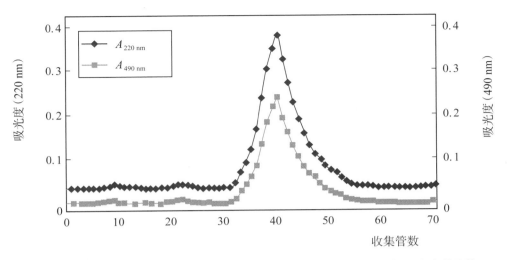

图4-25　JGP-Ⅲ在 Sephacryl S-300HR 柱（16 mm×600 mm）层析上的洗脱图谱

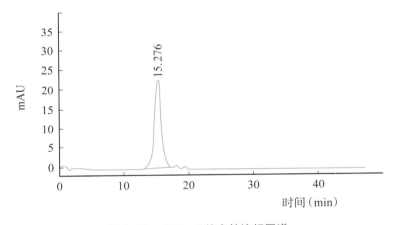

图4-26　JGP-Ⅲ的高效液相图谱

　　（3）组成和结构：目前对于水母糖蛋白组成和结构的研究与贝类糖蛋白类似，还停留在氨基酸组成分析、多糖组成分析和连接方式方面。任国艳等（2009b）对分离纯化的一种海蜇头糖蛋白的组成和结构进行了分析。该糖蛋白含有12.61%总糖、74.34%总蛋白、8.47%氨基糖、0.84%糖醛酸、1.06%硫酸根、0.92%唾液酸；单糖组成主要有氨基葡萄糖、氨基半乳糖、葡萄糖、甘露糖、岩藻糖和鼠李糖；氨基酸分析表明，甘氨酸含量最高，其次为缬氨酸、谷氨酸、丙氨酸、脯氨酸、天门冬氨酸等，缺乏色氨酸和组氨酸。梁旺春（2013）通过 β- 消除反应和 PNGase F 酶酶解反应研究了海蜇糖蛋白的糖苷键类型，结果如图4-27和4-28。通过 β- 消除反应能够鉴定糖蛋白是否存在 O- 连接糖苷键，通常 O- 连接糖苷键发生 β- 消除反应后易断裂，N- 连接糖苷键比较稳定。因此，若糖蛋白中存在 O- 连接糖苷键，则发生 β- 消除反应后在240 nm 处吸收增强。

从图4-27可以看出，发生β-消除反应后，溶液在240 nm吸光度明显增强，表明海蜇糖蛋白中存在O-连接糖苷键。图4-28为经PNGase F酶作用后糖蛋白的电泳图，可以看出经PNGase F糖苷酶酶解作用后，糖蛋白的分子量明显降低了，说明PNGase F酶对糖蛋白发生了作用，将N-连接寡糖酶解下来，从而表现为分子量下降，充分表明了糖蛋白中存在N-连接糖苷键。因此，β-消除反应和PNGase F酶酶解反应结果表明，海蜇糖蛋白中既存在O-连接糖苷键，又存在N-连接糖苷键。日本研究人员Masuda等（2007）从野村水母、海月水母、咖啡金水母、海蜇和方指水母中分离到了一种糖蛋白，

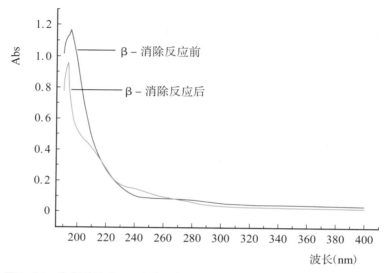

图4-27　海蜇糖蛋白β-消除反应前后紫外吸收光谱图（梁旺春，2013）

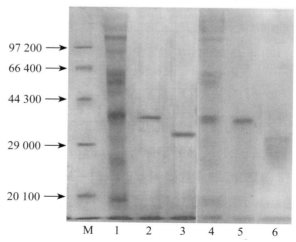

图4-28　海蜇糖蛋白SDS-PAGE电泳及PAS染色结果（梁旺春，2013）

M. 蛋白质标准品　泳道1.粗品蛋白质考马斯亮蓝染色　泳道2. JGP-Ⅲ-Ⅱ考马斯亮蓝染色
泳道3. JGP-Ⅲ-Ⅱ经过PNGase F酶酶解后考马斯亮蓝染色　泳道4.粗品糖蛋白PAS染色
泳道5. JGP-Ⅲ-Ⅱ PAS染色　泳道6. JGP-Ⅲ-Ⅱ经过PNGase F酶酶解后PAS染色

经基质辅助激光解吸电离飞行时间质谱（MALDI-TOFMS）研究发现，该糖蛋白具有8个氨基酸的串联重复序列，在其中的两个苏氨酸参加可能被 N- 乙酰 -D- 半乳糖胺糖基化，此糖蛋白与人类的黏液素类似，具有潜在的应用潜力。

（4）生理活性：目前关于水母糖蛋白生理活性的研究主要集中在免疫调节活性和抗疲劳、抗凝血等方面。研究表明，海蜇糖蛋白具有很好的免疫调节作用，具体表现为提高免疫低下小鼠的脾脏指数和胸腺指数，提高小鼠腹腔巨噬细胞能力，提高免疫低下小鼠的 T 细胞免疫水平，促进小鼠脾脏淋巴细胞的增殖活性，提高免疫低下小鼠的体液免疫功能等（任国艳，2008）。进一步对海蜇糖蛋白免疫调节机制的研究发现，海蜇糖蛋白可显著上调 Th1 类细胞因子 mRNA 表达量，显著下调 Th2 类和 Th17 类细胞因子 mRNA 表达量，因此推测其免疫调节功能可能是通过促进 Th1 类细胞因子的分泌以及抑制 Th2 类和 Th17 类细胞因子的分化实现的（邵征，2014）。林丹（2008）研究表明，霞水母糖蛋白能够在一定程度上延长小鼠的负重游泳时间、增加肝糖原含量、降低血清尿素氮以及血乳酸含量，因而表现抗疲劳作用；此外，发现霞水母糖蛋白还具有抗凝血作用，可能是通过抑制内源性凝血途径和外源性凝血途径共同实现的。

（三）其他海岸带动物糖蛋白

1. 来源

目前对于其他来源的海岸带动物糖蛋白，如刺参水煮液、虎斑乌贼肌肉、鱼卵、缠卵腺等糖蛋白均有一定的研究。刺参是我国山东、辽宁和河北沿海一带珍贵而独特的海珍品，在其深加工过程中，会产生大量的水煮液，这些水煮液含有丰富的营养成分，长久以来未得到充分利用，若能够加以利用，不仅减少了环境污染和资源浪费，而且能够变废为宝，增加产品附加值（陈宁等，2015）。虎斑乌贼［图 4-29（a）］是暖水性物种，主要分布在南海、大洋洲、菲律宾群岛、马来群岛、印度近海及红海海域。研究发现养殖

(a)　　　　　　　　　　　　　　　　(b)

图 4-29　虎斑乌贼和鱼卵（引自百度）

和野生虎斑乌贼肌肉总蛋白含量分别为20.24%和20.15%，高于日本枪乌贼（9.29%）、拟目乌贼（14.8%）和曼氏无针乌贼（14.28%）（戴宏杰，2015）。鱼卵［图4-29（b）］是水产品加工的副产物之一，研究发现其中的蛋白质含量比鱼肉蛋白质含量要高（贺敏，2014）。缠卵腺也是水产品加工的副产物之一，主要存在于头足类，与其生殖活动密切相关，目前也有一些文献注重对鱿鱼缠卵腺糖蛋白进行研究。

2. 制备、分离及纯化

文献中对于虎斑乌贼肌肉、鱼卵、缠卵腺等糖蛋白的制备工艺仍然采用的是水提法、稀酸碱提取法和稀盐提取法。夏光华等（2014）采用水提法从鲫鱼卵中分离了水溶性糖蛋白。王倩等（2014a）采用响应面优化了鱿鱼缠卵腺糖蛋白的提取工艺，确定了其最佳工艺条件为，采用0.37 mol/L的NaOH溶液在25℃下提取3.5 h，该条件下提取率为12.79%，糖蛋白总糖和总蛋白含量分别为75.2%和22.7%，硫酸根为3.0%，所得糖蛋白是一种硫酸化的黏蛋白。戴宏杰（2015）采用稀盐法提取了虎斑乌贼肌肉糖蛋白，经响应面法优化确定了最佳工艺参数是：NaCl浓度3.8%、料液比20.78 ml/g、提取时间1.48 h、提取温度为66.03℃，该条件下糖蛋白得率为7.93%。对于这些糖蛋白的分离纯化也是采用的柱层析法。如研究人员采用QFF阴离子交换柱和S-200凝胶柱分离纯化了鲫鱼卵唾液酸糖蛋白，经高效液相凝胶色谱鉴定纯度为94.76%（夏光华，2014）。戴宏杰（2015）依次通过Sevage法脱除游离蛋白、硫酸铵分级沉淀、DEAE-52纤维素离子交换柱和Sephadex G-100分子筛柱层析得到了两种虎斑乌贼肌肉糖蛋白，高效液相凝胶色谱和SDS-PAGE电泳表明这两种多糖均为单一组分，纯度达到了电泳纯。

3. 组成和结构

文献中对于刺参水煮液、虎斑乌贼肌肉、鱼卵、缠卵腺等糖蛋白组成和结构的分析与贝类糖蛋白和水母糖蛋白类似，也主要集中于氨基酸组成、单糖组成及连接方式方面。陈宁等（2015）对所得刺参水煮液糖蛋白的氨基酸进行了分析，其中含有18种氨基酸，8种是人体必需氨基酸，占氨基酸总量的38.38%；对其氨基酸营养价值评价表明，该糖蛋白与人体蛋白质氨基酸模式相比，组成较为均衡，且含量丰富，是高生物价蛋白质；PMP柱前衍生高效液相色谱法测定单糖组成分析表明，刺参水煮液糖蛋白含有氨基葡萄糖、甘露糖、氨基半乳糖、葡萄糖、半乳糖、岩藻糖等6种单糖。夏光华等（2014）对纯化得到的鲫鱼卵唾液酸糖蛋白的化学组成进行了分析，该糖蛋白的蛋白质含量为14.33%、己糖含量为62.81%、N-乙酰神经氨酸含量为19.72%，糖基部分由甘露糖、葡萄糖胺、半乳糖胺组成，物质的量比为7.61∶6.70∶1.00。戴宏杰（2015）通过β-消除反应确定了虎斑乌贼肌肉糖蛋白有O-糖肽键的存在，红外光谱表明其糖苷键类型为吡喃型。

4. 生理活性

目前对于刺参水煮液、虎斑乌贼肌肉、鱼卵、缠卵腺等糖蛋白生理活性的研究主要集中在对骨质疏松症的改善作用方面，对于糖蛋白的抗氧化作用、抗疲劳作用以及免疫调节作用也有提及。骨质疏松是由于体内骨吸收强于骨形成而导致的慢性进行性疾病（Alcantara 等，2011），这主要与骨重建过程中成骨细胞介导的骨生成和破骨细胞介导的骨吸收之间的平衡失调有关（Kaku 等，2014）。王珊珊等（2014）通过切除大鼠双侧卵巢的方法建立了骨质疏松症大鼠模型，研究了鲫鱼卵唾液酸糖蛋白对骨质疏松症的改善作用。结果表明，鲫鱼卵唾液酸糖蛋白能够显著调节骨质疏松症大鼠骨代谢，抑制高骨转换速率，防止骨丢失。为了进一步研究鲫鱼卵唾液酸糖蛋白对骨质疏松症的改善作用，研究者探讨了其对成骨细胞和破骨细胞分化的调控作用。研究表明，鲫鱼卵唾液酸糖蛋白可能是通过提高 OPG/RANKL 的比值水平，达到促进成骨细胞的分化及骨形成的功能；抑制破骨细胞分化的作用可能是通过抑制 NF-κB/MAPK/NFATc1 通路基因的表达来实现的（贺敏，2014）。周晓春（2015）的研究表明，鲫鱼卵唾液酸糖蛋白能显著升高免疫低下小鼠血清溶血素水平，增强脾淋巴细胞增殖活力以及腹腔巨噬细胞吞噬能力，改善碳廓清能力并提高血清 IFN-γ/IL-4 水平，充分说明该糖蛋白具有良好的免疫调节能力。此外，还有一些研究表明，虎斑乌贼肌肉糖蛋白具有一定的抗氧化能力（戴宏杰，2015），鱿鱼缠卵腺 MUCIN 型糖蛋白具有较好的抗疲劳作用（王倩等，2014b）。

二、动物活性多肽

多肽是由多种氨基酸按照一定的顺序通过肽键结合而成的化合物，其分子结构介于氨基酸和蛋白质之间。目前由于各种简便、快速的多肽合成方法的发展，多肽研究发展非常迅速。我国科学家在多肽研究上也做出了卓越贡献，1965年首次完成了牛结晶胰岛素多肽类生物活性物质的合成（乔潇等，2015）。多肽具有溶解性好、免疫原性低、生物活性高等优点，因此可广泛应用于食品、化妆品、生物医药等领域。国际上的多肽类制品主要包括两大类：一类是多肽药品和试剂，另一类是以多肽功能因子的保健食品或普通食品和化妆品（孔令明等，2009）。海岸带动物多肽来源非常广泛，包括鱼类、贝类、海参、海蜇、海绵、海鞘、虾蟹等。其中，海岸带鱼类是获得生物活性肽非常重要的一类海岸带生物。王克坚等（2011）先后从我国重要海水养殖鱼类（大黄鱼、鲈鱼、广盐性罗非鱼等）中获得多个抗菌肽 hepcidin 基因，通过基因工程制备纯化后得到抗菌肽 hepcidin，在实验动物鼠上进行急性毒性实验和遗传毒性实验，证明 hepcidin 无毒性；鱼蛋白酶解也是获得活性肽的一个常用途径，如从罗非鱼皮明胶酶解物可获得两个具有抗氧化活性的多肽，经鉴定分子量为 317.33 和 645.21，氨基酸序列分别为 Glu-Gly-Leu 和

Tyr-Gly-Asp-Glu-Tyr（Zhang 等，2012）。贝类也是获得活性肽的一类很重要的海岸带动物，近年来，先后从翡翠贻贝、牡蛎、扇贝、波纹巴非蛤、紫贻贝中获得不同生理活性的多肽，包括抗肿瘤活性、血管紧张素转移酶抑制活性、抗氧化活性、抗菌抗病毒活性等（郑文文等，2011）。虾蟹是获得活性肽的又一类海岸带动物，目前从中也获得了种类繁多、活性多样的多肽。如从中国毛虾中可获得流感病毒神经氨酸酶抑制活性肽（王海涛等，2013）、血管紧张素转移酶抑制肽等活性肽（Cao 等，2010）；凡纳滨对虾虾头自溶获得降血压肽（朱国萍，2010）；从青蟹、三疣梭子蟹中得到抗菌肽（郑兆祥，2012）等。此外，从海参、海蛇、海兔、海绵等海岸带动物中均可得到活性肽。从海地瓜（*Acaudina molpadioidea*）体壁酶解物中分离得到一种活性肽，具有良好的抑制血管紧张素转移酶活性（Zhao 等，2009）；海兔毒素是由4个氨基酸组成的线性缩肽类天然细胞毒性蛋白，具有很好的抗癌活性，目前已进入临床研究阶段（曹王丽等，2011）。针对海岸带生物活性肽来源广泛的特点，本文将以其来源为分类标准，分别介绍活性肽的来源、制备工艺、组成和结构、生理活性、应用等。

（一）胶原多肽

胶原多肽是胶原蛋白或明胶经蛋白酶等降解处理后得到的产物。它不具有胶原蛋白或明胶的特性，但是具有溶解性好、易消化吸收、生物活性高等优点，可作为活性成分广泛应用于食品、化妆品等领域。此处，我们提到了胶原蛋白、明胶和胶原多肽，这三种物质是既有联系又有不同的，图4-30是三者之间的关系图。通常胶原蛋白是具有三螺旋结构的，分子量可达到30万，但是水溶性很差；胶原蛋白若经过加热处理即可变为明胶，其中的三螺旋结构已被破坏，分子量为几万到几十万，明胶加热即溶于水；明胶进一步经蛋白酶定向酶解可得到胶原多肽，分子量为几百到几千，多肽水溶性很好，在冷水中即可溶解。胶原多肽也被称之为水解胶原蛋白、胶原蛋白水解物、胶原蛋白肽等，目前对其命名并没有统一的标准。

图4-30　胶原蛋白-明胶-胶原多肽关系图（周雪松，2013）

自1979年日本学者大岛等确认明胶来源的多肽具有抑制血压作用以来，大量研究表明胶原多肽具有多方面的生理功能，如抗氧化功能、护肤功能、增强骨密度功能、免疫调节活性、保护胃黏膜及抗溃疡作用等（郭瑶等，2006）。近年来，水生生物胶原多肽，其中包括海岸带动物胶原多肽，由于来源丰富、安全性高等优点受到广泛关注，目前市场上的胶原蛋白很大一部分是海岸带动物胶原多肽。

1. 来源

海岸带动物胶原多肽的来源与海岸带动物胶原蛋白的来源类似，大多来源于水产品加工下脚料，如鱼类、贝类、海参、枪乌贼等的下脚料。此外，还发现少数研究对可口革囊星虫、多棘海盘车和黄海海燕胶原多肽进行了探讨。可口革囊星虫（*Phascolosoma esculenta*）隶属于星虫动物门，为我国土著种，主要栖息于潮间带、高潮区的泥滩内（周化斌，2006），具有丰富的营养成分和多种生理功能，不仅可以食用，而且还可以药用。多棘海盘车［图4-31（a）］为我国常见的海洋无脊椎动物，是中国北方最常见的海星之一，具有食用价值，其体壁含有丰富的胶原蛋白（耿浩等，2011）。黄海海燕［图4-31（b）］属海星纲有棘目海燕科，俗称海星，含有蛋白质、氨基酸、不饱和脂肪酸、微量元素和维生素等成分（李裕博等，2015）。它们是肉食动物，以扇贝、鲍鱼、海胆等为食，会对我国沿海经济水产养殖造成危害，通常海燕捕获后会作为废弃物被丢弃造成环境污染和资源的浪费（赵鑫等，2014）。

(a)　　　　　　　　　　　　　　　(b)

图4-31　多棘海盘车（a）和黄海海燕（b）外观形态（李裕博等，2015）

2. 制备、分离及纯化

（1）制备方法：对于海岸带动物胶原多肽的制备主要采用的是蛋白酶酶解的方法。该方法主要是通过中性蛋白酶、碱性蛋白酶、胰蛋白酶、菠萝蛋白酶、木瓜蛋白酶、酸性蛋白酶、胃蛋白酶、风味蛋白酶、复合蛋白酶等商业用酶，在适宜条件下定向酶解胶原或明胶，把具有生理活性的肽片段释放出来，然后经过离心、除盐等方法即可得到胶原多肽。用该方法制备的胶原多肽一般不会导致营养成分的损失，也不会产生毒理上的问题，同时该方法能在温和的条件下进行，且易于控制水解进程，因而能够较好地满足多肽的生产需求。蛋白质酶解的过程如下（Calderon 等，2000；庄永亮，2009）：

①打开肽键：$-CHR'-CO-NH-CHR''- + H_2O \xrightarrow{蛋白酶} -CHR'-COOH + NH_2-CHR''$

②质子交换：$-CHR'-COOH + NH_2-CHR'' \longrightarrow -CHR'-COO^- + {}^+NH_3-CHR''$

③氨基基团的滴定：${}^+NH_3-CHR'' + OH^- \longrightarrow NH_2-CHR'' + H_2O$

目前市场上的蛋白酶种类繁多，并且酶的专一性决定了其只作用于特定的肽键，因此蛋白酶种类的确定是制备胶原多肽的关键步骤。它不仅影响最后产品的得率、风味和生理功能，而且也是实现工业化生产的决定性因素。通常，由不同的蛋白酶酶解得到的胶原多肽的分子量分布和生理活性均是不同的。任婷婷等（2010）探讨了不同蛋白酶于各自最适条件下对海参胶原水解度的影响，结果表明木瓜蛋白酶酶解海参胶原所得产物的水解度最大，为14.32%；胰蛋白酶水解所得产物的水解度最小，仅为6.00%。许丹等（2012）探讨了碱性蛋白酶、木瓜蛋白酶、胰蛋白酶和复合蛋白酶在最适宜条件下对鱿鱼皮胶原蛋白酶解效果的影响，结果表明胰蛋白酶的水解度最高（18.0%），产物的羟自由基清除率也比较高（67.5%）；碱性蛋白酶产物的羟自由基的清除率最高（70.9%），但是水解度并不高（11.9%）。吴靖娜（2012）等以血管紧张素转移酶（ACE）抑制率和水解度为指标对罗非鱼鱼鳞明胶水解用酶进行了筛选，结果如表4-6，可以看出复合蛋白酶的水解度最高，酶解产物对ACE抑制效果也最好。此处所说的复合蛋白酶是由多种蛋白酶组成的，针对的酶切位点较多，因此通常能够得到水解度更高、活性更好的产物。虽然目前市场上也有商业用复合蛋白酶，但这种蛋白酶通常酶解效果还是有限的，在实际生产中通常将多种单酶复配成复合酶进行酶解。庄永亮（2009）探讨了海蜇胶原多肽单酶和复合酶酶解条件，结果表明胰蛋白酶最佳酶解条件为pH7.8、酶解温度为48.8℃、加酶量为3.5%，此时酶解物的羟自由基抑制率为71.87%，水解度为14.69%；碱性蛋白酶酶解条件为pH9.1、酶解温度为47.3℃、加酶量为2.8%，所得产物的羟自由基清除率为79.07%，水解度为17.89；复合酶的最佳水解条件为碱性蛋白酶和胰蛋白酶混合水解，温度48℃，加酶量分别为2.8%和3.5%，pH9.1，水解时间3 h，该条件下水解产物的羟自由基抑制率为94.24%，水解度为24.32%。可以看出采用复配的蛋白酶酶解明胶，能够得到更好的酶解效果。目前除了采用商业酶对胶原进行酶解外，研究者也在不断开发新的蛋白酶用于胶原多肽的制备，以提高多肽的品质和生理活性。

Khantaphant 等（2008）从金线鱼幽门垂提取到一种蛋白酶，将其用于金线鱼皮明胶的酶解过程中，所得产物表现出较好的抗氧化活性。Karnjanapratum 等（2014）从木瓜乳中分离到一种甘氨酰肽链内切酶，采用该酶酶解制备罗非鱼皮胶原多肽，多肽不仅表现较好的 ABTS 自由基清除活性，而且具有较好的口味。此外，酶解条件对产物的得率、品质和生物学功能影响也非常大，主要包括加酶量、酶解温度、酶解时间、pH 和料液比等因素。因此，我们在对明胶酶解工艺进行探讨时，除了会考虑蛋白酶的选择外，也会将上述几个因素考虑在内。

表4-5　　　　不同蛋白酶于最适条件下酶解罗非鱼鱼鳞明胶的酶解效果比较

（吴靖娜，2012）

蛋白酶种类	水解条件	ACE 抑制率（%）	水解度（%）
中性蛋白酶	pH 6.5，50℃	38.65 ± 0.56	22.6 ± 0.3
碱性蛋白酶	pH 8.0，60℃	53.91 ± 0.38	41.4 ± 0.4
胰蛋白酶	pH 7.5，50℃	33.56 ± 0.63	18.8 ± 0.6
木瓜蛋白酶	pH 6.5，50℃	35.73 ± 0.65	24.5 ± 0.3
复合蛋白酶	pH 7.0，50℃	70.75 ± 0.84	73.5 ± 0.7

发酵法也可用到胶原多肽的制备中。刘唤明等（2012）通过枯草芽孢杆菌发酵生产了罗非鱼皮胶原多肽，最佳发酵工艺为鱼皮含量3%，装液量90 ml/250 ml，接种量5%，接种时间14 h，发酵时间52 h，在此工艺下水解度高达36.88%，高于酶解法得到的水解度。因此可推断发酵法在胶原多肽的制备中具有一定的发展潜力。

明胶在酶解过程中非常容易产生苦味肽，是产品伴有苦味，这些苦味肽与胶原多肽的分子量类似，这使其去除成为多肽加工业的难题。因此，酶解液的脱腥脱苦处理是一个至关重要的问题，直接决定了多肽的品质。通常多肽的脱腥脱苦方法包括吸附法、包埋法、微生物发酵法等。这些方法能够脱去酶解液中的苦味肽，同时也会除去其中的部分胶原多肽，在实际应用中需要对条件进行控制。钮晓艳等（2014）以多肽损失率为指标，确定采用 β- 环糊精包埋法对草鱼鱼鳞胶原多肽进行脱腥脱苦工艺研究，最佳包埋条件为：添加量4%、水浴温度70℃、水浴时间40 min，此条件下脱腥脱色效果最好，多肽回收率为92.21%。刘培勇（2012）采用活性炭吸附法结合酵母发酵法对鲟鱼皮水解液进行脱腥处理，可得到澄清、浅黄色的无腥味且有淡淡香味的水解液。

酶解过程中通常会加入酸碱来调节 pH，进而给酶解液带来大量的盐分，这些盐若不加以去除，会导致产品中灰分指标偏高，最终影响到产品品质。酶解液脱盐方法包括透析、超滤或纳滤、大孔树脂等方法。林谢凤等（2015）研究了纳滤膜对罗非鱼鳞胶原多肽脱盐性能的影响，结果表明700 U的卷式纳滤膜能有效去除多肽液中的无机盐，浓度从13.9 g/L降到0.04 g/L。夏光华（2013a）等报道指出，采用DA 201-C大孔吸附树脂对罗非鱼皮胶原多肽进行处理后，多肽回收率为81.16%，脱盐率为97.13%。

（2）分离纯化方法：一般来说，胶原或明胶经蛋白酶定向酶解后的产物为多肽混合物，为了多肽品质的提高及科研工作的需要，需对其进行分离纯化。胶原多肽的分离纯化方法主要包括超滤技术、色谱分离技术等，通过对酶解产物分离纯化能够得到所需要的目标肽段。

超滤技术是以选择性透过膜为分离介质，以静压差为推动力，利用机械筛分的原理，将原料中的溶剂和小于滤膜孔的小分子溶质透过膜成为滤出液或透过液，而大分子物质被截留，从而将不同分子量的多肽进行分离（穆利霞等，2013）。实验装置示意图如图4-32。它具有设备简单、常温操作、处理量大、处理时间短、无相变及化学变化、选择性高及能耗低等优点。但是超滤技术对多肽的分离度并不是太高，只适用于分子量相差比较大的多肽的分离。近年来，该技术广泛应用于胶原多肽的分离纯化过程中，其在胶原多肽的工业生产中也被广泛应用，大大提高了多肽的品质。刘亮等（2013）首先采用3 000 U的聚砜卷式超滤膜（底物浓度20 g/L、pH 7.0、压力0.2MPa、温度20℃）对鲟鱼胶原多肽进行精制，然后用纳滤膜（底物浓度25 g/L、pH 7.0、压力0.5 MPa、温度20℃）进行脱盐处理，最后所得产物的蛋白得率为80%，脱盐率95.9%，短肽回收率96.2%，其中分子量1 000以下的含量高达97.89%。郭洪辉等（2015）分别采用截留分子量5 000 U的超滤膜和纳滤膜对鱼皮胶原多肽进行分离，所得多肽分子量集中分布在100～1 000之间。

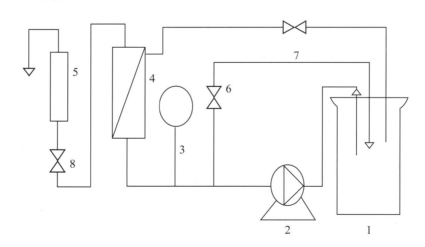

图4-32　实验室超滤分离装置示意图（刘亮等，2013）

1.原料液槽　2.输液泵　3.压力表　4.超滤组件　5.流量计　6.循环阀　7.浓液阀　8.流量计阀

若需要将胶原多肽进行进一步分离纯化，可采用色谱分离技术。该技术是广泛应用于多糖、蛋白质及小分子次生代谢产物的一种分离技术，根据分离原理可分为离子交换色谱、凝胶过滤色谱、亲和色谱、吸附色谱等。目前在胶原多肽分离中应用最多的是凝胶过滤色谱和离子交换色谱技术。若对胶原多肽纯度要求更高的话，需结合高效液相色谱技术。Sun 等（2013）依次采用 SP-Sephadex C-25 离子交换色谱、Sephadex G-25 凝胶过滤色谱和反相高效液相色谱 ZorbaxC18（9.4 mm × 250 mm）从罗非鱼皮胶原多肽（分子量 <2 000）中分离到一个抗氧化肽，氨基酸序列为 Leu-Ser-Gly-Tyr-Gly-Pro（592.26），对羟自由基的 IC_{50} 为 22.47 μg/ml。Zhang 等（2012）采用类似的方法从罗非鱼皮明胶酶解物中分离到两个抗氧化肽，氨基酸序列分别为 Glu-Gly-Leu（317.33）和 Tyr-Gly-Asp-Glu-Tyr（645.21），二者对羟自由基的 IC_{50} 分别为 4.61 μg/ml 和 6.45 μg/ml。Zhao 等（2007）依次采用 SP-Sephadex C-25 离子交换色谱、Sephadex G-15 凝胶过滤色谱和反相高效液相色谱 Zorbax C18（1.0 mm × 250 mm）从海参胶原酶解物中分离到一个分子量为 840 的 ACE 酶抑制肽，氨基酸序列为 Glu-Asp-Pro-Gly-Ala，IC_{50} 为 14.2 μg/ml。

以鱼皮为例，胶原多肽的生产工艺流程如图 4-33。其中的胶原多肽即是市场上经常见到的胶原蛋白产品，纯化的胶原多肽多用于多肽序列的分析。

图 4-33　鱼皮胶原多肽制备工艺流程（董玉婷等，2006）

3. 组成和结构

胶原多肽也是由氨基酸组成的，目前对其组成和结构研究主要集中在分子量分布、氨基酸组成和序列等方面。

胶原多肽的分子量分布多采用高效液相色谱法进行测定。庄永亮（2009）以凝胶色谱柱（TSK gel 3 000 PWXL 300 mm × 7.8 mm）为洗脱柱，以乙腈/水/三氟乙酸（50/50/0.1，V/V）为流动相，在波长 220 nm 下测定了不同酶解方法所得海蜇胶原多肽的分子量分布。测定过程中首先通过标准品：细胞色素 C（分子量 12 500）、胰岛素（分子量 5 734）、维生素 B_{12}（分子量 1 355）、马尿酸（分子量 429.5）、谷胱甘肽（分子量 309.5）做出相对分子量与出峰时间的标准曲线，然后记录样品的出峰时间，从标准曲线上即可得出样品的相对分子量。结果如图4-34。不同酶解方法所得海蜇胶原多肽的液相色谱图中均有4个连续的洗脱峰，表明多肽的分子量分布是连续的；不同酶解方法所得胶原多肽的分子量分布是不同的，胰蛋白酶和碱性蛋白酶分别单独水解时多肽的平均分子量是2 000，二者混合使用时平均分子量为700，表明复合酶解法更容易得到小的肽段。

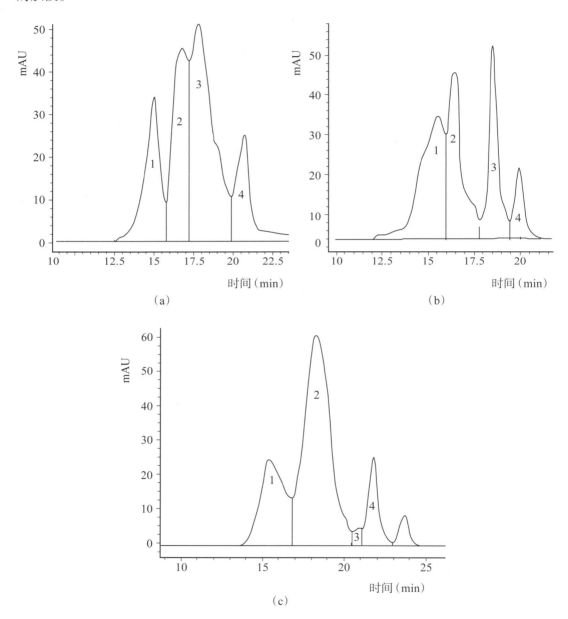

图4-34 不同酶解方法所得海蜇胶原多肽高效液相色谱图

(a)胰蛋白酶水解 (b)碱性蛋白酶水解 (c)碱性蛋白酶和胰蛋白酶混合水解

　　胶原多肽的氨基酸组成分析与胶原蛋白的类似，也是应用氨基酸分析仪确定其中的氨基酸种类和含量。刘艳（2009）测定的草鱼鱼鳞胶原多肽的氨基酸组成如表4-6。可以看出草鱼鱼鳞胶原多肽氨基酸组成与胶原蛋白组成类似，甘氨酸含量约为25%，羟脯氨酸含量为10.6%，脯氨酸含量为12.7%，符合Ⅰ型胶原蛋白的特征。Zhao等（2007）从海地瓜酶解液中分离得到的一种抑制ACE酶活性的胶原多肽，氨基酸分析表明Glu，Asp，Pro，Gly和Ala是主要氨基酸，占总氨基酸的91.97%。其中Glu含量最高，为26.27%，这可能是该多肽具有抑制ACE酶活性的重要原因；Gly含量为21.35%，比较符合Ⅰ型胶原蛋白的特征。因此，一般来说胶原多肽的氨基酸组成还是具有某些胶原蛋白氨基酸组成的特点的。

表4-6　　　　　　　　　　草鱼鱼鳞胶原多肽氨基酸组成（%）

（刘艳，2009）

氨基酸	原料鱼鳞	鱼鳞胶原蛋白	鱼鳞胶原多肽
羟脯氨酸	7.40	10.60	10.47
天冬氨酸	5.27	2.02	2.31
苏氨酸	1.09	2.17	3.62
丝氨酸	1.11	2.17	3.62
谷氨酸	4.41	9.41	9.22
脯氨酸	10.70	12.73	12.53
甘氨酸	15.30	25.27	24.41
丙氨酸	4.27	8.70	8.01
半胱氨酸	—	—	—
缬氨酸	1.43	1.75	1.53
蛋氨酸	1.30	1.74	1.43
异亮氨酸	0.13	1.47	1.46
亮氨酸	2.41	2.85	2.69
酪氨酸	0.89	0.48	0.42
苯丙氨酸	2.45	2.28	2.04
组氨酸	0.73	2.46	2.84
赖氨酸	2.50	4.73	4.99
精氨酸	5.45	8.43	7.87

注：—表示未检出

通俗一点讲，氨基酸序列就是蛋白质的一级结构，可见氨基酸序列对蛋白质的重要性，通过氨基酸序列可推断蛋白质的结构和生理功能。对于蛋白质氨基酸序列的测定通常采用质谱法，包括串联飞行时间质谱（MALDI-TOF/TOF-MS）、电喷雾四极杆飞行时间质谱（ESI-Q-TOF-MS）、电喷雾离子阱质谱（ESIIT-MS）和傅立叶变换离子回旋共振质谱（FTICR-MS）（贾韦韬等，2007）。Zhang 等（2012）采用电喷雾四极杆飞行时间质谱分析了罗非鱼皮胶原抗氧化肽的氨基酸序列。图4-35为所得质谱图。结合数据库分析表明多肽的氨基酸系列分别为 Glu-Gly-Leu 和 Tyr-Gly-Asp-Glu-Tyr。马鲛鱼皮（Khiari 等，2014）、日本比目鱼皮（Himaya 等，2012）、鱿鱼被膜（Alemán 等，2011a）、黑乳海参（陈娟娟，2013）、鮰鱼皮（张效荣，2013）等胶原多肽均可通过此方法测定出氨基酸序列。

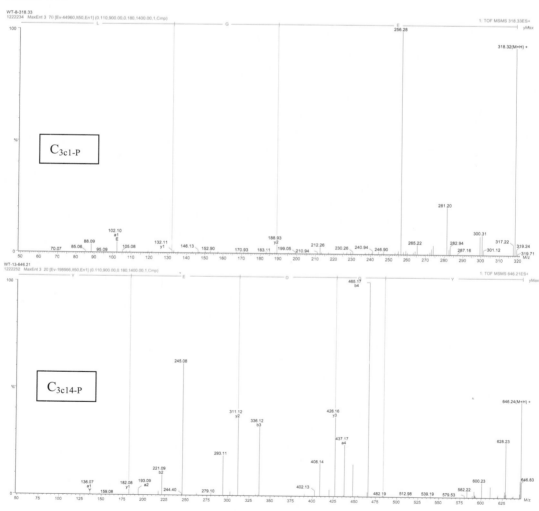

图4-35 罗非鱼皮胶原抗氧化肽 ESI-Q-TOF-MS 图谱

（Zhang 等，2012）

4. 生理活性

Ohara 等(2007)研究表明，鱼类来源的胶原多肽比猪皮来源的口服吸收利用率高，因此近年来，鱼源胶原多肽逐渐受到人们的关注，已成为食品领域和医药领域的研究热点。胶原多肽若要在食品和医药领域得到广泛应用，其生理活性如何是一个至关重要的问题，因此胶原多肽的生理活性研究一直是多肽领域研究的一个非常活跃的方向。实际上，不仅鱼类含有胶原蛋白，其他海岸带动物如海蜇、海参、柔鱼、枪乌贼等都含有丰富的胶原蛋白，因此本部分内容将主要针对海岸带动物胶原多肽的生理活性进行详细探讨。

(1)抗氧化活性：人体内有多种自由基，过多的自由基可损伤机体内生物大分子，进而影响细胞正常的结构和功能，对人体危害非常大。研究表明，胶原多肽具有很好的抗氧化活性。在鮟鱇鱼皮(马华威等，2014)、鲍鱼内脏(朱芳骞，2012)、海参(赵芹，2008；崔凤霞，2007)、海蜇(丁进锋等，2012；Ding 等，2011)、鲢鱼鱼鳞(陈日春，2013a)、罗非鱼皮(夏光华等，2012；Vo 等，2011；Choonpicharn 等，2015)、柔鱼鱼皮(陈小娥等，2010)、鱿鱼皮(Giménez 等，2009a；Mendis 等，2005；Alemán 等，2011b)、军曹鱼皮(Yang 等，2008)、金线鱼皮(Khantaphant 等，2008)、日本比目鱼皮(Himaya 等，2012)等中发现的胶原多肽均表现良好的抗氧化活性。马华威(2014)等选取铁离子还原体系和 O_2^-、DPPH、·OH 自由基清除体系评估了鮟鱇鱼皮胶原多肽的体外抗氧化效果，发现该胶原多肽对·OH 自由基清除能力高于茶多酚、BHA 和抗坏血酸，对 DPPH 自由基的清除能力好于 BHA；进一步的 D- 半乳糖诱导的亚急性衰老小鼠实验表明，该胶原多肽(分子量<2 000)能够显著提高皮肤中 SOD、GSH-Px、CAT 活性，抑制 MDA 的生成；体外和体内实验均证实了鮟鱇鱼皮胶原多肽的抗氧化活性。陈日春等(2013b)也通过体外自由基体系和体内动物实验，证实了鲢鱼鱼鳞胶原多肽的抗氧化活性。Vo 等(2011)的研究表明，从罗非鱼明胶水解物中分离到的一种降压肽，能够降低小鼠胶质细胞中自由基诱导的细胞和 DNA 损伤。

目前，对于胶原多肽的抗氧化活性的具体的构效关系还不是十分清楚，但是发现其与多肽的分子量分布、氨基酸组成和序列等密切相关。Yang 等(2008)通过蛋白酶酶解法获得军曹鱼皮明胶水解物，分子量分布在 6 500～7 000，经超滤后分离出<3 000 的多肽，发现其抗氧化活性得到了明显提高，充分说明了多肽分子量分布对其抗氧化活性影响显著，并且分子量越低的多肽越容易表现较好的抗氧化活性(Li 等，2013)。氨基酸组成对多肽抗氧化活性的影响也是非常显著的。前人研究结果表明，芳香族氨基酸(苯

丙氨酸、酪氨酸和色氨酸)由于分子中含有酚羟基,容易表现较好的清除自由基活性,其他的氨基酸如组氨酸、脯氨酸、丙氨酸、亮氨酸和缬氨酸等对多肽的抗氧化活性的发挥也有一定贡献。Mendis 等(2005)从巨型鱿鱼皮明胶水解物中分离到两个抗氧化肽,氨基酸序列分别为 Phe–Asp–Ser–Gly–Pro–Ala–Gly–Val–Leu(880.18)和 Asn–Gly–Pro–Leu–Gln–Ala–Gly–Gln–Pro–Gly–Glu–Arg(1 241.59)。可以看出,两个多肽中均含有较多的抗氧化氨基酸,如 Pro,Phe,Ala,Val,Leu。氨基酸序列在多肽抗氧化活性中也发挥着重要作用。一般来说,N 端或 C 端存在含苯环的氨基酸残基或亮氨酸残基,则多肽易表现较好的抗氧化活性;Gly–Leu,Gly–Pro 序列的存在也能促使多肽表较好的抗氧化活性。张玉峰(2013)从罗非鱼皮明胶酶解物中分离到两个抗氧化肽,氨基酸序列分别为 Glu–Gly–Leu 和 Tyr–Gly–Asp–Glu–Tyr,可见这两个多肽在氨基酸序列上符合上述特征。

(2)降血压活性:高血压是一种对人类危害极大的疾病,潜伏期很长,早期一般没有不适症状,极容易被忽视。目前我国已成为世界第一大高血压患病率国家,患者已达1.6亿人,其危害仅次于肿瘤。因此治疗和防治高血压病是当今社会普遍关注的热点课题(赵元晖,2006)。研究发现胶原多肽具有良好的降血压活性。林琳等(2010)采用两肾一夹型建立肾血管性高血压大鼠模型,研究了鱿鱼皮胶原多肽(分子量 <2 000)的降血压活性,结果表明该胶原多肽能够显著降低模型大鼠的动脉血压和血浆中的血管紧张素 Ⅱ 的水平,表现出较好的降血压效果。宋华曾等(2014)通过原发性高血压大鼠研究了鮰鱼皮胶原多肽(分子量 <3 000)的降血压效果,结果表明 300 mg/kg·bw 剂量的多肽灌胃 2 h 后,大鼠血压由 27 kPa(206 mmHg)降到 21 kPa(159 mmHg);大鼠经长期灌胃 10 d 后,血压一直保持在 20 kPa(155 mmHg)左右;同时,该胶原多肽对正常大鼠的降血压作用不显著。

胶原多肽的降血压活性可能主要与其抑制血管紧张素转移酶(ACE 酶)的活性有关。ACE 酶是一种含锌二肽羧基肽酶,能将血管紧张素 Ⅰ(Ang Ⅰ)转换为血管紧张素 Ⅱ(Ang Ⅱ),同时降解缓激肽使之失活,具有升高血压的作用(韩佳冬等,2012)。因此,抑制 ACE 酶活性即可达到降血压的目的。在红非鲫鱼皮(曾名勇等,2007)、鮰鱼皮(张效荣,2013)、海地瓜(赵元晖,2006)、罗非鱼皮(Choonpicharn,2015)和鱼鳞(吴靖娜等,2012)、鱿鱼皮(Lin 等,2012;Alemán 等,2011a)明胶酶解物中都发现了具有抑制 ACE 酶活性的胶原多肽。赵元晖(2006)在海地瓜明胶酶解物中得到一个 ACE 酶抑制肽,分子量分布在 410～950 之间,IC_{50} 为 0.014 2 mg/ml。张效荣(2013)从鮰鱼皮明胶酶解物中分离得到了两个 ACE 酶抑制肽,分别为 FTHNGYLNA(817.37)和

SNTRVSAHKHCGSYLIIN（1 797.95），IC_{50} 分别为 0.304 1 mg/ml 和 0.806 4 mg/ml。Vo 等（2011）纯化到一个罗非鱼 ACE 酶抑制胶原多肽，其氨基酸序列为 DPALATEPDPMPF （1 382），IC_{50} 为 62.2 μmol/L。

（3）护肤活性：众所周知，胶原蛋白是皮肤的重要组成部分，研究发现由其酶解得到的胶原多肽具有很好的护肤活性，主要表现为抑制酪氨酸酶活性、延缓衰老等。

酪氨酸酶是以 Cu^{2+} 为活性中心的金属酶，与皮肤中的黑色素合成密切相关。它是黑色素生物合成的关键酶和限速酶，不仅决定黑色素合成的速度，而且是黑色素细胞分化成熟的特征性标志（庄永亮，2009）。因此，抑制黑色素生成最常见和最有效的方法就是抑制酪氨酸酶活性。研究表明，黄河鲤鱼鳞（肖枫，2014）、海蜇（Zhuang 等，2009a）、日本刺参（王奕等，2007a）等胶原多肽均具有很好的抑制酪氨酸酶的活性。对于胶原多肽对酪氨酸酶活性的抑制机理可以从酪氨酸酶催化形成黑色素的过程来解释。一方面，在酪氨酸氧化形成黑色素的反应中，必须有氧自由基的参与，氧自由基引发反应后经酪氨酸酶催化，酪氨酸被逐步氧化，最终产生黑色素（Yamamura 等，2002）。另一方面，酪氨酸酶需要磷酸化才能表现出氧化催化的功能，这需要蛋白激酶 A 的结合亚基与 cAMP 结合才能实现。cAMP 是细胞内重要的第一信使，起着将细胞外刺激信号转化为细胞内各种生理活动的媒介作用（庄永亮，2009）。肖枫（2014）以小鼠 B16 黑色素瘤细胞为模型研究了黄河鲤鱼鳞胶原多肽（分子量 <1 000）的酪氨酸酶抑制活性，结果表明该胶原多肽能够显著降低细胞中酪氨酸酶活性，同时增加细胞中 GSH 含量及降低 GSSG 含量，并降低 cAMP 的含量，推测黄河鲤鱼鳞胶原多肽对酪氨酸酶抑制活性是通过清除氧自由基和降低细胞第一信使——cAMP 来实现的。

随着年龄的增长，人体合成胶原的能力逐渐降低，造成胶原流失，这样真皮层的胶原纤维网络结果发生变形、断裂，导致皮肤出现松弛、皱纹等老化现象（尹利端等，2013）。研究表明，胶原多肽具有很好的延缓皮肤衰老的活性。王奕（2007b）以紫外线诱导的光老化小鼠为模型研究了日本刺参胶原多肽和鱿鱼皮胶原多肽对皮肤的保护作用，结果表明这两种多肽均能显著清除体内羟自由基和超氧阴离子自由基，提高 SOD，GSH-Px，CAT 活性，降低 MDA 含量，显著提高皮肤中总羟脯氨酸含量，并能有效改善小鼠皮肤胶原纤维的受损程度（图4-36）。还有一些研究（陶宇，2012；Zhuang 等，2009b）针对沙海蜇胶原多肽对紫外线诱导的光老化小鼠皮肤的保护作用进行了探讨，结果表明沙海蜇胶原多肽也能够抑制紫外线照射引起的小鼠皮肤胶原蛋白和水分的流失，提高皮肤组织中抗氧化酶 SOD，GSH-Px，CAT 的活性，有效改善紫外线照射引起的小鼠皮肤组织紊乱，从而对小鼠皮肤表现很好的保护作用。陈俊等（2015）研究表明，罗非鱼皮胶原酶解物能够通过促进人皮肤角质细胞的增殖来达到延缓皮肤衰老的作用。

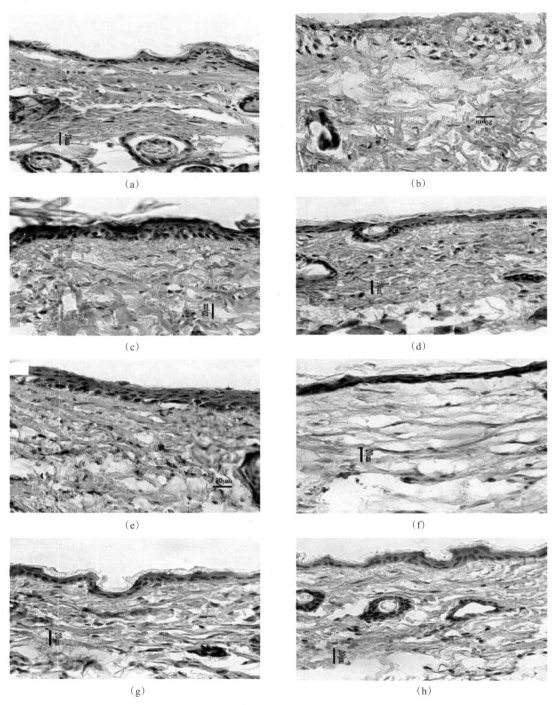

图4-36　光老化小鼠皮肤组织的 VanGieson 染色图片（×200）

（引自王奕，2007）

（a）正常对照组，小鼠皮肤真皮层胶原纤维为红色，分布均匀，方向大致与皮肤表面平行，呈波浪状　（b）模型对照组，胶原纤维明显减少，且排列紊乱，出现断裂、破碎、卷曲扭结、聚集成团现象　（c）日本刺参胶原多肽低剂量组（25 mg/kg·bw），胶原纤维明显多于模型组，但排列不规则　（d）日本刺参胶原多肽中剂量组（50 mg/kg·bw），胶原纤维排列变得规整，可见新生纤维和残存纤维之间的明确分界　（e）日本刺参胶原多肽高剂量组（100 mg/kg·bw），胶原纤维分布均匀，排列规则，与正常对照组接近　（f）鱿鱼皮胶原多肽低剂量组（25 mg/kg·bw），胶原纤维稀疏，有断裂、破碎现象　（g）鱿鱼皮胶原多肽中剂量组（50 mg/kg·bw），胶原纤维断裂、破碎、稀疏现象有所改善，可见完整的波浪状纤维　（h）鱿鱼皮胶原多肽高剂量组（100 mg/kg·bw），胶原纤维分布均匀，排列规则，少有断裂、破碎，未出现卷曲扭结，与正常组接近

此外，胶原多肽的护肤作用还表现在改善皮肤水分性能、促进皮肤伤口愈合等方面。王宁等（2015）以罗非鱼皮胶原低聚肽和透明质酸复配成了一种口服保健食品，对其改善女性皮肤水分性能进行了研究。结果表明，年龄30～50岁的女性每天口服2.5 g，连续30 d，皮肤水分性能有显著的改善作用，皮肤含水量由试验前的8.90%±1.11%提高到12.34%±2.23%。祝婧（2014）研究表明，海鲈鱼胶原多肽能够促进伤口肉芽组织的形成，加速胶原形成，减少炎症反应，从而加速皮肤伤口的愈合，其机制可能是通过上调促血管生成因子胰岛素样生长因子-1（IGF-1）和成纤维细胞生长因子-2（FGF-2）的水平，从而提高小鼠皮肤伤口的愈合速度和愈合质量。

（4）免疫调节活性：免疫器官是免疫细胞分化和增殖的场所，包括骨髓、胸腺、脾脏、淋巴结等器官（曾丽等，2013）。其中胸腺在免疫系统中占有极其重要的地位，它是T细胞分化和发育成熟的主要场所；脾是机体最大的外周免疫器官，是机体进行免疫应答的主要场所（戎泹，2012）。通常二者重量指数可客观地反映机体免疫器官的运行状况。免疫细胞是指参与免疫应答或与免疫应答相关的细胞，包括粒细胞、单核巨噬细胞、NK细胞、T细胞、B细胞等。研究表明，胶原多肽具有一定的免疫调节活性。王凤林等（2011）采用环磷酰胺为免疫抑制剂获得了免疫功能低下的小鼠模型，经灌胃暹罗鳄鱼鳞胶原多肽后，小鼠T淋巴细胞的增殖活性和NK细胞的杀伤活性得到明显增强，并呈剂量依赖性。丁进锋等（2011）研究表明，高剂量海蜇胶原多肽（100 mg/kg·bw）能明显提高小鼠碳廓清指数、吞噬指数和脾脏指数，并促进T淋巴细胞的增殖。此外，霞水母（Deng等，2009）和鲶鱼皮（马俪珍等，2008）胶原多肽均具有免疫调节活性。

（5）其他生理活性：胶原多肽的生理活性多种多样，针对海岸带动物胶原多肽的生理活性还包括与金属离子的螯合作用、对肝损伤的保护作用、抗疲劳和对类风湿性关节炎的抑制作用等。研究表明，罗非鱼皮胶原多肽能够与钙离子发生螯合反应形成稳定的螯合物，螯合率最高可到78.04%（夏光华等，2013），这种胶原多肽具有一定的补钙作用，对于骨质疏松症的改善是非常有利的。酒精性肝损伤是一种较为普遍的世界性疾病。

李林格等(2014)研究表明,大鲵皮胶原多肽具有保护酒精诱导的小鼠肝损伤的作用,具体表现为抑制乙醇诱导产生的血清中谷草转氨酶(AST)和谷丙转氨酶(ALT)活性,抑制肝组织中 SOD 活性下降及 MDA 含量升高;从组织病理也可以看出,胶原多肽组肝细胞排列规则、肝索清晰。林丹等(2010)研究发现,霞水母胶原多肽能够改善机体能量代谢,加速肝糖原分解供能,减少蛋白质和含氮化合物的分解,从而表现一定的抗疲劳作用。此外,许丹的研究表明,鱿鱼皮胶原多肽能够抑制类风湿性关节炎成纤维样滑膜细胞的增殖,从而表现一定的对类风湿性关节炎的抑制作用(许丹,2012)。

总之,目前对胶原多肽生理活性的研究很多,但是大部分研究集中在深海动物胶原多肽上,如鳕鱼等。目前,也开展了一些关于海岸带动物胶原多肽的研究,但是对其部分生理活性的研究并不全面,也不深入,如增强骨密度、对肝损伤的保护作用、抗疲劳和对类风湿性关节炎的抑制作用等。今后应对海岸带动物胶原多肽的这些生理活性进行系统研究,以促进该类多肽在实际生活中的应用。

5. 应用

(1)在食品领域的应用:胶原多肽不含有色氨酸,从氨基酸组成上来看它是一种不完全蛋白质,无法提供人体必需氨酸。但是胶原多肽具有抗氧化、降血压、护肤、免疫调节等众多的生理功能,以及高度可溶性、稳定性、易吸收性等性质,这些特性决定了胶原多肽可以作为活性成分添加到食品中,赋予食品一定的功效。目前市场上的水生生物胶原多肽食品已有很多,功效主要集中在护肤和补钙两方面,这些胶原多肽一部分来源于鳕鱼、三文鱼等深海鱼类的鱼皮,另一部分主要来源于一些海岸带动物,其中罗非鱼皮、鱼鳞是来源最为广泛的。"百福美"系列产品所用的胶原多肽即来源于罗非鱼皮、鱼鳞。

此外,一些研究还对海岸带动物胶原多肽在水产品、肉制品和食品包装膜上的应用进行了探讨。Nikoo 等(2015)研究表明,史氏鲟鱼皮明胶酶解物能够延缓鱼肉中脂质和蛋白的过氧化,并表现抗冻效应。还有研究表明,乌贼皮明胶水解物能够抑制土耳其香肠中的脂质过氧化(Jridi 等,2014)。Giménez 等(2009b)研究表明,鱿鱼皮明胶水解物可添加到明胶膜中,以提高其抗氧化性能;Nuanmano 等(2015)研究发现,罗非鱼皮明胶酶解物可作为鱼肌纤维蛋白膜的增塑剂,提高膜的力学性能。这些研究均表明,海岸带动物胶原多肽在水产品和肉制品的保藏上以及食品蛋白包装膜上具有一定的应用前景,但是目前市场上并没有类似产品,因此后续应针对这两方面的应用进行深入研究。

（2）在化妆品领域的应用：胶原多肽在化妆品中具有非常广泛的应用，美国 CTFA 化妆品原料手册录用的天然物质和《功能性化妆品原料》中，都有胶原蛋白或其水解产物（裘炳毅，1997；张铭让等，2000）。胶原多肽在化妆品的功效概括起来包括营养性、修复性、保湿性、配伍性、亲和性等。目前，对于海岸带动物胶原多肽在化妆品中的应用也有一些研究报道。刘艳（2009）将草鱼鳞胶原多肽添加到护肤霜中，发现多肽添加量越大膏体越细腻，同时起泡性也越强，添加量 ≥ 0.5% 时，护肤霜膏体中形成较多的细小气泡，且需要很长时间才能慢慢消除；以 0.5% 的胶原多肽制备的护肤霜具有良好的耐热、耐寒性能，离心测试也未出现分层。刘克海等（2008）将鱿鱼皮胶原多肽添加到营养保湿乳中，经检验乳液卫生、感官和理化指标均符合中华人民共和国轻工行业有关标准。目前，在化妆品中应用最为广泛的一类海岸带动物胶原多肽就是罗非鱼皮、鱼鳞胶原多肽，法国、意大利和其他一些欧洲国家生产的化妆品和香水均添加了该类多肽。

一般来说，化妆品中胶原多肽分子量范围是 1 000 ~ 5 000，最佳范围是 700 ~ 1 000，目前市场上的胶原多肽分子量大部分在 3 000 左右（郭兆峰等，2010），与化妆品中的要求还有差距。今后应多开发化妆品用胶原多肽，并对其透皮吸收性和护肤生理活性有一个全面的研究，以便于胶原多肽更好地在化妆品中发挥功效。

（二）动物来源的肽类化合物

自 1980 年 Ireland 等从海鞘中发现具有抗肿瘤活性的环肽 Ulithiacyclamide 以来，不断有环肽从此类海洋生物中发现。最令人瞩目的是从加利福尼亚海域及加勒比海中群体海鞘 *Trididemnum solidum* 中分离出的 3 种环肽类化合物 Didemnin A ~ C，它们都具有体内和体外抗病毒和抗肿瘤活性。体内筛选结果表明，Didemnin B 的活性最强，较环孢霉素 A 强 1 000 倍，具有强烈的抗 P388 白血病和 B16 黑色素瘤活性，美国 NCI 正进行它的抗肿瘤 II 期临床研究。Didemnin B 可连接分子量 36 000 的糖蛋白，它的编码基因与棕榈酰蛋白硫酯酶（PPT）相似，提示 Didemnin B 可作为治疗基因突变引起婴儿性神经脂褐素症的潜在药物，有望成为一种新型的抗肿瘤药物。

Dehydrodidemnin B（Aplidine）是从被囊动物 *Aplidium albicans* 中分离出来的，是 Didemnin B 的类似物，能抑制 DNA 的复制和蛋白质的合成，阻滞细胞周期中 G1–G2 期，特别是它能抑制鸟氨酸脱羧酶，抑制白血病细胞血管内皮生长因子的表达，并阻断其受体的自分泌环，而且它的细胞毒作用对增殖细胞有明显的选择性。PharmaMar 公司对它的研究已经进入 III 期临床试验。

海绵的长久不腐烂现象提示人们，在海绵的体内存在极强的细胞毒性物质。源自海绵的多肽也很多，如 Papuamides，Arenastatin A，Haliclamide，Halicylindramides，Geodiamolides，Theonellapepto-lides，Cyclolithistide，Jaspamide，Neosiphoniamolide A 等。其中 Jaspamide 和 Geodiamolides A，B 是从海绵目中分离得到的环肽成分，具有显著的细胞毒活性。

从印度海兔（*Dolabella auricularia*）中分离到 10 种细胞毒性环肽 Dollabilatin 1～10。其中 Dollabilatin 10 能使肿瘤细胞微管解聚并凋亡，对 B16 黑色素瘤治疗剂量仅为 1.1 μg/ml，是目前已知活性最强的抗肿瘤化合物之一。Pettit 小组从海兔 *Dolabella auricularia* 中分离得到的 Dolastatins 系列化合物中发现抗癌活性单体 Dolastatin 10 具有抑制 L12310 小鼠白血病细胞生长、抑制肿瘤细胞的微管聚合作用，是一类新型强效的微管蛋白结合化合物，作为抗胰腺癌、前列腺癌、肺癌、皮肤癌、结肠癌、肝癌、乳腺癌和淋巴系统肿瘤用药，Dolastatin 10 已进入 II 期临床研究。Dolastatin 11 具有很好的细胞生长抑制活性，而且对肌动蛋白也有较强的作用，研究人员对其进行了系统的研究。Dolastatin 11 已在 NCI 进行临床前研究。最新研究发现 Dolastatin 15 有着不同于 Dolastatins 10 和 11 的抗肿瘤作用，目前 Dolastatin 15 已用于临床研究，其结构修饰产物 LU 103793（NSC D-669356）在欧洲已经开始癌症 I 期临床实验，在美国已经开始 II 期临床实验。新近的研究表明，Dolastatins 可作为进一步开发的抗癌药物资源。

从中国青岛小实藻属 *Symphyocladia latiuscula* 分离得到溴苯酚和二肽类化合物（1）（Xu，2012）。

1

从新西兰书海绵分离得到的肽类化合物 Mycalamide E（2），能有效地抑制蛋白质合成。从斐济西西亚岛 *Melophlus* 分离得到的 aurantoside K（3），具有抗真菌活性。从昆士兰库拉索岛绣球海绵属海绵提取得到 IotrochamidesA（4）和 B（5），它们能选择性地抑制布氏锥虫（Kumar，2012；Feng，2012）。

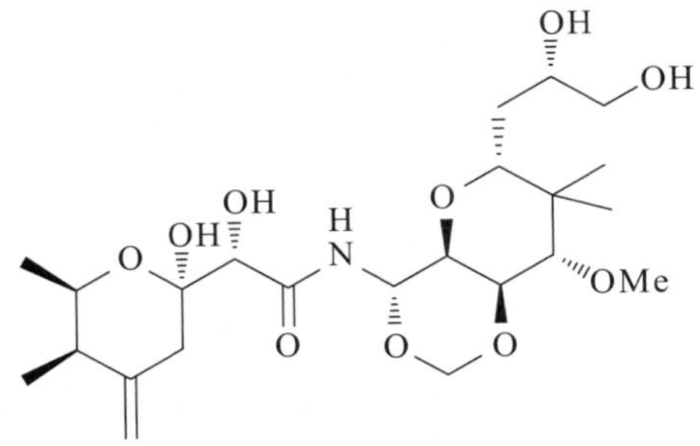

2

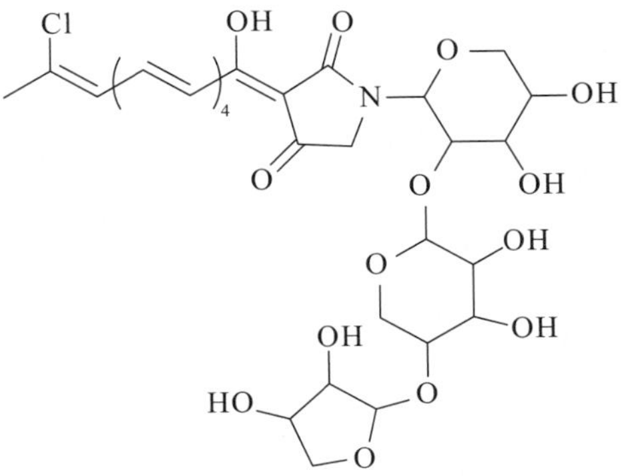

3

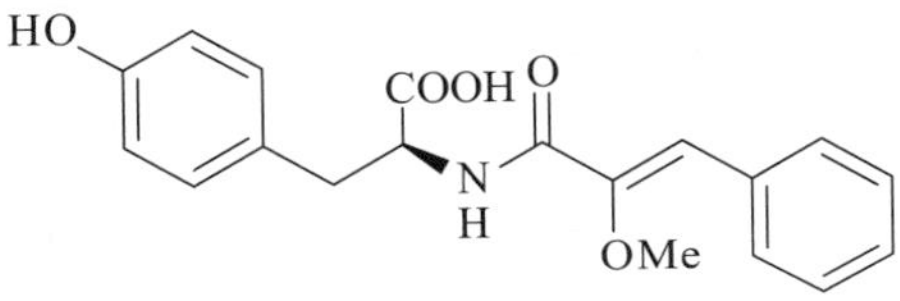

4

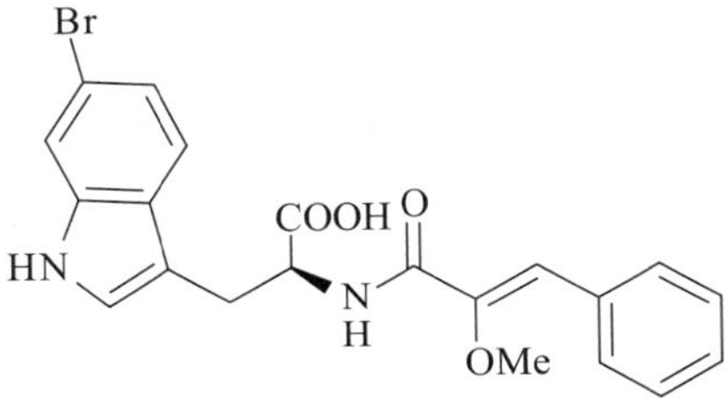

5

从马莱塔岛 *Theonella swinhoei* 的次级代谢产物中分离得到5个肽类化合物 perthamides G～K（6～10），它们都有消炎作用（Festa，2012）。从澳大利亚海绵 *Neamphius huxleyi* 中分离得到3个肽类化合物 neamphamides B～D（11～13），它们都是强效的非选择性细胞毒素（Tran，2012；Yamano，2012）。

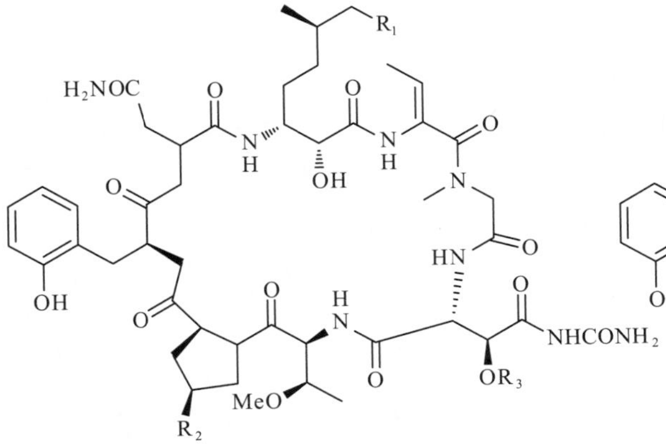

6　$R_1=R_2=H$, $R_3=SO_3Na$
7　$R_1=R_3=H$, $R_2=Me$
8　$R_1=R_2=Me$, $R_3=H$

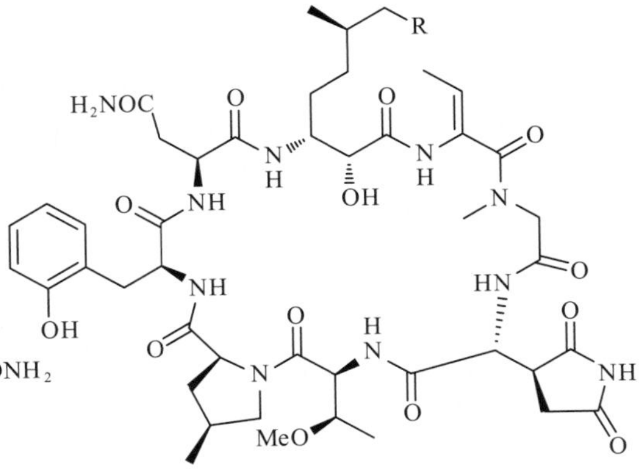

9　$R=H$
10　$R=Me$

11　R₁=NH₂, R₂=Me
12　R₁=OH, R₂=Me
13　R₁=NH₂, R₂=Et

从所罗门群岛瓜达康纳尔岛海绵
Pipestela candelabra 中分离得到3个由
NRPS-PKS 共同催化合成的肽类化合
物 pipestelides A～C（14～16）（Sorre,
2012）。

14

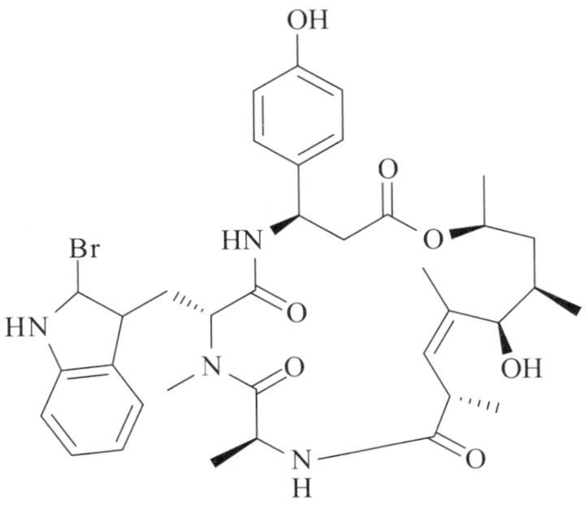

15

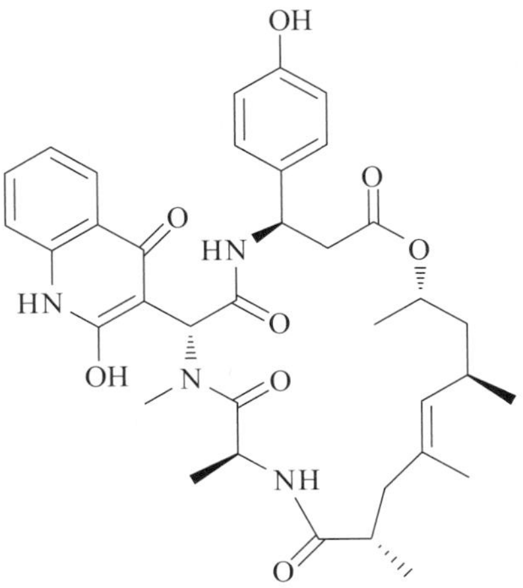

16

从巴哈马群岛海绵 Caribbean stylissa 中
分离得到肽类化合物 Didebromonagelamide
A（17）。从澳大利亚湾一株海绵中分离得到
3 种肽类化合物（18 ~ 20）（Zhang，2012）；
从毛里求斯海绵 donnani 中提取得到肽类化
合物 donnazoles A（21）和 B（22）（Mnnoz，
2012）。

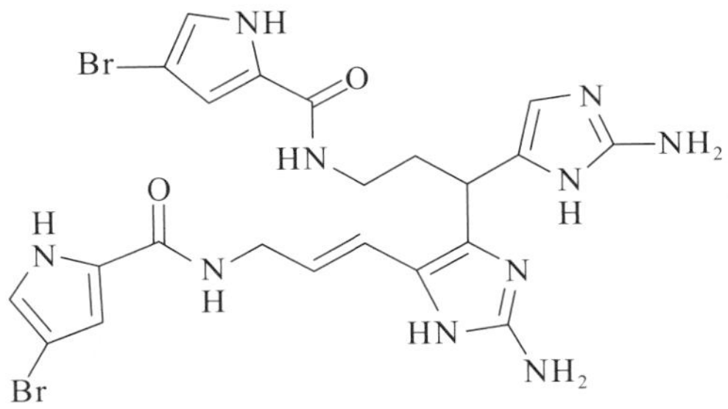

17

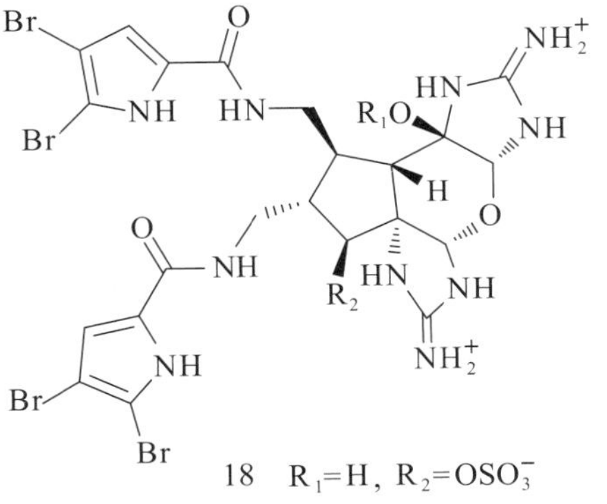

18　R₁=H, R₂=OSO₃⁻

19　R₁=H, R₂=OMe

20　R₁=Me, R₂=Cl

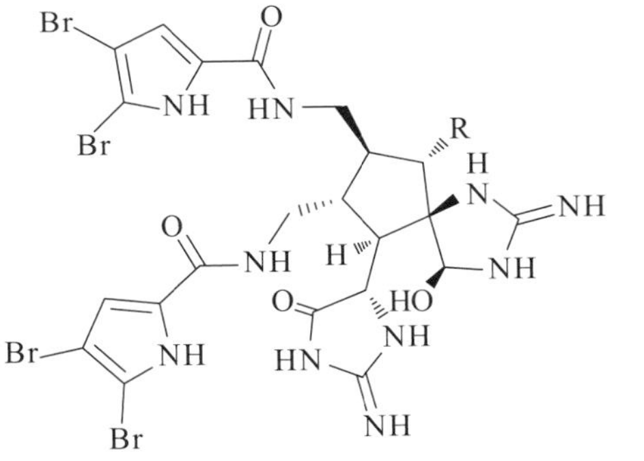

21　R=OH

22　R = Cl

从一株澳大利亚坎贝尔港采集的类角海绵属海绵 Pseudoceratina sp. 中分离得到
肽类化合物（23）（24）（Kouakota，2012），purealins B ~ D（25 ~ 27）（Kobayashi，1995），
purealidin R（28）（Cimino，1983），aerophobin（29）和外消旋化合物 purealin（30）（Salim，
2012）。

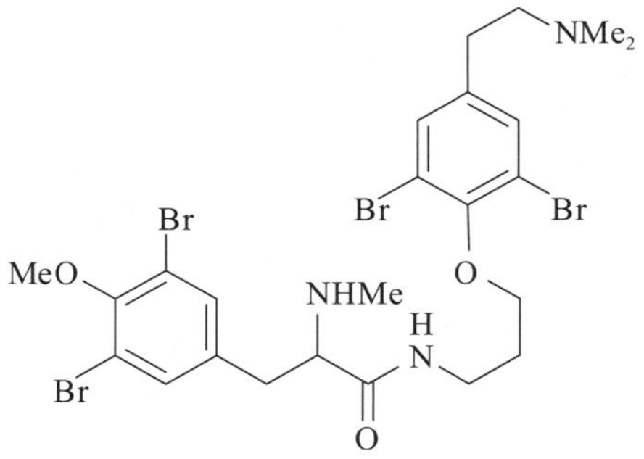

23

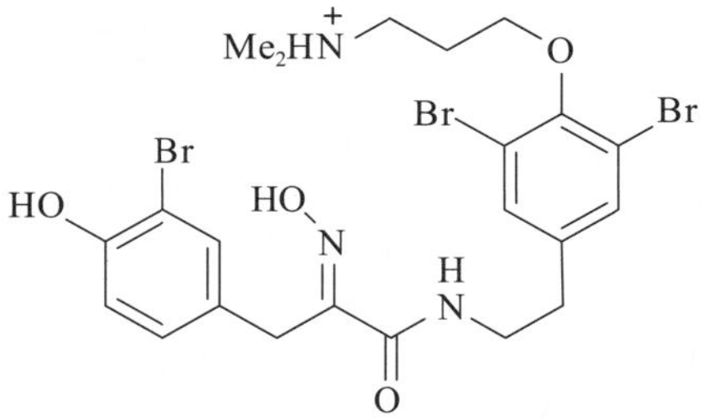

24

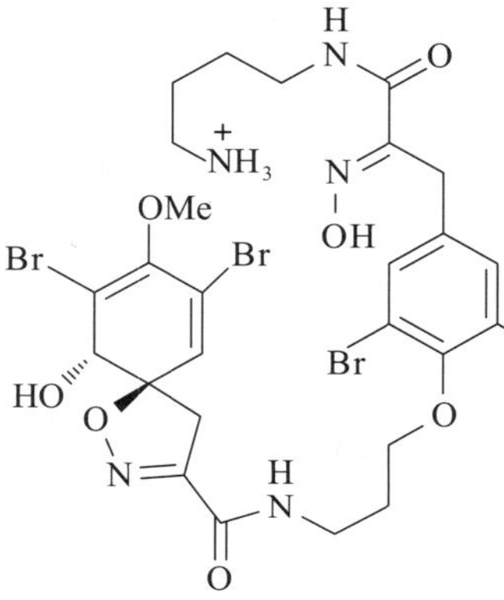

25

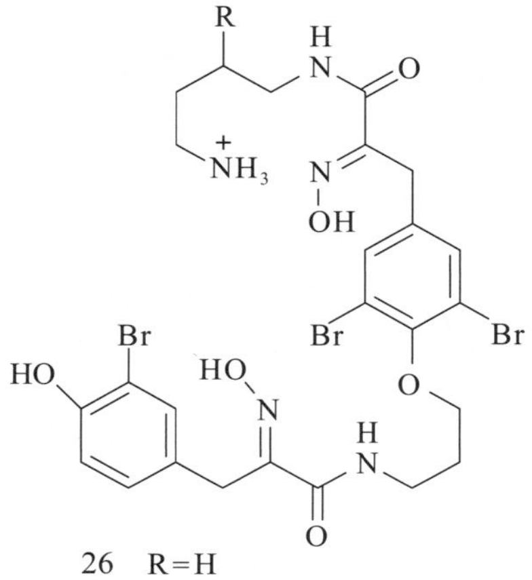

26 R=H
27 R=OH

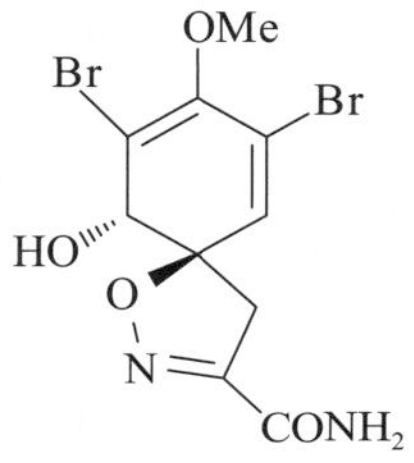

28

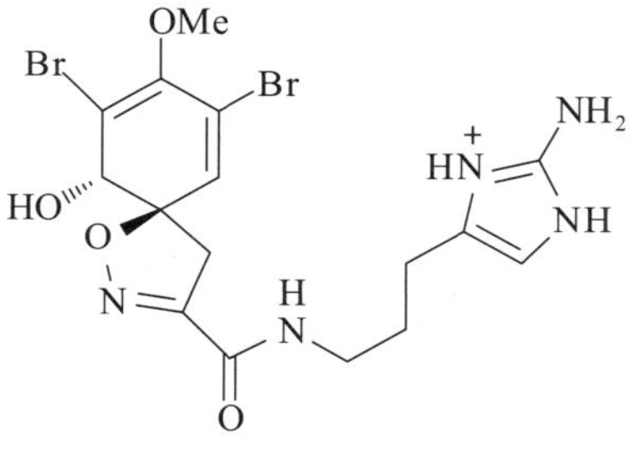

29

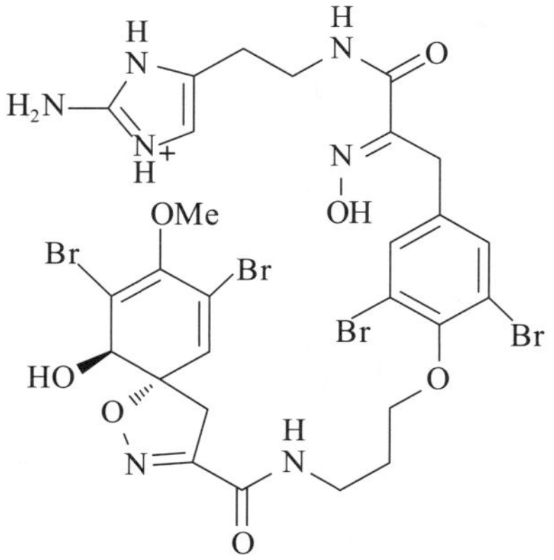

30

从印度尼西亚巴厘岛线虫 *Aplysinella strongylata* 提取得到了21个肽类化合物 psammaplysin variants（31～51），其中化合物367对恶性疟原虫有抑制作用（Mudianta，2012）。

从日本冲绳岛海绵 *Halichondria sponge* 分离得到两个肽类化合物 Halichonadins K（52）和 L（53）（Tanaka，2012），通过 X-ray 单晶衍射和化学互变现象确定了该化合物的绝对构型。

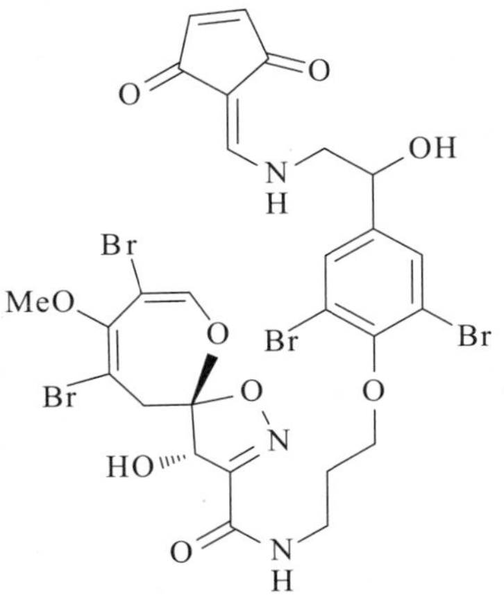

31

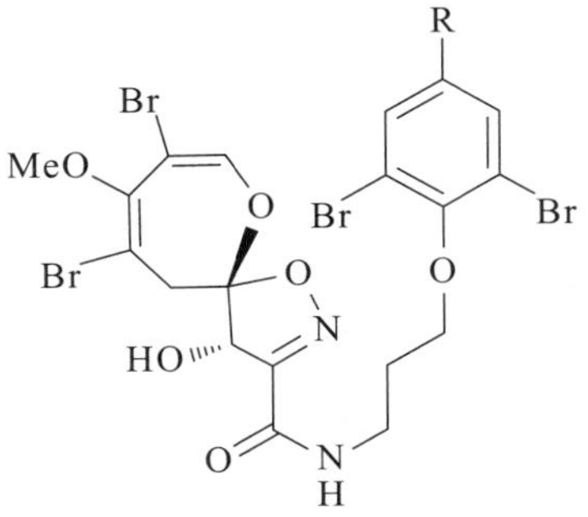

32　R=CHO

33　R=CH(OMe)$_2$

34　R=

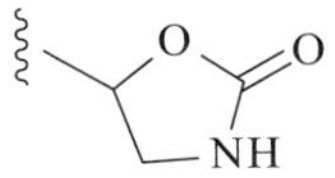

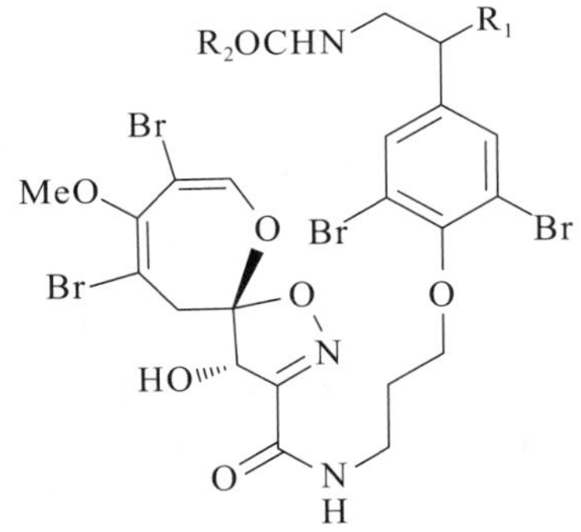

35　R$_1$=H，R$_2$=CH$_2$OH

36　R$_1$=H，R$_2$=C$_{12}$H$_{24}$iPr

37　R$_1$=H，R$_2$=C$_{15}$H$_{31}$

38　R$_1$=H，R$_2$=C$_{17}$H$_{35}$

39　R$_1$=OH，R$_2$=C$_{17}$H$_{35}$

40　R$_1$=H，R$_2$=C$_{13}$H$_{27}$

41　R$_1$=OH，R$_2$=C$_{13}$H$_{27}$

42　R$_1$=OH，R$_2$=C$_{11}$H$_{22}$sBu

43　R$_1$=H，R$_2$=C$_{12}$H$_{24}$sBu

44　R$_1$=OH，R$_2$=C$_{12}$H$_{24}$sBu

45　R$_1$=H，R$_2$=C$_{14}$H$_{28}$sBu

46　R$_1$=OH，R$_2$=C$_{14}$H$_{28}$sBu

47　R$_1$=H，R$_2$=C$_{13}$H$_{24}$iPrΔ^9(9Z)

48　R$_1$=OH，R$_2$=C$_{13}$H$_{24}$iPrΔ^9(9Z)

49　R$_1$=H，R$_2$=C$_{15}$H$_{29}\Delta^9$(9Z)

50　R$_1$=H，R$_2$=C$_{18}$H$_{35}\Delta^{12}$(12Z)

51　R$_1$=OH，R$_2$=C$_{18}$H$_{35}\Delta^{12}$(12Z)

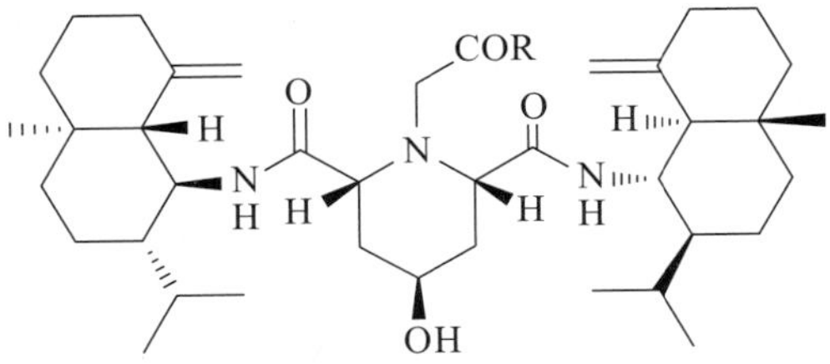

52　R=OMe

53　R=

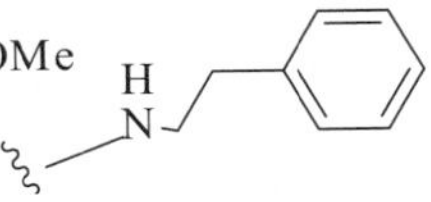

第五章

海岸带生物活性烃类、生物碱类及其他生物活性物质

第一节　生物碱类

生物碱一般是指植物中的含氮有机化合物。目前，人们不断从海洋生物、微生物和昆虫的代谢产物中发现含氮化合物，有时也称之为生物碱。因此，广义上讲，生物界中所有含氮的有机物都可称为生物碱。

生物碱是人们研究的最早而且最多的一类天然有机化合物。在我国，赵学敏在《本草纲目拾遗》中记载，17世纪初《白猿经》记述了从乌头中提炼出砂糖样毒物作为箭毒，现代经验分析应为乌头碱。在欧洲，1806年德国科学家 Sertürner 第一次从鸦片中分离得到吗啡，因其具有碱性，曾称之为植物碱。1810年，西班牙医生 Gomes 从金鸡纳树皮中分离得到结晶 cinchonino，证明其主要是奎宁和辛可宁的混合物。1819年，Weissner 把这类来源于植物的碱性化合物统称为类碱（alkali-like）或生物碱（alkaloids）。生物碱一名沿用至今。据统计，1952年以前共发现生物碱有950多种，到1962年数量达到 1 100多种，1972年上升到了3 000多种，目前发现的生物碱超过6 000种，并且仍以每年约100种的速度递增。

生物碱类化合物大多具有显著的生理活性。如黄连中的小檗碱（黄连素）具有抗菌消炎作用；罗芙木中的利血平具有降压作用；长春花中的长春新碱具有抗癌活性；罂粟中的吗啡具有镇痛作用；延胡索中的去氢紫堇具有抗血栓的作用；包公藤中的包公藤甲素具有缩小瞳孔、降低眼压的作用，可用以治疗青光眼；海绵中的甾体生物碱 plakinamina A、B 具有抗菌的作用。生物碱化学的研究，为合成药物提供了重要的线索，例如古柯碱化学的研究导致了一些局部麻醉药如普鲁卡因等的合成。此外，在研究生物碱的结构时，往往会发现新的杂环体系，从而促进了杂环化合物化学的发展。正因为如此，生物碱一直是天然有机化学家的重要研究领域。

生物碱作为海岸带生物的一种次级代谢产物，具有抗肿瘤、抗菌、抗病毒和抗污染等多种生物活性。它们很有可能成为抗肿瘤、抗病毒和抗菌的药物先导化合物，有良好的应用前景。

一、微生物来源的生物碱

（一）真菌

从渤海金灰青霉菌（*P.aurantiogriseum*）中发现抗肿瘤生物碱（1），对人肝癌细胞HEPG2的IC_{50}为0.097 μmol/L（Song 等，2012）。

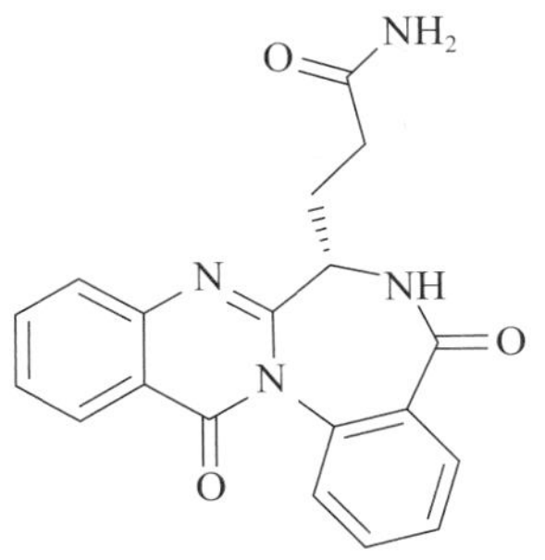

1

从红树林果实共生镰刀霉菌（*Fusarium incarnatum* HKI0504）中分离得到生物碱类化合物（2），对HUVEC、K562细胞的GI_{50}为9.0～41.1 μmol/L（Ping 等，2012）。

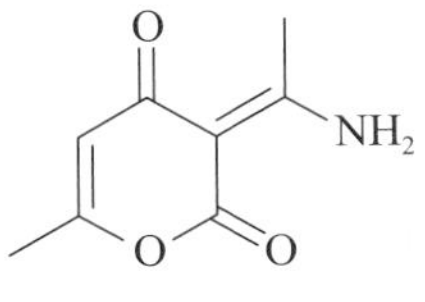

2

从海南文昌海漆叶共生真菌 *Wallemia sebi* PXP-89中分离得到抗菌生物碱（3），对产气杆菌有抑菌活性，最小抑菌浓度为76.7 μmol/L（Peng 等，2012）。

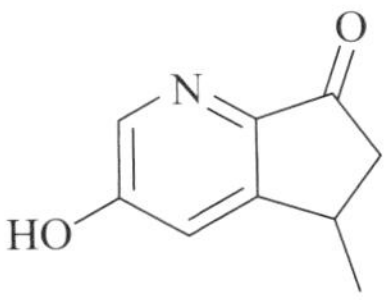

3

从南海红树林共生青霉属真菌中分离得到吡咯喹啉酮类生物碱(4)，对高转移人肺癌细胞95-D和人肝癌细胞HepG2的IC_{50}分别为0.57 μg/ml和6.5 μg/ml，同时可有效地杀死蚜虫*Aphis gossypii*(Shao等，2010)。

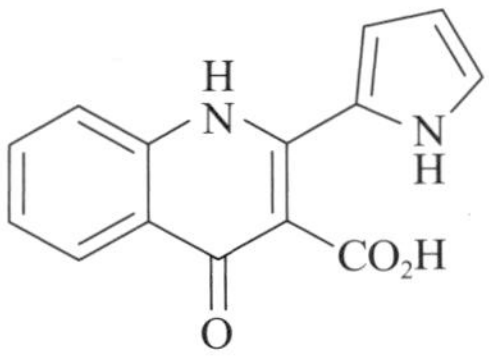

4

从一株海藻共生冠突散囊菌*E.cristatum* EN-220中获得了吲哚生物碱化合物(5)，对大肠杆菌有抑制活性，最小抑菌浓度为64 μg/ml(Du等，2012)。

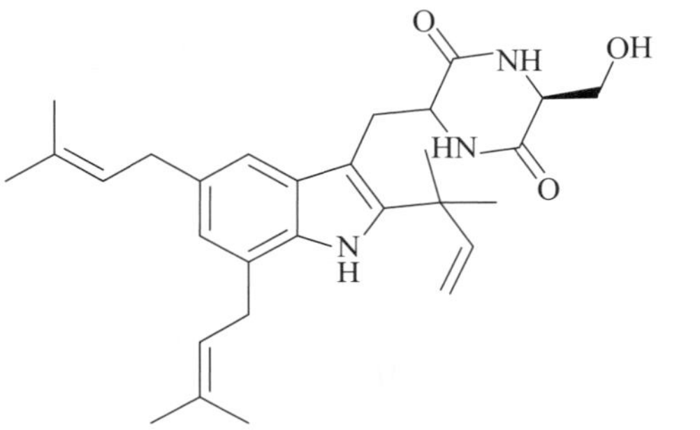

5

从波罗的海浒苔属绿藻分离得到真菌*Coniothyrium cereale*，从其代谢产物中分离得到聚酮生物碱(−)-cereolactam(6)，(−)-trypethelone(7)，(−)-cereoaldomine(8)。研究表明，化合物(6)和(8)能选择性地抑制人白细胞弹性蛋白酶活性，化合物(7)对金黄色葡萄球菌、大肠杆菌和*M.phlei*等有抑制作用(Mathey，1980)。

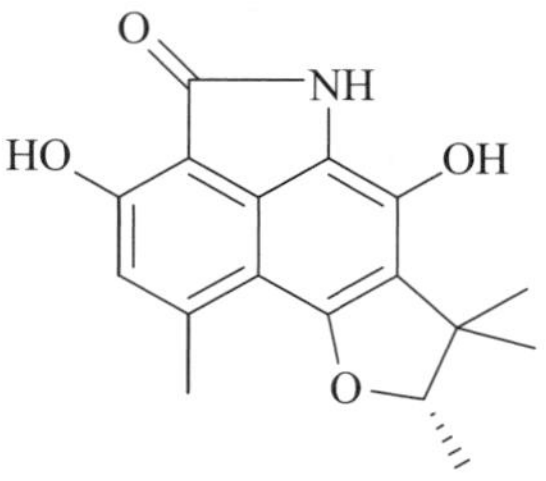

6

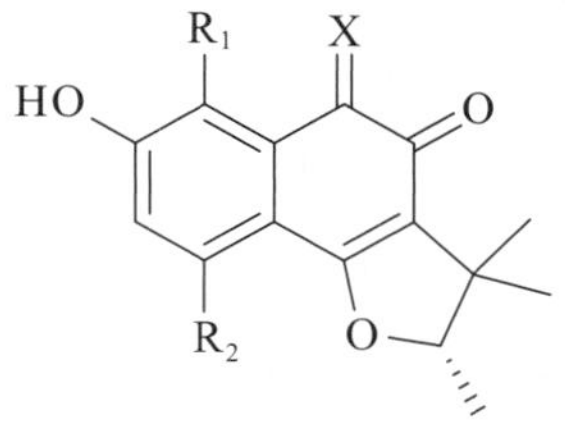

7 R_1＝H，R_2＝Me，X＝O
8 R_1＝OH，R_2＝CHO，X＝NH

从美国夏威夷岛真菌 *Malbranchea graminicola* 中分离得到了氯化的异戊二烯基吲哚生物碱（−）−spiromalbramide（9）（Figueroa，2011）。

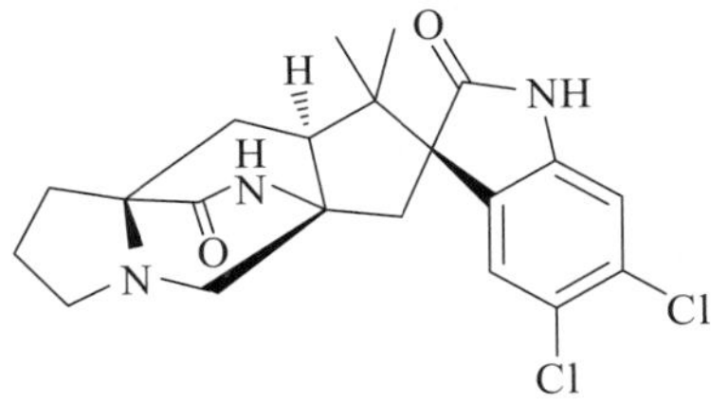

9　(-)-spiromalbramide

从南海沉积物获得的真菌 *P.paneum* 中分离得到苯三唑羧酸 penipanoid A（10），2 种新的喹唑啉酮生物碱 penipanoid B（11）和 C（12）以及一种喹唑啉酮衍生物。其中，喹唑啉酮衍生物对 A549 和 BEL−7402 肿瘤细胞具有细胞毒活性，Penipanoid A（10）对 SMMC−7721 肿瘤细胞具有细胞毒活性（Ma，2011）。

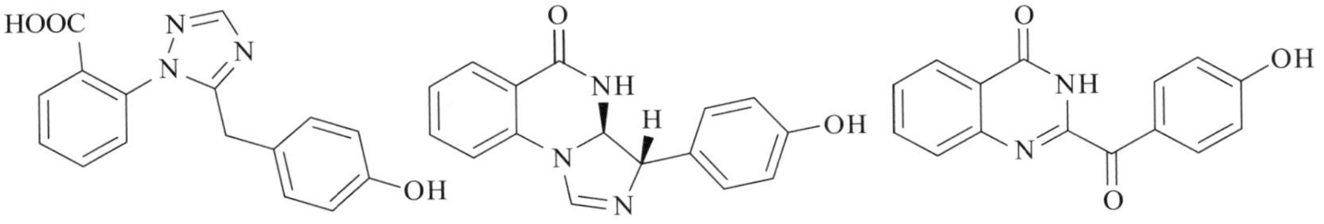

10　　　　　　　　11　　　　　　　　12

从分离自中国广西红树林的共生真菌 *Hypocrea virens* 的代谢物中提取得到一种新的生物碱化合物（13）（Liu T，2011）。

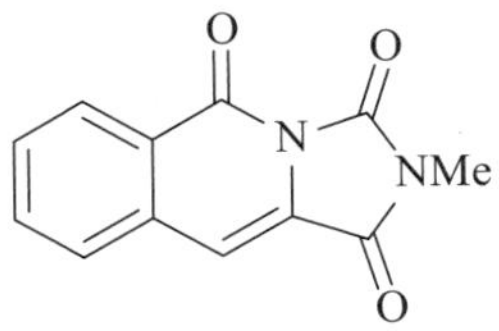

13

从中国海南文昌红树林根迹耐盐真菌 *P. Chrysogenum* 的代谢物中提取得到两种吡喃酮生物碱 chrysogedone A（14）和 B（15）（Peng，2011）。

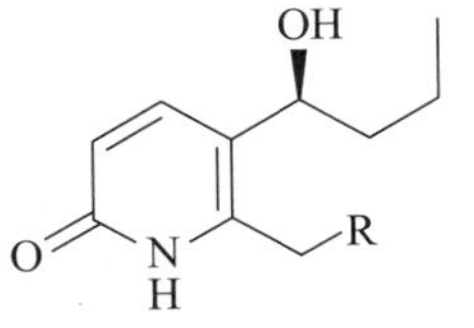

14　R=H
15　R=OH

从俄罗斯采集的褐藻中分离得到了肉色曲霉菌 *Aspergillus carneus*，并从该菌的代谢产物中提取得到了吲哚生物碱化合物（16～18）和喹唑啉酮衍生物（19）和（20）（Irwin，2005；Hopmann，2001；Bringmann，2003；Zhurarleva，2012）。

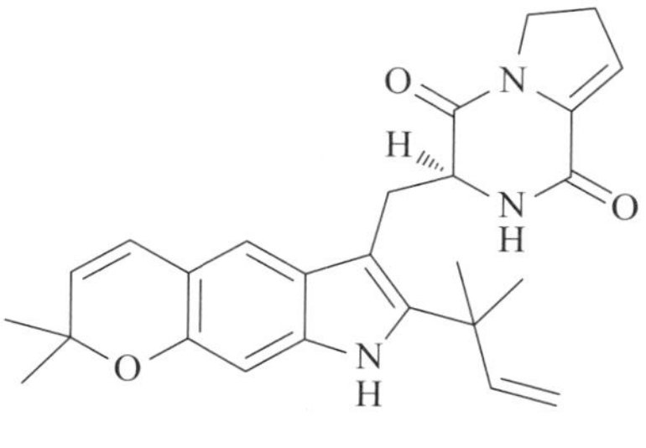

16

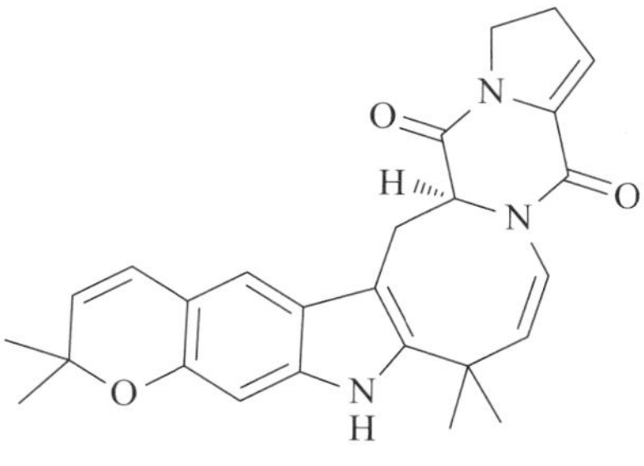

17

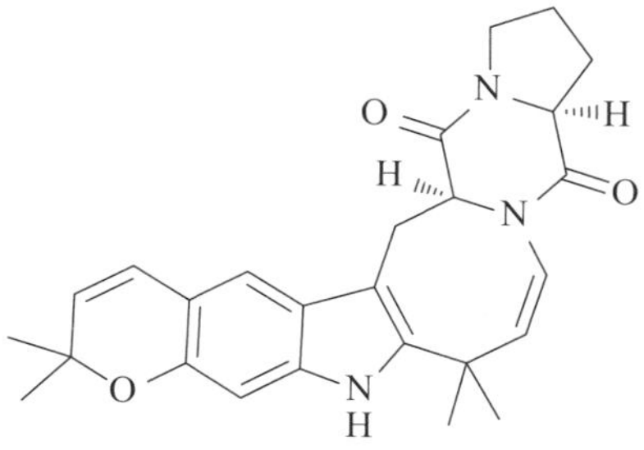

18

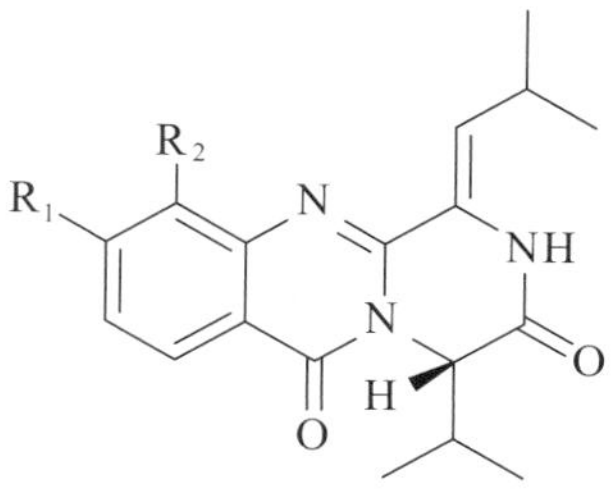

19　R₁=H，R₂=OH
20　R₁=R₂=OH

19　$R_1 = H$，$R_2 = OH$
20　$R_1 = R_2 = OH$

从日本鹿儿岛珊瑚共生的烟曲霉菌 *Aspergillus fumigatus* 代谢物中分离得到两个类麦角碱生物碱（21）和（22），从千岛群岛的烟曲霉菌 *A.fumigatus* 代谢物中提取到螺环二酮哌嗪生物碱（23）和一种新的生物碱类化合物（24）（Zhang，2012；Afiyatullov，2012）。

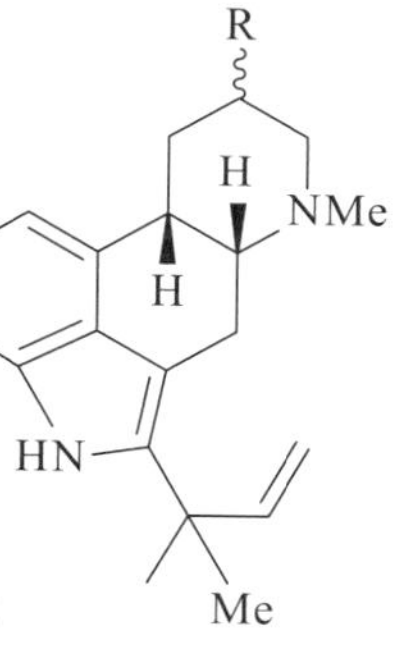

21
22

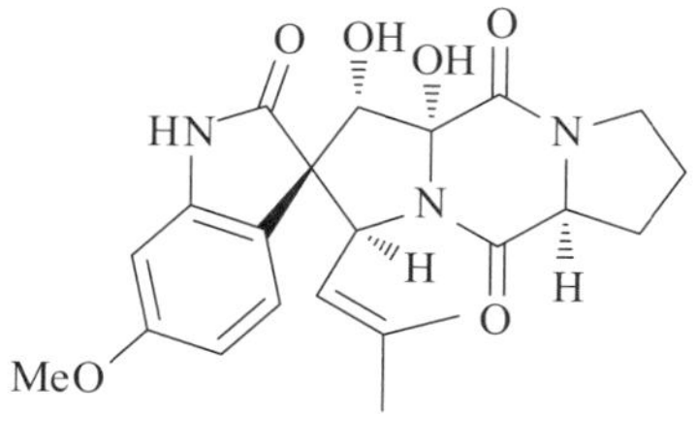

23

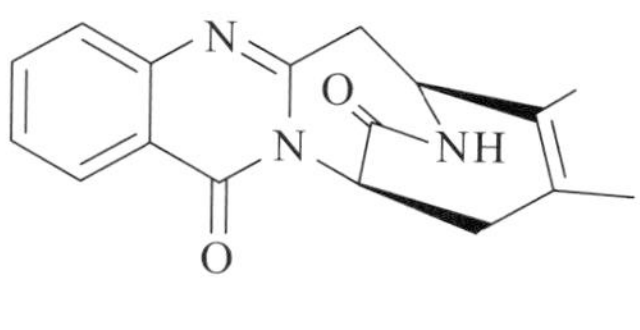

24

从波罗的海绿藻内生真菌 *Coniothyrium cereale* 的次级代谢产物中提取得到异吲哚类生物碱 conioimide（25），活性测试结果显示，该化合物能选择性抑制人白细胞弹性蛋白酶活性（Elsebai，2011，2012）。

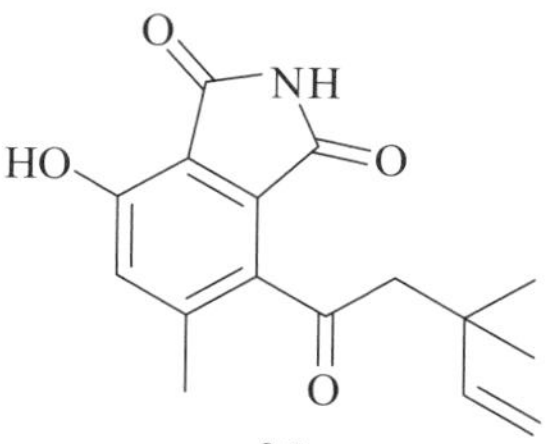

25

从褐藻内生真菌 *Eurotium cristatum* 的代谢物中分离得到4种吲哚生物碱 cristatumin A ~ D（26 ~ 29），活性测试结果表明，cristatumin A 对大肠杆菌和金黄色葡萄球菌有显著抑制作用（Fujimoto，1999；Nagasawa，1976；Du，2012）。

从韩国釜山海水沉积物中分离得到了曲霉属真菌，从其代谢产物中分离得到4种哌嗪类生物碱（30 ~ 33）。化合物33的平面结构曾在专利中报道过（Lee，2011）。

从中国福建莆田的海盐田海水沉积物中分离得到曲霉菌 *A. Terreus*，在其代谢产物中分离得到生物碱 terremides A（34），对铜绿假单胞菌 *P.aeruginosa* 和产气大肠杆菌 *E.aerogenes* 具有抑制作用（Wang，2011）。

从中国营口潮间带海泥中分离得到了一株曲霉属真菌 *A. fumigatus*，在其代谢产物中提取得到多种二酮哌嗪类化合物：prenylcyclotryprostatin B（35），20–hydroxycyclotryprostatin B（36），9–hydroxyfumitremorgin C（37），6–hydroxytryprostatinB（38）和 spirogliotoxin（39）。其中化合物35和37对人白血病单核淋巴癌细胞具有中等程度的抑制作用（Wang，2012；He，2012；Li，2012）。

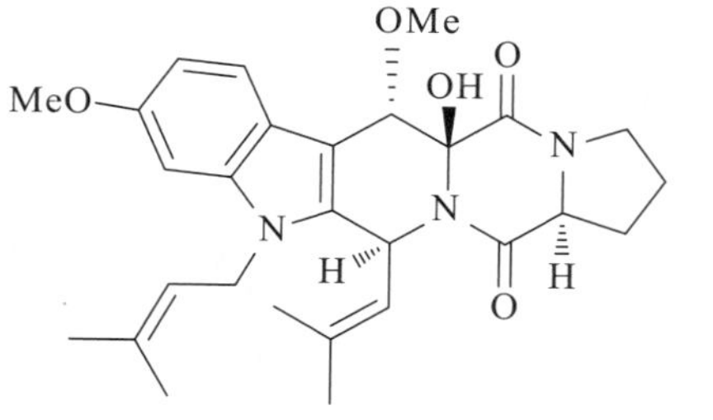

35

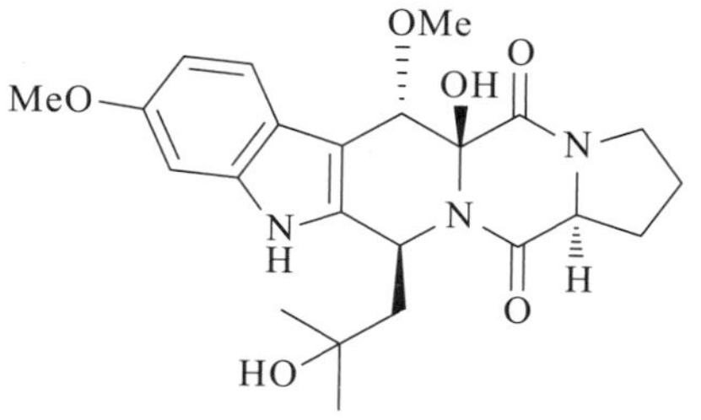

36

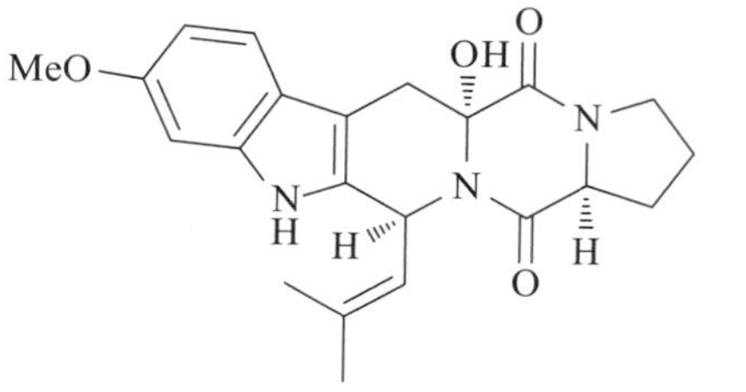

37

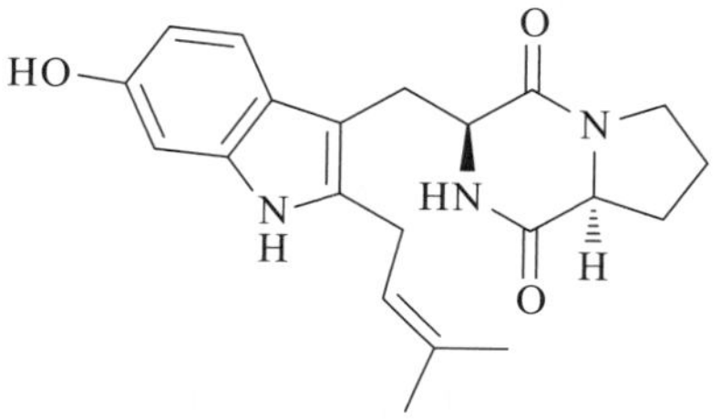

38

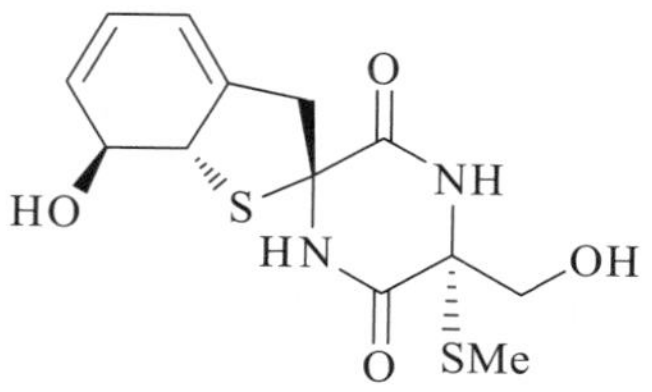

39

（二）放线菌

从美国加州一株链霉菌 *Streptomyces* sp.CNQ–418的次级代谢产物中分离得到吡咯生物碱 marinopyrroles A（40），对人结肠癌细胞 HCT–116有抑制作用，且有很强的抗耐甲氧西林金黄色葡萄球菌（MRSA）的作用（MIC<1 μg/ml）（Hughes 等，2012）。

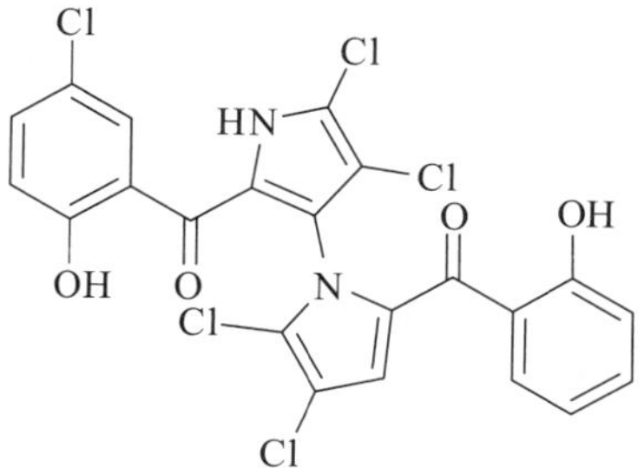

40

从山东胶州湾的一株弗氏链霉菌 *S. fradiae* 007 代谢物中发现吲哚咔唑生物碱（41），具有由吲哚的噻唑连接而成的新骨架结构，对多株人肿瘤细胞株 HL–60，K 562，A 549 和 BEL–7402 都有抑制活性，同时对蛋白激酶 C 的 IC_{50} 为 $0.001 \sim 4.6$ μmol/L（Fu 等，2012）。

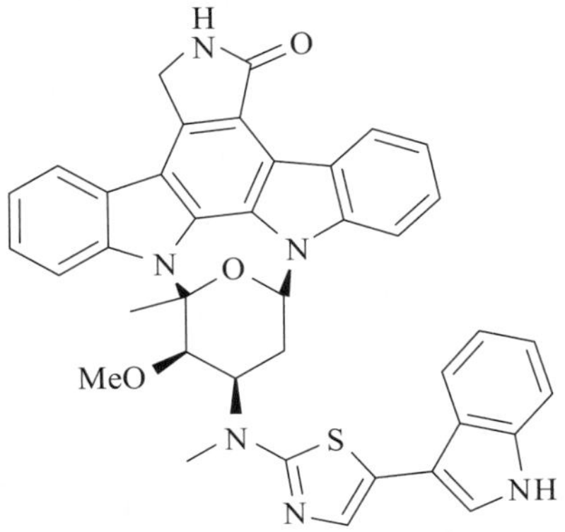

41

从一株三亚红树林土壤链霉菌 *Streptomyces* sp.FMA 的代谢产物中分离得到一个吲哚咔唑生物碱（42），由两个吲哚氮与糖的 1，3- 位通过氮苷键相连，对 HL–60，A 549 和 Hela 细胞具有细胞毒活性，IC_{50} 分别为 1.4，5.0，34.5 μmol/L，并能将 Hela 细胞阻滞在 G 2/M 期。

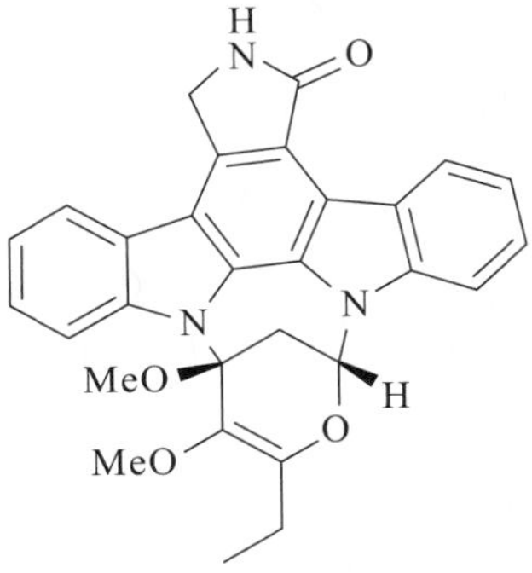

42

从一株分离自威海的蓝灰异壁放线菌 *Actinoalloteichus cyanogriseus* WH 1–2216–6 的代谢产物中分离得到 3 个吡啶生物碱 caerulomycins I（43），cyanogrisides B（44）和 cyanogrisides C（45）。活性测试表明，它们对肿瘤细胞 K 562，HL–60，A 549，KB 和 MCF–7 具有抑制活性（Fu 等，2011），其中化合物（43）和（45）作用最强，对人白血病细胞 K 562 的 IC_{50} 分别为 0.4 μmol/L 和 0.7 μmol/L。化合物（44）在与阿霉素和长春新碱联合用药时，可逆转多药耐药细胞株 MCF–7/Adr，K 562/A 02 和 KB/VCR 的耐药性；浓

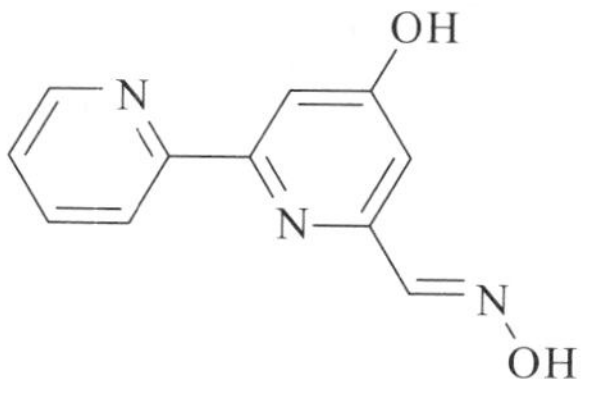

度在 10 μmol/L 时，逆转倍数分别为 1.2，1.7 和 3.6（Fu 等，2011）。进一步衍生化研究发现，由苯基取代吡啶，或者肟羟基、吡啶环上的羟基被甲醚化时，细胞活性都有所降低，但环糖苷化和 3- 取代对活性无明显影响。

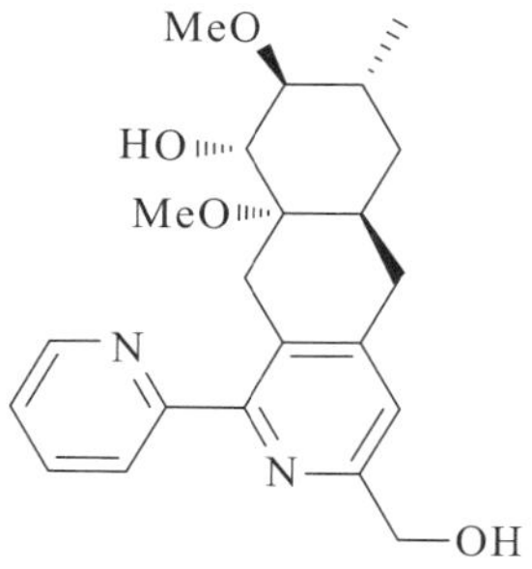

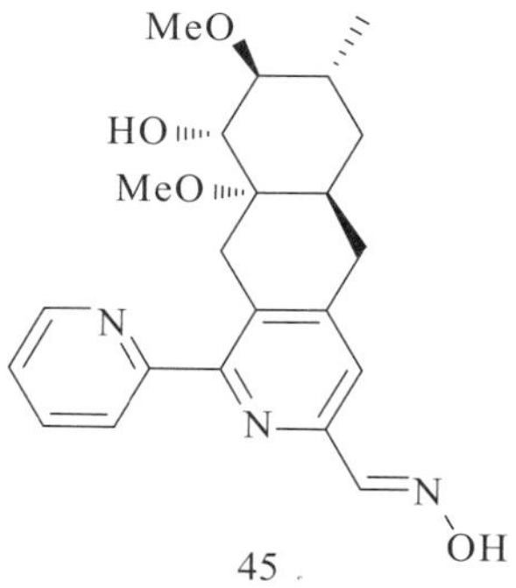

从一株红树林根系内生链霉菌 *Streptomyces* sp. GT 2002/1503 的次级代谢产物中分离得到两个由五环组成的吲哚生物碱化合物（46）和（47），其中化合物（46）对人癌细胞 HT-29，GXF 251L 和 LXFA 629L 等具有抑制作用（Ding 等，2010）。

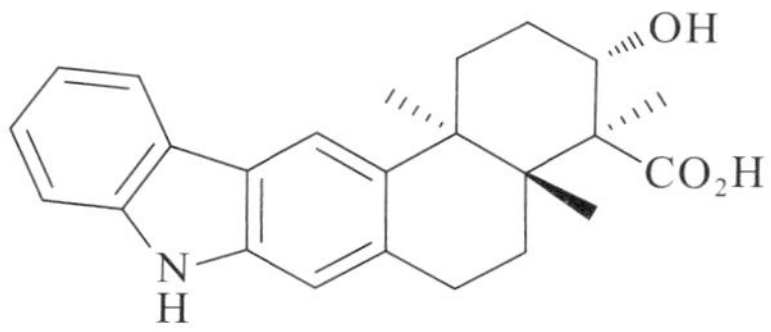

46

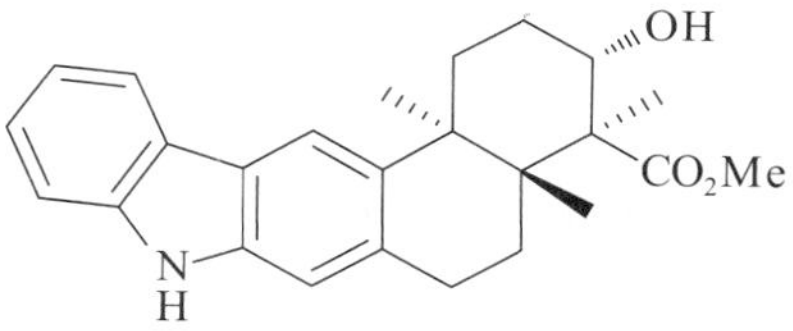

47

从分离自中国威海的一株异壁放线菌 *Actinoalloteichus cyanogriseus* 的代谢产物中分离得到了 5 个吡啶生物碱 caerulomycin F ~ J（48 ~ 52）和一个苯基吡啶生物碱 caerulomycin K（53）。它们对 4 种人肿瘤细胞都具有一定的细胞毒活性（Funk，1959；Mcinnes，1977；Divekar，1967；Fu，2011）。

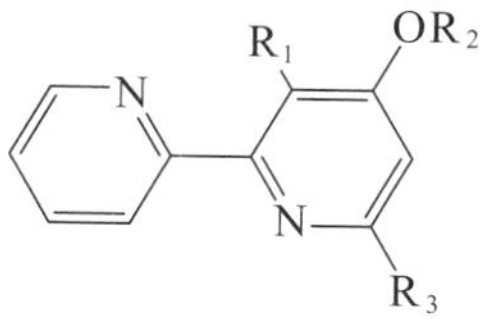

48 R_1=H, R_2=Me, R_3=CH$_2$OH
49 R_1=OMe, R_2=Me, R_3=CH$_2$OH
50 R_1=R_2=H, R_3=CHNOH
51 R_1=H, R_2=Me, R_3=CONHOMe
52 R_1=R_2=H, R_3=CH$_2$NHCOMe

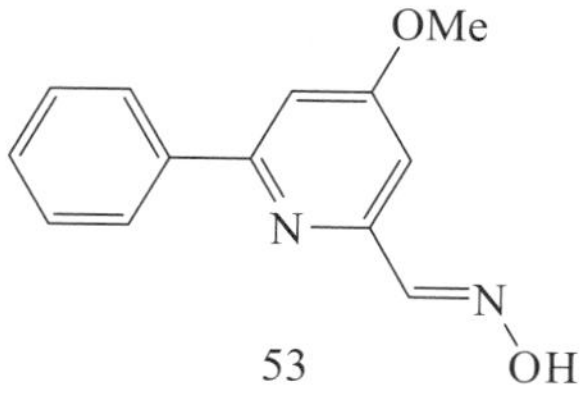

53

从中国威海沉积物的一株放线菌 *A. Cyanogriseus* 代谢物中分离得到 4 种糖苷联吡啶生物碱 Cyanogrisides A ~ D（54 ~ 57）。活性测试结果显示，化合物（54 ~ 56）对三株人肿瘤细胞有中等细胞毒活性，化合物（55）表现多耐药性（Fu，2011）。

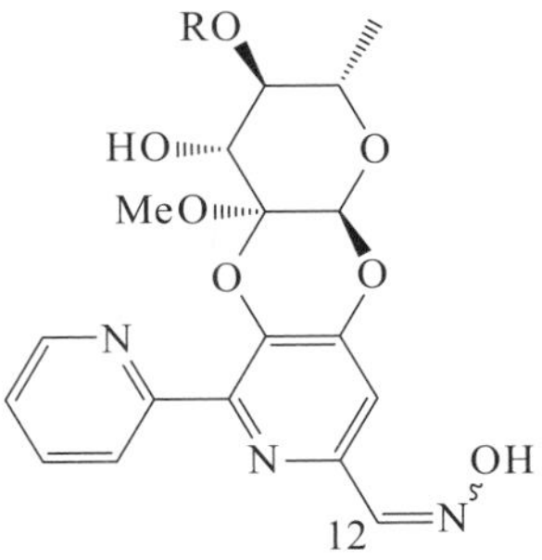

54　(12E)R=Me
56　(12E)R=H
57　(12Z)R=Me

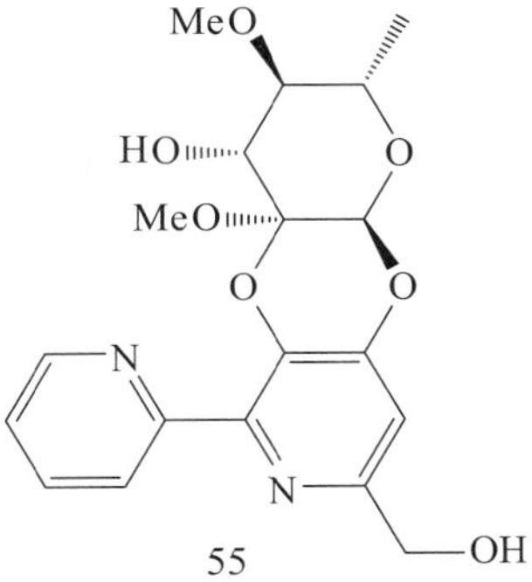

55

　　从日本冲绳岛的一株链霉菌的代谢产物中分离得到两个吡啶生物碱 JBIR-56（58）和 JBIR-57（59）（Motohashi K，2011）。从中国三亚海绵 *Craniella australiensis* 共生链霉菌 *Streptomyces* sp. 的代谢产物中分离得到一个吲哚生物碱 streptomycindole（60）（Huang X L，2011）。从中国渤海采集的沉积物中分离得到一株链霉菌 *Streptomyces* sp.，在其代谢产物中分离得到二酮哌嗪化合物（61）。化合物 60 和 61 对 HL-60 细胞具有中等细胞毒活性（de Boer D，2003）。

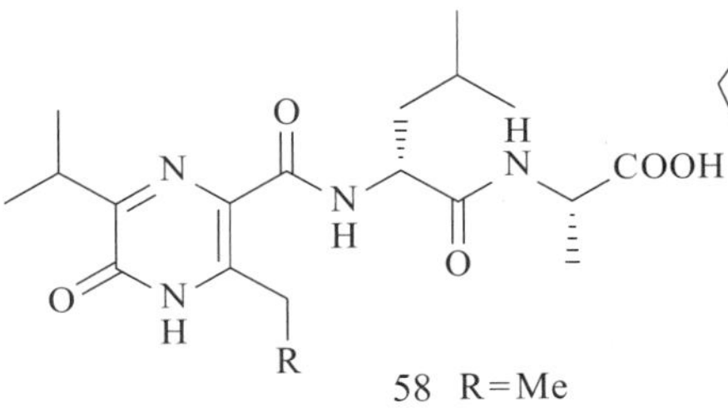

58　R=Me
59　R=H

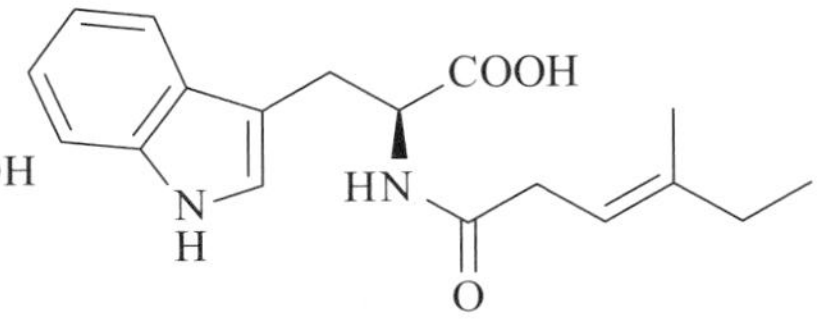

60

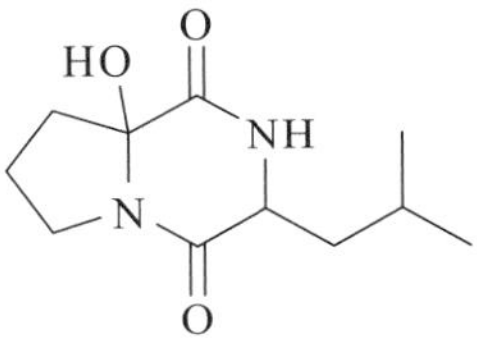

61

　　从山东胶州湾沉积物中分离得到一株弗氏链霉菌 *Streptomyces fradiae*，在其代谢产物中获得吲哚并咔唑生物碱 Fradcarbazoles A～C（62～64），对多株人细胞株具有显著的细胞毒活性，另外也是 PKC-a 激酶的抑制剂（Fu P，2012）。

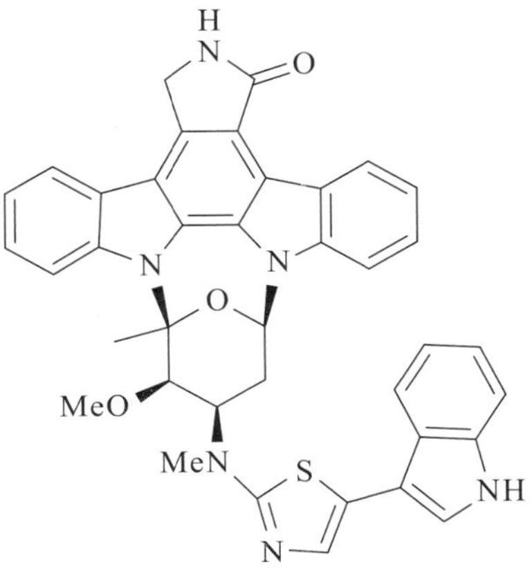

62

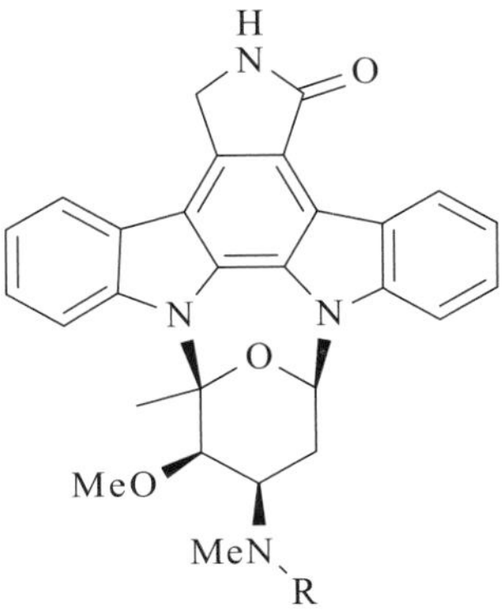

63　R=CSNH₂
64　R=CN

从海洋来源的链霉菌的代谢产物中分离得到吩嗪衍生物（65）和（66），它们对 LPS 诱导 NO 的生成具有抑制作用（Kondratyuk，2012）。

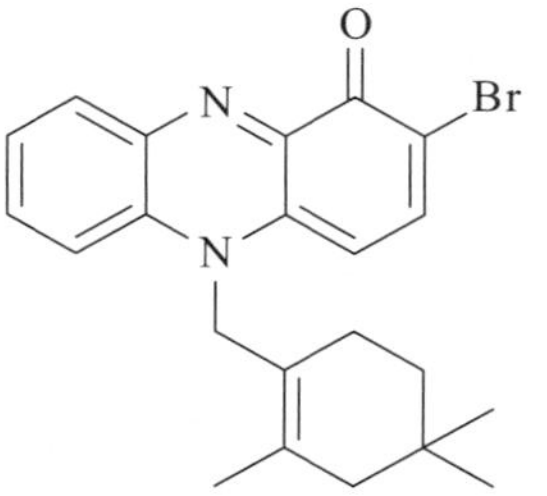

65

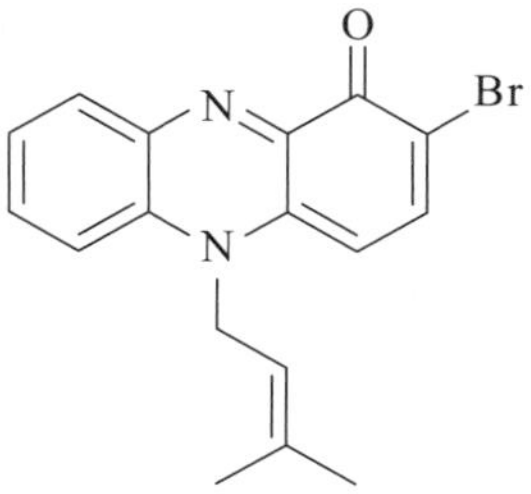

66

从孟加拉海湾采集的沉积物中分离得到一株链霉菌，从其代谢产物中获得4种吲哚生物碱 Spiroindimicins A～D（67～70）。化合物68和70对多株癌细胞具有中等强度的细胞毒活性。从波罗的海海湾沉积物中分离得到一株链霉菌，从其代谢产物中获得了一个吩嗪类生物碱 geranylphenazinediol（71），它是一种乙酰胆碱酯酶的抑制剂（Zhang，2012）。

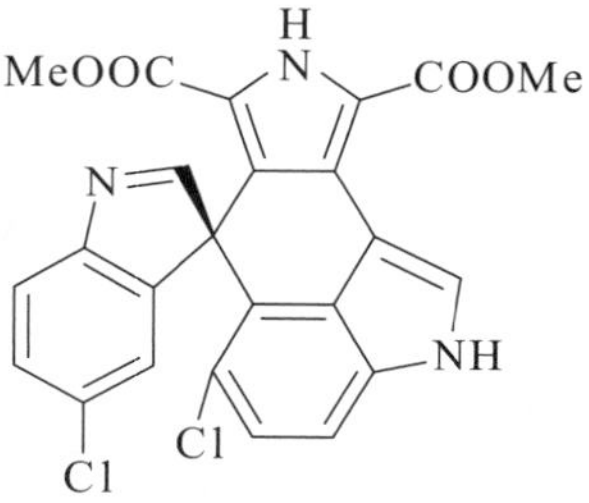

67

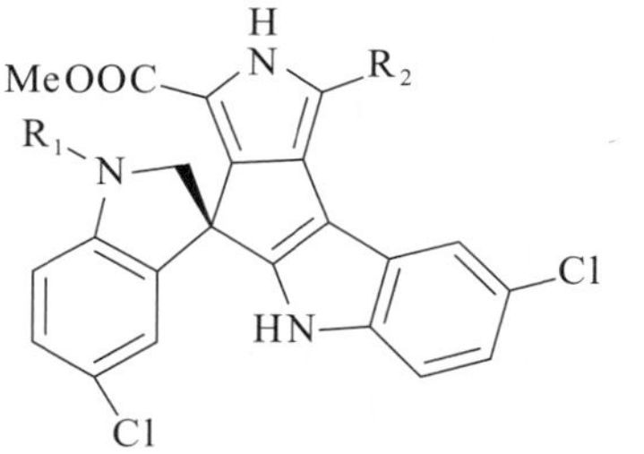

68　R_1=Me, R_2=H
69　R_1=R_2=H
70　R_1=Me, R_2=COOMe

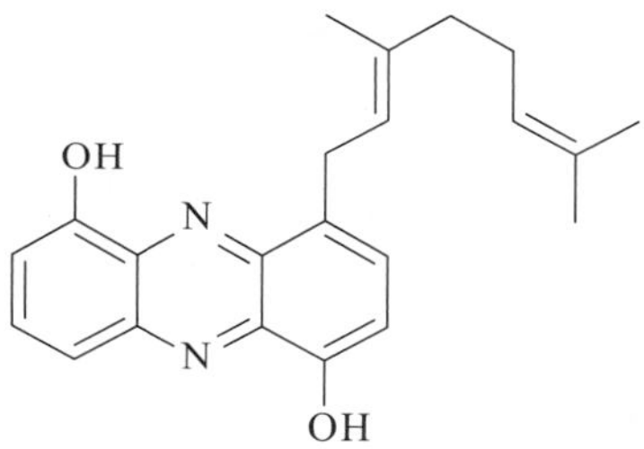

71

从中国南海沉积物分离得到一株链霉菌，在其代谢产物中提取得到了4种吲哚生物碱 dixiamycinA（72）和 B（73），oxiamycin（74）和 chloroxiamycin（75）（Ding，2010）。

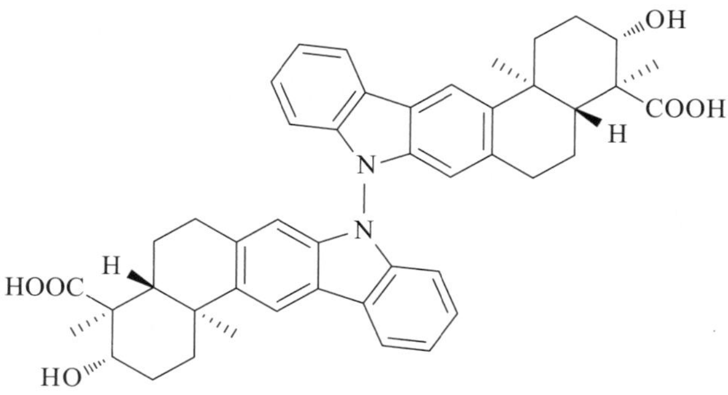

72 （aR）
73 （aS）

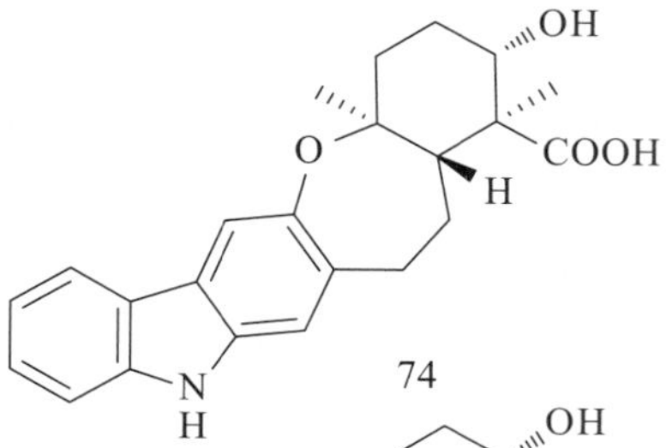

74

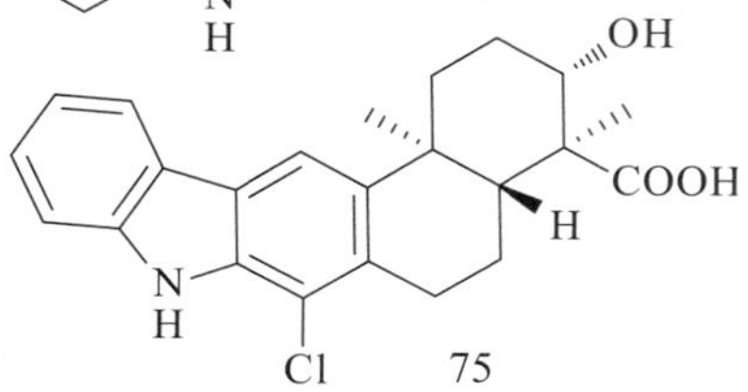

75

（三）微藻

在太平洋关岛采集的一株蓝藻（*Symploca*）发酵液中分离出一个新的生物碱 guamamide（76），对 KB 癌细胞的 IC_{50} 为 1.2 μmol/ml（Wiuiams，2004）。

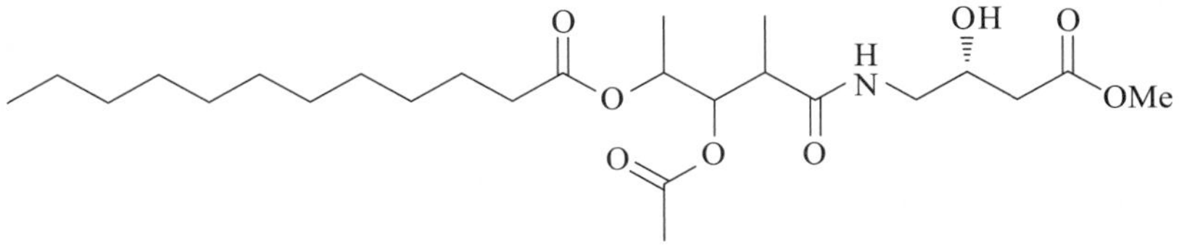

76

二、动物来源的生物碱

Cutignano 等从意大利 Ustica 岛海岸捕获的海绵（*Halicortex* sp.）中提取得到一个溴化吲哚生物碱 dragmacidin F（77），活性研究表明，该化合物对 HIV-1 和 HSV-1 病毒具有抑制作用，ED_{50} 分别为 0.91 μmol/ml 和 95.8 μmol/ml（Adele，2000）。

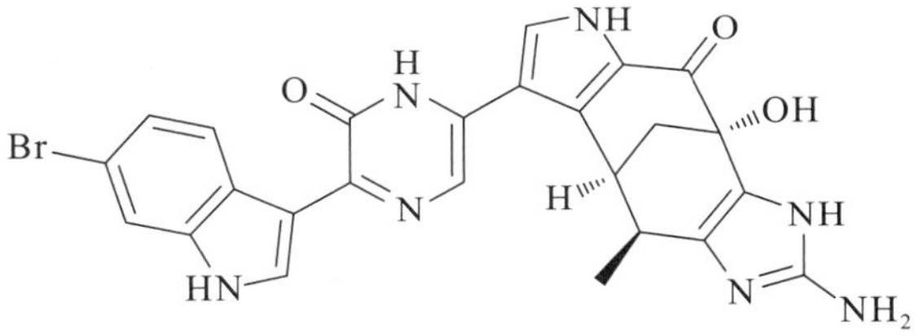

77

Aoki 等从海绵中分离得到了一种五环胍类生物碱 crambescidin，其对慢性骨髓瘤细胞 K 562 的 S 期具有显著影响，在 0.15～1.00 μmol/ml 时，K 562 细胞中的血红蛋白含量升高，在 24 h 时，p21 蛋白开始表达，48 h 后表达量持续增加，对 p27 蛋白的表达水平无明显影响。从 Kuchinoerabu-jima 岛附近采集的海绵（*Neopetrosia* sp.）中，提取得到了一种四氢异喹啉生物碱 renieramycin J，在 0.086 μmol/ml 浓度下，对 3Y1 细胞作用 6 h 后，细胞核开始萎缩或消失，并有效抑制伪足生长，12 h 后细胞界限模糊，细胞开始死亡。从日本 Nagashima 岛采集的海绵（*Dictyodendrilla verongi formis* sp.）中提取得到了一种生物碱 dictyodendrin A（78），在 50 μg/ml 浓度下，能够完全抑制端粒酶活性，这是从海洋生物中获得的第一个具有抑制端粒酶活性的天然化合物，具有良好的抗肿瘤药物开发前景（Warabi，2003）。

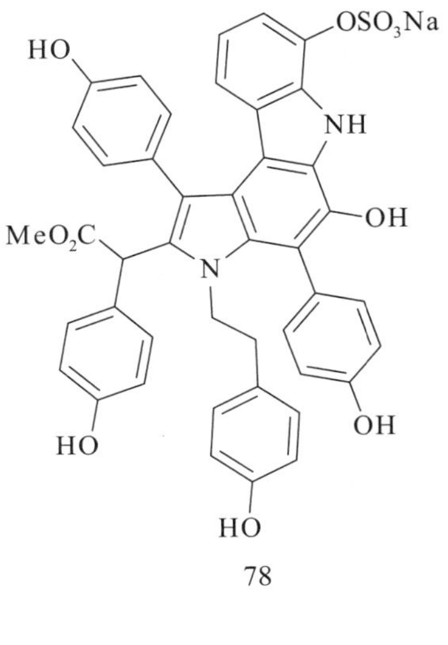

78

从印度尼西亚的一种海绵（*Biemna fortis*）中提取得到了一种新的吡哆吖啶类生物碱labuanine A，在 0.03 ~ 3.00 μmol/ml 浓度下，能够有效诱导神经 2A 细胞多极化。Endo T 等从海绵 *Agelas* sp. 中提取了 8 种溴代吡咯生物碱 nagelamides A ~ H，其中 nagelamides A（79）能够抑制蛋白磷酸酶 A2 活性，预示了其潜在的抗肿瘤活性，同时该类生物碱能够有效抑制革兰阳性球菌、杆菌和革兰阴性埃希菌属的生长（Endo，2004）。

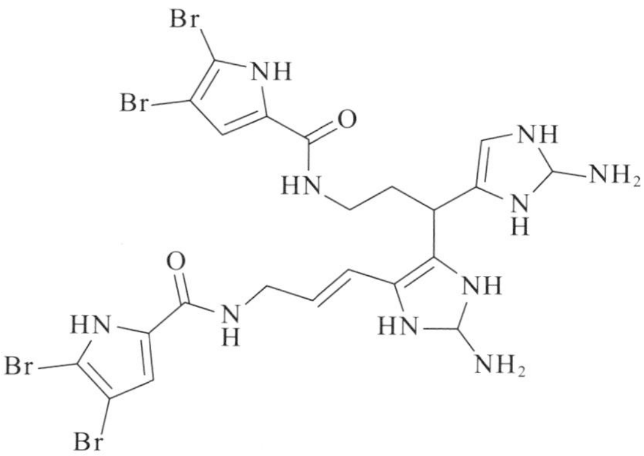

79

从海绵 *Agelas nakamurai* 中分离得到了一种具有荧光特性的生物碱 ageladine A（80），能够抑制 MMP-2 酶活性，抑制血管生成，具有潜在的抗肿瘤活性（Fujita，2003）。

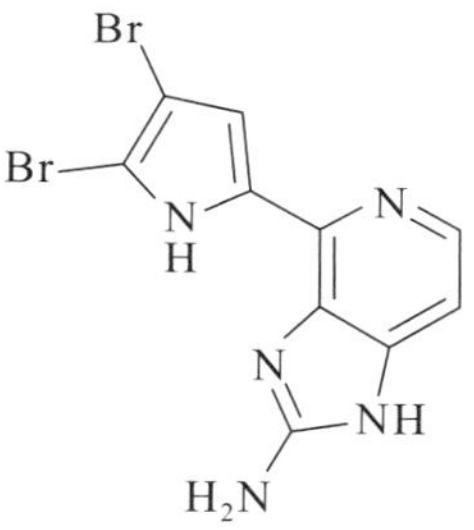

80

从 Jaeju 岛海绵（*Sarcotragus* sp.）中提取到了酯化萜类生物碱 sarcotragins A（81），对白血病 K562 细胞系具有细胞毒活性，LD_{50} 为 207 μmol/ml（Jonghcon 等，2001）。

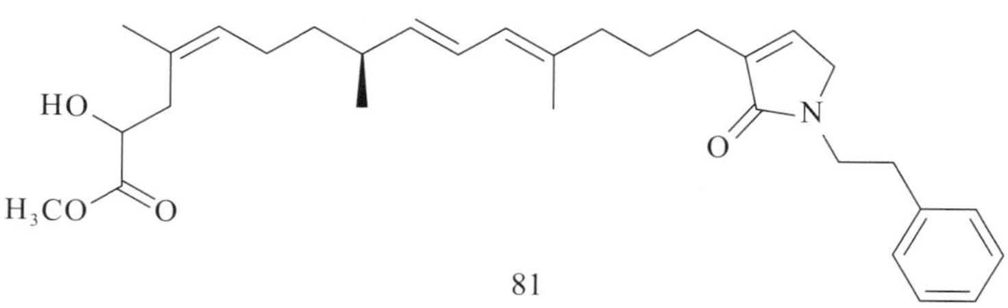

81

Romila 等（2002）从海绵（*Thorectandra* sp.）中提取到了一种六环 *β*- 咔啉生物碱 thorectandramine（82），对美国国立癌症研究中心提供的 60 株肿瘤细胞具有明显的细胞毒活性。

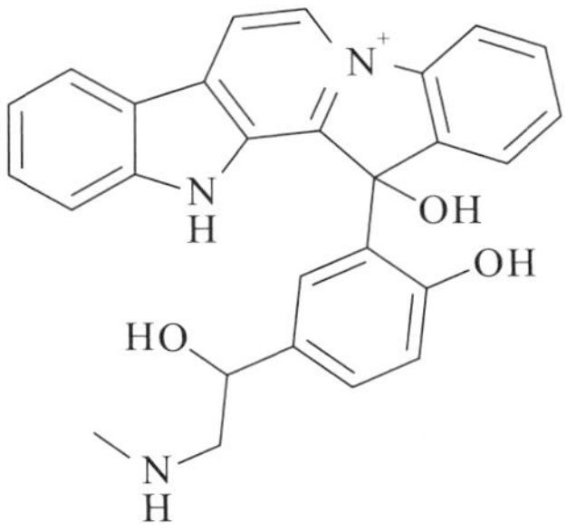

82

从 Okinawan 岛采集的海绵（*Suberea* sp.）中提取到了新的溴代酪氨酸生物碱 maedamines A（83），对多株肿瘤细胞具有显著的细胞毒活性（Keiko，2000）。

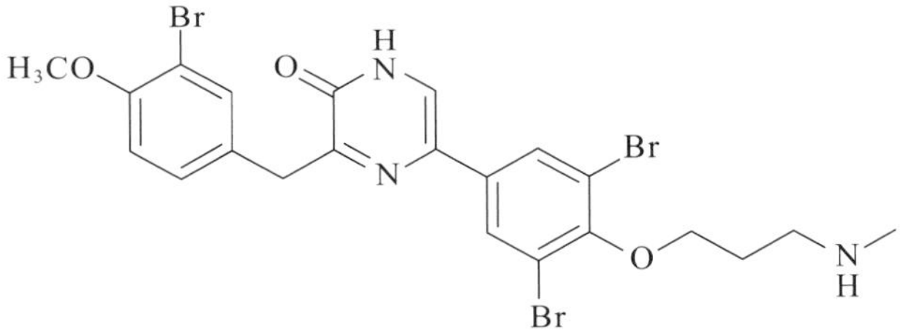

83

从海绵（*Stylissaaff.massa*）中分离得到了一种高度氧化的生物碱 massadine（84），对白色假丝酵母 GG Tase Ⅰ 的 IC_{50} 为 3.9 μmol/ml（Nishimura，2003）。

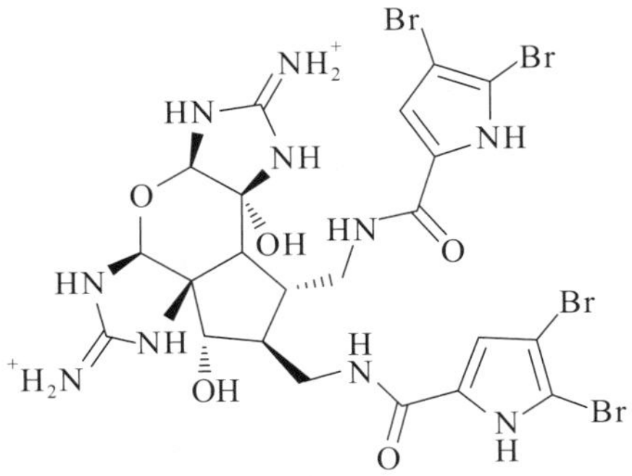

84

从海绵（*Arenosclera brasiliensis*）中分离得到了两个四环烷基哌啶生物碱 arenosclerins A（85）和 haliclonacyclamine E（86），在 1.5 ~ 7.0 mg/ml 的浓度范围下，对 L 929，U 138 和 B 16 等肿瘤细胞具有显著的细胞毒活性。同时化合物 85 和 86 具有显著的抗细菌活性，

对 *Candida albicans*，*Staphy lococcus aureus*，*Escherichia coli* 和12种医院环境中的耐药菌株有效（Torres 等，2002）。

85   86

Tabudravu 等（2002）从 Fijian 海绵（*Druinella* sp.）中提取得到了一种溴代酪氨酸生物碱 purealidin S（87），对肿瘤细胞具有中等强度的细胞毒作用。

87

Manzo 从巴布亚新几内亚海绵（*Pseudoceratina* sp.）中提取得到了两个杂环生物碱 ceratamines A 和 B，具有抗有丝分裂活性。Ridley 等从海绵（*Corticium niger*）中得到了类固醇生物碱 plakinamine A ~ K，具有细胞毒作用。从南海珊瑚虫 *A.Versicolor* 中分离得到了3种生物碱 cottoquinazoline B ~ D（88 ~ 90）。其中，cottoquinazoline C（89）对白色念珠菌具有显著的抑制作用（Zhuang，2011）。

88   89   90

从斯匹次卑尔根岛捕获的海绵 *Haliclona viscosa* 中提取得到了一种新的吡啶生物碱 haliclocyclin C（91）（Schmidt，2011）。

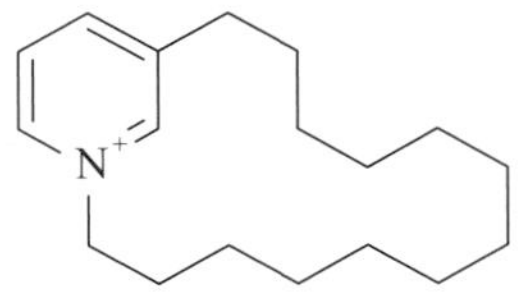

在日本冲绳岛附近捕获的海绵 *Amphimedon* sp. 中分离得到了两种新的吡啶生物碱 pyrinodemins E（92）和 F（93），其中 pyrinodemin E 是外消旋化合物（Kura，2011）。

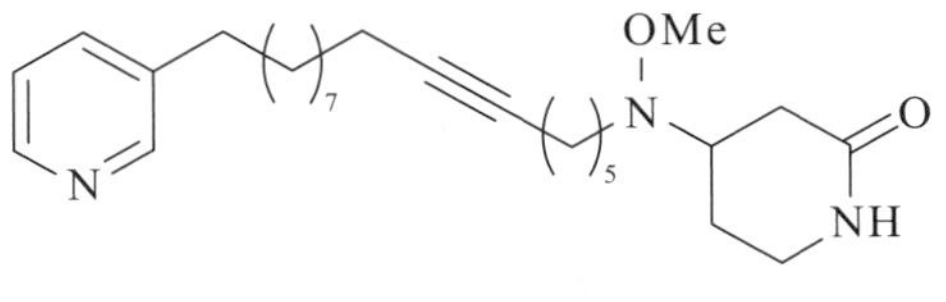

从日本采集的海绵 *Biemna* sp. 中提取了两个新的生物碱 N–methylisocystodamine（94）和 N–methoxymethylisocystod-amine（95），它们是有效的人白血病细胞红细胞分化诱导物（Ueoka，2011）。

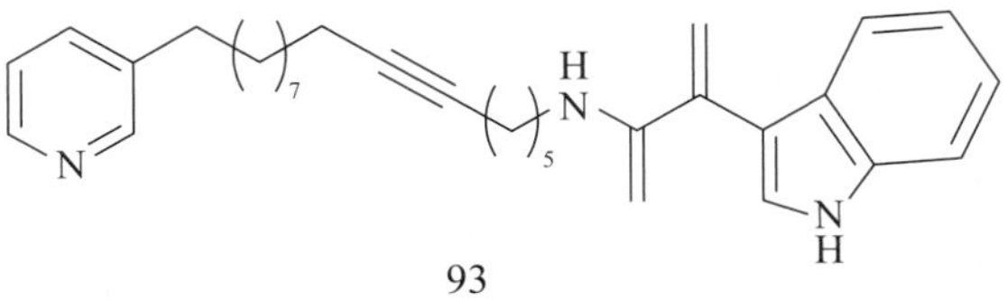

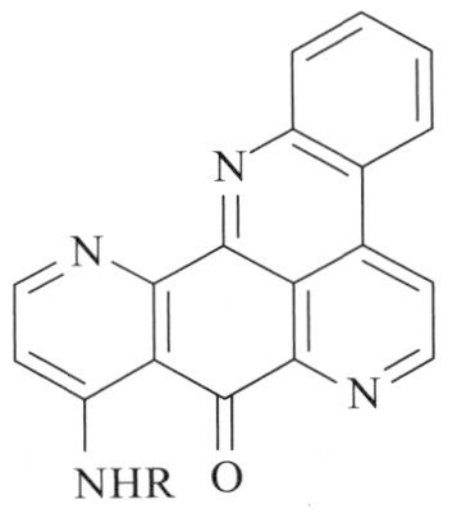

在日本冲绳岛捕获的皮海绵 *Suberites* sp. 中提取得到了 3 种新的芳香环吲哚生物碱 nakijinamines C ~ E（96 ~ 98）（Takahashi，2011；Regalado，2011）。

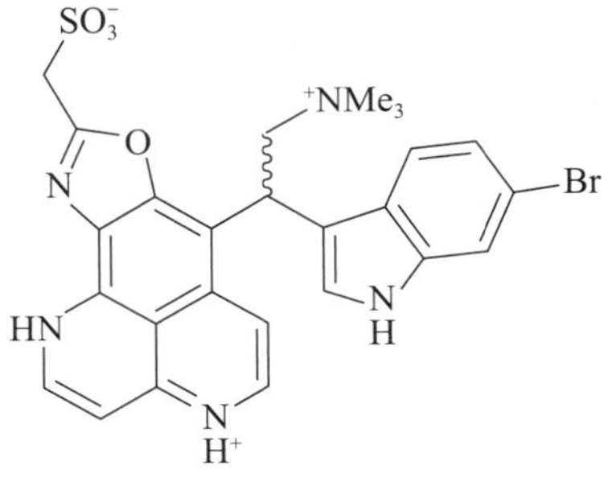

91

92

93

94 R=Me
95 R=CH₂OMe

96

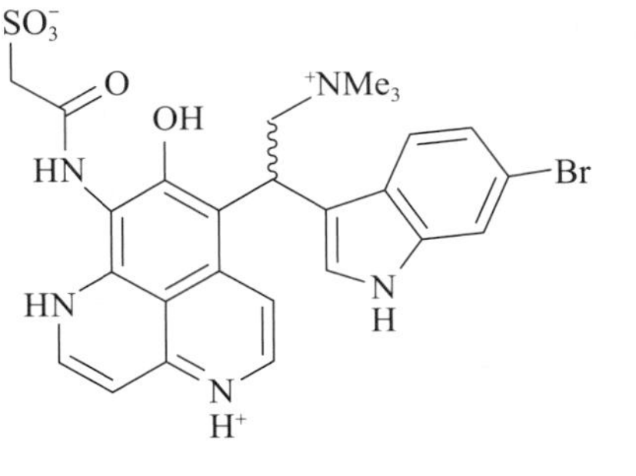

97

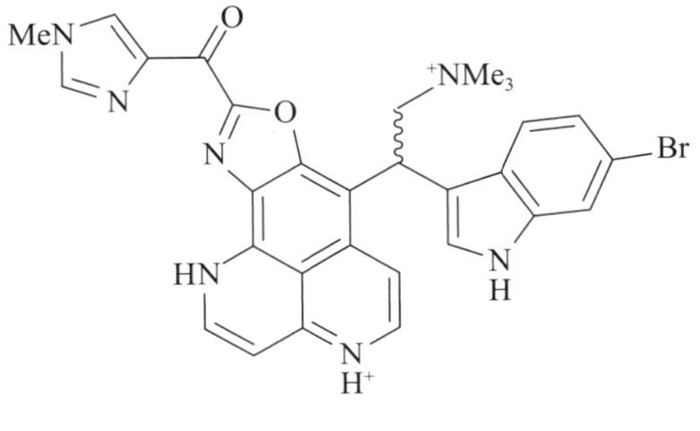

98

从瓦努阿图的奥雷岛捕获的海绵 *Clathria*（*Thalysias*）*araiosa* 中分离得到了两种环胍生物碱 araisoamine A（99）和 B（100）（Wei，2011）。

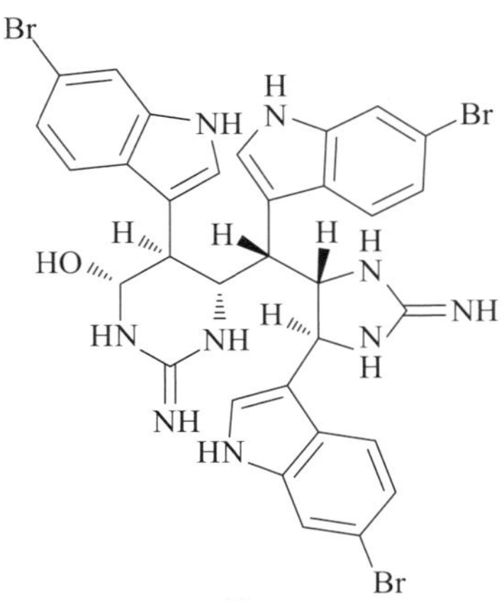

99

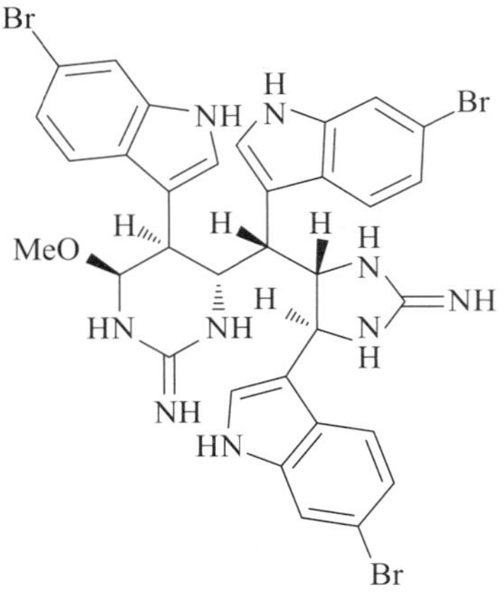

100

从日本黑色软海绵 *Halichondria okadai* 中分离得到了 3 种罕见的萜类生物碱 Halichonines A ~ C（101 ~ 103）（Ohno，2011；Mao，2011）。

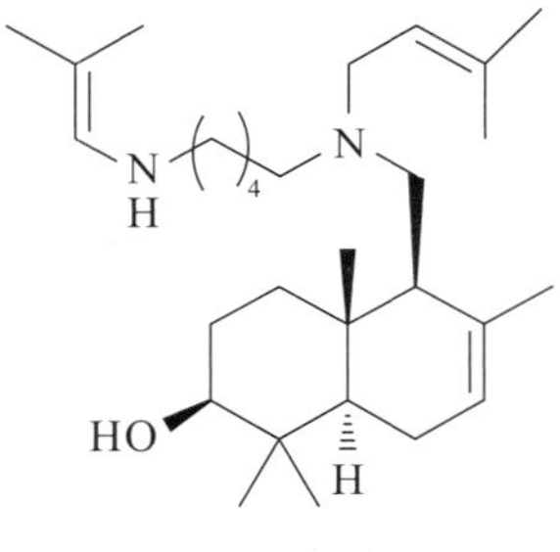

101

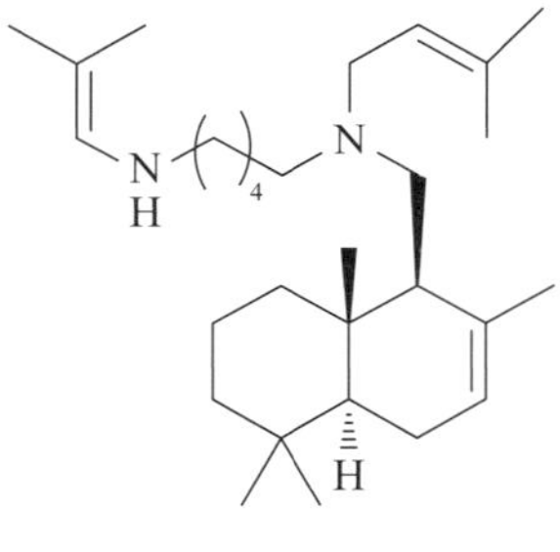

102

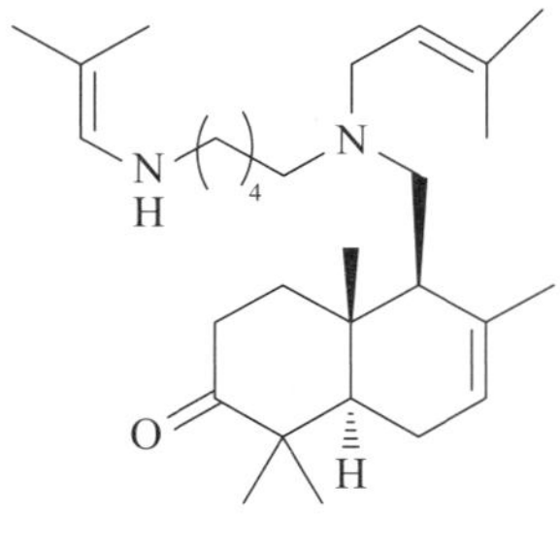

103

从马赛附近海域的变形角珊瑚 *Paramuricea clavata* 中分离得到了一些简单的生物碱和嘌呤生物碱 104 和 105，具有中等的抗细菌黏附作用，其中化学物 105 曾作为合成产物被报道（Pénez，2011）。

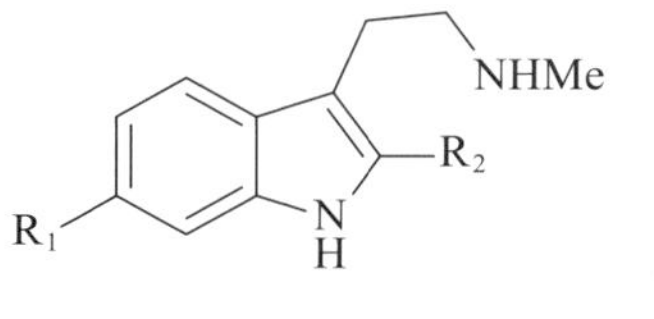

104 R₁=H, R₂=Br
105 R₁=Br, R₂=H

从中国南海的疏枝刺柳珊瑚 *Echinogorgia pseudossapo* 中分离得到了两种新的 zoanthoxanthin 型生物碱106和107（Gao，2011）。

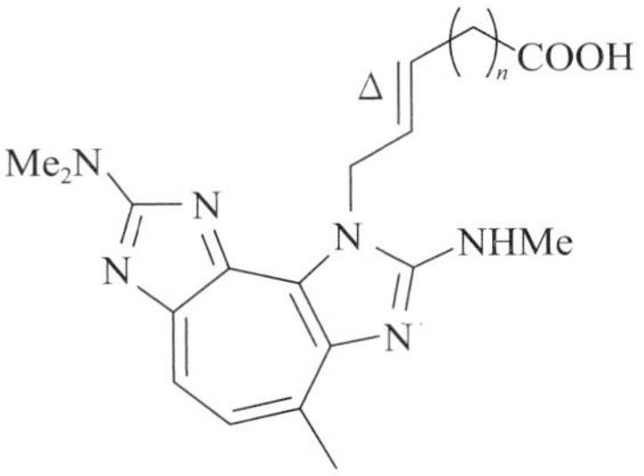

106　*n*=2，△ saturate
107　*n*=3

从法国科西嘉岛采集的海绵 *Axinella polypoides* 中提取得到了一个新的甜菜碱生物碱108。从挪威斯瓦尔纳特群岛捕获的蜂海绵 *Haliclona viscosa* 中分离得到了4种新的吡啶生物碱 viscosalines B1（109），B2（110），E1（111）和 E2（112）（Menna，2012；Schmidt，2012）。

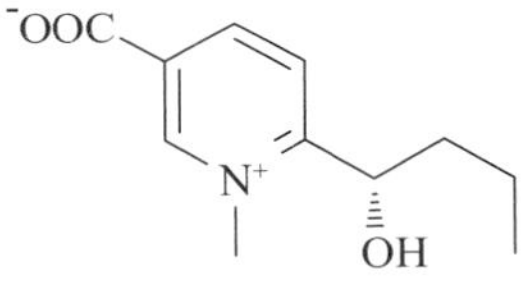

108

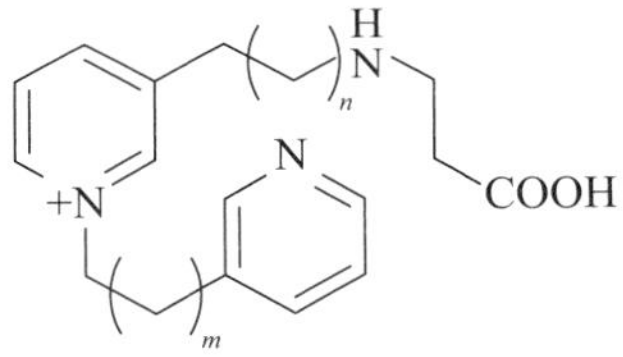

109　*m*=11，*n*=12
110　*m*=12，*n*=11
111　*m*=12，*n*=13
112　*m*=13，*n*=12

从中国海南岛采集的 *Mycale brexilis* 中分离得到一种新的吲哚生物碱113；从泰国海绵 *Smenospongia sponge* 中提取得到9种新的溴化吲哚生物碱（114～122）（Wang，2012；Prawat，2012）。

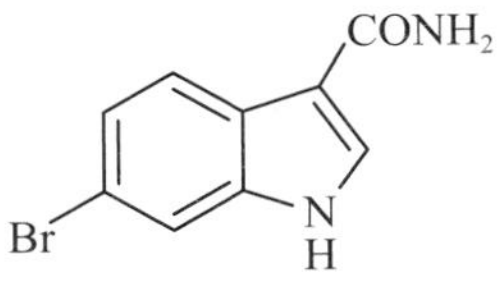

113

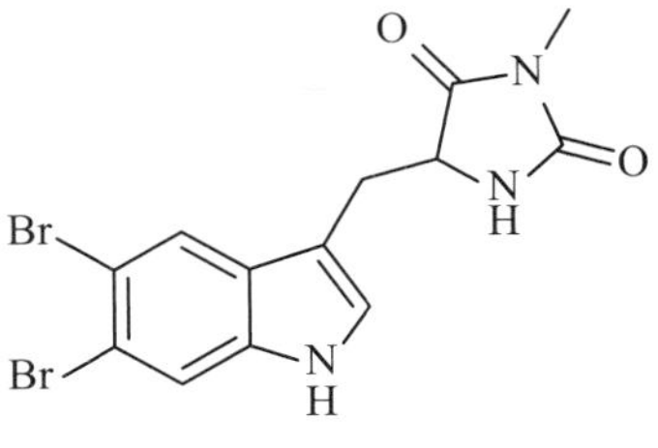

114

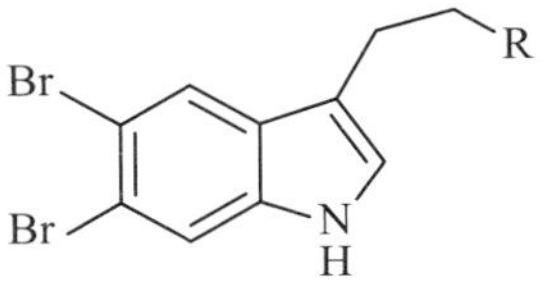

115　R=NHCHO
116　R=NHAc
117　R=NMeAc

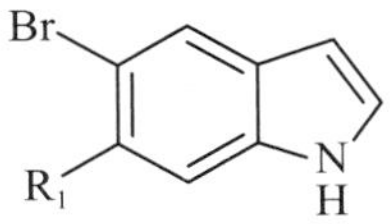

118　R$_1$=Br，R$_2$=COOMe
119　R$_1$=H，R$_2$=COOMe
120　R$_1$=H，R$_2$=CHO
121　R$_1$=Br，R$_2$=CHO
122　R$_1$=H，R$_2$=COOH

从印度尼西亚的苏拉威西岛附近采集的 *Hyrtios reticulatus* 中分离得到5种吲哚生物碱 Hyrtioreticulins A～E（123～127），其中化合物 Hyrtioreticulins A 和 B 能够抑制泛素激酶的生成，并且是抗癌蛋白酶调节剂（Yamanokuehi，2012）。

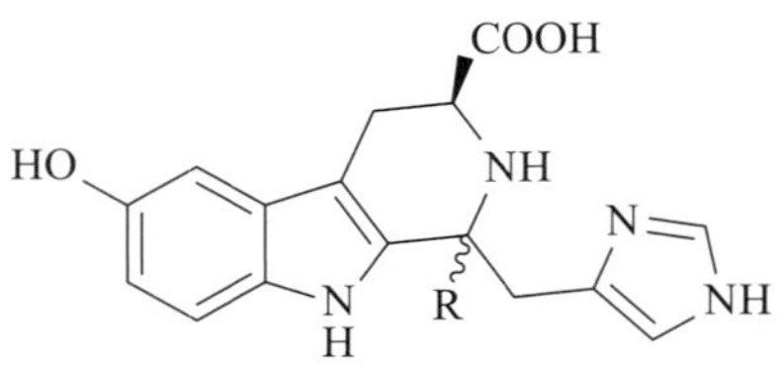

123 R= ◀ H
124 R= ⃫ H

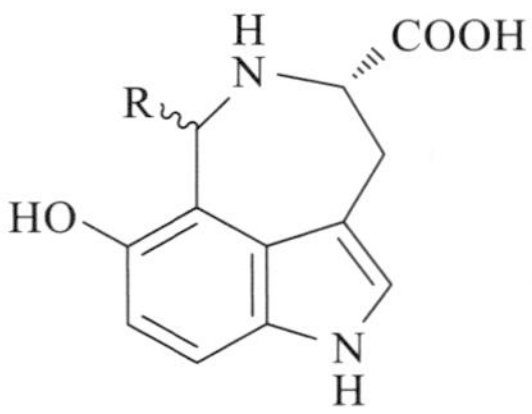

125 R= ◀ Me
126 R= ⃫ Me

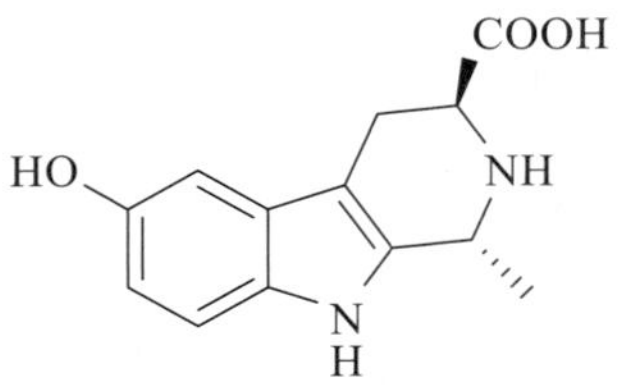

127

从日本冲绳县的皮棉属海绵中分离得到6种生物碱 Nakijinamines A（128），B（129），F～I（130～132）以及6-bromoconicamin（133）（Takahashi，2012）。其中 Nakijinamines A，B，F 和 I 是外消旋体化合物。

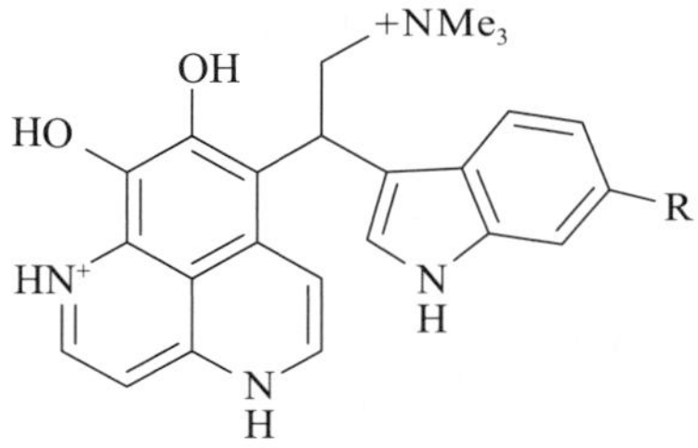

128 R=Br
129 R=H

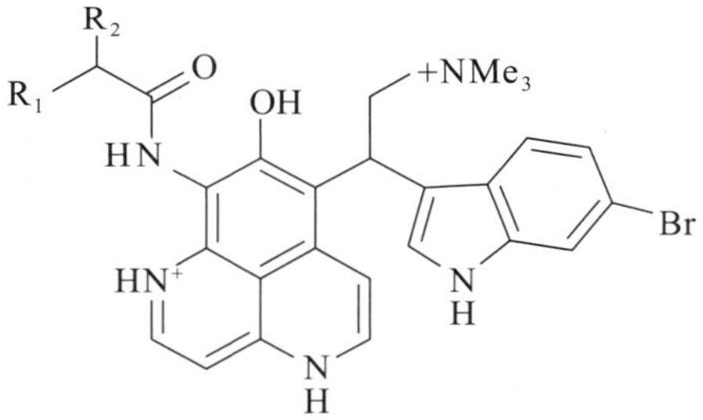

130 R₁=H, R₂=iPr
131 R₁=Me, R₂=Et

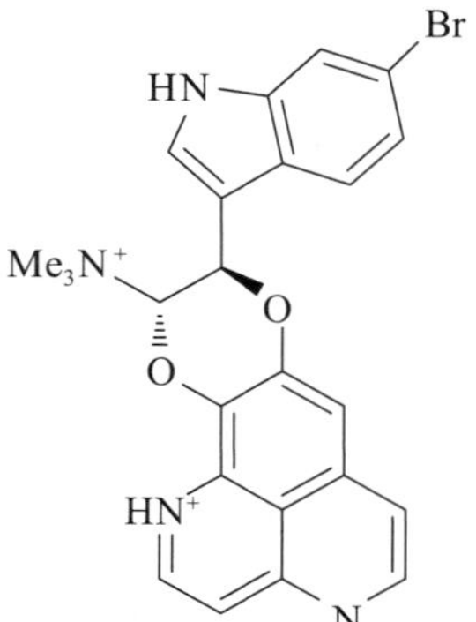

132

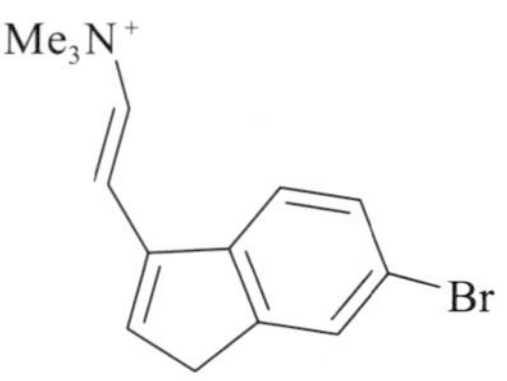

133

从南海西沙群岛采集的疏海绵属 *Aaptos suberitoides* 中分离得到4种吡啶生物碱 suberitines A～D（134～137）（Liu，1997），它们都是 P388 细胞的抑制剂。

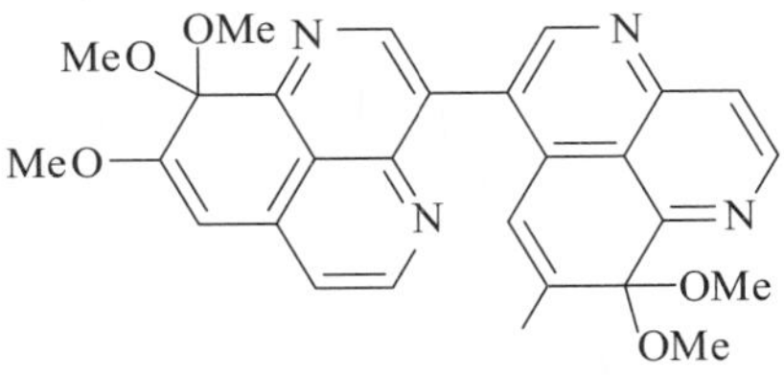

134

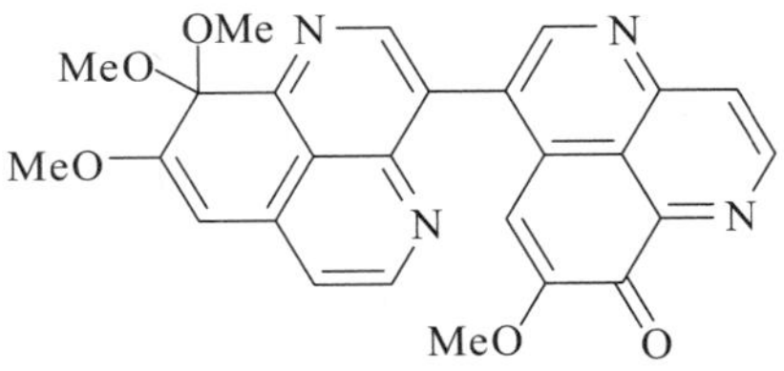

135

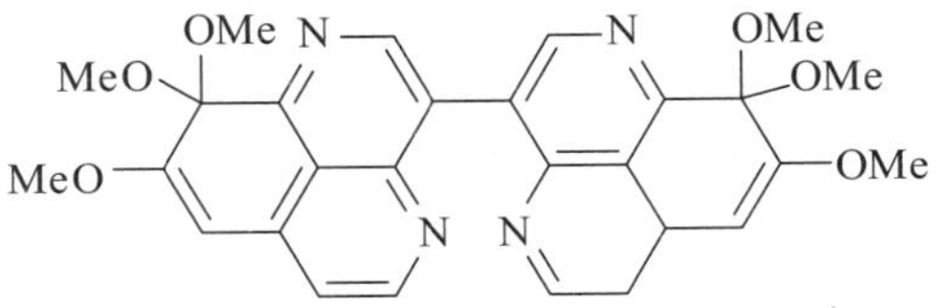

136

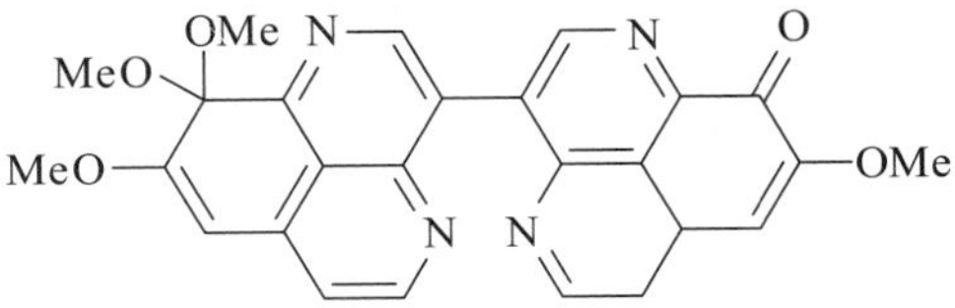

137

从巴哈马群岛收集的海绵 *Agelas citrina* 中分离得到3种生物碱 Agelasidine E，F 和 Agelasine（138～140）（Stout，2012；Kubota，2012），经活性测试表明，化合物 Agelasidines F 有微弱的抗真菌作用；从日本冲绳岛的 *Agelas* sp. 中分离得到7种有广谱活性的二萜类生物碱化合物 agelasines O～U（141～145）。

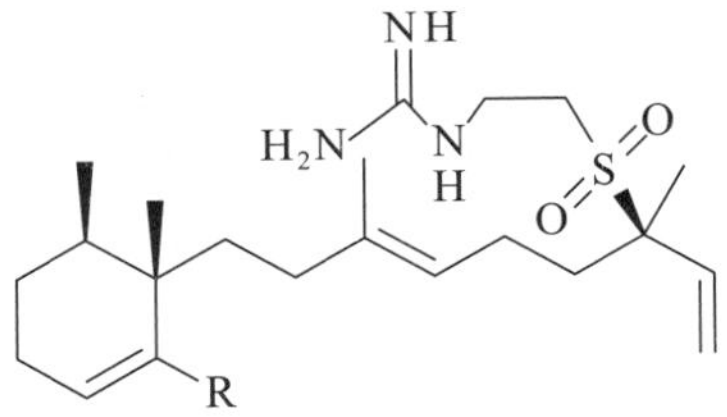

138　R=CH₂OH
139　R=CHO

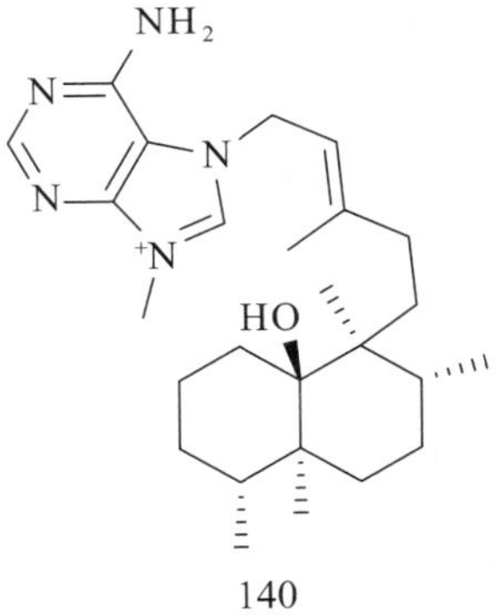

140

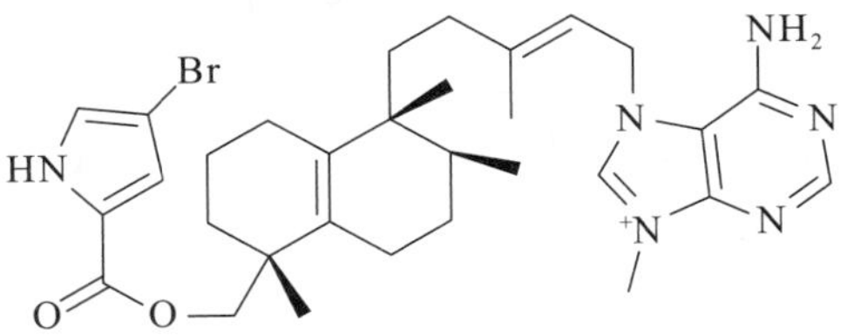

141

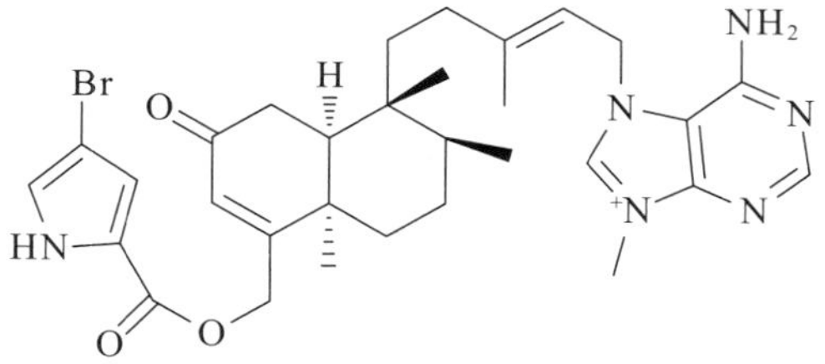

142

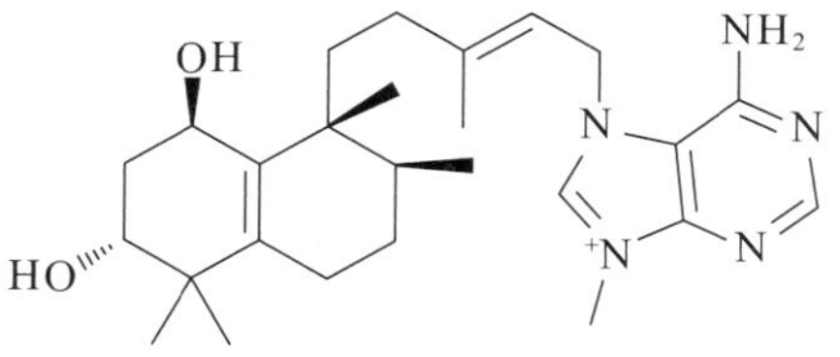

143

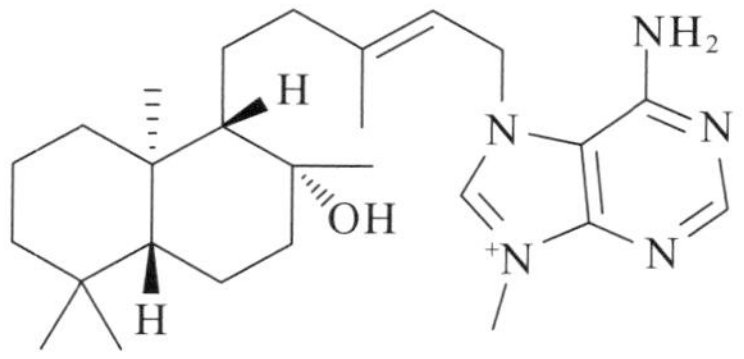

144

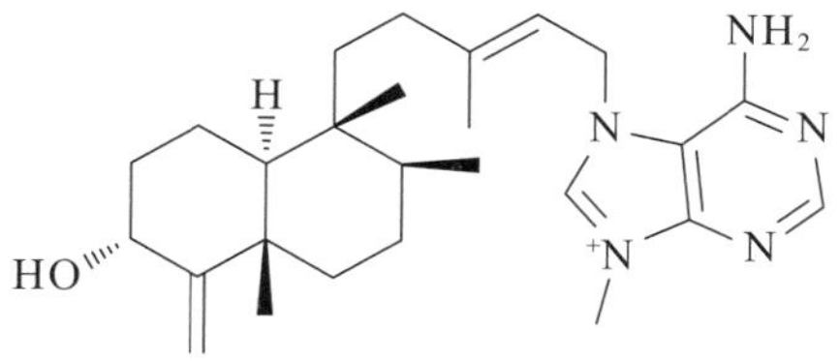

145

从澳大利亚新南威尔士州苔藓虫 *Amathia tortuosa* 中分离得到一种新型三溴吲哚生物碱化合物 kororamide A（146）（Carroll，2012），活性测试结果表明，此化合物对氯喹敏感型和氯喹耐药型恶性疟原虫有杀伤作用，并能抑制 *P.falciparum* 生长。

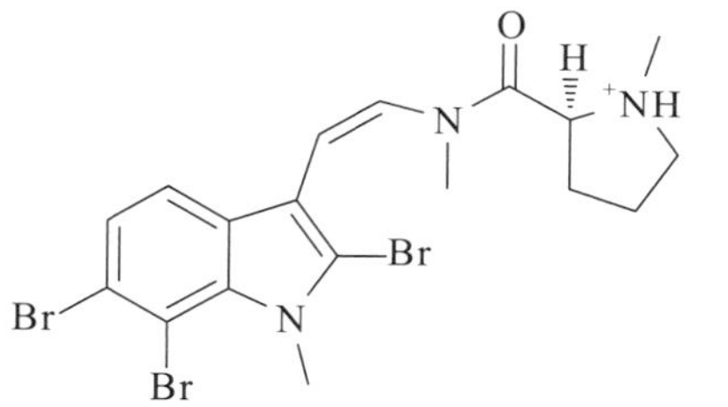

146

从澳大利亚海鞘中提取得到了6种生物碱 lamellarin A1～A6（147～152）。对海鞘 *Didemnum* sp. 的进一步化学研究发现3个新的生物碱 ningalins E～G（153～155）（Plisson，2012）。ningalins C，D 和 G 是 CK1d，CDK5 和 GSK3b 激酶的强有效抑制剂。

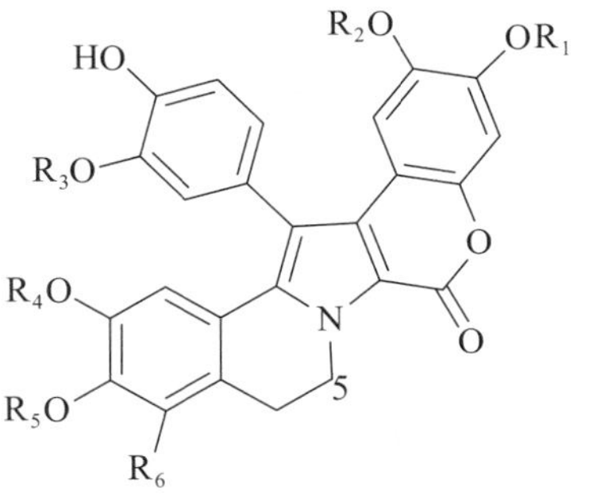

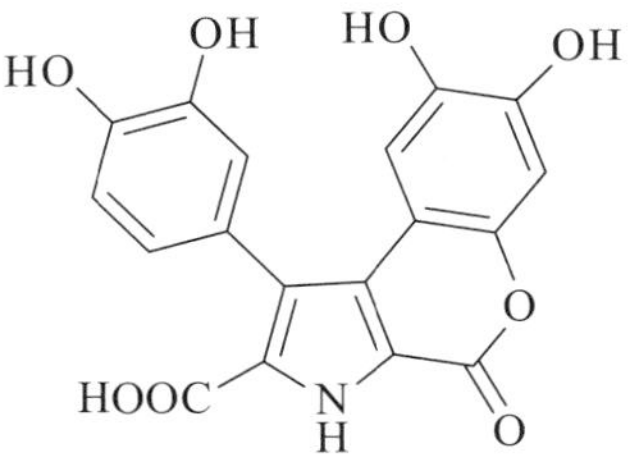

147　$R_1 = R_2 = R_5 = R_6 = H$, $R_3 = R_4 = Me$
148　$R_1 = R_2 = H$, $R_3 = R_4 = R_5 = Me$, $R_6 = OH$
149　$R_1 = R_7 = H$, $R_2 = R_3 = R_4 = R_5 = Me$
150　$R_1 = R_2 = R_3 = R_4 = R_5 = R_6 = R_7 = H$
151　$R_1 = R_2 = R_4 = R_5 = R_6 = H$, $R_3 = Me$, $\Delta^{5,6}$
152　$R_1 = R_3 = R_4 = Me$, $R_2 = R_5 = R_6 = H$

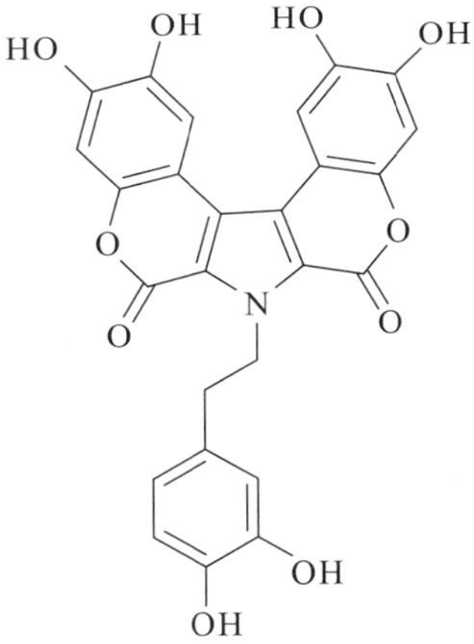

153

154 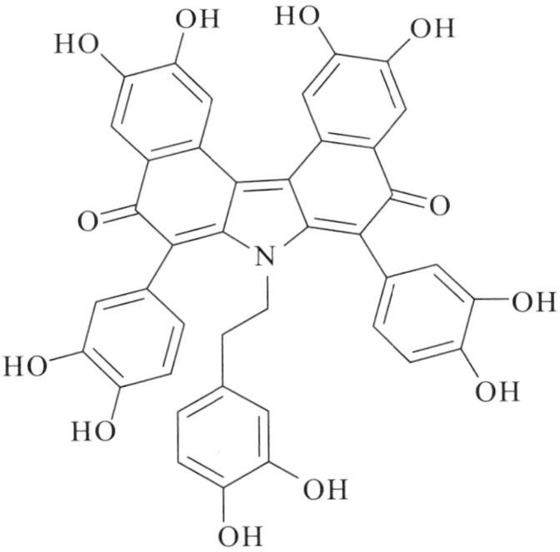　　　　　　　　　　　　155

第二节　大环内酯类

广义的大环内酯是指由微生物产生的具有内酯键的大环状次级代谢产物，其中包括一般大环内酯（狭义的大环内酯）、多烯大环内酯、安莎大环内酯与酯肽等。

一般大环内酯分为一内酯与多内酯。常见的一内酯有：十二元环大环内酯类化合物，如酒霉素等；十四元环大环内酯类抗生素，如红霉素等；十六元环大环内酯类抗生素，如柱晶白霉素、麦迪霉素、螺旋霉素、乙酰螺旋霉素及交沙霉素等。至今最大的大环内酯已达六十元环，如具有抗肿瘤作用的醌酯霉素 A1，A2，B1。多内酯中二内酯包括：抗细菌与真菌的抗霉素、稻瘟霉素、洋橄榄霉素、硼霉素等。

自1952年第一个大环内酯类抗生素红霉素 A 应用于临床以来，迄今为止发现的大环内酯类抗生素已逾百种，目前上市的产品已发展到第三代，在研品种也发展至第四代。现阶段大环内酯类抗生素的研究热点主要在于对高活性化合物进行结构修饰、改善药学活性及改变剂型、提高生物利用度等方面。

大环内酯是海洋生物特别是海洋微生物中常见的一类化合物，主要分布在微生物、苔藓虫、海绵、藻类、软体动物和被囊动物中。该类化合物大都具有潜在的生物活性，它们的特点是结构中含有一个内酯环，环的大小由10元至62元不等。此类化合物拥有药物化学研究中最复杂的结构，因作用机制、分子结构不同存在较大差异。

一、微生物来源的大环内酯

（一）放线菌

从加利福尼亚近海岸采集的样品中分离得到一株放线菌 *Marinispora* sp. CNQ-140，从其发酵液中分离得到了4个新的大环内酯 Marinomycins A～D。活性筛选表明，该类化合物具有很强的抗菌活性和细胞毒活性，其中最显著的是 Marinomycins A（156）。在 NCI 60株癌细胞系的活性测试中发现，此类化合物具有特异的组织选择性细胞毒活性，Marinomycins A 对6种黑色素瘤细胞系（LOXIMVI，M 14，SK-MEL-2，SK-MEL-5，UACC-257，UACC-62）具有强烈的抑制作用，尤其是对 SKMEL-5，IC_{50} 为 5.0 nmol/L。更值得关注的是这些化合物对非白血病癌细胞只有非常微弱的抑制作用，LC_{50} 为 50 μmol/L。这不仅表明此类化合物具有较强的组织选择性，更预示此类化合物如果开发成药物，其骨髓抑制的不良反应有可能很小。它对甲氧西林耐药金葡菌（MRSA）和耐万古霉素的粪链球菌（VRSF）具有良好的抑制作用，MIC_{90} 均为 0.13 μmol/L（Christopher，2006）。

156

Canedo 等从印度洋莫桑比克海岸中分离得到一株放线菌 *Micromonospora* sp. L-25-ES 25-008，并从其发酵液中分离得到一个新的大环内酯 IB-96212（157），该化合物对 P 388 细胞有极强的细胞毒活性，IC$_{50}$ 为 0.1 μg/L，对 H 729，A 549 及 MEL 28 肿瘤细胞也有显著的细胞毒活性，IC$_{50}$ 的平均值为 1.0 mg/L（Fernández-Chimeno，2000）。

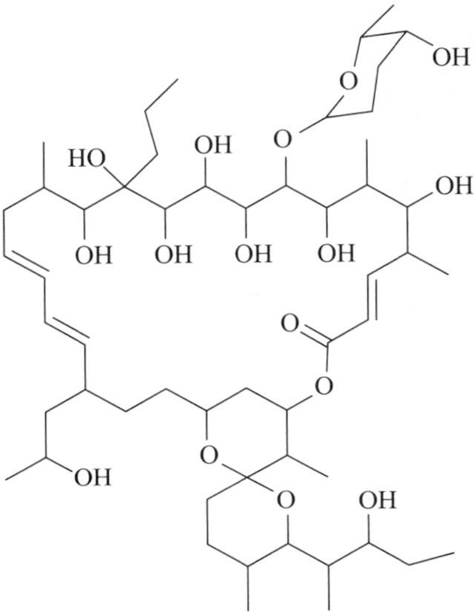

157

Williams 等从采自日本关岛的样品中分离到海洋放线菌 *Salinispra arenicola* CN R-005，从其发酵液中得到了 3 个新的大环内酯 Arenicolides A ~ C，活性筛选结果显示 Arenicolide A（158）对人结肠癌细胞 HCT-116 的 IC$_{50}$ 为 30 μg/ml（Williams，2007）。

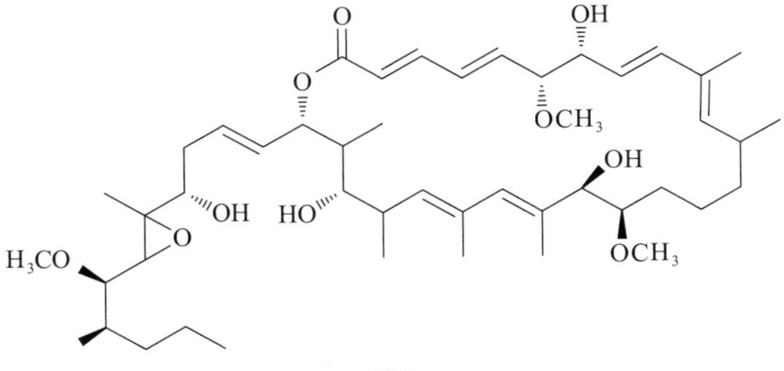

158

Okami 等从浅海沉积物来源的海洋链霉菌中分离得到 3 个新颖的大环内酯 Aplasmomycins A ~ C（159 ~ 161），活性测试结果表明，3 个化合物具有抗革兰阳性菌活性（Sato，1978）。

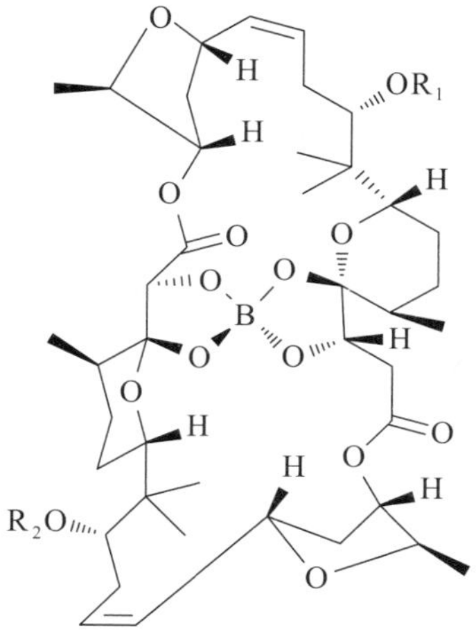

159　R₁=R₂=H

160　R₁=AC, R₂=H

161　R₁=R₂=Ac

Pathirana 等从 Bodega 海湾浅水海洋沉积物中分离得到一株放线菌 CNB-032，并从其培养液中分离到一个新的24元环大环内酯 Maduralide（162），该化合物对 *Bacillus subtilis* 具有抑制作用（Pathirana，1991）。

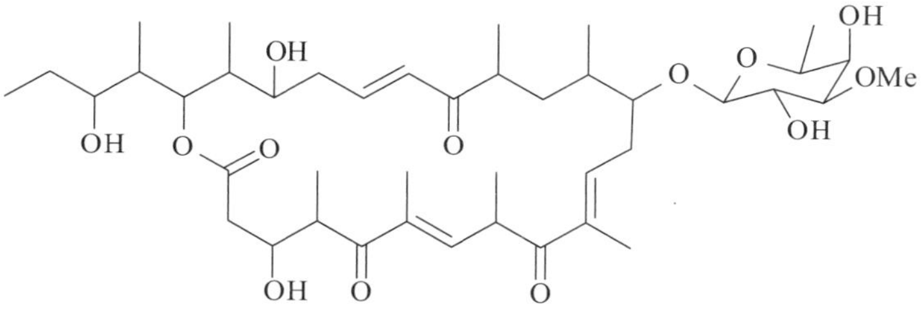

162

从一株文昌红树林土壤来源的放线菌 *Streptomyces* sp. 211726中分离到一个新的大环内酯类化合物163（Yuan，2010），对白色念珠菌 ATCC 10231的 MIC 为2.3 μg/ml，对人结肠癌细胞 HCT-116的 IC₅₀ 为5.6 μmol/L。

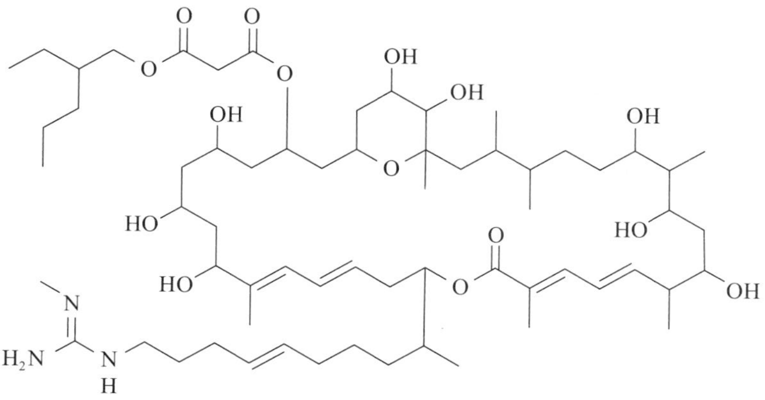

163

从巴哈马群岛北卡特岛分离的一株放线菌 *Streptomyces* sp. CNQ 343 的代谢产物中分离得到一个新的大环内酯类化合物(164)，对白色念珠菌的异柠檬酸裂合酶有较强的抑制活性，并且对多种病原真菌具有抑菌活性(Kim，2012)。

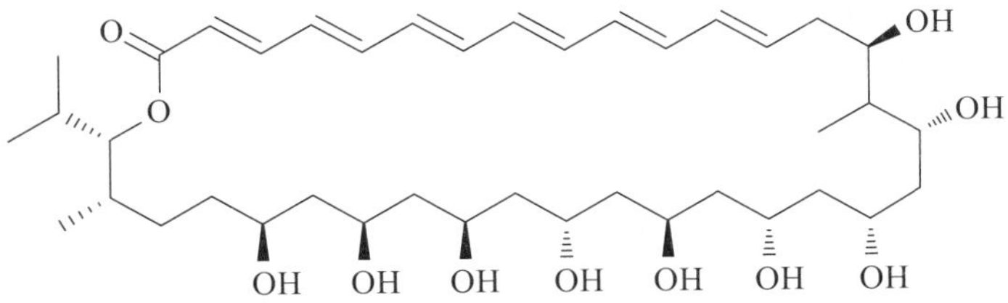

164

从东海青浜岛采集的海绵样品中分离得到链霉菌 *Streptomyces carnosus*，从其代谢产物中分离得到两个新的大环内酯 Lobophorins C(165)和 D(166)，它们是 HTCLs 细胞的选择性抑制剂，但是绝对构型尚未确定(Wei，2011)。

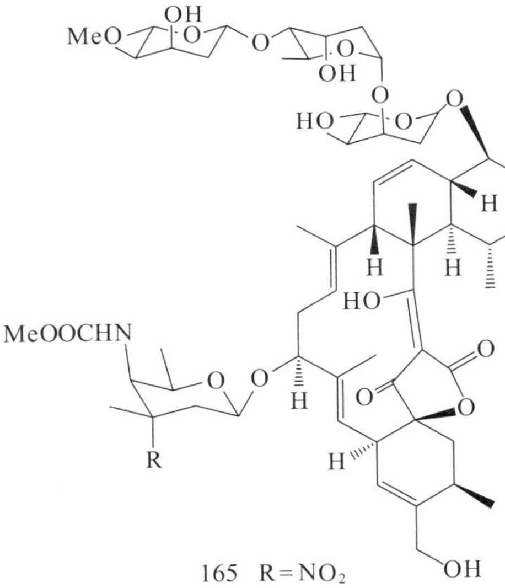

165　R＝NO$_2$
166　R＝NH$_2$

从中国文昌红树林根系土壤样品中分离得到链霉菌，从其发酵液中分离得到大环内酯 azalomycin F(167)以及已知化合物(168)，活性测试表明，它们对白色念珠菌和 HCT-116 细胞表现中等强度的抑制作用(Arai，1968)。

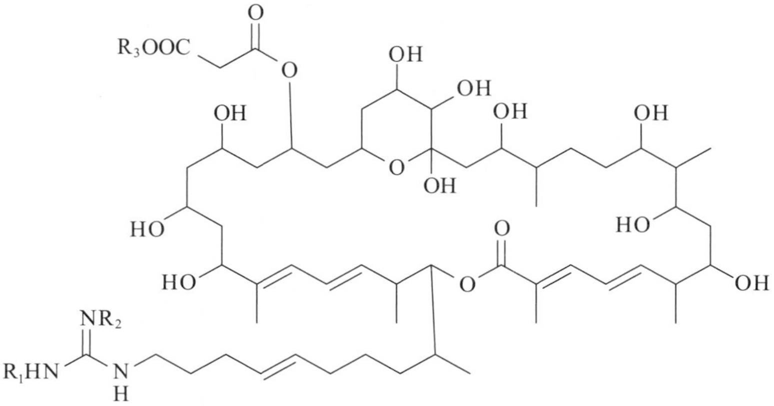

167　$R_1 = R_2 = Me$, $R_3 = 2$ - ethylpentyl

168　$R_1 = H$, $R_2 = Me$, $R_3 = 2$ - ethylpentyl

　　从日本高知县海湾沉积物样品中分离得到了放线菌 *Actinoalloteichus*，从其代谢产物中分离得到9个26元大环内酯 neomaclafungins A ~ I（169 ~ 177）（Sato，2012），它们对须发癣菌（*T. mentagrophytes*）具有显著的抑制活性。

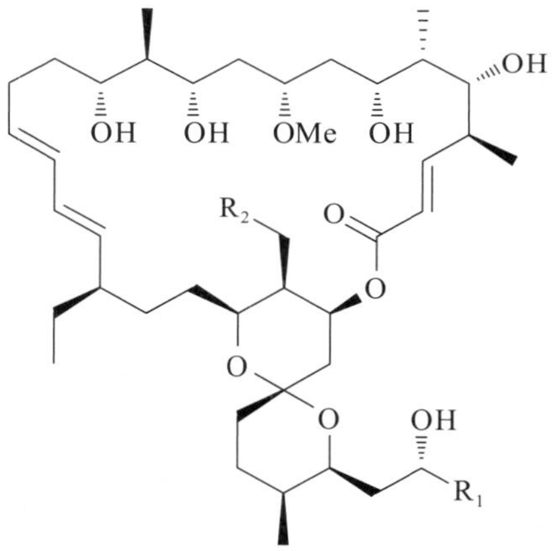

169　$R_1 = Me$, $R_2 = CH_2CH_2OH$

170　$R_2 = Me$, $R_2 = CH_2CH(OH)Me$

171　$R_1 = Et$, $R_2 = CH_2CH_2OH$

172　$R_1 = Et$, $R_2 = CH_2CH(OH)Me$

173　$R_1 = R_2 = Me$

174　$R_1 = Me$, $R_2 = Et$

175　$R_1 = Me$, $R_2 = nPr$

176　$R_1 = R_2 = Et$

177　$R_1 = Me$, $R_2 = nBu$

　　从一株链霉菌 *S. hygroscopicus* 的代谢产物中分离得到两个大环内酯类化合物 halichoblelide B（178）和 C（179）（Yamada，2001），两者对多株人肿瘤细胞具有细胞毒活性。

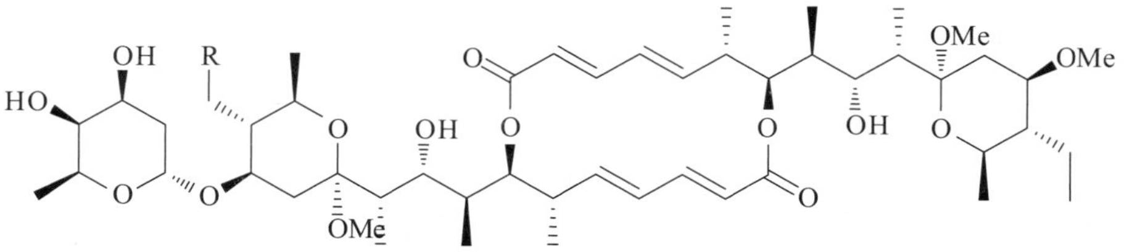

178　R = Me　　179　R = H

从巴哈马北礁沉积物分离的一株链霉菌代谢物中发现了两个大环内酯类化合物 bahamaolide A（180）和 bahamaolide B（181）（Kim，2012），bahamaolide A 具有抑制白色假丝酵母异柠檬酸裂解酶活性。

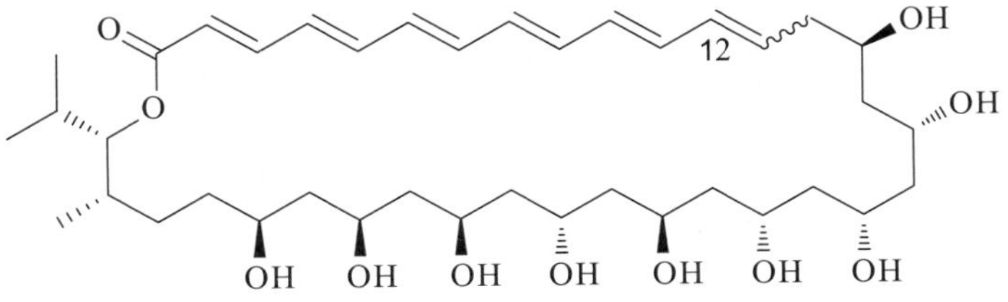

180（12E）　　　181（12Z）

（二）细菌

从苏岩礁分离的一株芽孢杆菌 *Bacillus* sp. 09ID 194 的代谢产物中提取得到了一个 24 元大环内酯类化合物（182），它对大肠杆菌和枯草芽孢杆菌的 MIC 为 0.16 μmol/L，对酿酒酵母菌的 MIC 为 0.02 μmol/L。

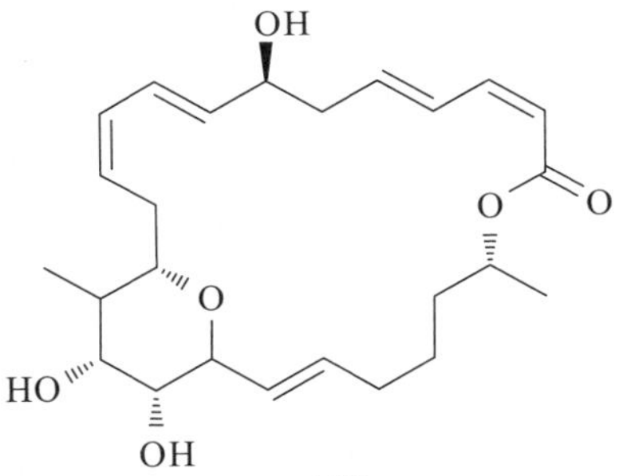

182

从韩国离于岛采集的沉积物样品中分离到一株芽孢杆菌，并从其代谢产物中分离得到 3 个新的 24 元抗菌大环内酯类化合物 macrolactin Ⅰ~Ⅲ（183~185）（Mondol，2011）。

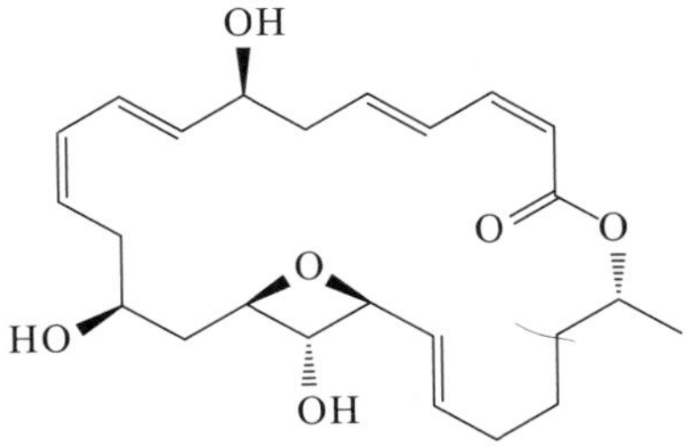

183

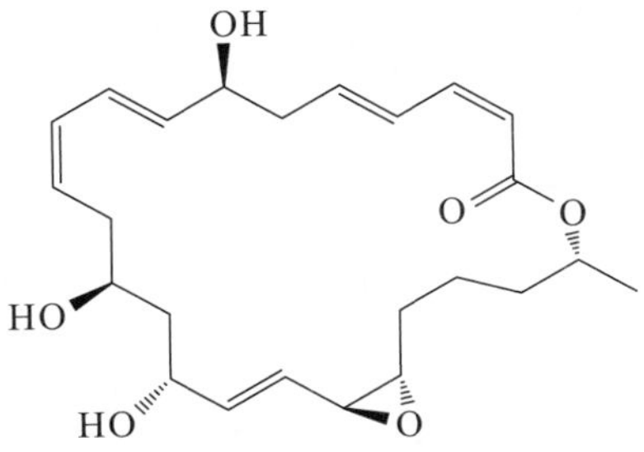

184

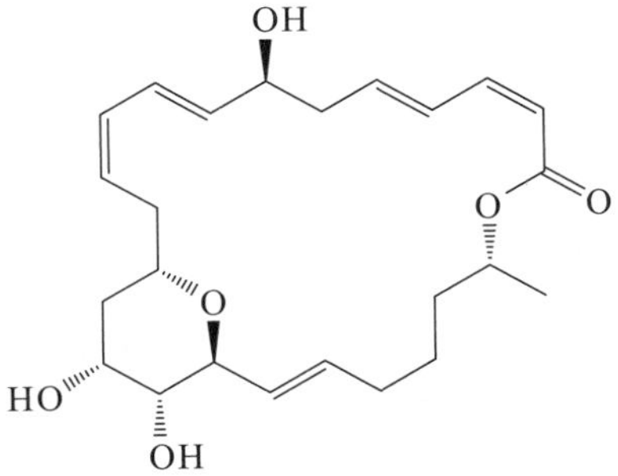

185

得到糖基化的大环内酯化合物 macrolactin W（186），它对革兰阳性和革兰阴性细菌具有显著的抑制作用（Mondol 等，2011）。

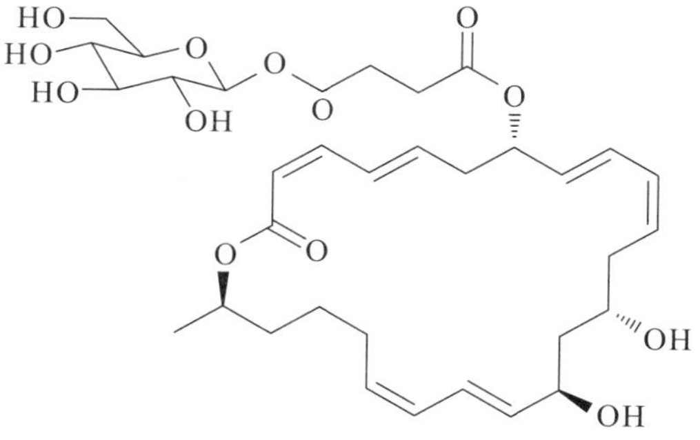

186

二、植物来源的大环内酯

Masami 等从日本前沟藻属甲藻中分离得到一个26元大环内酯 Amphidinolide N（187），具有六元半缩醛结构，目前尚未确定其立体构型。活性测试结果表明，Amphidinolide N 对小鼠白血病 L-1210细胞和人皮肤癌细胞株 KB 的 IC$_{50}$分别为 0.000 05 μg/ml 和0.000 06 μg/ml。因此，被认为是 NCI 中筛选的活性最强的化合物，其与从海绵中分离得到的 Spongistaitin 具有协同作用，有望成为抗肿瘤药物先导化合物。

从前沟藻中分离得到的一类具有细胞毒活性的大环内酯 Amphidinolide H（188），其结构含有丙烯基环氧基团、顺二烯单体及26位羟甲基侧链。构效关系研究表明，烯丙基环氧结构、S-顺二烯单体以及20位酮基都是细胞毒活性关键基团。在体外实验中，对鼠白血病细胞 L-1210和人皮肤癌细胞株 KB 均显示较强的抗癌活性，IC$_{50}$分别

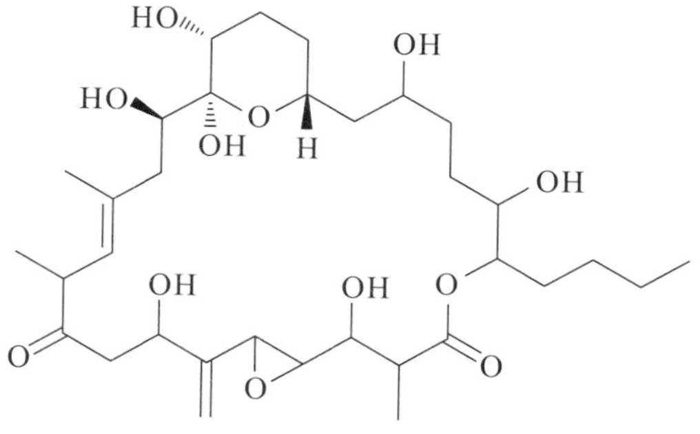

187

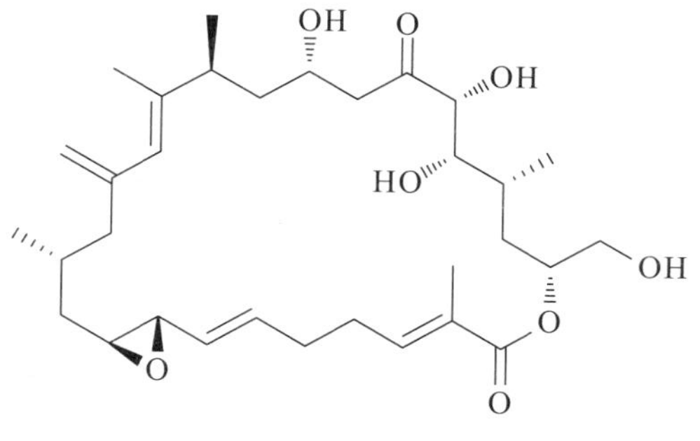

188

为 0.000 48 μg/ml 和 0.000 52 μg/ml。作用机制为，Amphidinolide H 以肌动蛋白细胞骨架为靶点，以共价键结合在肌动蛋白 4 亚结构域上的 Tyr 200，通过解聚和稳定肌纤维，一方面阻断细胞内肌动蛋白的机化，另一方面抑制正常形态中纯化的肌动蛋白超聚合成肌纤维，从而诱导细胞多核化，为一种经典的肌动蛋白机化抑制剂。Saito 等发现 Amphidinolide H 抑制 F- 肌动蛋白解离成单体的能力较强，这与 Phalloidin 的稳定肌动蛋白的作用类似。在核化过程中，Amphidinolide H 与肌动蛋白 G 和 H 的相互作用，能增强 Phalloidin 与 F- 肌动蛋白的结合，使停滞期缩短。目前 Amphidinolide H 已成为分析肌动蛋白介导的细胞功能的经典药理学工具（Kobayashi，1986）。

从日本德之岛鞘丝藻属分离的代谢产物中提取得到了 4 个新颖的 18 元大环内酯化合物 biselyngbyolide A ~ D（189 ~ 192），其中 biselyngbyolide A 对 HeLa S 3 和 HL-60 细胞具有显著的诱导凋亡作用。biselyngbyaside B 能有效抑制 HeLa S 3 和 HL-60 细胞的生长，并诱发细胞凋亡（Morita，2012；Teruya，2009）。

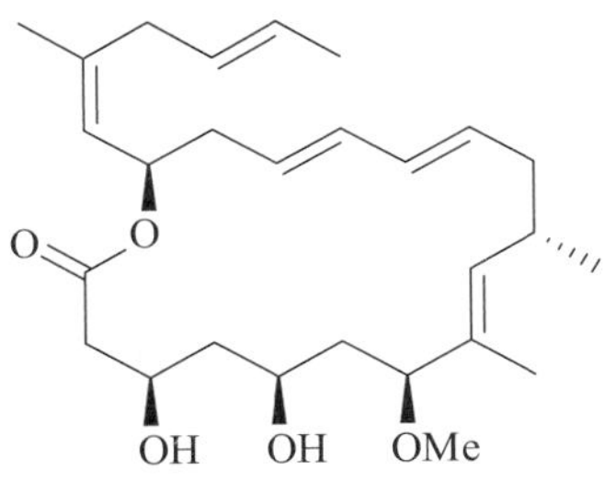

189

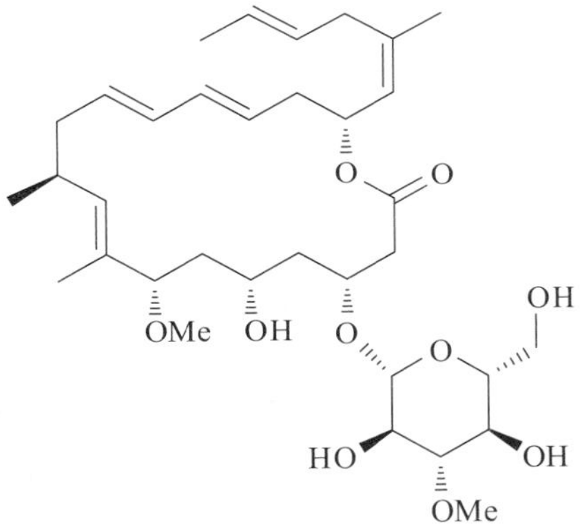

190

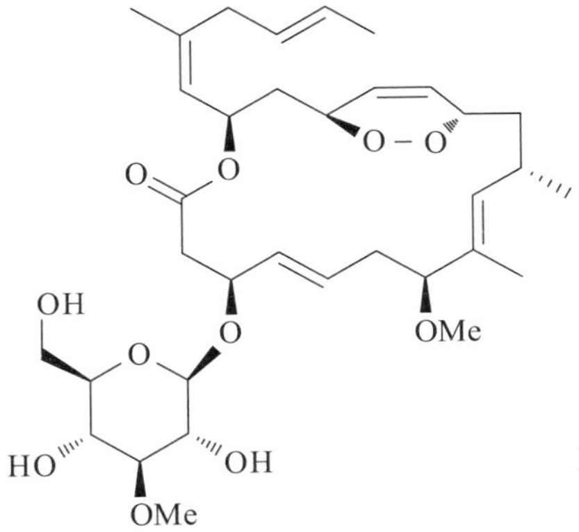

191

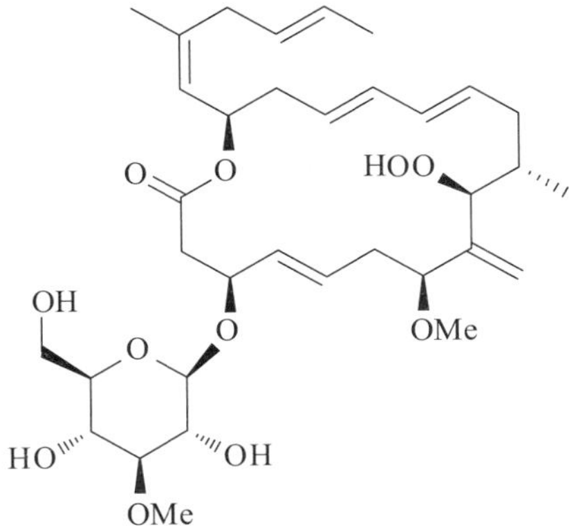

192

对印度桐花树树皮化学成分的研究发现了4个新的大环内酯 corniculatolides A ~ D （193 ~ 196）（Ponnapalli，2012）。

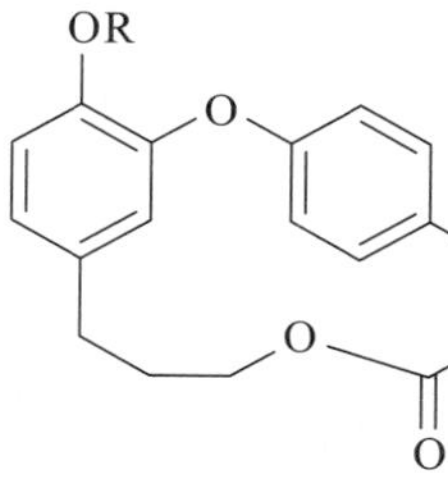

193 R=H
194 R=Me

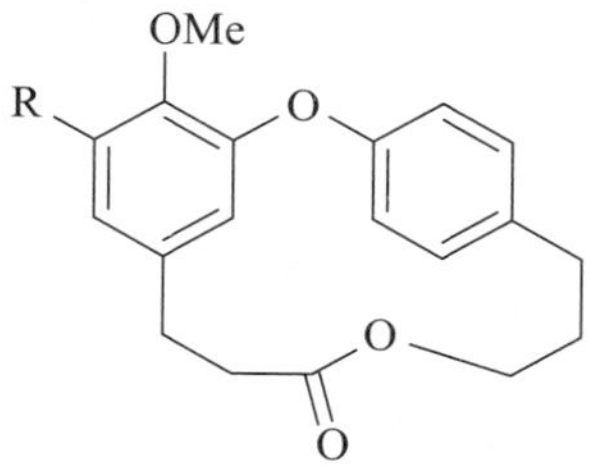

195 R=H
196 R=OH

三、动物来源的大环内酯

从南非阿尔哥亚湾的 *Lissoclinum* sp. 海鞘中提取得到了4个细胞毒活性大环内酯类化合物 corniculatolide A ~ D（197 ~ 200）（Sikorska，2012）。

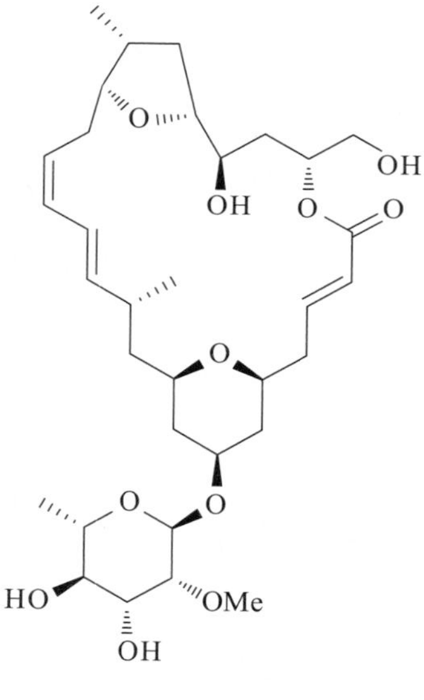

197

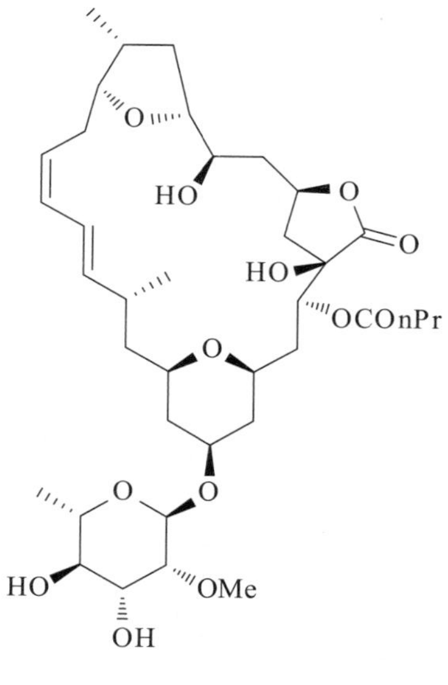

198

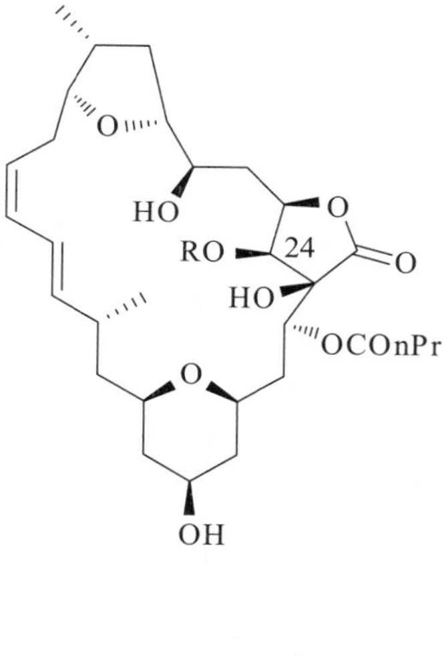

199 R=H
200 R=OCOnPr

从我国东海采集的海绵 *Epipolasis* sp. 中分离得到了两个新颖的大环内酯 Spirastrellolides A（201）和 B（202）（Suzuki，2012）。

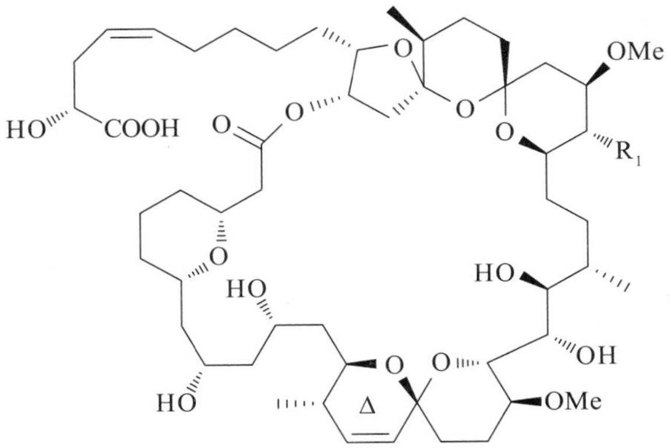

201　R₁=Cl

202　R₁=H，Δ=saturated

　　从日本三重县附近海域采集的黑斑海兔中分离得到 *Aplysia kurodai*，在其发酵液中提取得到了5种新的 aplyronine 同系物 aplyronine D～H（203～207），其中 aplyronines D～G 比 aplyronine A 对人宫颈癌细胞有相同或更高的细胞毒作用，aplyronine H 的细胞毒作用相对较小（Ojika，2012）。

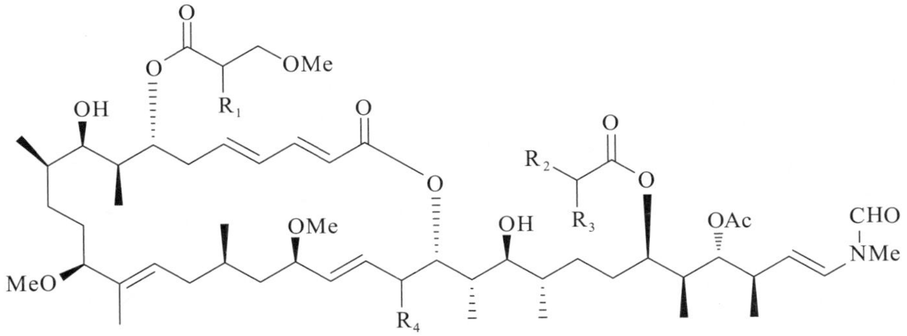

203　R₁=R₃=NMe₂，R₂=R₄=H

204　R₁=R₃=NMe₂，R₂=R₄=Me

205　R₁=NMe₂，R₂=Me，R₃=NHMe，R₄=H

206　R₁=NHMe，R₂=Me，R₃=NMe₂，R₄=H

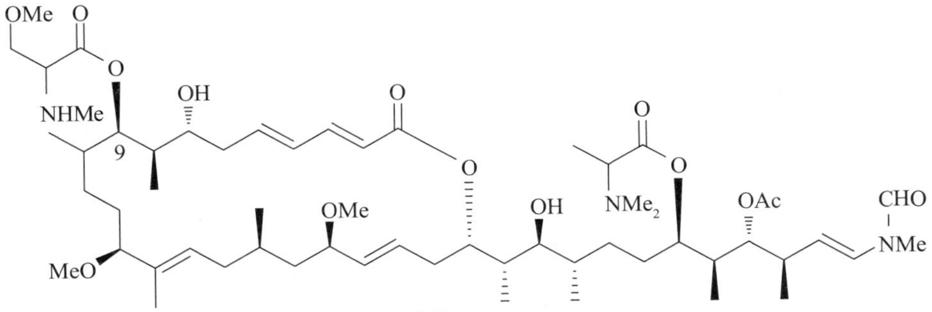

207

第三节 蒽 醌 类

蒽醌类化合物是蒽醌(anthraquinones)的各种衍生物,是各种天然醌类化合物中数量最多的一类化合物。蒽醌被广泛用作天然染料,后来发现该类化合物具有许多药用价值而受到重视。

天然蒽醌类化合物最初是从药用植物大黄的根部分离得到。随后,从茜草科不同药用植物的不同部位也相继发现蒽醌类化合物的存在。比如,高等植物中含蒽醌最多的是茜草科植物,鼠李科、豆科(主要是山扁豆)、蓼科、紫葳科、马鞭草科、玄参科及百合科植物中蒽醌类化合物亦较高。另外,蒽醌类化合物还存在于低等植物地衣和菌类的代谢产物中。

目前,蒽醌类化合物已从海洋生物海胆和海绵共生真菌、深海沉积链霉菌、海洋放线菌、红树林植物内生真菌及珊瑚、苔藓中分离得到。这些化合物多具有止泻作用,其中一些化合物还有抗菌、抗炎、抗氧化、抗肿瘤及抑制人白细胞弹性蛋白酶等活性,这些药理活性引起了化学家、药理学家以及分子生物学家的广泛重视,自20世纪二三十年代就开始了深入系统的研究。

一、微生物来源的蒽醌类化合物

(一)真菌

从香港红树林植物 *Avw ermm* 内生真菌中分离得到3个蒽醌化合物 averufin(208)、nidumfin(209)和 versicolorin(210),活性测试表明,averufin 具有抗革兰阳性细菌的活性,对革兰阴性细菌和真菌则无抑制活性(Elnabarawy,1989)。

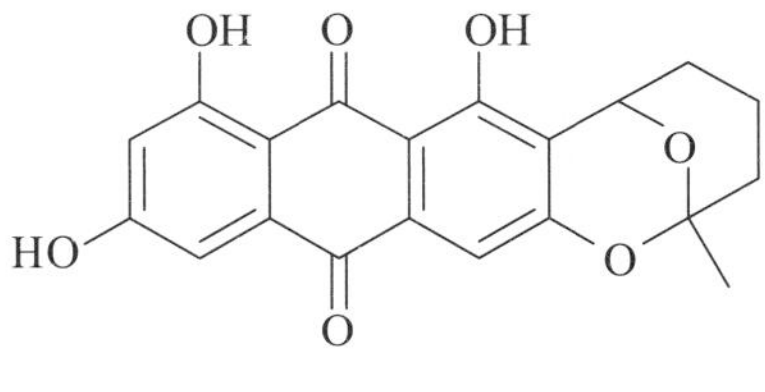

208

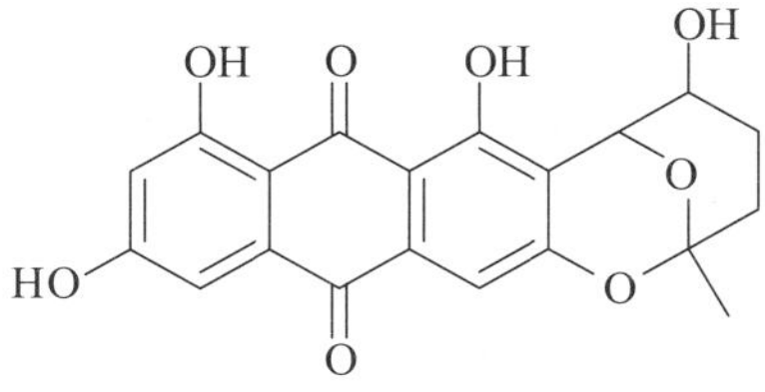

209

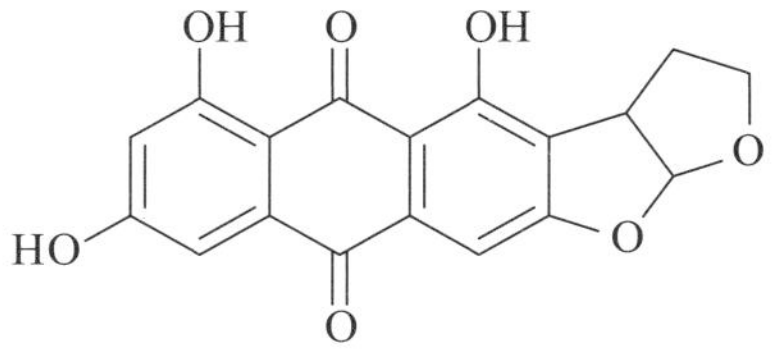

210

从红藻 *Polysiphonia urceolata* 内生真菌 *Chaetomium globosum* 的代谢产物中分离得到大黄素甲醚 parietin（211）。研究表明，parietin 对病原性真菌白色念珠菌、红色毛发癣菌和黑色曲霉具有显著的抑制活性。

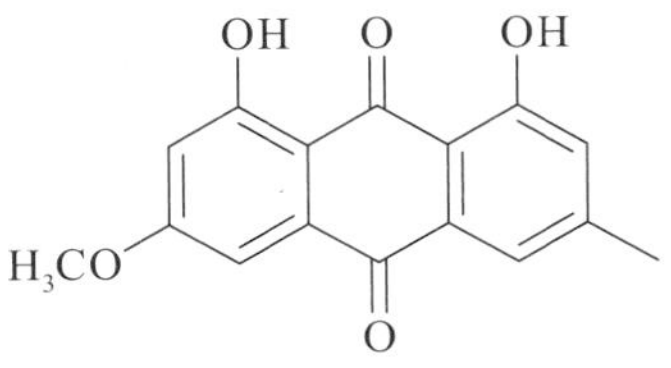

从海南东寨港红树林植物秋茄 *Kandeliacandel*（L.）Druce 的内生真菌 *Penicillium* sp. 中分离得到一个新的 angucyclinone 化合物212，活性测试表明，该化合物具有抑制 HCT-8 腺性组织恶性肿瘤及 L1210 淋巴细胞白血病的作用（Pérez，2009）。

从中国南海红树林内生真菌 *Halorosel linia* sp. 的发酵液中分离得到一个蒽醌类化合物1，4，6-trihydroxy-2-methoxy-7-methylanthracene-9，10-dione（213），该化合物在 50 µg/ml 的浓度下，未显示出对 KB 细胞和 KBv200 细胞株的细胞毒活性。

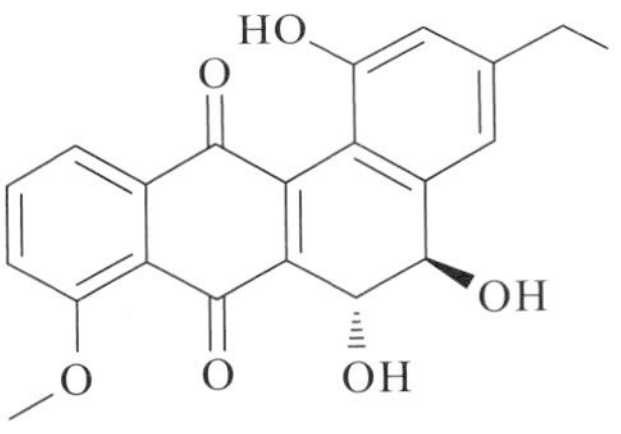

211

212

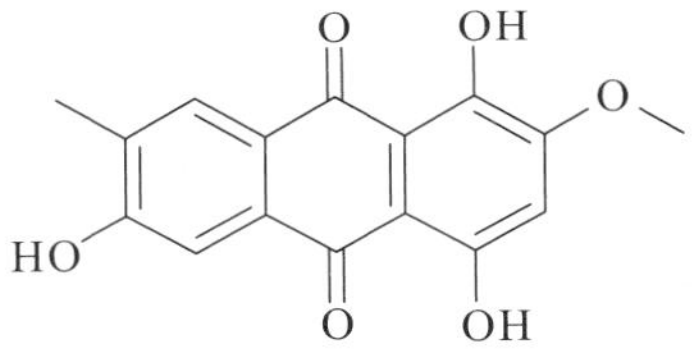

213

从中国南海沉积物分离的一株曲霉的代谢产物中分离得到7种氯代蒽醌类化合物214～220。发酵培养基添加溴化钠后又获得3种代谢产物，分别为两种溴代蒽醌类化合物221和222、一种未卤代蒽醌类化合物223。活性测试结果显示，化合物215抑制许多 HTCLs 细胞的生长（Huang，2012）。

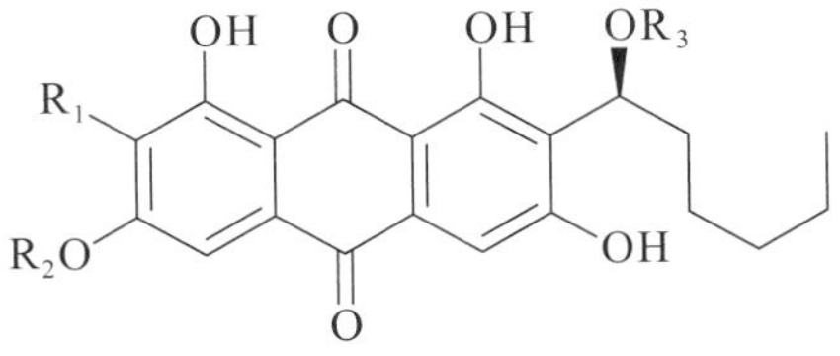

214　R_1=Cl, R_2=R_3=H
215　R_1=Cl, R_2=Me, R_3=H
216　R_1=Cl, R_2=H, R_3=Me
217　R_1=Cl, R_2=R_3=Me
218　R_1=Cl, R_2=H, R_3=nBu
221　R_1=Br, R_2=R_3=Me
222　R_1=Br, R_2=Me, R_3=H
223　R_1=H, R_2=R_3=Me

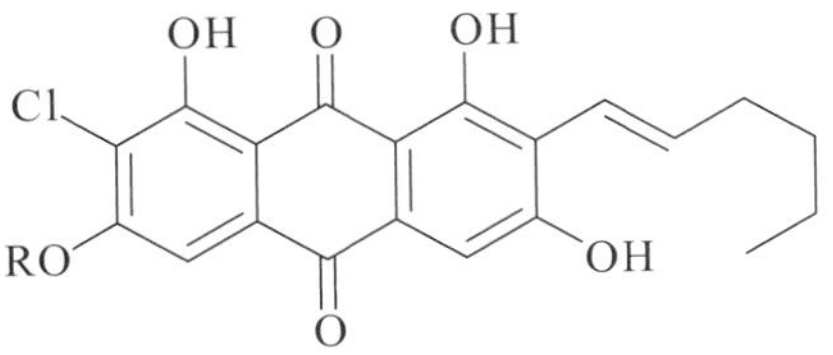

219　R=H　　　220　R=Me

从埃及拉默罕默德绿藻的一株内生真菌 *A.versicolor* 代谢产物中提取得到蒽醌类化合物（224），它对枯草芽孢杆菌、蜡样芽孢杆菌、金黄色葡萄球菌有中等程度抑制作用（Hawas，2012）。

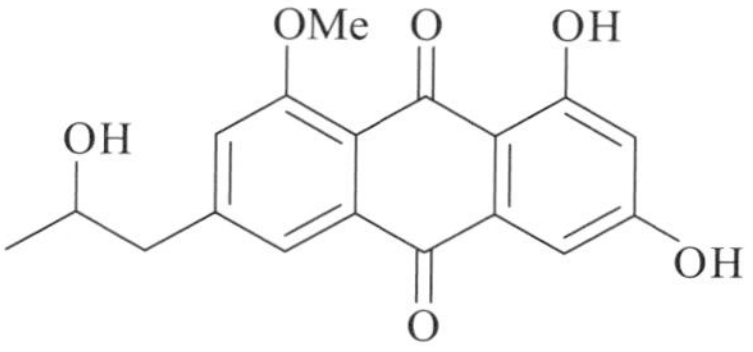

224

从一株中国南海海葵内生真菌 *Nigrospora* sp. 的代谢产物中分离得到了两种蒽醌类衍生物（225）和（226）。活性测试结果显示，化合物 226 对蜡样芽孢杆菌和 A549 细胞有很强的抑制作用（Yang，2012）。

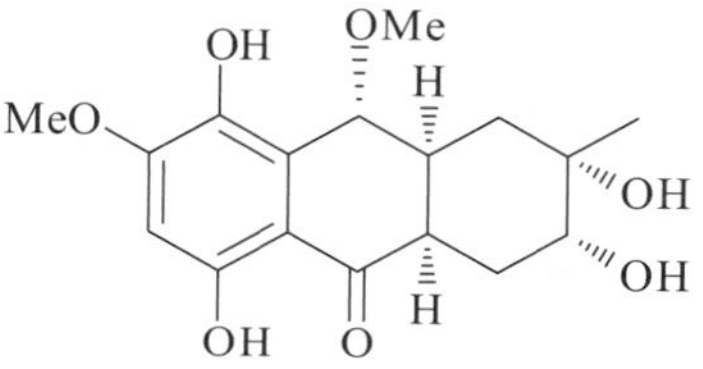

225

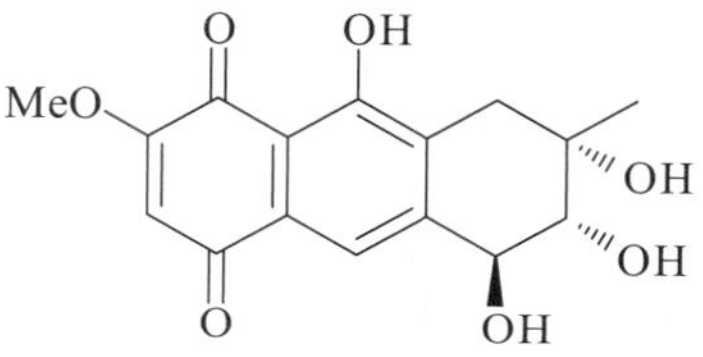

226

从一株泰国斯米兰岛珊瑚共生真菌 *P.citrinum* 的代谢产物中提取得到了桔霉素类蒽醌衍生物 penicillanthranin A（227）和 B（228）。其中，penicillanthranin A 对耐甲氧西林金黄色葡萄球菌和金黄色葡萄球菌有中等强度的抑制作用。

从一株中国广西北海海兔共生菌 *Torula herbarum* 的代谢产物中分离得到两种蒽醌类化合物（229）和（230）（Khamthong，2012）。

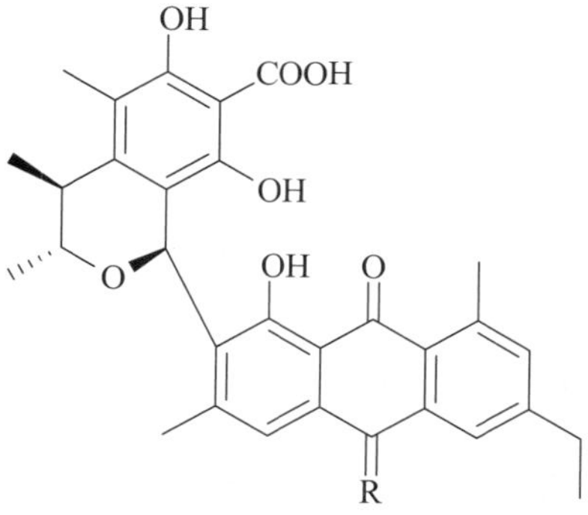

227　R=H
228　R=OH

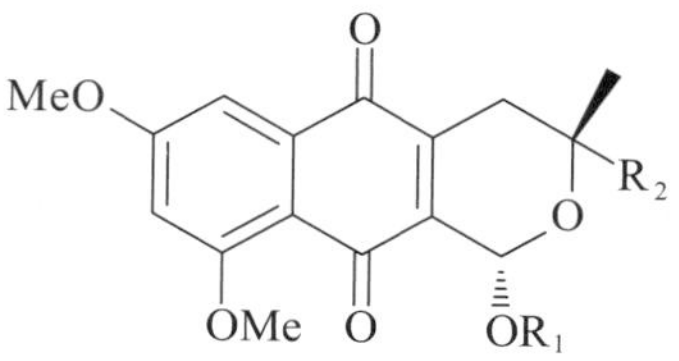

229　R₁=OMe，R₂=H
230　R₁=OH，R₂=H

从一株泰国西米兰群岛柳珊瑚共生木霉属真菌 *Trichoderma aureoviride* 的代谢产物中分离得到两个蒽醌类化合物 trichodermaquinone（231）和 trichodermaxanthone（232）（Kharnthong，2012）。

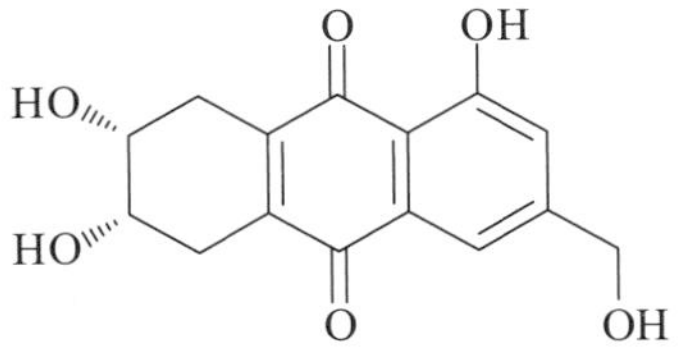

231

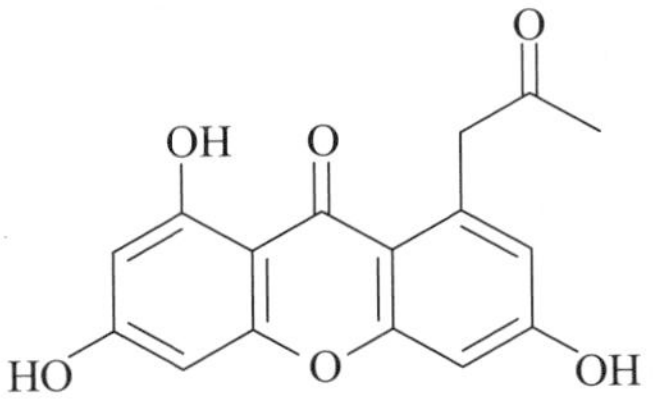

232

从一株中国广东红树林共生链格孢属菌 *Alternaria* sp. 的代谢产物中分离得到3种蒽醌二聚体衍生物 alterporriol K ~ M（233 ~ 235），它们对两株人肿瘤细胞具有细胞毒活性（Hung，2011）。

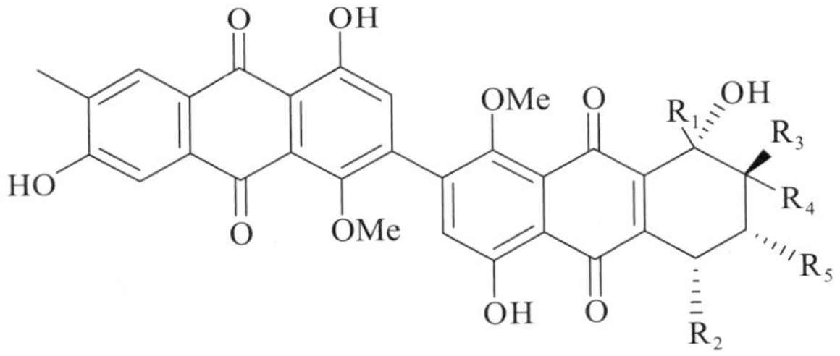

233　R_1=Me, R_2=OH, R_3=R_4=R_5=H

234　R_1=R_2=H, R_3=R_5=OH, R_4=Me

235　R_1=R_2=H, R_3=Me, R_4=R_5=OH

（二）放线菌

从一株泥阿尔维斯顿特里尼蒂湾分离的刺疣链霉菌 *S. spinoverrucosus* SNB 032 的代谢产物中分离得到一个蒽醌类化合物（236），该化合物对两株非小细胞肺癌（NSCLC）细胞 H2887 和 Calu-3 的 IC_{50} 分别为 5.0 μmol/L 和 12.2 μmol/L。另外，在浓度为 1.0 μmol/L 时仍具有表观遗传调节活性（Hu，2012）。

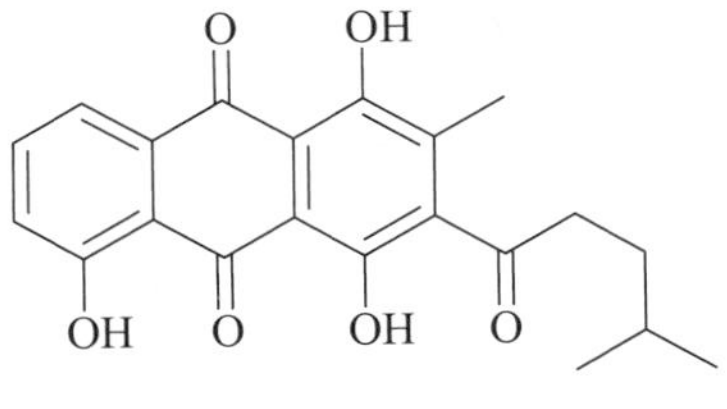

236

从一株分离自巴西南美白对虾的小单孢菌 Micromonospora sp. 的代谢产物中分离得到了3个蒽醌环酮类化合物（237~239），其中化合物（239）对HCT-8细胞有中等细胞毒活性（Sousa，2012）。

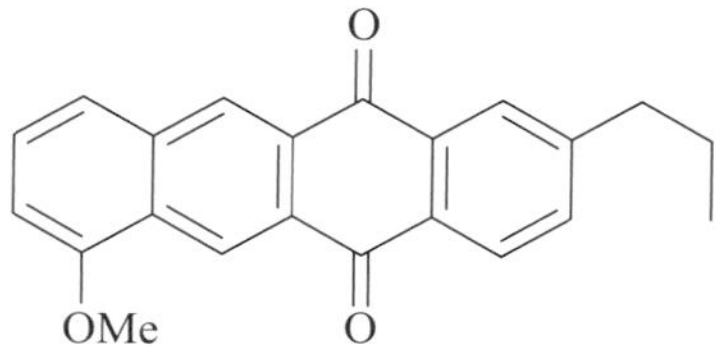

237

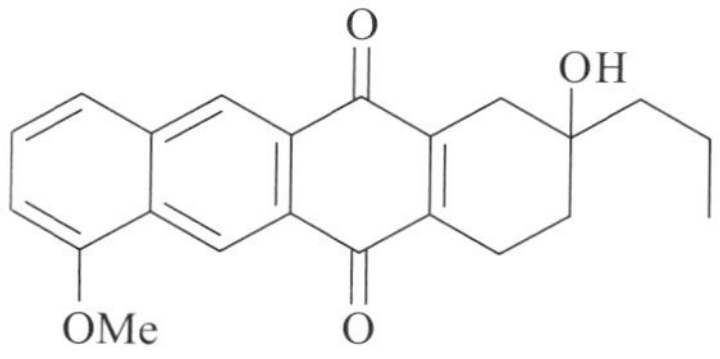

238

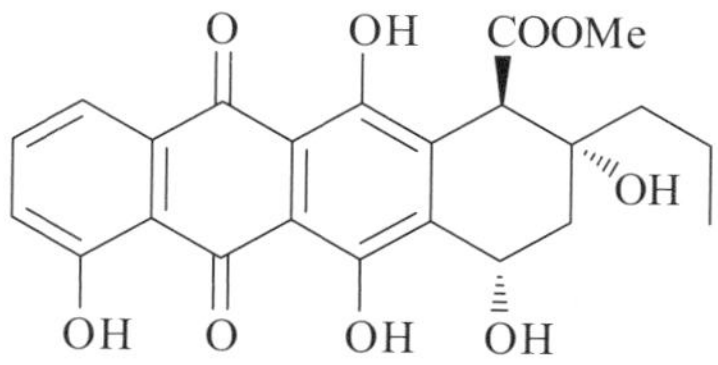

239

从一株分离自海洋沉积物的链霉菌 S.fradiae 的代谢产物中分离得到了多种卡包霉素型的抗生素，如新霉素A（240）和B（241），新霉素A和B不仅能抑制金黄色葡萄球菌的生长和繁殖，而且还能抑制许多癌细胞的增殖（Igarashi，2011；Xin，2012）。

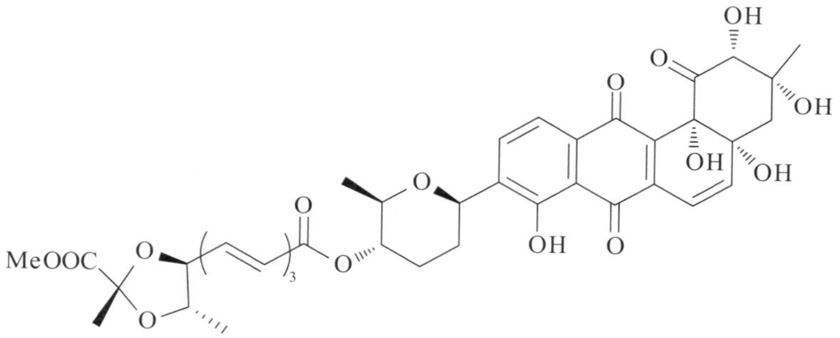

240

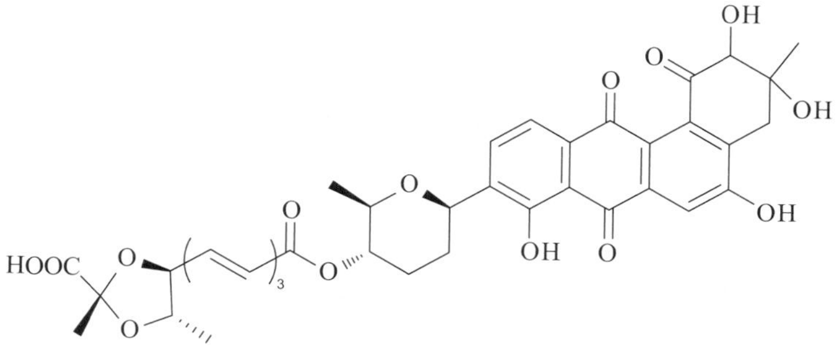

241

从一株分离自美国德克萨斯州海湾沉积物的链霉菌 S.spinoverrucosus 的代谢产物中分离得到了3个蒽醌类化合物 galvaquinone A~C（242~244），其中，galvaquinone B有表观遗传调节作用，对非小细胞肺癌细胞 Calu-3 和 H2887 细胞表现中等强度的细胞毒活性。

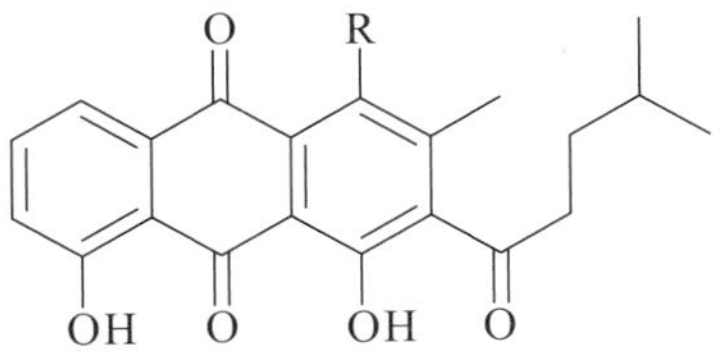

242　R＝H
243　R＝OH

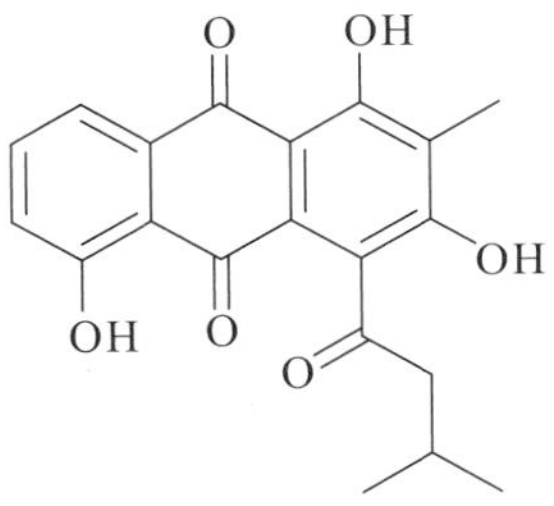

244

从一株分离自胶州湾沉积物的链霉菌 *Streptomyces* sp. 的代谢产物中提取得到一个 angucyclinone 类抗肿瘤 kiamycin（245）（Xie，2012）。从另一株分离自胶州湾的链霉菌中发现了蒽醌衍生物246，该化合物对 A 549 细胞有细胞毒活性（Zhang，2011）。

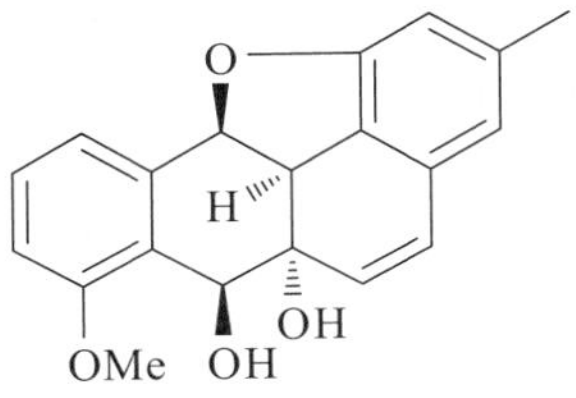

245

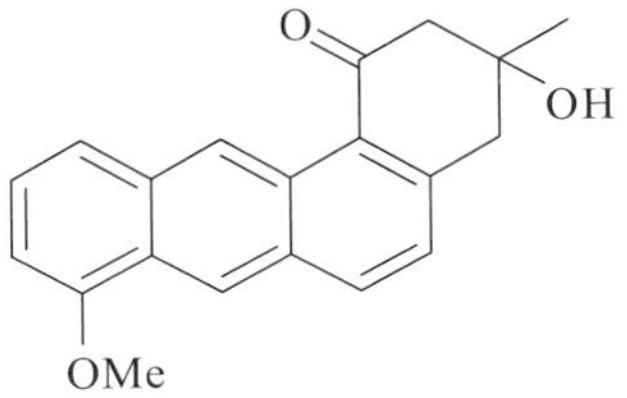

246

从一株中国南海软珊瑚共生链霉菌 *Alternaria* sp. 的代谢产物中提取得到了10种蒽醌类衍生物247～256（Zheng，2012）。

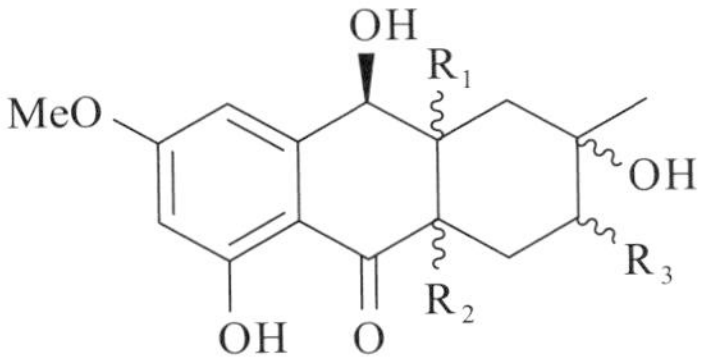

247　R_1＝‖‖‖H，R_2＝◄H，R_3＝‖‖OH
248　R_1＝◄H，R_2＝‖‖‖H，R_3＝‖‖OH
249　R_1＝‖‖‖H，R_2＝◄H，R_3＝◄OH
250　R_1＝‖‖‖H，R_2＝◄H，R_3＝‖‖OAc

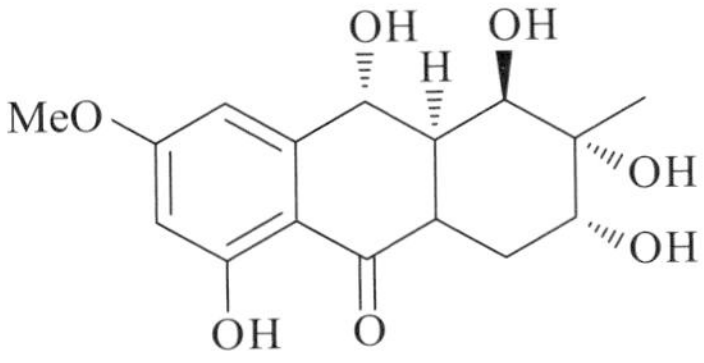

251

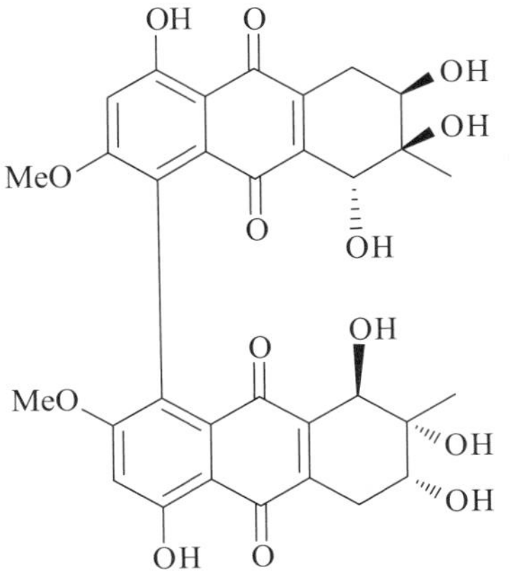

252

279

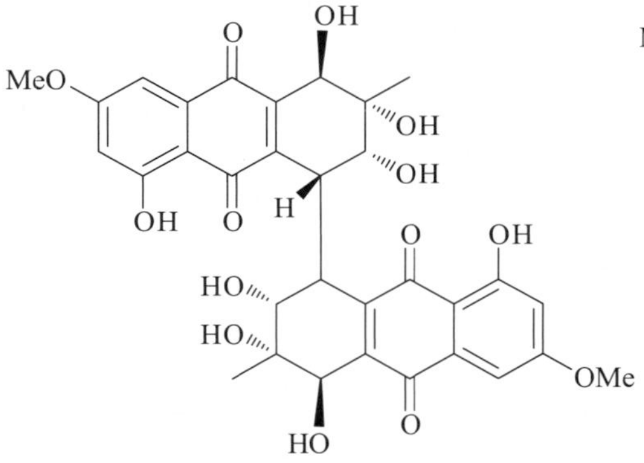

253

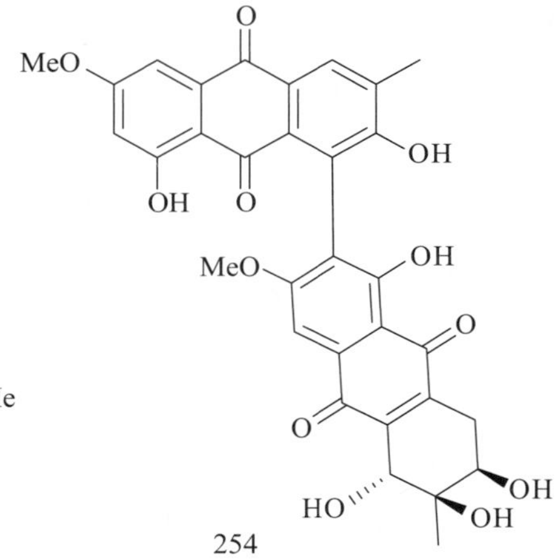

254

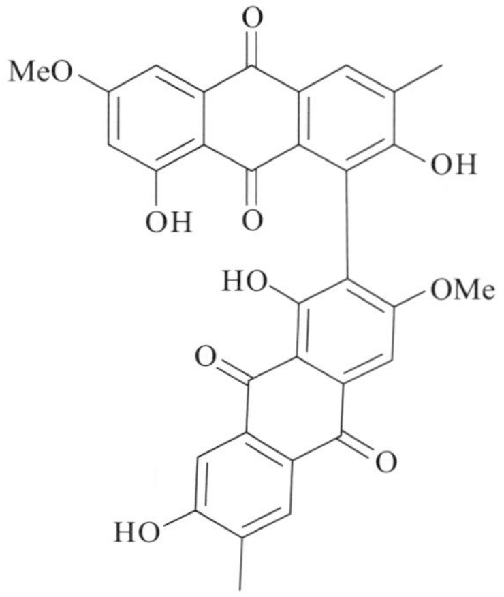

255

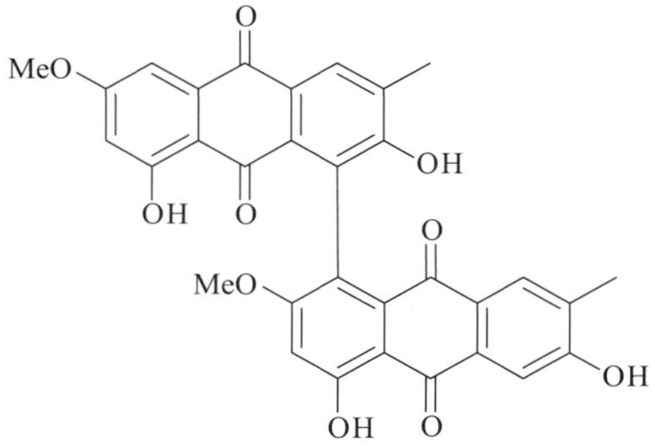

256

从一株阿尔及利亚海海藻共生链霉菌 *S.sundarbansensis* WR1L1S8的代谢产物中分离得到了一个聚酮类化合物257，它可选择性抑制 MRSA 的生长，MIC 为6 μmol/L（Djinni，2013）。

从一株海南红树林共生菌 *Halorosellinia* sp.1403的发酵产物中分离鉴定了一种蒽醌类化合物258，它对多种肿瘤细胞有较强的抑制作用（IC$_{50}$<10 μmol/L），并且具有诱导MCF-7和MDA-MB-435细胞凋亡的活性，被认为是很好的抗肿瘤先导化合物（Zhang，2010）。

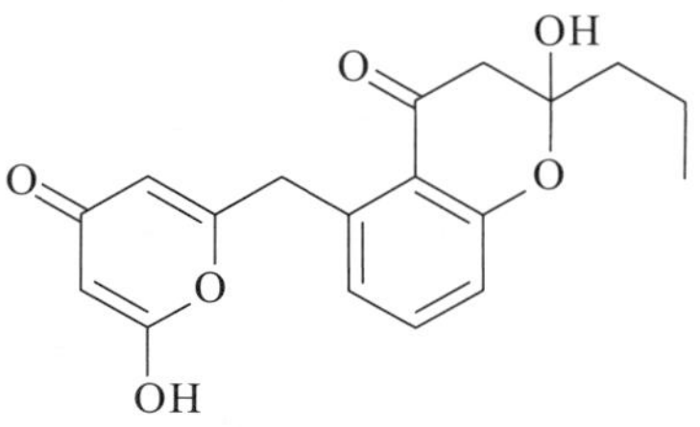

257

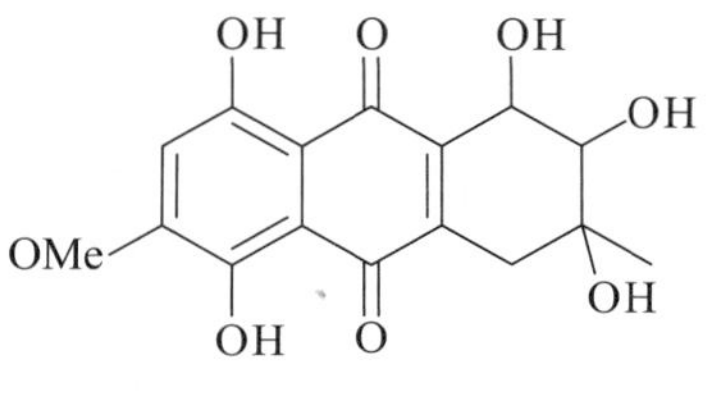

258

第六章

海岸带生物活性物质的研究与开发利用

　　海岸带是陆地与海洋之间的过渡地带，是鱼类、贝类、鸟类及哺乳类动物的栖息地，海岸带为大量生物种群的生存、繁衍提供了必需的物质和能量。由于生活环境特殊，在漫长的进化中，海岸带生物在进化过程中产生了与陆上生物不同的代谢系统和机体防御系统，因此海岸带生物中蕴藏着许多结构新颖、功能独特的生物活性物质，这些天然产物中有很多（如卡拉胶、琼胶糖、褐藻糖胶等）在陆地生物中是不存在的。海岸带生物所含化合物的特异性和物种的多样性为海岸带生物资源的研究与利用展示了广阔的前景。当前恶性肿瘤、心脑血管疾病、老年性痴呆症、糖尿病等日益严重地威胁着人类健康，玛尔堡病毒病、艾滋病等新的疾病又不断出现。人类迫切需要从海岸带生物中寻找新的、特效的药物来治疗这些疾病。人们还希望利用海岸带生物活性物质开发出增进健康、预防疾病的保健食品、营养食品、化妆品以及特殊的生物功能材料。近年来海岸带生物活性物质的研究、开发及利用成为海岸带生物学领域的研究热点和重要组成部分。

第一节　海岸带生物活性物质的研究

一、海岸带生物活性物质的筛选

　　研究和利用海岸带生物活性物质的第一步是筛选。近年来，随着科技的发展，特别是分子生物学技术的发展，使得生物活性物质的筛选技术得到了很大的改进，活性物质的筛选逐步趋向规范化、规模化、系统化。目前世界上以生命活动中具有重要作用的核酸、离子通道、酶、受体等生物分子作为作用靶点，用于大规模活性物质的筛选；科研人员还以抑癌基因和癌基因等基因工程受体作为作用靶点进行抗肿瘤药物的筛选，并建立了板块筛选系统（60株人癌细胞株组成），以初步对化合物进行筛选，这类方法快速简便、费用低、命中率高。

二、大规模培养海岸带生物活性物质生源材料

开发海岸带生物活性物质的基础是获得丰富的生源材料。一般情况下，海岸带生物体内的生物活性物质含量很低，而且多数海岸带生物活性物质结构较为复杂，全人工合成难以开展。因此，生源材料的大规模培养成为获得海岸带生物活性物质的重要途径。

目前制备海岸带生物活性物质的原料绝大部分来自海岸带微生物和微藻等低等海岸带生物。利用生物反应器培养微藻来获得海岸带生物活性物质是当前国际上的研究热点。目前研究人员多利用封闭的光生物反应器来养殖微藻，但目前这项技术还没有实现大规模工业生产；从广义上说，利用散开水池养殖微藻是一种生物反应器技术，但效率相对较低一些。人们还可以通过发酵法对某些海岸带微藻进行异养培养，近年来研究人员就通过发酵法培养异养微藻来制备 EPA 和 DHA，目前已实现了大规模的工业化生产。对富含活性物质的海岸带微生物，人们常采用发酵培养，从中获得大量产物。

酶工程是指酶生产及应用的技术过程。酶工程的发展使得酶制剂形成了巨大的市场，同时也有力地促进了工业技术的进步。由于制药新技术及新药开发的需要，酶技术开发的一个重点是某些特殊用酶。由于海岸带生物的特殊性，某些海岸带微藻和微生物体内含有丰富的具有特殊性质的酶。近年来研究人员从海岸带微生物中筛选出一些具有特殊活性的酶类，如卤素过氧化物酶（能催化卤素发生过氧化反应）、胶原酶（有分散细胞作用，可用于组织培养中）、对热稳定的 DNA 聚合酶等。近年来日本研究人员开发了一种诱导微藻产生大量超氧化物歧化酶的技术，用于食品、医药及化妆品领域（刘云国等，2005）。

基因工程就是先通过分离、克隆得到某些生物活性物质的基因，然后转入廉价、高效的表达系统进行生产，最终得到大量的目的产物。近年来，基因工程成为研究和开发生物活性物质最受关注的生物技术，在医药领域，基因工程蛋白质和多肽类药物、新型诊断试剂和单克隆抗体的研究与开发，是现代生物技术发展最快、效益最好、影响最大的领域。近年来研究人员在海岸带药用基因的克隆和在微生物中的表达方面开展大量的工作并获得了一定的成就。但到目前为止，国际上尚未有海岸带基因工程药物产品实现大规模工业化生产。

三、海岸带生物活性物质的制备

开发产品进入市场是开展研究海岸带生物活性物质的最终目的，因此海岸带生物活性物质研究的重要领域是对其分离、纯化及制备产品等技术。目前用于分离、纯化及制备海岸带生物活性物质产品的先进技术有多种，如分子蒸馏、膜分离、灌注层析、双液相萃取、超临界流体萃取等现代分离技术，如在鱼油制品的生产中分子蒸馏技术得到了广泛应用，海岸带生物高度不饱和脂肪酸和其他脂类分子的分离提取常用到超临界CO_2萃取技术（李光友等，1998）。

第二节　海岸带生物活性物质的开发利用

一、海岸带生物保健品

保健品是泛指保健用品和功能食品，能调节人体的机能。藻类、鱼、虾等海岸带生物都是人类食用的资源，它们不仅含有丰富的蛋白质、多糖、脂类及人体必需的氨基酸，而且还含有多种不饱和脂肪酸、维生素、激素和微量元素等有调节代谢功效的生物活性物质，所以这类海岸带生物既是强身健体的保健食品，又是美味的营养食品，目前已经开发上市的海岸带生物保健品类很多。近年来的研究证实，螺旋藻具有放射防护、降低重金属和药物的肾毒性、增加肠道乳酸杆菌群、防癌抗癌、增强免疫功能以及降低血液中胆固醇含量等方面的作用，"海藻保健片"就是以螺旋藻为原料加工生产的，具有强身防病作用；"海藻精""海藻减肥宝"都以海藻为原料，具有降压减肥的作用；"刺参玉液""海胆王""海珍粉""金牡蛎""贻贝粉""东海三毫"这些已上市的保健品是利用海星、海参、牡蛎、贻贝等海岸带生物为原料制成，具有滋补健身防病之功效。

二、海岸带药物

近年来国内外学者已从发现海岸带生物中分离到多种具有特殊化学结构和生理活性的天然产物。如从七鳃鳗身上分离到可治疗心率失调的天然产物，从海星中筛选得到的和胰岛素类似的化合物。从海带中获得的抗血凝和可用于治疗肥胖症成分，其药理作用和生物活性均优于来源陆地生物的。目前已有多种研究较为成熟的海岸带天然产物被批准用于临床实验，如从八方珊瑚膜、海鞘、总合草苔虫、海绵中提取的多种具有抗癌作用的天然产物；从幅叶藻、柳珊瑚、斑鞘、僧帽水母、海星等提取的皂甙、毒素等可具有降血压作用的药物；从珊瑚、海绵、藻中分离到的几十种萜类、甾类和生物碱等化合物具明显的抗炎活性、具细胞毒活性或抗真菌活性的天然化合物。我国利用海岸带生物生产的中成药有多种，100多种民间海岸带药物秘方或偏方有待于进一步开发为药品。中国海洋大学研究人员正在开发的抗病毒药物 PV-911、抗癌药物 PC-201、抗溃疡药物 DTP-21 和治疗白血病药物 SD-101 都是以海岸带生物资源为原料得到的。已开发成功的海岸带药物包括具有杀虫作用的海人藻酸，该化合物从红藻中提取得到；用于止血、降血脂以及治疗心脑血管病的止血海绵、甘露糖烟酸酯甘糖酯、藻酸双酯钠等，是从某些海藻中提取而来的；可用于治疗脑炎、角膜炎、消化道癌和肺癌等的阿糖腺苷，是从海绵中提取的；用于农用杀虫的巴丹，是从沙蚕中提取的；用于治疗烧创伤作为人工皮肤的甲壳质，是以甲壳动物的外壳制备的；用于癌症晚期镇痛的河豚毒素，是从河豚中提取的。

三、海岸带生物功能材料

生物功能材料是一类在分子结构上具有规律重复性、在功能上又具有支持机体结构和组织的材料。这类材料中很多是利用藻类中提取的海藻胶和从甲壳动物中提取的几丁质类为原料生产的。海藻胶钠盐有优良的成胶性和溶水性，本身没有毒性，已广泛用于生物工程、食品、化工、医药等领域，在食品上作膨松剂、乳化剂、稳定剂和增稠剂。褐藻胶可作为胃肠双重造影硫酸钡制剂用于临床中，采用化学修饰制备而成的褐藻胶丙二脂可作为稳定剂用于啤酒泡沫。在世界上海藻胶年产量约有5万t，美、英、中、日、法国和挪威是主要生产国。从红藻中可大量提取卡拉胶和琼胶，它们可用作工业用材料、实验室材料试剂，也可作为冻胶用于保健品和食品等，有通便、利尿、降压、解毒等功效。经脱乙酰基后的甲壳质，可制成甲壳胺，能溶于稀有机酸中，再经修饰即可制成具有不同生物功能和性质的材料。近年研究显示甲壳胺具有一定的抗肿瘤作用。在卫生及医药材料方面，甲壳胺经磺化后可作为烧伤治疗材料、抗凝剂、手术缝合线等。目前此类研究已开发出上百项产品，应用范围涉及保健食品、农业、医药、工业、日用化工、生物工程、水净化处理、医用生物材料、金属提取与回收、印染等众多行业。由于它有很强的杀菌能力，也广泛用于水果、蔬菜、肉制品等食品的保鲜储存（张尔贤等，2000）。

人类对海岸带生物资源的开发利用研究成果已在我们面前展示出美好的前景，跨入21世纪的新时代，我们只有加倍努力，在开发海岸带资源的科研与产业化上创造新的奇迹。海岸带生物资源的利用与开发大有可为，但奇迹的再创还需要付出艰辛。

参 考 文 献

白娟，赵瑾怡，贾艳艳，等 . 2016. 环氧二十碳三烯酸在心血管疾病防治中的研究进展 . 中南药学
（12）：1 346 ~ 1 348.

白满英，张金诚 . 2001. 大豆磷脂的营养保健功能 . 粮油食品科技（5）：37 ~ 38.

鲍建民 . 2006. 多不饱和脂肪酸的生理功能及安全性 . 中国食物与营养（1）：45 ~ 46.

卞进发，杨维本 . 2003. 藻类花生四烯酸的提取工艺 . 化学工业与工程技术（4）：29 ~ 31，20.

蔡春尔，何培民，2006. 硫酸铵三步盐析对藻胆蛋白纯化的影响 . 生物技术通报（4）：121 ~ 125.

蔡敬，王星宇，曾蓓蓓，等 . 2016. 盐度 - 光照强度 - 温度对小环藻 Cyclotella sp. SHOU-B 108 生
长及 ARA 和 EPA 含量的影响 . 上海海洋大学学报（3）：406 ~ 414.

曹刚刚 . 2015. 高山被孢霉发酵产花生四烯酸的研究 . [硕士学位论文]. 无锡：江南大学 .

曹万新，孟橘，田玉霞 . 2011. DHA 的生理功能及应用研究进展 . 中国油脂（3）：1 ~ 4.

曹玉泉 . 1995. 螺旋藻是一种抗辐射抗癌药物 [J]. 化学医药工业信息，11（11）：9 ~ 10.

陈峰 . 1994. 螺旋藻抗辐射防癌研究现状 [J]. 癌变畸变突变，6（5）：63 ~ 67.

陈光荣 . 1985. 二高 - γ - 亚麻酸是心肌梗死的内源性保护剂 . 国外医学情报（7）：118 ~ 119.

陈红兵，等 . 2004. 藻蓝蛋白对大鼠脑缺血再灌流后神经元损伤的保护作用 . 中国全科医学（8）：
527 ~ 530.

陈洪亮 . 2002. 植物多糖的制备及对肉仔鸡免疫功能影响的研究 [D].[博士学位论文]. 北京：中国
农业科学院，11 ~ 13.

陈莉，张敏，买霞，等 . 2002. 鲨鱼软骨制剂对人不同细胞生长抑制作用及其机制的探讨 . 解剖科
学进展 [J]，8（3）：271 ~ 273.

陈丽萍，王弘 . 2005. 硫酸多糖的结构与生物活性关系研究现状 [J]. 广州化工，33（5）：21 ~ 23.

陈殊贤，郑晓辉 . 2013. 微藻油和鱼油中 DHA 的特性及应用研究进展 . 食品科学（21）：439 ~ 444.

陈艳，等 . 2009. 溶菌酶的研究进展 . 生物学杂志（2）：64 ~ 66.

陈英杰，2011. 基于磁性纳米颗粒的荧光藻胆蛋白制备分离及载负应用研究探索 .[博士学位论
文]. 青岛：中国科学院研究生院（海洋研究所），107.

陈煜，2012.蓝细菌光敏色素及藻红蛋白的生物合成研究.[博士学位论文].武汉：华中科技大学，122.

陈志华，等.2010.海藻肽的化学结构特征和活性作用研究进展.氨基酸和生物资源，66～69，79.

陈智杰，姜泽毅，张欣欣，等.2012.微藻培养光生物反应器内传递现象的研究进展.化工进展（7）：1 407～1 413，1 418.

陈忠周，李艳梅，赵刚，等.2000.共轭亚油酸的性质及合成.中国油脂（5）：41～45.

程超，等.2014.3种处理方式对葛仙米藻胆蛋白清除超氧阴离子自由基能力的影响.食品科学（13）：26～31.

程超，等.2014.葛仙米藻胆蛋白与色度降解动力学.食品科学（9）：16～19.

程宇凯，等.2015.富营养化湖泊中藻类蛋白特征及其资源化开发.哈尔滨商业大学学报（自然科学版）（2）：201～205.

单幸福，李江，郑晓林，等.2016.尿素包合法富集鱼油乙酯中的EPA和DHA.化学与生物工程（6）：59～62.

邓时锋，刘志礼，李兆兰，等.2000.极大螺旋藻多糖的分离纯化及化学结构分析[J].南京大学学报，36（5）：379～384.

丁兰平，黄冰心，谢艳齐.2011.中国大型海藻的研究现状及其存在的问题[J].生物多样性，19（6）：798～804.

丁新，李玲凤.1996.关于盐藻多糖的研究[J].海湖盐与化工，24（6）：4～6.

董明，齐树亭.2007.植物乳杆菌发酵生产共轭亚油酸.饲料工业（4）：34～36.

杜瑾，郝建安，张晓青，等.2015.微生物合成鼠李糖脂生物表面活性剂的研究进展.化学与生物工程（4）：5～11.

樊绘曾，陈菊娣，林克忠.1980.刺参酸性黏多糖的分离及其理化性质[J].药学学报，15（5）：263～269.

樊廷俊，张铮，袁文鹏，等.2008.水溶性海星皂苷的分离纯化及其抗真菌活性研究.山东大学学报（理学版）（9）：1～5.

范平.1997.螺旋藻多糖的抗辐射及抗化学变化的作用[J].中国药业（4）：15.

范秀萍，王瑞芳，吴红棉，等.2010.菲律宾蛤仔糖胺聚糖RG-1的结构特征及免疫活性研究.食品加工与安全学术研讨会暨2010年广东省食品学会年会论文集[C].湛江.

范秀萍，吴红棉，王娅楠，等.2008.4种贝类糖胺聚糖体外清除自由基活性的比较[J].食品科技（2）：165～167.

方唯硕，方起程，黎莲娘.1994.抗肿瘤天然产物的研究进展.国外医学（药学分册），21（5）：

264 ~ 266.

冯维希，岳岑，黄文，2010. 双水相技术分离纯化藻胆蛋白的研究进展. 食品研究与开发（12）：
246 ~ 249.

冯晓梅，韩玉谦，赵志强. 2008. 牡蛎中糖蛋白成分的分离纯化及其性质研究 [J]. 天然产物研究与
开发，20（4）：709.

冯以明，李广生，吴建东，等. 2012. 雨生红球藻多糖的提取分离及理化性质研究 [J]. 海洋科学，
36（1）：17 ~ 22.

伏圣秘. 2014. 槐糖脂对作物病原真菌的抗菌作用及其新型生物杀菌剂的开发. [硕士学位论文].
济南：齐鲁工业大学.

福迪. 罗迪安译. 1980. 藻类学 [M]. 上海：上海科学技术出版社，24.

釜野德明，张惠平. 1992. 海洋抗肿瘤活性大环内酯类化合物化学成分研究近况. 天然产物研究与
开发（3）：48 ~ 69.

傅方浩，吴大勇，谷月卿，等. 1987. 月见草油和二高 – γ – 亚麻酸抑制血小板聚集和血栓素 A_α
合成作用的研究. 白求恩医科大学学报（1）：1 ~ 6.

高坤煌，2014. 藻胆蛋白微胶囊的制备及其性质研究. [硕士学位论文]. 厦门：集美大学. 72.

高凌岩，郭小虹，田秀英，等. 2002. pH 对鄂尔多斯沙区碱湖钝顶螺旋藻（Spirulina platensis）生长
的影响 [J]. 内蒙古农业大学学报，23（3）：39 ~ 42.

巩志金，彭彦峰，张煜婷，等. 2015. 产鼠李糖脂生物表面活性剂大肠杆菌的构建与优化. 生物工
程学报（7）：1 050 ~ 1 062.

古勇. 2005. γ – 亚麻酸油脂发酵及提取工艺研究. [硕士学位论文]. 武汉：华中科技大学.

顾谦群，方玉春，王长云，等. 1998. 扇贝糖蛋白的化学组成与抗肿瘤活性研究 [J]. 中国海岸带药
物（3）：23 ~ 25.

关燕清，徐和德，郭宝江. 2000. 光固定化藻蓝蛋白对体外肝癌细胞7402的抑制作用 [J]. 离子交换
与吸附，16（6）：547 ~ 552.

郭宝江，庞启深，阮继红，等. 1992. 螺旋藻多糖对植物 Cell 辐射损伤的防护效应 [J]. 植物学报，
34（10）：809 ~ 812.

郭宏波，2008. 菰属食物营养研究与发展前景. 中国食物与营养（6）：13 ~ 15.

郭凝，等. 2015. 海生红藻多管藻中藻胆蛋白的分离纯化. 烟台大学学报（自然科学与工程版）
（3）：179 ~ 185.

郭甜甜. 2015. 四株海洋来源微生物胞外多糖的结构和抗氧化活性研究 [D]. [硕士学位论文]. 青
岛：中国海洋大学.

郭跃伟 .2000.海洋天然产物的应用前景展望 .中国海洋药物，19（2）：51～53.

何静，乌云额尔敦，吉日木图，等 .2016.环氧二十碳三烯酸生物学作用机制的研究进展 .中国畜牧兽医（3）：700～706.

洪水根，陈菲，李祺福 .1999.中国鲎鲎素 T–1 抗人早幼粒白血病 HL–60 细胞活性研究 .厦门大学学报（自然科学版），38（3）：448～450.

胡鸿钧 .1997.国外螺旋藻生物技术的现状及发展趋势 [J].武汉植物研究，15（4）：369～374.

胡群宝，郭宝江 .2001.螺旋藻多糖和糖蛋白的提纯及其理化特性的研究 [J].海洋科学，25（2）：15～18.

胡炜东 .2005.内蒙古地区天然螺旋藻多糖提取工艺及生物活性研究 [D].[硕士学位论文].呼和浩特：内蒙古农业大学，24.

黄峰，等 .2015.螺旋藻（*Spirulina platensis*）生物转化富硒形态对自由基的清除作用 .暨南大学学报（自然科学与医学版）（3）：202～207.

黄益丽，郑天凌 .2004.海岸带生物活性多糖的研究现状与展望 [J].海岸带科学，28（4）：58～61.

黄益丽，郑宗辉，方金瑞，等 .2001.二色桌片参岩藻聚糖的免疫调节活性研究 [J].海岸带通报（1）：88～92.

嵇国利，于广利，吴建东，等 .2009.爆发期条浒苔多糖的提取分离及其理化性质研究 [J].中国海洋药物，28（3）：7～12.

纪明侯 .1997.海藻化学 [M].北京：科学出版社 .

贾福星，沈先荣 .2002.鲨鱼软骨血管生成抑制因子的研究进展 [J].解放军药学学报，18（1）：34～36.

贾曼雪，王枫 .2008.γ–亚麻酸的生物学功能研究进展 .国外医学（卫生学分册）（1）：44～47.

江黎明，刘敏，等 .2015.产多不饱和脂肪酸微生物的研究与展望 .基因组学与应用生物学，1～8.

蒋志国 .2010.甘油糖脂的分离制备及生物活性研究 .[博士学位论文].杭州：浙江工商大学 .

蒋志国，杜琪珍 .2009.甘油糖脂生物活性最新研究进展 .中国粮油学报（9）：163～168.

康俊霞，韩华，康永锋 .2012.海星中具有生物活性总皂苷的分离纯化 .中国海洋药物（5）：32～36.

黎志勇，纪晓俊，丛蕾蕾，等 .2010.发酵法生产 γ–亚麻酸的研究进展 .中国生物工程杂志（9）：110～117.

李光友，刘发义 .1998.海洋生物活性物质的研究与开发 [J].海洋开发与管理，15（2）：45～50.

李晶晶，刘瑛，马炯 .2013.破囊壶菌生产 DHA 的应用前景 .食品工业科技（16）：367～371.

李丽娜 .2009.深黄被孢霉高产花生四烯酸菌株的诱变及其提取技术的研究 .[硕士学位论文].大庆：黑龙江八一农垦大学 .

李祺福，欧阳高亮，刘庆榕，等 .2002.中国鲎鲎素诱导人肝癌 SMMC–7721 细胞分化的观察 . 癌症 [J]，21（5）：480 ~ 483.

李文军，2013.蓝隐藻藻蓝蛋白结构及功能研究 . [硕士学位论文]. 烟台：烟台大学，113.

李珍，杨得坡 . 2007. 共轭亚油酸构效关系及其分子药理研究进展 . 国外医学（药学分册）（1）：26 ~ 30.

李卓佳，梁伟峰，陈素文，等 . 2008.虾池常见微藻的光照强度、温度和盐度适应性 . 生态学杂志（3）：397 ~ 400.

梁栋材，常文瑞，江涛 . 1998. R —藻红蛋白三维结构研究 . 生命科学（5）：207 ~ 209.

梁吉虎 . 2011.槐糖脂的研究进展 . 应用化工（1）：157 ~ 160.

梁杰，武子涵，黄蓓，2014.微囊藻藻胆蛋白光敏杀虫剂毒杀机制研究 . 生物学杂志（4）：60 ~ 63.

梁寅初，黄巨富，骆爱玲 . 1988.翅碱蓬氨基酸、蛋白质和脂肪酸成分的研究 . Journal of Integrative Plant Biology（1）：103 ~ 106.

廖芙蓉 . 2012.海岸带贝类多糖的制备及生物活性研究概况 [J]. 饮料工业，15（2）：12 ~ 14.

林吕何 .1987.广西药用动物 . 南宁：广西人民出版社，198.

刘海燕 .2003.螺旋藻的研究与开发进展 [J]. 中华医药杂志，3（12）：1 680 ~ 1 074.

刘慧，等 . 2013.钙离子对螺旋藻生长、光谱特性和藻胆蛋白含量的影响 . 贵州农业科学（10）：106 ~ 108.

刘力生，郭宝江，阮继红，等 .1991.螺旋藻多糖对移植性癌细胞的抑制作用及其机理的研究 [J]. 海洋科学（5）：33 ~ 38.

刘柳 . 2009. 环氧化二十碳三烯酸对血管内皮细胞和肿瘤细胞活性氧产生的作用和机制 . [博士学位论文]. 武汉：华中科技大学 .

刘美，于国萍，于微 . 2008.亚油酸异构酶作用玉米油脂生产共轭亚油酸条件研究 . 东北农业大学学报（11）：97 ~ 100.

刘冉 . 2016.槐糖脂发酵工艺的放大及抗菌和抗肿瘤作用的研究 . [硕士学位论文]. 济南：齐鲁工业大学 .

刘冉，刘跃文，吕志飞，等 . 2016. 槐糖脂生物活性的研究进展 . 食品工业（12）：224 ~ 228.

刘胜男 .2015. γ – 亚麻酸产生菌深黄被孢霉的诱变选育 . [硕士学位论文]. 郑州：河南科技大学 .

刘胜男，王亚洲，石林霞，等 . 2015. γ – 亚麻酸产生菌的低能离子束诱变选育 . 河南科技大学学报（自然科学版）（3）：76 ~ 80.

刘涛，李占林，王宇，等 .2009.海洋细菌 Bacillus subtilis 次级代谢产物的研究 . 中国海洋药物杂志，28（5）：1 ~ 6.

刘晓华，曹郁生，陈燕 .2003. 微生物生产共轭亚油酸的研究 . 食品与发酵工业（9）：69 ~ 72.

刘杨，王雪青，庞广昌，2008. 反胶团萃取分离螺旋藻藻蓝蛋白 . 天津科技大学学报（2）：30 ~ 33，64.

刘宇峰，张成武，沈海雁，等 .1999. 极大螺旋藻胞内多糖对人血癌细胞生长的影响 [J]. 中草药，30（2）115 ~ 118.

刘玉兰，牟孝硕，颜鸣 .1998. 螺旋藻多糖的抗衰老作用 [J]. 中国药理学报（14）：362.

刘元法，王兴国 .2000. 大豆磷脂的组成 . 西部粮油科技（4）：40 ~ 42.

刘云国，刘艳华 .2005. 海洋生物活性物质的研究开发现状 [J]. 食品与药品，7（10）：66 ~ 68.

刘志伟 .2009. 察汗淖尔螺旋藻——完美的营养使者 [M]. 北京：中国农业出版社 .

卢美欢 .2007. 二十碳五烯酸高产菌株的筛选及发酵条件优化 .[硕士学位论文]. 武汉：华中科技大学 .

吕昌龙，王兰 .1996. 乌贼墨抗肿瘤活性的实验研究 . 中国医科大学学报，25（2）：136 ~ 138.

吕国凯 .2009. 海洋糖脂 glycolipids simplexides 和系列鞘糖脂类化合物的合成及其生物活性研究 .[硕士学位论文]. 青岛：中国海洋大学 .

吕芝香，仲崇信，1982. 在淡水或海水中大米草（*Spartina anglica* C. E. Hubbard）幼苗游离氨基酸成分及脯氨酸含量的比较 . 南京大学学报（自然科学版）（4）：889 ~ 894.

马超 .2014. 应用 ^{60}Co-γ 射线诱变技术筛选富油微藻藻株 .[硕士学位论文]. 哈尔滨：哈尔滨工业大学 .

马东林，赵敏，程媛，等 .2014. 鼠李糖脂产生菌的筛选及其发酵条件的优化 . 辽宁化工（9）：1 097 ~ 1 100.

马国红，宋理平，王秉利，等 .2015. 常见营养盐对微藻 EPA 含量的影响概述 . 水产学杂志（1）：54 ~ 58.

马会芳，魏芳，谢亚，等 .2017. 甘油糖脂生物学功能与分析方法研究进展 . 中国油料作物学报（4）：567 ~ 576.

马晶晶，王际英，孙建珍，等 .2014. 饲料中 DHA/EPA 值对星斑川鲽幼鱼生长、体组成及血清生理指标的影响 . 水产学报（2）：244 ~ 256.

马莉莎，张明 .2009. 褐藻多糖硫酸酯的研究进展 [J]. 山东医药，49（11）：115 ~ 116.

马立红，王晓梅 .2006. 多不饱和脂肪酸药理作用研究 . 吉林中医药（12）：69 ~ 70.

马宁 .2009. 中华五角海星活性成分研究 .[硕士学位论文]. 沈阳：沈阳药科大学 .

缪辉南，戴建凉 .1995. 海洋生物抗肿瘤活性物质的研究进展 . 生物工程进展，15，8 ~ 14.

慕鸿雁，裘爱泳 .2004. γ - 亚麻酸生理功能、资源及其分离纯化 . 粮食与油脂（10）：12 ~ 14.

聂月美，邵庆均．2005．大豆磷脂及其在水产饲料中的应用．水利渔业（5）：79～82．

牛文，赵云峰，徐承水．2008．海带多糖生物活性的研究进展 [J]．科技信息，22，343～345．

庞启深，郭宝江，阮继红．1988．螺旋藻多糖对核酸内切酶活性和 DNA 修复合成的增强作用 [J]．
　　遗传学报，15（5）：374～381．

庞启深，郭宝江，阮继红．1989．螺旋藻抗辐射多糖的提纯及分析 [J]．生物化学与生物物理学报，
　　21（5）：445～448．

彭恭，刘延波，李凌海，等．2012．棕榈酸的组织吸收分布及对骨骼肌胰岛素抵抗的影响．生物物
　　理学报（1）：45～52．

乔辰，李博生，曾昭琪．2001．鄂尔多斯沙区碱湖与螺旋藻资源 [J]．干旱区资源与环境，15（4）：
　　86～91．

曲艳艳，等．2013．海生红藻多管藻 R– 藻蓝蛋白亚基组成及特性．烟台大学学报（自然科学与工
　　程版）（2）：106～110．

任国艳，李八方，赵雪，等．2008．海蜇头糖蛋白清除自由基活性及构效关系的初步研究 [J]．中国
　　海洋药物，27（4）．

沙如意．2012．鼠李糖脂的发酵、分离及应用研究．[博士学位论文]．杭州：浙江大学．

邵红梅，孙书芹，徐红娟，1996．高效液相色谱法测定盐地碱蓬汁中 7 种水溶性维生素和 18 种氨基
　　酸．色谱（3）：235～236．

沈先荣，贾福星，周俊义，等．2001．角燕制剂的抗肿瘤作用研究．中国海洋药物，84（6）：35～39．

沈阳药学院有机研究室．1986．以月见草油为原料制备二高 – γ – 亚麻酸研究进展简报．沈阳药学
　　院学报（4）：278．

盛建春．2007．蛋白核小球藻（*Chlorella pyrenoidosa*）多糖的制备和 In vitro 抗肿瘤活性研究．[硕
　　士学位论文]．南京：南京农业大学，36～43．

施东魁，胡春梅．2007．花生四烯酸的主要作用及提取方法．中国中药杂志（11）：1 009～1 011．

施跃峰．1998．γ – 亚麻酸保健功能及其新资源开发．粮食与油脂（1）：25～27．

石雨，田媛，李磊，等．2014．EPA、DHA 的生理功能及提取方法的研究进展．黑龙江科学（10）：
　　24～25，23．

苏桂红．2004．γ – 亚麻酸的开发与应用．黑龙江医药（2）：142～143．

苏海楠，2010．蓝藻与红藻中藻胆蛋白的活性构象研究．[博士学位论文]．济南：山东大学．

苏文金，黄益丽，黄耀坚，等．2001．产免疫调节活性多糖海洋放线菌的筛选．海洋学报，23（6）：
　　114～119．

苏忠亮，等．2008．藻胆蛋白的活性及应用研究进展．安徽农业科学（30）：13 006～13 007．

隋正红，张学成，1998.藻红蛋白研究进展.海洋科学（4）：24～27.

孙超.2012.铜绿假单胞菌NY3产鼠李糖脂的特性及其应用研究.[硕士学位论文].西安：西安建筑科技大学.

孙瑾.2015.鼠李糖脂高产菌株的诱变筛选及遗传改造.[硕士学位论文].济南：山东大学.

孙兰萍，张少君，马龙，等.2011.α-亚麻酸的分离与纯化技术研究进展.包装与食品机械（2）：51～55.

孙林学，徐怀恕.1998.海绵生理活性物质研究进展.海洋科学，22（5）：15～17.

孙翔宇，高贵田，段爱莉，等.2012.多不饱和脂肪酸的研究进展.食品工业科技（7）：418～423.

孙向军.2000.螺旋藻多糖提取新工艺的研究[J].食品科技（2）：32～34.

孙英新，2012.螺旋藻藻蓝蛋白抗百草枯诱导大鼠肺纤维化的研究.[博士学位论文].青岛：中国科学院研究生院（海洋研究所），163.

台文静，于广利，吴建东，等.2010.4种海藻多糖的提取分离及理化性质[J].中国海洋大学学报，40（5）：23～26.

谭周进，谢达平.2002.多糖的研究进展[J].食品科技（3）：33～35.

汤国枝，等.1994.一种具有刺激红系细胞集落生成的螺旋藻（*Spirulina platensis*）蛋白.南京大学学报（自然科学版）（2）：377～380.

汤玉清，徐毅，潘丽爽，等.2015.嗜酸乳杆菌生产共轭亚油酸的发酵条件研究.安徽农业科学（6）：272～275.

唐志红，等.2004.镭普克的制备及对小鼠H22肝癌的抑制作用.高技术通讯，14（3）：83～86.

唐志红，等.2006.藻类中抗病毒物质.生命的化学（6）：559～561.

田亮，2014.螺旋藻色素蛋白复合物的提取及螺旋藻生物太阳能电池研究.[硕士学位论文].秦皇岛：燕山大学，66.

田歆珍，王贤磊，孙桂琳，等.2008.γ-亚麻酸的研究进展.生物技术（1）：89～92.

田燕.2008.激光辐照微藻生物学效应及其诱变育种的研究.[硕士学位论文].福州：福建师范大学.

王兵，郑意端.2001.海星总皂苷抗肿瘤作用的实验研究.中草药，32（3）：244～245.

王超，等.2011.天然藻胆蛋白纯化技术研究进展.食品工业科技（4）：445～448.

王德培.1997.螺旋藻多糖的研究[D].[博士学位论文].广州：华南农业大学，10～12.

王冬琴，谭瑜，卢虹玉，等.2013.微藻生物活性物质在食品工业中的应用进展.现代食品科技（5）：1 185～1 191.

王辉，李药兰，沈伟哉，等.2007.硫酸甘油糖脂体外抑制肿瘤细胞增殖活性的研究.暨南大学学报（医学版）（2）：136～141.

王辉，曾和平，杨世柱，等 .1999. 螺旋藻水溶性多糖的分离纯化 [J]. 精细化工，16（5）：26～29.

王瑾，徐春涛 .2009. 共轭亚油酸生理功能及其合成方法 . 食品工程（3）：15～17.

王洛伟 .1999. 海洋药物开发现状及展望 . 中华航海医学杂志，6（1）：59～61.

王培培，于广利，杨波，等 .2009. 选育羊栖菜与野生羊栖菜中褐藻胶与褐藻糖胶组成分析 [J]. 中国海洋药物，28（3）：39～43.

王爽 .2013. 鼠李糖脂高产菌株诱变筛选、遗传改造及关键酶的异源表达 .［硕士学位论文］. 济南：山东大学 .

王松 .2015. 微拟球藻化学诱变及富油藻株的高通量筛选研究 .［硕士学位论文］. 青岛：中国海洋大学 .

王塔娜，等 .2010. 节旋藻藻胆蛋白对果蝇性活力及繁殖能力的影响 . 内蒙古师范大学学报（自然科学汉文版）（6）：608～611.

王庭健，等 .2006. 藻胆蛋白及其在医学中的应用 . 植物生理学通讯（2）：303～307.

王晓晶 .2014. 环氧二十碳三烯酸在非酒精性脂肪性肝炎中的作用及其相关机制研究 .［博士学位论文］. 武汉：华中科技大学 .

王晓杨，于红 .2004. 螺旋藻多糖体外对小鼠免疫功能的影响 [J]. 食用中医药杂志，9（20）：282～283.

王筱菁，李万根，苏杭，等 .2007. 棕榈酸及亚油酸对人成骨肉瘤细胞 MG63 作用的研究 . 中国骨质疏松杂志（8）：542～546.

王啸，邱树毅 .2004. 微生物发酵生产花生四烯酸的研究进展 . 中国油脂（9）：37～40.

王艳萍，王征，朱健，等 .2011. 鞘糖脂研究进展 . 生命科学（6）：583～591.

王茵，苏永昌，吴靖娜，等 .2013. 紫菜多肽降血脂及抗氧化作用的研究 [J]. 食品工业科技，34（16）：334～337.

王勇，等 .2001. 藻蓝蛋白的抗癌活性研究 . 浙江大学学报（工学版）（6）：92～95.

王勇，等 .2010. 螺旋藻类蛋白—有机醇复合防冻剂的制备研究 . 材料导报（8）：33～36.

王曰杰，孟范平，李永富，等 .2015. 内置 LED 光源平板型光生物反应器用于微藻培养——普通小球藻在反应器中的固碳产油性能探究 . 中国环境科学（5）：1 526～1 534.

王仲孚，彭雪梅，贡琳娟，等 .2001. 钝顶螺旋藻糖缀合物 SPPA-1 的糖链化学结构研究 [J]. 药学学报，36（5）：356～359.

魏莲 .2002. γ - 亚麻酸的研究进展 . 青海大学学报（自然科学版）（3）：13～16.

魏晓琳，2014. 内生蓝藻光系统组成及光能传递研究 .［硕士学位论文］. 天津：河北工业大学，70.

温雪馨，李建平，侯文伟，等 .2010. 微藻 DHA 的营养保健功能及在食品工业中的应用 . 食品科学（21）：446～450.

巫小丹，黎紫含，张珊珊，等 . 2016. 二十二碳五烯酸代谢和功能研究进展 . 中国油脂（6）：44～47.

吴昊，张春枝，吴文忠 . 2010. 尿素循环包络浓缩鱼油中 EPA 和 DHA. 大连工业大学学报（6）：430～432.

吴华莲，苏娇娇，向文洲，等 . 2014. 碳酸氢钠、氯化钠和 pH 对菱形藻 EPA 累积的影响 . 渔业现代化（3）：5～10.

吴建东，于广利，李苗苗，等 . 2011. 厚叶切氏海带多糖的提取分离及其结构表征 [J]. 中国海洋大学学报，41（7/8）：127～130.

吴克刚，柴向华，杨连生 . 2003. 破囊壶菌 Thraustochytrium roseum 产 DHA 的营养条件研究 . 食品与发酵工业（2）：42～48.

吴萍茹，陈粤，方金瑞，等 . 2000. 二色桌片参的化学成分的研究 IV. 二色桌片参糖蛋白的分离性质及抗肿瘤活性的研究 [J]. 中国海洋药物（5）：4～6.

吴俏槿，杜冰，蔡尤林，等 . 2016. α－亚麻酸的生理功能及开发研究进展 . 食品工业科技（10）：386～390.

吴志军，熊慧萍，徐祖洪，等 . 2000. 海洋环肽研究进展 [J]. 海洋科学，24（6）：24～26.

肖定军，邓松之 . 1996. 海绵生理活性物质研究新进展 [J]. 广州化学，21（1）：57～60.

武烈 . 2012. 鞘糖脂 N－去酰基化酶的克隆、性质表征及在鞘糖脂酶法合成中的应用 . [硕士学位论文]. 长春：吉林大学 .

肖爱华 . 2008. 花生四烯酸发酵工艺研究 . [硕士学位论文]. 长沙：湖南农业大学 .

徐建祥，晏志云，赵谋明，等 . 1998. 酶法脱蛋白技术用于螺旋藻多糖提取工艺的研究 [J]. 食品与发酵工业，24（3）：24～38.

徐伟，等 . 2015. 隐藻藻蓝蛋白与类囊体膜的动态结合模型 . 海洋科学（4）：21～29.

续旭 . 2009. 鞘糖脂的新陈代谢与生理学功能（英文）. 现代生物医学进展（15）：2 932～2 936.

闫忠辉，李小平，刘煜 . 2017. 海洋植物来源的天然产物的研究进展 . 药物生物技术，24（3）：269～274.

杨闯 . 2010. 紫外线诱变选育耐高浓度 CO_2 的微藻及不同株系的 rbcL 基因序列差异性分析 . [硕士学位论文]. 青岛：青岛理工大学 .

杨广宇，韩云斌，黄峰涛，等 . 2015. 鞘糖脂的体外酶法合成体系及其系统优化 . 2015 中国酶工程与糖生物工程学术研讨会，江苏镇江 .

杨静，常蕊 . 2011. α－亚麻酸的研究进展 . 农业工程（1）：72～76.

杨茜，张三润，王塔娜，2013. 钝顶螺旋藻两个不同生态种藻胆蛋白抗癌作用的比较研究 . 内蒙古医科大学学报（2）：115～118.

杨贤庆，吕军伟，林婉玲，等．2014. DHA 功能特性以及抗氧化性研究进展．食品工业科技（2）：390～394.

杨秀艳．2013. 一株微绿球藻的分离鉴定及 pH 对微藻脂肪酸的影响．[硕士学位论文].青岛：中国海洋大学.

杨雪．2012. 生物表面活性剂槐糖脂的制备工艺研究．[硕士学位论文].天津：天津大学.

姚琛，等．2013. 盐碱滩涂植物资源筛选与利用．江苏农业科学（10）：357～358.

姚昕，秦文，齐春梅，等．2004. 花生四烯酸的生理活性及其应用．粮油加工与食品机械（5）：57～59.

叶翠芳，等．2013. 藻胆蛋白的提取、纯化及其体外抗紫外活性．暨南大学学报（自然科学与医学版）（5）：522～526.

叶丽．2014. 3 种富 EPA 海洋微藻的诱变育种．[硕士学位论文].宁波：宁波大学.

易杨华，李玲，林厚文，等．2002. 我国南海总合草苔虫和海绵中新的抗肿瘤活性成分的研究 [J].第二军医大学学报，23（3）：236～238.

殷钢，刘铮，李琛，等．1999. 糖—蛋白质混合体系泡沫分离过程研究 [J].高等学校化学学报，20（4）：565～568.

于长青，李丽娜．2007. 花生四烯酸研究进展．农产品加工（学刊）（4）：10～12.

于长青，李丽娜．2009. 深黄被孢霉高产花生四烯酸菌株的紫外诱变原生质体育种．微生物学报（1）：44～48.

于广利，嵇国利，冯以明，等．2010. 刺松藻水溶性多糖的提取分离及其理化性质研究 [J].中国海洋大学学报，40（11）：90～94.

于广利，赵峡．2012. 糖药物学 [M].青岛：中国海洋大学出版社.

于红，吕锐，张文卿．2006. 螺旋藻多糖抗柯萨奇 B3 病毒的体外实验研究 [J].天然产物研究与开发（18）：756～759.

于红，张学成．2003. 螺旋藻多糖的抗肿瘤细胞作用的实验研究 [J].高技术通讯，13，83～86.

于红，张学成．2003. 螺旋藻多糖对 HeLa 细胞生长的影响 [J].中国海洋药物，22（1）：26～29.

于红，张学成．2003. 螺旋藻多糖对小鼠 S180 肉瘤的免疫抑制作用 [J].海洋科学，27（5）：58～60.

于蕾妍，赵旭光，邹本革，等．2017. 低剂量复合螺旋藻多糖对小鼠耐缺氧能力的影响．黑龙江畜牧兽医（5 上）：202～204.

于孝东，李枚．2003. 螺旋藻的生产现状及在水产饵料中的应用（上）[J].饲料广角（7）：34～36.

于孝东，李枚．2003. 螺旋藻的生产现状及在水产饵料中的应用（下）[J].饲料广角（8）：22～25.

袁兵兵．2011. 槐糖脂对水果致腐菌的抗菌作用及新型防腐保鲜剂的开发．[硕士学位论文].济南：山东轻工业学院.

曾和平，郭宝江 . 1995. 螺旋藻多糖的化学研究 [J]. 药学学报，30（11）：858～861.

曾名勇 . 1995. EPA 和 DHA 的来源和分离 . 渔业机械仪器（4）：17～19.

翟成凯，等 . 2000. 中国菰资源及其应用价值的研究 . 资源科学（6）：22～26.

张成武，刘宇峰，王习霞，等 . 2000. 螺旋藻藻蓝蛋白对人血癌细胞株 HL-60、K-562 和 U-937 的生长影响 [J]. 海洋科学，24（1）：45～48.

张成武，殷志敏，殴阳平凯 . 1995. 藻胆蛋白的开发与利用 [J]. 中国海洋药物，3，52～53.

张成武，曾昭琪，等 . 1996. 钝顶螺旋藻多糖和藻蓝蛋白对小鼠急性放射病的防护作用 [J]. 营养学报，18（3）：327～3 301.

张成武，曾昭琪，张媛珍 . 1996. 钝顶螺旋藻藻胆蛋白的分离、纯化及理化特性 [J]. 天然产物研究与开发，8（2）：29.

张成武，曾昭琪，张媛贞，等 . 1996. 钝顶螺旋藻多糖和藻蓝蛋白对小鼠急性放射病的防护作用 [J]. 营养学报，18（3）：327～31.

张翠坤，常冬妹，杨洪江 . 2015. 铜绿假单胞菌高产鼠李糖脂菌株的筛选 . 生物技术通报（10）：177～183.

张尔贤，俞丽君 . 2000. 海洋生物活性物质开发利用的现状与前景 [J]. 台湾海峡（3）：388～395.

张建平，等 . 1999. 两种藻蓝蛋白的光动力光敏性质研究 . 科学通报（5）：495～498.

张峻，邢来君，王红梅 . 1993. γ－亚麻酸高产菌株的选育及发酵产物的分离提取 . 微生物学通报（3）：140～143.

张坤，王令充，吴皓，等 . 2010. 活性海洋多糖的功能及结构研究概况 [J]. 中国海洋药物杂志，3（29）：55～60.

张莉，刘万顺，韩宝芹，等 . 2007. 菲律宾蛤仔（Rudit 即 esphilip pinarum）蛋白聚糖的分离提取及其抗肿瘤活性的初步研究 . 海岸带与湖沼，1，62～68.

张秋红 . 2014. 高 EPA 含量眼点拟微绿球藻的培养与酶解提油工艺的研究 . [硕士学位论文]. 杭州：浙江工业大学 .

张三润，汤灵姿，张润厚 . 2014. 共轭亚油酸及其生物学功能研究进展 . 中国草食动物科学（6）：52～55.

张少斌，等 . 2015. 酶解螺旋藻藻胆蛋白制备抗氧化活性肽的研究 . 黑龙江畜牧兽医（13）：150～153.

张素萍，等 . 2000. 用脉冲辐解法研究藻胆蛋白与羟自由基反应动力学 . 科学通报（1）：32～36.

张穗，高红莲，陈浩如，等 . 1999. 海洋微藻中 EPA 和 DHA 的超临界 CO_2 提取方法研究 . 热带海洋学报（2）：33～38.

张维杰 .1999.糖复合物生化研究技术（第二版)[M].杭州：浙江大学出版社，94～96，128～148.

张文雄，梁宏，覃海错，等 .2000.螺旋藻酸性杂多糖的分离纯化和分析 [J].中草药，31（5）：326～328.

张汐，曹国锋 .1997.EPA 和 DHA 的提取和富集Ⅰ.原料和化学型式的选择 .中国油脂（5）：51～53.

张骁英，赵权宇，薛松 .2002.海绵生物活性物质及海绵细胞离体培养 [J].生物工程学报，18（1）：10～14.

张晓平，等 .2015.新型基因重组藻胆蛋白对小鼠 S180 实体瘤 COX-2 表达的影响 .医学研究杂志，104～106.

张学成 .1999.螺旋藻——最完美的功能食品 [M].青岛：青岛海洋大学出版社，55～74.

张以芳，段刚，刘旭川 .2000.螺旋藻及其多糖、多糖蛋白提取物对体外癌 Cell 的抑制作用 [J].海洋科学（3）：16～18.

张义明 .2003.DHA 的来源及合理应用 .食品工业科技（8）：98～100.

张翼伸 .1994.有关复合物的分级纯化、结构确定、生物活性的几个问题 [J].生命的化学，14（6）：42～46.

张英锋，李长江，包富山 .2005.共轭亚油酸的结构、生理功能及来源 .化学教育（10）：6～9.

章银良，李红旗，高峻，等 .1999.螺旋藻多糖提取新工艺的研究 [J].食品与发酵工业（2）：15～18.

赵爱娟 .2005.海洋微藻的诱变育种及其脂肪酸的测定 .[硕士学位论文].南京：南京理工大学 .

赵大显 .2004.微藻花生四烯酸的研究进展 .水产科学（10）：42～44.

赵方庆，等 .2003.表达 rAPC 大肠杆菌的高密度发酵及纯化产物的抑瘤活性 .高技术通讯（2）：29～33.

赵君，赵晶，樊廷俊，等 .2013.水溶性海星皂苷的分离纯化及其抗肿瘤活性研究 .山东大学学报（理学版）（1）：30～35，42.

周成旭，傅永静，陈清峰，等 .2009.微小卡罗藻溶血活性的生长期特征及其溶血毒素种类分析 .海洋学报（中文版）（2）：146～151.

周立树 .2014.裂殖壶菌发酵产 DHA 的优化及发酵补料方式的研究 .[硕士学位论文].无锡：江南大学 .

周铭东，崔悦礼，陈静华，等 .1998.贝类多糖的组成及性质研究 [J].云南大学学报，20（3）：187～189.

周世文，徐伟福 .1994.多糖的免疫药理作用 [J].中国生化药物杂志，15（2）：143～147.

周孙林，2014.别藻蓝蛋白的生物合成及其稳定性研究 .[硕士学位论文].衡阳：南华大学，114.

周同永，任飞，邓黎，等 .2011.γ-亚麻酸及其生理生化功能研究进展 .贵州农业科学（3）：53～58.

周志刚，刘志礼，刘雪娴，等 .1997. 极大螺旋藻多糖的分离、纯化及抗氧化性的研究 [J]. 植物学报，39（1）：77~81.

朱常龙，汪东风，孙继鹏，等 .2010. 壳寡糖配合物对扇贝产品中镉的脱除作用 [J]. 农产品加工（创新版），7，20~23.

朱峰，吴雄宇，林永成 .2002. 鞘糖脂的合成研究进展 . 有机化学（11）：817~826.

朱丽娜，张志国，张敏，等 .2009.DHA 的生理功能及其在食品中的稳定性 . 中国乳品工业（2）：45~48.

朱丽萍，等 .2011. 别藻蓝蛋白标记抗鸡 IgG 荧光抗抗体的高效制备与鉴定 . 江苏农业学报（1）：110~115.

朱丽萍，颜世敢，张玉忠，2009. 溶胀因素对多管藻藻胆蛋白粗提得率和纯度影响 . 食品研究与开发（9）：65~68.

朱莹，等 .2014. 江苏盐城滩涂湿地植物区系及植物资源研究 . 生物学杂志（5）：71~75.

庄惠如，陈必链，王明兹，等 .2001. 激光对三种微藻的生物学效应 . 中国藻类学会第十一次学术讨论会，云南昆明 .

庄严，等 .2015. 新型光敏剂藻红蛋白在肿瘤光动力治疗中的研究进展 . 北京联合大学学报（自然科学版）（4）：55~59.

左绍远，马涧泉 .1996. 螺旋藻多糖（SPS）对小鼠单核巨噬细胞和 K 细胞 ADCC 活性的影响 [J]. 大理医学院学报，5（1）：1~3.

Adachi Y N, Ohno M ohsawa, K Sato, et al. 1989. Physicochemical Properties and Antitumor Activities of Chemically Modified Derivatives of Antitumor Glucan Grifolan Le from *Grifola-Frondosa*[J]. Chemieal&Pharmaceutical Bulletin, 37(7): 1 838~1 843.

Ale M T, Maruyama H, Tamauchi H, et al. 2011. Fucoidan from *Sargassum sp.* and *Fucus vesiculosus reduces* cell viability of lung carcinoma and melanoma cells in vitro and activates natural killer cells in mice in vivo[J]. Int J Biol Macromol, 49(3): 331~336.

Alsac J M, Delbosc S, Rouer M, et al. 2012. Fucoidan interferes with Porphyromonas gingivalis-induced aneurysm enlargement by decreasing neutrophil activation[J]. J Vasc Surg, 5214(12): 01694.

Altaman. 1989. Laurencek chemicals stop Growth of AIDS Virus in test[M]. New York. The New York Times. 245~260.

Anno K, Seno N, Ota M. 1970. Isolation of L-fucose 4-sulfate from fucoidan[J]. Carbohyd Res, 13: 167~169.

Anjaneyulu A SR, Gowri PM, Krishna Murthy MVR. 1999. New sesquiterpenoids from the soft coral

Sinularia intacta of the indian ocean [J]. J Nat Prod, 62: 1 600 ~ 1 604.

Avigad Vonshak. 1997. Spirulina platensis (Arthrospira): physioloty, cell-biology and biotechnology [J]. Quarterly Review of Biology, 3: 353 ~ 354

Avilov S A, Antonov A S, Drozdova O A, et al. 2000. Triterpene glycosides from the far-eastern sea cucumber Pentam eracalcigera. Mono sulfated derivatives [J]. J Nat Prod, 63: 65 ~ 71.

Barrientos L G, O'Keefe B R, Bray M, et al. 2000. Cyanovirin-N binds to the viral surface glycoprotein, GP 1, 2 and inhibits infectivityof Ebola virus [J]. Antiviral Research, x 58 (1): 47 ~ 56.

Basu S S, Karbarz M J, Raetz C R H. 2002. Expression cloning and characterization of the C 28. acyltransferase of fipid A biosyn-thesis inRhizobium leguminosarum [J]. Biol Chem, 277 (32): 28 ~ 959.

Benavides J, Rito-Palomares M. 2006. Simplified two-stage method to B-phycoerythrin recovery from Porphyridium cruentum [J]. Journal of Chromatography B, 844 (1): 39 ~ 44.

Bergman W, Feeney R J. 1951. Nuclosides od sponges [J]. J. Org. Chem. 16: 981 ~ 987.

Bermejo R, Ruiz E, Acien F G. 2007. Recovery of B-phycoerythrin using expanded bed adsorption chromatography: Scale-up of the process [J]. Enzyme and microbial technology, 40 (4): 927 ~ 933.

Black W A P, Dewar E T, Woodward F N. 1952. Manufacturing of algal chemicals 4: Laboratory scale isolation of fucoidan from brown marine algae [J]. J. Sci. Food Agric, 3: 122 ~ 129.

Boonlarppradab C, D J Faulkner, Eurysterols A and B. 2007. Cytotoxic and antifungal steroidal sulfates from a marine sponge of the genus Euryspongia [J]. Journal of natural products, 70 (5): 846 ~ 848.

Boyle C D, Reade A E. 1983. Characterization of two extracellular polysaccharides from marine bacteria [J]. Applied Environmental Microbiology, 46 (2): 392 ~ 399.

Brandon E F, Sparidans R W, Meijerman I, et al. 2004. In vitro characterization of the biotransformation of thiocoraline, a novel marine anti-cancer drug [J]. Invest New Drugs, 22 (3): 241 ~ 251.

Bryant D A. 1982. Phycoerythrocyanin and phycoerythrin properties and occurrence in cyanobacteria [J]. Microbiology, 128 (4): 835 ~ 844.

Carvalho J F S, Silva M M C, Moreira J N, et al. 2010. Sterols as anticancer agents: synthesis of ring-boxygenated steroids, cytotoxic profile, and comprehensive SA R analysis [J]. Journal of Medicinal Chemistry, 53 (21): 7 632 ~ 7 638.

Cateni F, P Bonivento G, Procida M, et al. 2007. Chemoenzymatic synthesis and in vitro studies on the hydrolysis of antimicrobial monoglycosyl diglycerides by pancreatic lipase [J]. Bioorganic & Medicinal Chemistry Letters, 17 (7): 1 971 ~ 1 978.

Chang M. 2000. Effects of seatangle (Laminaria japonica) extract and fucoidan components on lipid metabolism of stressed mouse [J]. Journal of the Korean Fisheries society, 32(2): 124~128.

Chao-Tsi Tseng. 1994. Extraction, purification and identification of Polysaccharides of Spirulina (Arthrospira) platensis (Cyanophyceae) [J]. Algological Studies, 75: 303~312.

Chen H L, Zhang L, Long X G, et al. 2017. Sargassum fusiforme polysac-charides inhibit VEGF–A– related angiogenesis and proliferation of lung cancer in vitro and in vivo [J]. Biomed Pharmac, 85: 22~27.

Chen W H, Wang S K, Duh C Y. 2011. Polyhydroxylated Steroids from the Bamboo Coral Isis hippuris [J]. Marine Drugs, 9(10): 1 829~1 839.

Chen W H, Wang S K, Duh C Y. 2011. Polyhydroxylated steroids from the octocoral Isis hippuris. Tetrahedron [J], Tetrahedron, 67(42): 8 116~8 119.

Cheng S Y, Huang Y C, Wen Z H, et al. 2009. New 19–oxygenated and 4–methylated steroids from the Formosan soft coral *Nephthea chabroli* [J]. Steroids, 74(6): 543~547.

Codd G A. 1995. Cyanobacterial toxins: occurrence, properties and biological significance [J]. Water Science Technology, 32(4): 149~156

Colombo D, Scala A, Taino I M, et al. 1996. 1–O–, 2–O–and 3–O–β–glycosyl-sn-glycerols: Structure-anti-tumor-promoting activity relationship [J]. Bioorganic & Medicinal Chemistry Letters, 6(10): 1 187~1 190.

Costantino V, Fattorusso E, Mangoni A, et al. 2000. Further Prenylated Glycosphingolipids from the Marine Sponge Ectyoplasia ferox [J]. Tetrahedron, 56(32): 5 953~5 957.

Costantino V, Fattorusso E, Mangoni A, et al. 1997. Glycolipids from Sponges. 6. 1 Plakoside A and B, Two Unique Prenylated Glycosphingolipids with Immunosuppressive Activity from the Marine Sponge *Plakortis simplex* [J]. Journal of the American Chemical Society, 119(51): 12 465~12 470.

Costantino V, Fattorusso E, Mangoni A, et al. 1999. Glycolipids from sponges. VII. 1 simplexides, novel immunosuppressive glycolipids from the caribbean sponge Plakortis simplex [J]. Bioorganic & Medicinal Chemistry Letters, 9(2): 271~276.

Cuero R G. 1999. Antimicrobial action of exogenous chitosan [J]. E X S, 87: 315.

Cui C M, Li X M, Meng L, et al. 2010. 7–Nor-ergosterolide, a pentalactone-containing norsteroid and related steroids from the marine-derived endophytic *Aspergillus ochraceus* EN–31 [J]. Journal of natural products, 73(11): 1 780~1 784.

Dahlmann J, Budakowski W R, Luckas B. 2003. Liquid chromatography-electrospray ionisationmass spectrometry based method for the simultaneous determination of algal and cyanobacterial toxins in phytoplankton from marine waters and lakes followed by tentative structural elucidation of microcystins[J]. Journal of Chromatography A, 994 (1-2): 45 ~ 57.

Dai J, Sorribas A, Yoshida W Y, et al. 2010. Topsentinols, 24-Isopropyl Steroids from the Marine Sponge *Topsentia sp* [J]. Journal of Natural Products, 73 (9): 1 597 ~ 1 600.

Dawson R M. 1998. The toxicology of microeystins[J]. Toxin, 36 (7): 953.

Demidov A A, M Mimuro. 1995. Deconvolution of C-phycocyanin beta- 84 and beta- 155 chromophore absorption and fluorescence spectra of cyanobacterium Mastigocladus laminosus[J]. Biophys J, 68 (4): 1 500 ~ 1 506.

Deml G, Anke T F. 1980. Oberwinkler, Schizonellin A and B, new glycolipids from *Schizonella melanogramma* [J]. Phytochemistry, 19 (1): 83 ~ 87.

Denis C, et al. 2009. Concentration and pre-purification with ultrafiltration of a R-phycoerythrin solution extracted from macro-algae Grateloupia tururturu: Process definition and up-scaling[J]. Separation and Purification Technology, 69 (1): 37 ~ 42.

Desikachary T V. 1959. Cyanophyta[J]. New Delhi. Indian Council of Agricultural Research, 187 ~ 198.

Ding L, Dahse H M, Hertweck C J. 2012. Cytotoxic Alkaloids from *Fusarium incarnatum* Associated with the Mangrove Tree *Aegiceras corniculatum* [J]. Nat. Prod. 75, 617.

Ding L, Münch J, Goerls H, *et al.* 2010. Xiamycin, a pentacyclic indolosesquiterpene with selective anti-HIV activity from a bacterial mangrove endophyte[J]. Med. Chem. Lett. 20, 6 685.

Djinni I, Defant A, Kecha M, Mancini I. 2013. Antibacterial polyketides from the marine alga-derived endophitic *Streptomyces sundarbansensis*: a study on hydroxypyrone tautomerism[J]. Mar. Drugs 11, 124 ~ 135.

Doust A B, et al. 2006. The photophysics of cryptophyte light-harvesting[J]. Journal of photochemistry and photobiology a-chemistry, 184 (1-2): 1 ~ 17.

Du F Y, Li X M, Li C S, et al. 2012. Cistatumins A-D, new indole alkaloids from the marine-derived endophytic fungus *Eurotium cristatum* EN-220[J]. Med. Chem. Lett. 22 (14), 4 650.

Duerring M, Huber R, Bode W, et al. 1990. Refined three-dimensional structure of phycoerythrocyanin from the cyanobacterium *Mastigocladus laminosus* at 2. 7 Å [J]. J Mol Biol, 211 (3): 633 ~ 644.

Duh C Y, Wang S K, Weng Y L, et al. 1999. Cytotoxic terpenoids from the Formosan soft coral Neph theabrassica[J]. J Nat Prod, 62: 518 ~ 521.

Edington M D, R E Riter, W F Beck. 1996. Interexciton-state relaxation and exciton localization in allophycocyanin trimers[J]. Journal of physical chemistry, 100（33）: 14 206 ~ 14 217.

El Sayed K A, P. Bartyzel, X. Shen, et al. 2000. Marine Natural Products as Antituberculosis Agents[J]. Tetrahedron, 56（7）: 949 ~ 953.

Erba E, Bergamaschi D, Bassano L, et al. 2001. Ecteinascidin–743（ET–743）, a natural marine compound, with a unique mechanism of action[J]. Eur. J. Cancer, 37: 97 ~ 105.

Fabregas J, Garcia D, Fernandez-Alonso M. 1999. In vitro inhibition of the replication of haemorrhagic septicaemia virus（VHSV）and African swine fever virus（ASFV）by extracts from marine microalgae [J]. Antiviral Res, 44（1）: 67 ~ 73

Faulkner D J. 2000. Highlights of marine natural products chemistry（1972 ~ 1999）[J]. Nat Prod Rep, 17（1）: 1 ~ 4.

Ferial Haroun-Bouhedja, Mostafa Ellouali, Corinne Sinquin, et al. 2000. Relationship between Sulfate Groups and Biological Activities of Fucans [J]. Thrombosis Research, 100（5）: 453 ~ 459.

Fernandes P D, Renata S, Zardo, et al. 2014. Anti-inflammatory properties of convolu-tamydine A and two structural analogues[J]. Life Sci, 116（1）: 16 ~ 24.

Finamore E, Zollo F, Minale L, et al. 1992. Starfish Saponins, Part 47. Steroidal Glycoside Sulfates and Polyhydroxysteroids from *Aphelasterias japonica*[J]. Journal of Natural Products, 55（6）: 767 ~ 772.

Fu P, Liu P, Li X, et al. 2011. Cyclic bipyridine glycosides from the marine-derived actinomycete Actinoalloteichus cyanogriseus WH 1–2216–6[J]. Org. Lett. 13（22）, 5 948 ~ 5 951.

Fu P, Wang S, Hong K, et al. 2011. Cytotoxic bipyridines from the marine-derived actinomycete *Actinoalloteichus cyanogriseus* WH 1–2216–6[J]. J. Nat. Prod. 74（8）, 1 751.

Fu P, Wang Y, Liu P P, et al. 2012. Streptocarbazoles A and B, two novel indolocarbazoles from the marine-derived actinomycete strain *Streptomyces sp.* FMA[J]. Org. Lett. 14, 2 422.

Fu P, Zhuang Y B, Wang Y, et al. 2012. New Indolocarbazoles from a Mutant Strain of the Marine-Derived Actinomycete Streptomyces fradiae 007M 135[J]. Org. Lett. 14（24）: 6 194 ~ 6 197.

Galland-Irmouli A V, et al. 2000. One-step purification of R–phycoerythrin from the red macroalga Palmaria palmata using preparative polyacrylamide gel electrophoresis[J]. J Chromatogr B Biomed Sci Appl, 739（1）: 117 ~ 123.

Gao S S, Li X M, Du F Y, et al. 2011. Secondary metabolites from a marine-derived endophytic fungus Penicillium chrysogenum QEN–24S[J]. Mar Drugs. 9（1）, 59.

Geitler L. 1932. Cyanophyceae. In: Rabenhorst' skryptogamen-Flora[M]. Introduction to the Cyanobacteria,（14）: 916 ~ 931.

Geresh S, Arad S. Malis, et al. 1991. The extracellular polysaccharides of the red microalgae: chemistry and rheology [J]. Bioresource Technol, 38: 195 ~ 201.

Gilberto S, Adriana Brondani da Rocha, Robert G S, et al. 2001. Marine organisms as a source of new anticancer agents [J]. The lancet oncology, 2 (4): 221 ~ 225.

Gong K K, Tang X L, Zhang G, et al. 2013. Polyhydroxylated Steroids from the south china sea soft coral *Sarcophyton* sp. and their cytotoxic and antiviral activities [J]. Marine Drugs, 11 (12): 4 788 ~ 4 798.

Gonzalez R P, Leyva A, Moraes M O. 2001. Shark cartilage as source of antiangiogenic compounds: from basic to clinical research [J]. Biol Pharm Bull, 24 (10): 1 097 ~ 1 101.

Guiseley K B. 1977. Some Novel Methods and Results in Sulfation of Polysaccharides [J]. Abstracts of Papers of the American Chemical soeiety, 174: 51 ~ 59.

Guiseley K B. 1978. Some novel methods and results in the sulfation of Polysaccharides [J]. ACS Symposium Series, 77: 148 ~ 152.

Guzman S, Gato A, Lamela M, et al. 2003. Anti-inflammatory and immunomodulatory activities of polysaccha-ride from Chlorella stigmatophora and Phaeodactylum tricomutum [J]. Phytotherapy Research, 17 (6): 665 ~ 670.

Hamed I, Özogul F, Özogul Y, et al. 2015. Marine bioactive compounds and their health benefits: a review [J]. Food Science and Food Safety, 14 (4): 446 ~ 465.

Haroun-Bouhedja F M, Ellouali C, Sinquin C, et al. 2000. Relationship between Sulfate Groups and Biological Activities of Fucans [J]. Thrombosis Researeh, 100 (5): 453 ~ 459.

Hattori M, Imamura S, Nagasawa K, et al. 1994. Functional changes of lysozyme by conjugating with carboxymethyl dextran [J]. Biosci Biotech Biochem, 58: 174.

Hayashi K, Hanyashi T, Kojima I. 1996. A natural sulfated polysaccharide, calcium spirulan, isolated from *spirulina platensis*: in vitro and ex-vivo evaluation of anti-herpessimplex virus and anti-human immunodeficiency virus activities [J]. AIDS Res Hum Retroviruses, 12 (15): 1 463 ~ 1 471.

Holland I P, McCluskey A, Sakoff J A, et al. 2009. Steroids from an Australian sponge *Psammoclema sp.* [J] Journal of natural products, 72 (1): 102 ~ 106.

Hölzl G P. 2007. Dörmann. Structure and function of glycoglycerolipids in plants and bacteria [J]. Progress in Lipid Research, 46 (5): 225 ~ 243.

Holzwarth A R. 1991. Structure-function-relationships and energy-transfer in phycobiliprotein antennae [J]. Physiologia plantarum, 83 (3): 518 ~ 528.

Hong Ye, Keqi Wang, Chunhong, et al. 2008. Purification, antitumor and antioxidant activities in vitro of polysaccharides from the brown seaweed Sargassum pallidun[J]. Food Chemistry. 111: 428～432.

Hu Y, Martinez E D, MacMillan J B. 2012. Anthraquinones from a Marine-Derived *Streptomyces spinoverrucosus*[J]. J. Nat. Prod. 75(10), 1 759.

Huang Y C, Wen Z H, Wang S K, et al. 2008. New anti-inflammatory 4-methylated steroids from the Formosan soft coral *Nephthea chabroli*[J]. Steroids, 73(11): 1 181～1 186.

Hughes C C; Kauffman C A; Jensen P R, et al. 2010. Structures, Reactivities, and Antibiotic Properties of the Marinopyrroles A–F[J]. The Journal of Organic Chemistry（ACS Publications）. W. J. Org. Chem. 75(10), 3 240.

Huimin Qi, Quanbin Zhang, Tingting Zhao, et al. 2005. Antioxidant activity of different sulfate content derivatives of polysaccharide extracted from Ulva pertusa（Chlorophyta）in vitro[J]. International Journal of Biological Macromolecules, 37(4): 195～199.

Iciiinose K, Yamamoto M, Khoji T, et al. 1998. Antitumor effect of polysaccharide coated liposomal adriamycin on AH66 hepatoma in nude mice [J]. Anticancer Research, 18: 401.

Jeong B E, Ko E J, Joo H G, et al. Cytoprotective effects of fucoidan, an algae-derived polysaccharide on 5-fluorouracil-treated dendritic cells[J]. Food Chem Toxicol. 2012, 50(5): 1 480～1 484.

Kaji T, Fujiwara Y, Hamada C, et al. 2002. Inhibition of cultured bovine aortic endothelial cell proliferation by sodium spirulan, a new sulf ated polysaccharide isolated from *Spirulina platensis*[J]. Planta Medica, 68(6): 505～509.

Kaji, Toshiyuki, Fujiwara, et al. 2002. Repair of wounded monolayers of cultured bovine aortic endothelial cells is inhibited by calcium spirulan, a novel sulfated polysaccharide isolated from Spirulina platensis[J]. Life Sciences, 70(16): 1 841～1 849.

Kaplan A. 1981. Photoinhibition in Spirulina Platensis: Response of Photosynthesis and HCO 3-uptake capability to CO 2 depleted condition[J]. Joexp Bot,（32）: 669～677.

Katsuoka M, Ogura C, Etoh H, et al. 1990. Galactosyl-and Sulfoquinovosyldiacylglyceerols Isolated from the Brown Algae, Undaria pinnatifida and Costaria costata as Repellents of the Blue Mussel, Mytilus edulis[J]. Agricultural and Biological Chemistry, 54(11): 3 043～3 044.

Kebede E. 1997. Response of Spirulina platensis from Lake Chitu, Ethiopia, to salinitystress from sodium salts[J]. Journal of Applied Phycology,（9）: 551～558.

Kebede E, Ahlgren G. 1996. Optimum growth conditions and light utilization efficiency of Spirulina platensis from Lake Chitu, Ethiopia[J]. Hydrobiologia,（332）: 99～109.

Kicha A A, Ivanchina N V, Kalinovsky A I, et al. 2008. Steroidal triglycosides, kurilensosides A, B, and C, and other polar steroids from the Far Eastern starfish Hippasteria kurilensis[J]. Journal of natural products, 71(5): 793~798.

Kim D G, Moon K, Kim S H, et al. 2012. Bahamaolides A and B, Antifungal Polyene Polyol Macrolides from the Marine Actinomycete Streptomyces sp. [J]. Nat. Prod. 75(5), 959~967.

Kim S K, Van Ta Q. 2012. Bioactive sterols from marine resources and their potential benefits for human health[J]. Advances in food and nutrition research, 65: 261~268.

Kimiko Anno. 1966. Isolation and purification of fucoidan from brown seaweed. Pelvetia wrightii[J]. Agr. Biol. Chem., 30(5): 495~499

Keiko Kitamura, et al. 1991. Fucoidan from brown seaweed Laminaria angustata var[J]. Agric. Biol. Chem., 55(2): 615~616.

Kimiko Anno. 1966. Isolation and purification of fucoidan from brown seaweed pelvetia wright [J]. Agr Biol Chem, 30(5): 495~4 991.

Kitumura K, Matsuo M, Yasui T, et al. 1992. Enzymic degradation of fucoidan by fucoidanse from the hepatopancreas of *Patinopecten yessoensis* [J]. BiosicBiotech Biochem, 56(11): 1 829~1 834.

Koyanagi S, Tanigawa N, Nakagawa H, et al. 2003. Oversulfation of fucoidan enhances its anti-angiogenic and antitumor activities[J]. Biochemical Pharmacological, 65(2): 173~179.

Kreuter M H, Leake R E, Rinaldi F, et al. 1990. Inhibition of intrinsic protein tyrosine kinase activity of EGF-receptor kinase complex from human breast cancer cells by the marine sponge metabolite (+)-aeroplysinin-1[J]. Comp. Biochem. Physiol. B, 97(1): 151~158.

Kursar T A, J van der Meer, R S Alberte. 1983. Light-Harvesting System of the Red Alga Gracilaria tikvahiae: II. Phycobilisome Characteristics of Pigment Mutants[J]. Plant Physiol, 73(2): 361~369.

Kwon H C, Kauffman C A, Jensen P R, et al. 2006. Marinomycins A-D, antitumorantibiotics of a new structure class from a marineactinomycete of the recently discovered genus"Marinispora"[J]. J Am Chem Soc, 128: 1 622.

Lai D S, Yu L, van Ofwegen, et al. 2011. 9, 10-Secosteroids, protein kinase inhibitors from the Chinese gorgonian Astrogorgia sp[J]. Bioorganic & Medicinal Chemistry, 19(22): 6 873~6 880.

Laura D, Teixeira V. 2009. Antiophidian properties of a dolastane diterpene isolated from the marine brown alga Canistrocarpus cervicornis [J]. Biomed Preven Nutr, 1(1): 61~66.

Lawrence C, Naucie l C. 1998. Production of Interleukin-12 by murine macrophages in response to bacterial peptidoglycan[J]. Infect Immun, 66(10): 4 947.

Lee I H, Zhao C Q, Cho Y, et al. 1997. Clavanins, alpha-helical antimicrobial peptides from tunicate hemocytes[J]. FEBS let., 400: 158～162.

Lee S O Kato J, Takiguchi N, Kuroda A, et al. 2000. Involvement of an extracellular protease in algicidal activity of the marine bacterium Pseudoalteromonas sp. strain A 28[J]. Applied and Environmental Microbiology, 66(10): 4 334～4 339.

Liu Q M, Xu S S, Li, et al. 2017. In vitro and in vivo immunomodulatory activity of sulfated polysaccharide from Porphyra haitanensis [J]. Carbohyd Polym 165: 189～196.

Liu Y, et al. 2015. Peniciadametizine A, a dithiodiketopiperazine with a unique Spiro [furan-2, 7'-pyrazino(1, 2-b)(1, 2)oxazine] skeleton, and a related analogue, peniciadametizine B, from the marine sponge-derived fungus *Penicillium adametzioides*[J]. Mar Drugs, 13: 3 640～3 652.

Liu J, Li F, Kim E L, et al. 2011. Antibacterial Polyketides from the Jellyfish-Derived Fungus *Paecilomyces variotii*[J]. J. Nat. Prod. 74(8), 1 826.

Lopanik N, Gustafson K R, Lindquist N. 2004. Structure of bryostatin 20: a symbiont produced chemical defense for larvae of the host bryozoan, Bugula neritina[J]. J Nat Prod, 67(8): 1 412～1 414.

Luesch H, Yoshida W Y, Moore R E, et al. 2002. Symplostatin 3, a new dolastatin 10 analogue from the marine cyanobacterium Symploca sp. VP 452[J]. J Nat Prod, 65(1): 16～18.

MacColl R, et al. 1996. The discovery of a novel R-phycoerythrin from an Antarctic Red Alga[J]. Journal of biological chemistry, 271(29): 17 157～17 160.

Maeda Y, Kimura Y. 2004. Antitumor effects of various low-molecular weight chitosans are due to increased natural killer activity of intestinal intraepithelial lymphocytes in sarcoma 180-bearing mice[J]. J Nutr, 134(4): 945～950.

Mandeau A, Debitus C, Ariès M F, et al. 2005. Isolation and absolute configuration of new bioactive marine steroids from *Euryspongia n. sp*[J]. Steroids, 70(13): 873～878.

Margolin K, Longmate J, Synold T W, et al. 2001. Dolastatin-10 in metastatic melanoma: a phase II and pharmokinetictrial of the California Cancer Consortium[J]. Invest New Drugs, 19(4): 335～337.

May R M. 1988. How many species are there on Earth?[J]. Science, 241(4872): 1 441～1 449.

Melack J M. 1979. Photosynthesis and Growth of Spirulina platensis(Cyanophyta) in an Equatorial Lake(Lake Simbi, Kenya)[J]. Limnology & Oceanography, 24(4): 753～760.

Mc R D S, Marques C T, Guerra Dore C M, et al. 2007. Antioxidant activities of sulfated polysaccharides from brown and red seaweeds [J]. Journal of Applied Phycology, 19(2): 153～156.

Mishima T, Murata J, Toyoshima M, et al. 1998. Inhibition of tumor invasion and metastasis by calcium spirulan(Ca-SP), a novel sulfated polysaccharide derived from a blue-green alga, *Spirulina platensis*. [J]. Clin Exp Metastasis, 16(6): 541 ~ 550.

Mitsutani A, Takesue K, Kirita M, et al. 2008. Lysis of Skeletonema costatum by Cytophaga sp. Isolated from the Coastal Water of the Ariake Sea[J]. Nippon Suisan Gakkaishi, 58(11): 2 159 ~ 2 167.

Mizumoto K, Sugawara I, Ito W, et al. 1988. Sulfated homopolysaccharides with immunomodulating activities are more potent anti-HTLV-III agents than sulfated heteropolysaccharides. [J]. Japanese Journal of Experimental Medicine, 58(3): 145 ~ 147.

Mondol M A M, Tareq F S, Ji H K, et al. 2011. Cyclic Ether-Containing Macrolactins, Antimicrobial 24-Membered Isomeric Macrolactones from a *Marine Bacillus sp*. [J]. Journal of Natural Products, 74(12): 2 582 ~ 2 587.

Montminy S W, Khan N, Mcgrath S, et al. 2006. Virulence factors of Yersinia pestis are overcome by a strong lipopolysaccharide response. [J]. Nature Immunology, 7(10): 1 066 ~ 1 073.

Moraes C C, Kalil S J. 2009. Strategy for a protein purification design using C-phycocyanin extract[J]. Bioresource Technology, 100(21): 5 312 ~ 5 317.

Mori T, Tutiya Y. 1938. Studies on the Mucilage from Rhodophyceae. II: The Chemical Nature of the Mucilage from Chondrus ocellatus Holmes[J]. Nippon Nōgeikagaku Kaishi, 14.

O'Neill A N. 1954. Degradative Studies on Fucoidin1[J]. Journal of the American Chemical Society, 76(20).

Murakami C, Yamazaki T, Hanashima S, et al. 2003. A novel DNA polymerase inhibitor and a potent apoptosis inducer: 2-mono-O-acyl-3-O-(alpha-D-sulfoquinovosyl)-glyceride with stearic acid. [J]. Biochimica Et Biophysica Acta Proteins & Proteomics, 1 645(1): 72 ~ 80.

Murakami N, Morimoto T, Imamura H, et al. 1991. Studies on glycolipids. III. Glyceroglycolipids from an axenically cultured cyanobacterium, *Phormidium tenue*[J]. Chemical & Pharmaceutical Bulletin, 39(9): 2 277 ~ 2 283.

Munro M H, Blunt J W, Dumdei E J, et al. 1999. The discovery and development of marine compounds with pharmaceutical potential. [J]. Journal of Biotechnology, 70(1-3): 15 ~ 25.

Murshid S S A, Badr J M, Youssef D T A. 2016. Penicillosides A and B: new cerebrosides from the marine-derived fungus *Penicillium* species[J]. Revista Brasileira De Farmacognosia, 26(1): 29 ~ 33.

Nezhat F, Wadler S, Muggia F, et al. 2004. Phase II trial of the combination of bryostatin-1 and cisplatin in advanced or recurrent carcinoma of the cervix: a New York Gynecologic Oncology Group study[J]. Gynecologic Oncology, 93(1): 144~148.

Niu J F, Wang G C, Tseng C K. 2006. Method for large-scale isolation and purification of R-phycoerythrin from red alga Polysiphonia urceolata Grev[J]. Protein Expression & Purification, 49(1): 23~31.

Niu J F, Wang G C, Lin X Z, et al. 2007. Large-scale recovery of C-phycocyanin from *Spirulina platensis* using expanded bed adsorption chromatography[J]. Journal of Chromatography B Analytical Technologies in the Biomedical & Life Sciences, 850(1): 267~276.

Nogle L M, Gerwick W H. 2002. Isolation of four new cyclic depsipeptides, antanapeptins A-D, and dolastatin 16 from a Madagascan collection of *Lyngbya majuscula*[J]. Journal of Natural Products, 65(1): 21~24.

Ohama H, Ikeda H, Moriyama H. 2006. Health foods and foods with health claims in Japan[J]. Toxicology, 221(1): 95~111.

Patel A, Mishra S, Pawar R, et al. 2005. Purification and characterization of C-Phycocyanin from cyanobacterial species of marine and freshwater habitat[J]. Protein Expression & Purification, 40(2): 248~255.

Patil G, Chethana S, Sridevi A S, et al. 2006. Method to obtain C-phycocyanin of high purity[J]. Journal of Chromatography A, 1 127(1): 76~81.

Peng X P, Wang Y, Liu P P, et al. 2011. Aromatic compounds from the halotolerant fungal strain of Wallemia sebi, PXP-89 in a hypersaline medium[J]. Archives of Pharmacal Research, 34(6): 907~912.

Pereira D M, Correiadasilva G, Valentão P, et al. 2014. Anti-inflammatory effect of unsaturated fatty acids and Ergosta-7, 22-dien-3-ol from Marthasterias glacialis: prevention of CHOP-mediated ER-stress and NF-κB activation. [J]. Plos One, 9(2): 833~841.

Pettit G R, Hogan F, Herald D L. 2004. Synthesis and X-ray crystal structure of the dolabellaauricularia peptide dolastatin 18. [J]. Journal of Organic Chemistry, 69(12): 4 019~4 022.

Pettit G R, Xu J P, Doubek D L, et al. Antineoplastic Agents. 510. Isolation and structure of dolastatin 19 from the Gulf of California sea hare *Dolabella auricularia*[J]. Journal of Natural Products, 2004, 67(8): 1 252~1 255.

Rao T S P, Sarma N S, Murthy Y L N, et al. 2010. New polyhydroxy sterols from the marine sponge Callyspongia fibrosa(Ridley & Dendly) [J]. Tetrahedron Letters, 51(27): 3 583~3 586.

Qiao Chen, Li Bosheng. 2000. A New species and a species to China of Arthrospira（Spirulina）[C]. In: The Asia-Pacific Society for Applied Phycology. The forth Asia-Pacific Conference on Algae Biotechnology, Abstracts, Hong Kong: Department of Botany, the University of Hong Kong, 232.

Quang T H, Ha T T, Minh C V, et al. 2011. Cytotoxic and PPARs transcriptional activities of sterols from the Vietnamese soft coral Lobophytum laevigatum [J]. Bioorganic & Medicinal Chemistry Letters, 21 (10): 2 845 ~ 2 849.

Quasney M E, Carter L C, Oxford C, et al. 2001. Inhibition of proliferation and induction of apoptosis in SNU-1 human gastric cancer cells by the plant sulfolipid, sulfoquinovosyldiacylglycerol. [J]. Journal of Nutritional Biochemistry, 12 (5): 310 ~ 315.

Meenakshi N. Rao, Ann E. Shinnar, Noecker L A, et al. 2000. Aminosterols from the Dogfish Shark Squalus acanthias [J]. Journal of Natural Products, 63 (5): 631 ~ 635.

Riccardi G, Sanangelantoni A M, Carbonera D, et al. 2010. Characterization of mutants of *Spirulina platensis* resistant to amino acid analogues [J]. Fems Microbiology Letters, 12 (4): 333 ~ 336.

Richmond A. Spirulina [M]. 1988. Micro. Algae Biotech. Cambridge Univ. Press, 85.

Rinehart K L J, Gloer J B, Cook J C J. 1981. ChemInform Abstract: Structures of the didemins, antiviral and cytotoxic from a Caribbean Tunicate [J]. J. am. chem. soc, 103 (29): 1 857 ~ 1 859.

Rougeaux H, Guezennec J, Carlson R W, et al. 1999. Structural determination of the exopolysaccharide of Pseudoalteromonas, strain HYD 721 isolated from a deep-sea hydrothermal vent [J]. Carbohydr Res, 315 (3-4): 273 ~ 285.

Rougeaux H, Kervarec N, Pichon R, et al. 1999. Structure of the exopolysaccharide of Vibrio diabolicus isolated from a deep-sea hydrothermal vent [J]. Carbohydr Res, 322 (1-2): 40 ~ 45.

Amira Rudi, Tesfamariam Yosief, Shoshana Loya, et al. 2001. Clathsterol, a Novel Anti-HIV-1 RT Sulfated Sterol from the *Sponge Clathria* Species [J]. Journal of Natural Products, 64 (11): 1 451 ~ 1 453.

Sahara H, Ishikawa M, Takahashi N, et al. 1997. In vivo anti-tumour effect of 3'-sulphonoquinovosyl 1'-monoacylglyceride isolated from sea urchin（Strongylocentrotus intermedius）intestine [J]. British Journal of Cancer, 75 (3): 324 ~ 332.

Sairong F, Zhang J F, Nie W J, et al. 2017. Antitumor effects of polysaccharide from *Sargassum fusiforme* against human hepatocellular carcinoma HepG2 cells [J]. Food Chem Toxicol, 102: 53 ~ 62.

Salvatore D R, Maya M, Giuseppina T. 2003. Marine bacteria associated with sponge as source of cyclic peptides [J]. Biomolecular Engineering, 20 (4-6): 311 ~ 316.

SangGuan You, Chen Yang, HyeonYong Lee, et al. 2010. Molecular characteristics of partially hydrolyzed fucoidans from sporophyll of Undaria Pinnatifida and their in vitro anticancer activity [J]. Food Chemistry, 119(2): 554 ~ 559.

Santiago-Santos M C, Ponce-Noyola T, Olvera-RamRez R, et al. 2004. Extraction and purification of phycocyanin from *Calothrix* sp. [J]. Process Biochemistry, 39(12): 2 047 ~ 2 052.

Satoru Koyanagi, Noboru Tanigawa, Hiroo Nakagawa, et al. 2003. Oversulfation of fucoidan enhances its anti-angiogenic and antitumor activities [J]. Biochemical Pharmacology, 65(2): 173 ~ 179.

Savard T, Beau lieu C, Boucher I, et al. 2002. Antimicrobial action of hydrolyzed chitosan against spoilage yeasts and lactic acid bacteria of fermented vegetables [J]. Journal of Food Protection, 5: 828.

Shao C L, Wang C Y, Gu Y C, et al. 2010. ChemInform Abstract: Penicinoline, a New Pyrrolyl 4–Quinolinone Alkaloid with an Unprecedented Ring System from an Endophytic fungus *Penicilium* sp [J]. Bioorganic & Medicinal Chemistry Letters, 41(45): no–no.

Torzsas T L, Kendall C W, Sugano M, et al. 1996. The influence of high and low molecular weight chitosan on colonic cell proliferation and aberrant crypt foci development in CF 1 mice [J]. Food & Chemical Toxicology, 34(1): 73 ~ 77.

Shih S R, Tsai K N, Li Y S, et al. 2003. Inhibition of enterovirus 71–induced apoptosis by allophycocyanin isolated from a blue-green alga *Spirulina platensis* [J]. Journal of Medical Virology, 70(1): 119 ~ 125.

Shinohara K, Okura Y, Koyano T, et al. 1988. Algal phycocyanins promote growth of human cells in culture [J]. Vitro Cellular & Developmental Biology, 24(10): 1 057 ~ 1 060.

Shirahashi H, Murakami N, Watanabe M, et al. 1993. Isolation and identification of anti-tumor-promoting principles from the fresh-water cyanobacterium *Phormidium tenue* [J]. Chemical & Pharmaceutical Bulletin, 41(9): 1 664 ~ 1 666.

Loya S, Reshef V, Mizrachi E, et al. 1998. The inhibition of the reverse transcriptase of HIV–1 by the natural sulfoglycolipids from cyanobacteria: contribution of different moieties to their high potency [J]. Journal of Natural Products, 61(7): 891 ~ 895.

Simmons L, Kaufmann K, Garcia R, et al. 2011. Bendigoles D–F, bioactive sterols from the marine sponge-derived Actinomadura sp. SBMs 009 [J]. Bioorganic & Medicinal Chemistry, 19(22): 6 570 ~ 6 575.

Song F, Ren B, Yu K, et al. 2012. Quinazolin–4–one Coupled with Pyrrolidin–2–iminium Alkaloids

图书在版编目（CIP）数据

海岸带生物活性物质 / 秦松主编 .—济南：山东科学技术出版社，2018.2

ISBN 978-7-5331-9264-8

Ⅰ.①海… Ⅱ.①秦… Ⅲ.①海岸带 – 海洋生物 – 生物活性 Ⅳ.① Q178.53

中国版本图书馆 CIP 数据核字（2018）第 026933 号

山东泰山科技专著出版基金资助出版

海岸带生物活性物质

秦 松 主编

主管单位: 山东出版传媒股份有限公司

出 版 者: 山东科学技术出版社

地址：济南市玉函路 16 号

邮编：250002　电话：（0531）82098088

网址：www.lkj.com.cn

电子邮件：sdkj@sdpress.com.cn

发 行 者: 山东科学技术出版社

地址：济南市玉函路 16 号

邮编：250002　电话：（0531）82098071

印 刷 者: 山东新华印务有限责任公司

地址：济南市世纪大道 2366 号

邮编：250104　电话：（0531）82079112

开本：787mm × 1092 mm　1/16

印张：20

字数：500 千

印数：1 ~ 1000

版次：2018 年 2 月第 1 版　2018 年 2 月第 1 次印刷

ISBN 978-7-5331-9264-8

定价：180.00 元

Yang F, Zhang H J, Chen J T, et al. 2011. New cytotoxic oxygenated sterols from marine bryozoan Bugula neritina. [J]. Natural Product Research, 25(16): 1 505 ~ 1 511.

Yarbrough G G, Taylor D P, Rowlands R T, et al. 1993. Screening microbial metabolites for new drugs-theoretical and practical issues. [J]. Journal of Antibiotics, 46(4): 535 ~ 544.

Yuan G, Lin H, Wang C, et al. 2011. 1H and 13C assignments of two new macrocyclic lactones isolated from *Streptomyces* sp. 211726 and revised assignments of azalomycins F 3a, F 4a and F 5a. [J]. Magnetic Resonance in Chemistry Mrc, 49(1): 30 ~ 37.

Zarrouk C. Contribution à l'étude d'une cyanophycée. 1966. Influence de divers facteurs physiques er chimiques sur la croissance er la photosynthése de Spirulina maxima(Setch. Et Gardner)Geitler[J]. Thesis, University of Paris, 74.

Zhang G, Tang X, Cheng C, et al. 2013. Cytotoxic 9, 11-secosteroids from the South China Sea gorgonian *Subergorgia suberosa*[J]. Steroids, 78(9): 845 ~ 850.

Zhang J, Li C, Yu G, et al. 2015. Total Synthesis and Structure-Activity Relationship of Glycoglycerolipids from Marine Organisms[J]. Marine Drugs, 46(2): 3 634.

Zhang J, Lin X, Li L, et al. 2015. ChemInform Abstract: Gliomasolides A—E, Unusual Macrolides from a Sponge-Derived fungus *Gliomastix* sp. ZSDS 1-F 7-2[J]. Rsc Advances, 5(67): 54 645 ~ 54 648.

Zhang H J, Sun J B, Lin H W, et al. 2007. A new cytotoxic cholesterol sulfate from marine sponge *Halichondria rugosa*[J]. Natural Product Research, 21(11): 953 ~ 958.

Zhang J Y, Tao L Y, Liang Y J, et al. 2010. Anthracenedione Derivatives as Anticancer Agents Isolated from Secondary Metabolites of the Mangrove Endophytic Fungi[J]. Marine Drugs, 8(4): 1 469 ~ 1 481.

Zhao X, Xue C, Cai Y, et al. 2005. The study of antioxidant activities of fucoidan from Laminaria japonica[J]. High technology letters, 11(1): 91 ~ 94.

Zhu W, Ooi V E, Chan P K, et al. 2003. Isolation and characterization of a sulfated polysaccharide from the brown alga *Sargassum patens* and determination of its anti-herpes activity. [J]. Biochemistry & Cell Biology, 81(1): 25 ~ 33.

from Marine-Derived Fungus *Penicillium aurantiogriseum* [J]. Marine Drugs, 10 (6): 1 297 ~ 1 306.

Badrish S, Beena K, Ujjval T, et al. 2006. Extraction, purification and characterization of phycocyanin from *Oscillatoria quadripunctulata*—Isolated from the rocky shores of Bet-Dwarka, Gujarat, India [J]. Process Biochemistry, 41 (9): 2 017 ~ 2 023.

Soni B, Trivedi U, Madamwar D. 2008. A novel method of single step hydrophobic interaction chromatography for the purification of phycocyanin from *Phormidium fragile*, and its characterization for antioxidant property [J]. Bioresour Technol, 99 (1): 188 ~ 194.

Su J H, Lo C L, Lu Y, et al. 2010. ChemInform Abstract: Antiinflammatory Polyoxygenated Steroids from the Soft Coral *Sinularia* sp [J]. Cheminform, 40 (16): 1 616 ~ 1 620.

Sun K, Li Y, Guo L, et al. 2014. Indole diterpenoids and isocoumarin from the fungus, Aspergillus flavus, isolated from the prawn *Penaeus vannamei*. [J]. Marine Drugs, 12 (7): 3 970 ~ 3 981.

Nishino T, Yokoyama G, Dobashi K, et al. 1989. Isolation, purification, and characterization of fucose-containing sulfated polysaccharides from the brown seaweed Ecklonia kurome and their blood-anticoagulant activities [J]. Carbohydrate Research, 186 (1): 119 ~ 129.

Tandeau d M N. 2003. Phycobiliproteins and phycobilisomes: the early observations [J]. Photosynthesis Research, 76 (1–3): 193 ~ 205.

Zvyagintseva T N, Shevchenko N M, Popivnich I B, et al. 1999. A new procedure for the separation of water-soluble polysaccharides from brown seaweeds [J]. Carbohydrate Research, 322 (2): 32 ~ 39.

Terasaki M, Itabashi Y. 2003. Glycerolipid acyl hydrolase activity in the brown alga *Cladosiphon okamuranus* TOKIDA. [J]. Bioscience Biotechnology & Biochemistry, 67 (9): 1 986 ~ 1 989.

Hayashi T, Hayashi K, Maeda M, et al. 1996. Calcium spirulan, an inhibitor of enveloped virus replication, from a blue-green alga *Spirulina platensis* [J]. Journal of Natural Products, 59 (1): 83.

Tragut V, Xiao J, Bylina E J, et al. 1995. Characterization of DNA restriction-modification systems in *Spirulina platensis*, strain pacifica [J]. Journal of Applied Phycology, 7 (6): 561 ~ 564.

Tseng, ChaoTsi, Zhao, et al. 1994. Extraction, purification and identification of polysaccharides of (Cyanophyceae) [J]. (105): 303 ~ 312.

Tucci M G, Ricotti G, Mattioli-Belmonte M, et al. 2001. Chitosan and Gelatin as Engineered Dressing for Wound Repair [J]. Journal of Bioactive & Compatible Polymers, 16 (2): 145 ~ 157.

Tung N H, Minh C V, Kiem P V, et al. 2009. A new C 29–sterol with a cyclopropane ring at C–25 and 26 from the Vietnamese marine sponge lanthella, sp [J]. Archives of Pharmacal Research, 32 (12): 1 695 ~ 1 698.

Uemura D, Takahashi K, Yamamoto T, et al. 1985. Norhalichondrin A: an antitumor polyether macrolide from a marine sponge[J]. Journal of the London Mathematical Society, 107(16): 273~278.

Ueno Y, Okamoto Y, Yamauchi R, et al. 1982. An antitumor activity of the alkali-soluble polysaccharide (and its derivatives)obtained from the sclerotia of *Grifora umbellata*(Fr.)Pilát[J]. Carbohydrate Research, 101(1): 160~167.

Pomin V H, Valente A P, Pereira M S, et al. 2005. Mild acid hydrolysis of sulfated fucans: a selective 2−desulfation reaction and an alternative approach for preparing tailored sulfated oligosaccharides[J]. Glycobiology, 15(12): 1 376~1 385

Vonshak A, Kancharaksa N, Bunnag B, et al. 1996. Role of light and photosynthesis on the acclimation process of the cyanobacterium *Spirulina platensis*, to salinity stress[J]. Journal of Applied Phycology, 8(2): 119~124.

Wang C. 2000. Advances of Researches on Antiviral Activities of Polysaccharides Ⅰ Antiviral Activities of Polysaccharides[J]. Progress in Biotechnology, (1): 17.

Wang W, Jang H, Hong J, et al. 2005. New cytotoxic sulfated saponins from the starfish *Certonardoa semiregularis*. [J]. Archives of Pharmacal Research, 28(3): 285~289.

Wang X, Ribeiro A A, Guan Z, et al. 2006. Structure and biosynthesis of free lipid A molecules that replace lipopolysaccharide in Francisella tularensis subsp. novicida[J]. Biochemistry, 45(48): 14 427~14 440.

Wei X, Rodríguez A D, Wang Y, et al. 2007. Novel ring B abeo-sterols as growth inhibitors of Mycobacterium tuberculosis isolated from a Caribbean Sea sponge, *Svenzea zeai*[J]. Tetrahedron Letters, 48(50): 8 851~8 854.

Whitson E L, Bugni T S, Chockalingam P S, et al. 2008. Spheciosterol sulfates, PKCzeta inhibitors from a philippine sponge *Spheciospongia* sp. [J]. Journal of Natural Products, 71(7): 1 213~1 217.

Wilson G S, Raftos D A, Corrigan S L, et al. 2010. Diversity and antimicrobial activities of surface-attached marine bacteria from Sydney Harbour, Australia. [J]. Microbiological Research, 165(4): 300~311.

Xu Z, Zhang Y, Fu H, et al. 2011. Antifungal quinazolinones from marine-derived Bacillus cereus and their preparation[J]. Bioorganic & Medicinal Chemistry Letters, 21(13): 4 005~4 007.

Yumi Yamasaki, Masao Yamasaki, Hirofumi Tachibana, et al. 2012. Important Role of Î²1−Integrin in Fucoidan-Induced Apoptosis via Caspase−8 Activation[J]. Journal of the Agricultural Chemical Society of Japan, 76(6): 1 163~1 168.